U0673668

序

古猿被大猩猩从食物丰盛的密林深处逐出，猿人跟在猛犸象之后觅食，原始人在贝壳遍地的海滨求生……，在漫长的历史长河中，当人类开始在世界各地定居的时候，他们对所处的环境想些什么？他们又用什么东西来安营扎寨？这些问题引起了我们极大的兴趣，因而想以此为出发点来探索各种建筑空间构思起源的奥秘。

读一读有关造园的书籍，就会使人油然联想到身边这个世界。在莽莽森林之中，夜行的人们依赖什么来把握前进的方向？草木散发出的芳香不是与方向有关吗？芳香确实可以引人步出迷途。在炎炎烈日之下，靠着绿荫的遮挡保护，人们可以舒畅自如地呼吸，倘有解渴的甘泉，那就宛如置身于天堂之中了。

《旧约圣经》中描述的伊甸园就是这样一个令人神往的地方，它不仅养育了人们，还使人与自然相互协调，融为一体。

此后，人们进一步意识到，要适应外部世界，就需完善人体自身的机能，于是他们逐渐练就既能耐寒抗暑，又能忍饥耐渴的本领，还能像鱼那样畅游水中。这样大自然就成了适于生存的环境，从中产生了美与愉悦，也孕育了人类的文化。

一旦人类的需要无法通过对人体自身机能的调整来加以满足时，他们就转而开始对外部世界进行改造。技术的产生，就是人类凭借外物来增强自身能力的结果；换言之，人类必定是在求生的拼搏中不知不觉地学会使用石块的。

上述两方面的努力最终导致两个结果，一方面产生了造园术，一方面产生了建筑术。可以说，前者在于创造一个人们所理想的充满诗情画意的场所，后者在于从生活实际出发，将建筑嵌入这个场所之中。这两者相辅相成，就形成了人类美好的居住环境，从中孕育了人类的文明。

但是，人们似乎不应该忘记这样一个问题：无处不在的矛盾还需要他们长期竭尽心力去解决。

正是为了解决这些矛盾，才为各持己见的人们创造了相互接触的良机，人口增长最快的地区这种情况可能表现得更为突出。通常人们总是对自己的经验深信不疑，而对他人的经验——即便是成功的经验，即便是于己无害的经验——却满腹疑云，视为异端而加以拒绝。不久，人们就会反躬自问：究竟谁的经验正确呢？如果都正确岂不令人费解？难道只有自己的经验正确，别人的经验都是谬误吗？

这样一来，如果陷入形形色色的矛盾之中，就必须考虑如何去协调它们。例如，关于人类的起源，美索不达米亚人一定有过无休止的争论：有的人认为，人类是由一个人分裂而来；也有人认为是由男女二人繁衍而来；还有人认为是由父母、子女三人繁衍而来……众说纷纭，莫衷一是。最后他们终于找出“60”这个数字——至今我们仍在日常生活中使用，如分、秒等——来解释上述争论，因为 60 可以被 1、2、3 这三个数字整除。

近几个世纪以来，西欧文明迅速崛起，民族交往日益频繁。生活在风和日丽的地中海沿岸的人们产生的认识，与生活在雨雾迷蒙的北欧人所产生的观念常常互不相让、争执不休，其结果不是至今仍然影响着我们吗？

这就像古代中国最早发生在黄河上下游的战争，或者尼罗河畔上、下埃及的统一那样，都被视为促进文明进程的因素。文明诞生在各民族交往的交汇点上，同时也由一定的地理条件来决定，如河流、隔海相望的岛屿、山隘等。

另外，解决这类矛盾所产生的文明还不断地、广泛地传向世界各地，直到每个角落。它们就像随波逐流的木头被河水冲到岸上，并在那里堆积起来一样，连日本这样一个远离文明中心的最边缘地带也接受了各种各样的文明，并且像博物馆那样原封不动地将它们保留下来。这似乎也是解决重重矛盾的一种明智的方法。

尽管诞生在西欧的文明至今还在影响着世界各地，成为人们仰慕的对象，但是在人类文明史中，这种文明仍然可以被认为是不成熟的。当西欧文明尚处在发展初期时，它们就像吸收自己祖先的遗产一样，拼命吸收远在它们之前就繁荣的地中海文明、新月沃地文明，等等。任何新兴阶级都是这样，一面迫不及待地广罗他人遗产，一面编撰自己的家谱。

由于文明通过其他媒介来传播，所以西欧文明在模仿其他文明的成长过程中难免生搬硬套，这一点在古罗马套用古希腊柱式的情况中就显而易见。但希腊人寄托在柱子上的思想与罗马人在墙上立柱时的考虑却是不尽相同的。同样，法国哥特柱式等被英国所采用也是如此。

就建筑范畴而言，造园更明显地触及了建筑的本质。尽管它最初始于模仿自然，但后来于不知不觉中逐渐发展起来，最后新的形式脱颖而出。

针之谷先生的这本《西方造园变迁史》，与他自己 1956 年在彰国社出版的《西方造园史》一书比较，本书广征博引了更多的资料，并以民族之别、时代之差为经纬，系统论述了造园发展的来龙去脉。

若以经纬线作比喻，世界上的民族文化就如经线；各民族文化的发展进程就如纬线，它们的兴起和繁荣，是在漫长的岁月中一点一滴积累而成的，无数这样的纬线织就的样式一直流传至今。倘若要以日本为中心创造一个体系，那么我们所企望的就是引入西方各国的文化，结合日本固有文化来创造出崭新的样式。

吉阪隆正

1977 年 10 月 25 日

译者的话

《西方造园变迁史》是日本的针之谷钟吉先生几十年前写的一本描述西方造园发展过程的著作。全书资料翔实、脉络清晰，不失为一本可读可查可藏的书。一个东方人能倾注如此大的热情，潜心收集整理、钻研西方的造园，并写出这样洋洋洒洒数十万言的巨著，无论如何不是件简单的事。钦佩之余,即想动手将这部著作介绍给中国读者。园林热在我国虽然方兴未艾,然而扎扎实实、比较全面系统介绍西方园林的书却一直看不到，这似乎与中国的造园实践活动形成强烈的反差。

西方园林对西方城市景观所产生的影响似乎远远大过中国的园林对中国城市景观的影响，聪明的读者一定会体味出来。仅此一点，就值得我们对西方园林作全方位的研究。

习惯了现代西方作者口味的中国读者一定会觉得针之谷先生的这部著作叙述过于平实，“史”多而“论”少。诚然，一个东方人写西方的文化总不免有些“隔”，但针之谷先生有意选择了不隔或少隔的途径，更多地让事实说话，给读者留下思考的余地，这正是本书的一个特点。你会发现它确实长而不冗。另外我还想告诉读者诸君：在时下“宏论”泛滥成灾的氛围里，针之谷先生的这本书或许可以把我们拖回到做扎实学问的轨道上来，这也是译者的初衷。同时，我更期待很快能看到有人将西方人自己写的他们的造园史介绍进来，使得这一领域的研究建立在更坚实的基础之上。中国读者实在太需要引进这样的译著,正如我们早就需要一部西方人自己撰写的建筑史一样。不知读者以为然否？

本书的翻译历时一年有余，窃以为一直在做一件力不从心的事。所幸在翻译过程中得到诸多师长、同窗学友的支持；倘无他们的帮助和鼓励，我很难设想能把翻译工作坚持下来。这里我要特别感谢我的导师龙庆忠教授，是他领我走进了这一无比美妙的领域。要感谢刘管平教授，他积极促成了这部译著的出版，同时还给译者以热情的指点。要感谢程里尧编审，他在百忙中逐字逐句审阅了全部译稿，提出了许多宝贵的意见，花费了大量心血。还要感谢给过我帮助的陈志华教授。另外，我还应该感谢日语教授陈衍光先生，他在语言文字的翻译方面给予译者不少指教。如果说这部译著还能给我国建筑界、园林界一点贡献的话，首先应该归功于他们。译者并非园林专业的学子，日语也纯靠自学，错误之处一定很多，恳请建筑界、园林界前辈和史学家们批评指正。

邹洪灿

目 录

序　论

旧约时代的造园

旧约时代大事年表

公元前	通　史
2000~约 1850 年	亚伯拉罕带领部族自迦勒底迁居迦南
约 1710 年	约瑟在埃及活动
约 1560 年	约瑟在埃及服刑
1300 年	拉美西斯二世任埃及国王
1290~约 1265 年	摩西率领希伯来人逃出埃及
1198 年	拉美西斯三世为埃及国王。腓力斯丁人入侵卡拉昂
1045 年	以色列成为王国。撒母尔即位
1012~约 1005 年	大卫即位成为以色列王国的第二任国王
1000 年	耶路撒冷成为以色列的首都
约 972 年	大卫死。所罗门即位
约 932 年	所罗门死。以色列王国分裂为以色列王国和犹太王国
约 710 年	撒玛利亚灭亡。亚述军队入侵犹太国
605 年	巴比伦王尼布甲雷撒攻击犹太国。犹太人沦为巴比伦的战俘
587 年	耶路撒冷沦陷。战俘被掳往巴比伦（第二战）
539 年	被囚在巴比伦的战俘获释，犹太人重归耶路撒冷
334 年	马其顿王亚历山大大帝灭波斯
69 年	罗马开始入侵叙利亚和犹太
39~38 年	赫罗蒂受罗马之命成为犹太人的国王

公元前	文化史
约 1230 年	（希伯来）摩西制定《十诫》
约 1200 年	（腓尼基）创造罗马字母
约 700 年	所罗门在耶路撒冷建“黎巴嫩林宫”“圆柱大厅”“王宫”“御殿”“法郎公主之宫”及神庙（希伯来）先知以赛亚的活动
约 600 年	（希伯来）先知耶利米的活动
445 年	尼赫迈阿重建耶路撒冷的宫殿、城墙，竭力推崇犹太教为正统信仰
	赫罗蒂修筑耶路撒冷，建造大宫殿及神庙

第一章　伊甸园

不少作者在论述西方造园历史的变迁时，总是将古埃及作为造园的发祥地，而极少把造园的历史上溯到旧约时代，因为在他们看来，在旧约时代，造园不过是为加深人们对圣经中传说的记事的印象而已，并没有作为一种样式确立起来。但是，《旧约圣经》不失为最古老的历史著作，其中记载的各种故事、传说是考古学和民族学研究的极其宝贵的资料。虽然《旧约圣经》是出于宗教意图写成的，但却具有很高的文学价值，甚至可以说其价值介乎于历史与诗之间。最近，对《圣经》的考古学研究已取得显著的进展，《圣经》所载的事实也逐渐得到证实。通过考古发掘，使我们对《圣经》中出现的房屋、城市要塞的防御工事，以及旧约时代的人们所使用的武器、工具及其他日常生活用具等都有了真正的了解。以这些史实为线索，我们就能知晓《旧约圣经》所记载的有关造园的情况，并可望发现旧约时代造园的许多辉煌成就。

让我们先来研讨一下《旧约圣经·创世纪》中出现的伊甸园。

> “耶和华上帝在东方的伊甸设了个园，把所造的人安置在那里。耶和华上帝让地上长出各种树木，既能令人悦目，果实又可充饥。园中还有‘生命树’和‘知善恶树’。”（第二章第八、九节）

这显然是关于伊甸园的最早的记载，在《圣经》的其他章节中还有进一步的描述。

> “有河从伊甸流出，滋润着伊甸园，并从那里分为四条河流。第一条是比逊河，它环抱着整个哈腓拉，那里有上好的金子，还有珍珠和红玛瑙；第二条是基训河，围绕着整个古实；第三条叫希底结河，流入亚述的东部；第四条即伯拉河。”（《创世记》第二章第十节～第十四节）

据《圣经词典》解释，“伊甸（Eden）”意为“喜悦、欢乐，源于希伯来语的‘平地（eden）’一词”；上述四条河中的“伯拉河被认为即幼发拉底河，希底结河即底格里斯河，其余两条河不详。如果哈腓拉是中央阿拉伯以北的地区，古实即被称为卡西休的埃兰国[1]的话，那么伊甸可能就是波斯湾头的区域。巴比伦平原一直被称为‘平地’，位于巴勒斯坦以东”。据此也可认为这种推测具有一定的真实性。伊甸园还被叫作“天主乐园”“耶和华之园”，这在下列章节中就有所记载，如《以西结书》第二十八章第十三节：

“你曾住在‘伊甸’——天主的乐园内，有各种宝石作你的服饰，如赤玉、青玉、钻石、橄榄玉、红玛瑙、小苍玉、蓝玉、紫宝石、翡翠，衣边和绣花是用金做成的。”

同书的第三十一章第八、第九节：

“天主乐园中的香柏都不能同它相比，扁柏不及它的枝干，枫树不及它的枝丫，天主乐园中所有的树木都没有它那样美丽。我使它枝繁叶茂而又美丽，致使‘伊甸’——天主乐园——中所有的树木都嫉妒它。”

在《以赛亚书》第五十一章第三节中有：

“的确，天主必会怜悯熙雍，怜悯她所有的废墟，使她的荒野成为伊甸，使她的沙漠变成天主的乐园，其中必有欢乐和愉快、歌颂和弦乐之声。”

今天，当我们读着这些字句时，浮现在眼前的伊甸园景象并不是沙漠和荒野，而是矿物与植物这两种资源极其丰富的地方。

在《新约圣经》中，虽然丝毫没有提到过“伊甸园”一词，但取而代之的则是与该词相当的“乐园”（paradise）这个词，如：

“耶稣对他说：‘我实话告诉你，今天你要同我在乐园中了。’”（《路加福音》第二十三章第四十三节）

“他被拉到乐园里，听见隐秘的言语，是人不可说的。”（《哥林多后书》第十二章第四节）

1 埃兰国（Elam），一译依兰，西亚古国。位于扎格罗斯山西南部，临波斯湾，相当于今伊朗的胡泽斯坦省。——以下呼应注皆为译者注

“圣灵向众教会所说的话，凡是有耳的，就应当听。得胜的，我必将上帝乐园中生命树之果赐予他吃。”（《启示录》第二章第七节），等等。

在西方，“乐园”一词往往使人联想到花园，而一读《旧约圣经》的记载又不由令人想象出以树木为主体的树木园景观。自古以来，在古代东方的庭园中就要求有树荫、芳香和水。水实乃东方乐园之魂，树荫之下则是庭园中必不可少的欢乐之地。伊甸园确实是水源丰富的地方，是兼有观赏与实用两种功能的庭园。如上所述，通览《圣经》会觉得有关树木的记载比有关花卉的记载更多。例如，犹太人的树木寓言（《士师记》第九章第八节）、尼布甲雷撒的树木之梦（《但以理书》第四章第十节）、关于树木的法律（《利未记》第十九章第二十三、第二十七节、《申命记》第二十章第十九节）等，都是说明这种情况的极好例子。在这种庭园中，提供蔽日浓荫的树木将倍受重视，这是显而易见的。

其次，关于伊甸园中的“生命树”、“知善恶树”是何种树木《圣经》未做出明确的说明。根据犹太人的传说，“生命树”可能是枣椰子树，但在《创世纪》中对树木的性质却只字未提，仅有如下记载：

“上主天主给人下令说：‘乐园中各树上的果子，你都可以吃，唯有知善恶树上的果子你不能吃，因为哪一天你吃了，就必死无疑’。”亚当和夏娃由于受蛇的诱惑偷吃了禁果，所以被逐出了乐园，对造成这一结果的“知善恶树”《圣经》中也未做明确的解释，对此我们仅知：

“女人看那棵树实在好吃好看，令人羡慕，且能增加智慧，便摘下一个果子吃了，又给了她的男人一个，他也吃了。”（《创世纪》第三章第六节）

自古以来，不少画家描绘了亚当和夏娃的这个境遇，这些绘画作品至今尚存。例如，丢勒[1]、克拉纳赫[2]、提香[3]、鲁本斯[4]等。他们约定俗成似地将禁果画成苹果。诗人弥尔顿[5]也步其后尘，在长诗《失乐园》[6]中把禁果记为“美丽的苹果（fair apple）”。由于这些古代的影响，曾几何时“禁果”就成了苹果。但是，持反对意见的学者也大有人在。大槻虎男的《圣经的植物》就完全否定了苹果之说：

▪1
丢勒（Albrecht Dürer），1471～1528年。德国文艺复兴时期杰出的画家、版画家、雕塑家、建筑师。油画《亚当与夏娃》是其代表作之一。

▪2
克拉纳赫（Lucas Cranach），1472～1553年。德国文艺复兴时期的画家兼木刻家。其创作多取材于宗教和神话，绘画作品表现了人文主义精神。

▪3
提香（Tiziano Vecellio），1477～1576年。意大利文艺复兴盛期的杰出画家。代表作有《天上的爱和人间的爱》、《花神》等。

▪4
鲁本斯（Peter Paul Rubens），1577～1640年。佛兰德的杰出画家，巴洛克画派早期代表人物。

▪5
弥尔顿（John Milton），1608～1674年。英国诗人、政论家。

▪6
《失乐园》是弥尔顿三部主要长诗之一。根据《圣经》题材用无韵诗体写成，共12卷，1667年出版。叙述了撒旦为复仇潜入伊甸园，引诱人类始祖亚当和夏娃偷食禁果，触怒了上帝，被逐出乐园的故事。

“倘若从公元前2500年左右开始由犹太人以口传方式为主传诵的故事，到公元前800年左右才编集成《圣经》的话，那么这种树[1]就只能在当时生长于伊朗、巴勒斯坦的树当中去寻找了，所以也无法把它看成是苹果树，因为在那些地方公元前还没有成功地栽培苹果树。”(《圣经的植物》第134页）

[1] 指知善恶树。

译作苹果的“tappuah”一词在《圣经》中也曾多次出现，对此大槻虎男先生却认为：

“也有人认为‘tappuah’系指甜橙（*Citrus sinensis*），根据就是《圣经》中有‘金苹果’这样的词语，还因为甜橙现在是作为以色列最有希望出口的水果来栽培，所以引起了旅行者的注意。然而，橘树是近几年才引进的外国果树，《圣经》时代无疑还没有这个树种。自古以来一直生长在圣地上的只有不甚美观的蜜柑类的佛手柑（*Citrus medica*），它另有一名称为‘亚当的苹果’。”（同上书第135页）

大槻虎男先生否定了“苹果说”与“橘子说”，他推测“tappuah”是“杏”（*Prunus armeniaca* L.）。至于与“知善恶树”一起出现的“生命树”，在过去的犹太人传说中就是“枣椰子树”（*Phoenix dactylifera* L.），但在《圣经》中却被译成了“棕榈树”。如：

“后来他们到了厄林，那里有十二股泉水、七十二棵棕榈树。他们便在那里靠近水边安了营。”(《出埃及记》第十五章第二十七节）

“正义的人像棕榈那样茂盛，如黎巴嫩香柏一般高耸。”(《诗篇》第九十二章第十二节）

“你的身材修长如同棕榈树，你的乳房犹如棕榈树上的两串果实。”(《雅歌》第七章第七节）

枣椰子树原产于北美，在圣地各处均能见到。其果实可食用，树干可作木材，叶子用来修葺屋顶或编织筐、盘子等。它不仅具备这样的实用性，而且还有亭亭玉立的树形，就如上述诸篇中赞颂的那样，是首屈一指的观赏树木。

如果这种枣椰子树不能列为“生命树”之首的话，那么具备这种资格的第二种树就当推“无花果树”（*Ficus carica* L.）了吧。

偷食了“禁果”的亚当和夏娃“两人的眼睛立刻睁开了，发现自己赤身露体，遂用无花果树的树叶编了件裙子围身”(《创世纪》第三章第七节）。这是《圣经》中最早具体提出的树木名称。这种无花果树的名称在《圣经》中出现过几十次，是圣经植物之一，其种类也很明确。原产地是亚洲西部，公元前 2000 年就已在巴勒斯坦生了根。虽然上述引用的无花果树与衣服有关，但从下面的章节中还可知道无花果也是一种很重要的食物。

> “各人可以吃自己的葡萄和无花果，各人也可以喝自己井里的水。”(《列王记下》第十八章第三十一节）
>
> “各人可以吃自己的葡萄和无花果，各人也可以喝自己井里的水。”(《以赛亚书》第三十六章第十六节）
>
> “我要彻底消灭他们——上帝断言——葡萄树上没有葡萄，无花果树上没有无花果，树叶都已凋零；我要派人来蹂躏。”(《耶利米书》第八章第十三节）

无花果树的果实生吃味道甘美，干燥后则成为贮存食物。对圣地的人们来说，它确实可以称为生命之树。在夏季，它的树叶又提供了树荫。

> “所罗门一生的岁月中，从丹到贝尔舍巴的犹太人和以色列人，都各自安居在自己的葡萄树和无花果树下。”(《列王记上》第四章第二十五节）
>
> “各人只坐在自家的葡萄树和无花果树下，无人来惊扰。”(《弥迦书》第四章第四节）

这些章节明确地告诉我们，无花果树向四方伸展开它的枝叶，带给人们绝好的安居之所。

在记述无花果树的章节中，同时也对其他果树的名称作了许多介绍，特别是前例中相提并论的葡萄树。这证明了葡萄树与无花果树都是和以色列人的生活密切相关的果树。葡萄树原产于西亚，是在《旧约圣经》和《新约圣经》

中频频出现的植物，如葡萄、葡萄树、葡萄酒、葡萄园。看来早在旧约时代初期就已栽培了葡萄。葡萄的果实除生吃外，还可以干燥后贮存，榨汁可以饮葡萄汁，每个家庭都可以酿制葡萄酒。

关于上帝为人类始祖亚当造的伊甸园中种植的“生命树”和“知善恶树”，根据《圣经》的记载可以想象出以上的树种，中世纪的画家们还发挥了他们的自由想象，描绘出伊甸园或乐园的景观，这样的绘画作品大量残存着。在中世纪的版画中，我们可以看到极其出类拔萃的作品，图 3 所示的即为一例。画中所绘的伊甸园宛如修道院的庭园一般。在墙与教堂建筑包围着的庭园中央设置了喷水，画中只表现了“知善恶树”，而无“生命树”，并绘有亚当和夏娃正一齐步出教堂的地方，墙面上的四个喷水口象征着传说中浇灌伊甸园的四条河流。我认为或许那时的画家们酷爱《圣经》，结果才生发出那样的想象，但村田孝所著的《伊斯兰的庭园》却写道：与伊甸园相同的“乐园”（paradise）一词的“词源普遍认为是古波斯语的‘pairidaēza’，‘pairidaēza’是由‘pairi’（围栏）与‘diz’（造型）构成的词，原来意指‘圈地’或‘庭园’。”所以也可以说绘画表现了乐园一词的词义。

不久以后，随着时代进入文艺复兴时期，画家们的视野也从中世纪修道院式狭窄的圈地逐渐向外部扩展。此类范例有意大利画家戈佐利（Benozzo Gozzoli 1420~1497 年）[1] 在《创世纪史话》（1468~1484 年）中所描绘的“乐园”（图 1）。据说，戈佐利是安吉利科（Fra Angelico，1387~1455 年）[2] 的学生，最初他效法老师的画风，后来创造了自己的风格，在绘画作品中，与主题相比，他更注重于对作为背景的风景进行详细的装饰性描绘，在这幅“乐园”图中也很好地表现了这个特征。他想方设法对垂直延伸的几棵树构成的纵向线与并排做祈祷的圣女们的横向行列加以装饰性的描绘，使其与背景相呼应，令人想起意大利风格的庭园。这幅“乐园”图与我国的净土曼陀罗图在构图上表现出明显的相似之处，这令我惊奇万分；即，在“乐园”中，天使们在云彩上飞翔，而在曼陀罗图中（图 2），天仙们则在翩翩飞舞，乐师们在为圣女们的礼拜奏乐，等等。十分有趣的是，一方面西方的乐园思想与东方的极乐净土思想有着迥然相异的性质，而另一方面在宗教艺术的世界中两者的构图又有着出人意料的相似之点。

接着在 16 世纪后半叶，出现了多次描绘过人间乐园、有“天鹅绒的勃鲁盖尔”之称的佛兰德画家扬·勃鲁盖尔（Jan Brueghel，1568~1625 年）[3]。他与鲁本斯交往密切，还描绘过很多配着栩栩如生的人物、透视准确的小风景画及“人间的天堂”。图 4 为他的一幅作品。这幅作品表现了大树参天、葱郁

▪1
戈佐利，意大利画家，文艺复兴时期佛罗伦萨画派的重要代表人物之一。

▪2
安吉利科，意大利僧侣画家。俗名古依多·第·彼埃特罗（Guido di Pietro）。活跃于意大利文艺复兴初期，作品仍受中世纪影响。

▪3
扬·勃鲁盖尔，尼德兰画家。倾心于对自然景物的研究，作品富有浓厚的生活气息。

繁茂、充满着自然风味的森林景象，在大树的树梢和地面上栖息着野鸟，树荫之下，狮子、鹿等动物悠闲自得，呈现出一派十分和平的乐园景象。但画中完全没有亚当和夏娃，见到的只是野生动物的乐园。

在这之后出版的两种造园书籍的插图中也有伊甸园的想象图。图5是1629年伦敦出版的约翰·帕金森（John Parkinson）的“*Paradisi in Sole Paradisus Terrestris*”一书的扉页画。这是一幅将自然风景图案化的图，图中醒目地描绘了树木，其间奔流着河水，使人联想到伊甸园的风光。在前景部分画了花坛，秩序井然地配植着石竹、仙人掌、郁金香、百合、菠萝等栽培植物。帕金森是詹姆斯一世的药剂师，后被视为英国最早的造园家。除了栽培药用植物之外，他还潜心于花卉的栽培与花坛的设计，并千方百计地通过这幅伊甸园图将他的设想表现出来。

图6是美国画家伊拉斯忒斯（Erastus）在1860年左右画的伊甸园想象图，作者的情况不详。遗憾的是原画虽是彩色照片，但却没能保留下原作那种赏心悦目的色彩。其构图令人想起远古时代的景象，产生无限缥缈之感，在流过伊甸园的河流之滨，还巧妙地画出了夏娃采摘禁果的地方。

《圣经》的考古学家认为伊甸园确实存在过，并在波斯湾头的区域——如本章一开始就论述的那样——去寻求这种存在的可能性。在那里，人们始终把《圣经》视为信仰之书而倍加重视，并把上帝奉为带给人类富饶土地的象征，像画家凭借自由想象去描绘图画那样地心驰神往，这在他们看来是理所当然的。

1

2

1　戈佐利画的“伊甸园”（罗多）

2　净土曼陀罗图

3

6

4

5

3 中世纪版画中的伊甸园（克里斯普）
4 勃鲁盖尔的画《人间的天堂》
5 约翰·帕金森著作的扉页画（里斯）
6 19 世纪美国画家描绘的伊甸园（贝拉尔）

第二章　所罗门的庭园

以色列王国的第三代君王所罗门（Solomon，公元前971~前932年）出现在旧约时代中期，即公元前1000年左右。我们应将他的业绩作为确凿的史实来研究。关于所罗门王，《新约圣经》中有如下记载：

> “然而我告诉你们，就是所罗门极尽荣华之时，他所穿戴的还不如这朵花呢！”（《马太福音》第六章第二十九节）

通过这类记载，我们对所罗门王的名字已十分熟悉了。他生于耶路撒冷，是大卫的小儿子，其母为拔士巴。所罗门继承了大卫未竟的事业，握有强大的权力，统一了民族，并统治了邻近的所有民族。所罗门王还致力于建筑事业，在首都耶路撒冷建造了黎巴嫩林宫、圆柱大厅、御殿、法老公主之宫及神庙，还建设了其他要塞工程及仓库城、战车城、骑兵城（《列王记上》第六章~第八章，第九章第十五节以下）。

所罗门，这个极尽奢华的国王的代名词，或许也来自于国王对建筑的这种酷爱吧。对建筑表现出如此热情的国王，当然也热衷于造园和园艺。在国王的著作《传道书》中看到的下面这些话就足以证明这一点。

> “我于是扩大我的工程，为自己建造宫室，栽植葡萄园，开辟园囿，在其中种植各种果树，挖掘水池以浇灌生长中的果木。”（《传道书》第二章第四节~第六节）

所罗门王还极为关注葡萄园：

> “所罗门王在巴耳哈孟有个葡萄园，他将这葡萄园委托给看守的人；每人为园中的果子应纳一千两银子。那属于我的葡萄园就在我面前；所罗门！一千两银子归你，二百两归看守果子的人。”（《雅歌》第八章第十一节、第十二节）

由此可见葡萄园是由国王雇用的小佃户来管理的。国王希望扩大贸易，便从各国收集了各种昂贵植物移植到本国，这从《传道书》所述的“结果在那个地方种植了各种树木”这句话就得到了证实。特别是因为国王喜欢种植果树，所以他的庭园也必是充满了异国情调的果树园吧。

人们认为，迎娶法老之女为妻是国王采取的一种外交策略，他的庭园也会因此而受到当时埃及流行的造园的影响；反之，也不难想象所罗门的庭园同样会大大影响埃及的造园。毫无疑问，所罗门王的庭园与埃及法老的庭园极其相似；而法老的庭园在几个世纪以来，一直以规模巨大的规则式庭园闻名遐迩，庭园中有林荫道、石榴树林、挂满葡萄的凉亭及大水池等。前述《传道书》中“挖掘水池以浇灌生长中的果木”，这段话事实上就暗示了植树造林的目的，以及设有灌溉用的贮水池以利于苗木的生长。拥有无尽财富的所罗门王是有可能着手实施这种耗资甚巨的大规模计划的。在所罗门时代，虽然建造了许多王室庭园，但其主要庭园则建在欣诺姆峡谷（从西至南围着耶路撒冷城的峡谷）与克多隆峡谷（耶路撒冷东侧的峡谷）相汇合之处。而所罗门筑造的大水池在韦迪·乌尔塔斯的三个水源，至今还完好地遗留着。

尽管现代将寻求色彩与形状之美作为庭园美的要素，但在所罗门时代，古代东方的庭园爱好者们却注重芳香美，所以他们喜欢在庭园中栽种芳香型植物。在庭园中，芳香带给人最大的快乐，因为对他们来说，嗅觉是最能激发想象力的感觉。被视为“所罗门的雅歌”的《雅歌》就是最优美而神秘的庭园抒情诗，其中的芳香园抒情诗更是首屈一指。值得注意的是，与英语“Flower”一词相当的希伯来语的“Bosem”也含有“芳香树”之意。整部《圣经》对芬芳四溢的花卉灌木的记载多得令人瞠目。首先从《雅歌》中就可看到：

> “无花果树已发出初果；葡萄树已开花放香。起来，我的爱卿！快来，我的佳丽！”（第二章第十三节）
>
> “你衣服的芬芳好似乳香。”（第四章第十一节）
>
> “你是关闭的花园，是一座关锁着的花园，是一个封锁着的泉源。你吐苗萌芽，形成了石榴园，内有各种珍奇的果木：凤仙和玫瑰；甘松和番红；丁香和肉桂；各种乳香树；没药和芦荟；还有各种奇葩异草。你是涌出的泉水，是从黎巴嫩流下来的活泉水。北风吹来！南风吹来！吹向我的花园，使它清香四溢。愿我的爱人走进他的花园，品尝其中的佳果。”（第四章第十二节~第十六节）

“我的爱人到自己的花园、到香花畦去了，好在花园中牧羊，采摘百合花。”（第六章第二节）

其中出现了各种芳香型植物，我们无妨认为它们都被所罗门王种植在他自己的庭园中。这是因为穷奢极侈的巴比伦王、波斯王、埃及王们也都从东方广泛搜罗这些昂贵的香料植物。即使所罗门王没有培植上述的所有香料植物，但毫无疑问，至少当时《雅歌》的作者对这些植物是无所不知的。首先让我们从中举出乳香和没药来讨论一下。在《圣经·创世纪》的以下记载中最早提到了这两种植物。

“他们坐下吃饭时，举目看见了一队由基尔阿得来的依市玛耳人，他们的骆驼满载着香料、乳香和没药，要到埃及去。”（《创世纪》第三十七章第二十五节）

之后，在《利米记》（第二章第一节、第五章第十一节）、《民数记》（第五章第十五节）、《雅歌》（第三章第六节）、《以赛亚书》（第四十三章第二十六节、第六十六章第三节）、《耶利米书》（第十七章第二十六节）等章节中也都出现过这两种植物，因而使它们更加为人所知。有趣的是在《圣经》中凡是提到乳香的地方大多也同时提到没药。乳香的学名是“*Boswellia carterii* Birdw”，没药的学名是“*Commiphora myrrha*（Nees）Engl”。在《雅歌》中还记载了：

“那来自旷野，状如烟柱，散发着没药、乳香以及各种舶来香料香气的是什么？”（《雅歌》第三章第六节）

“趁晚风还未生凉，日影还未消失，我要到没药山，上乳香岭。”（同上书第四章第六节）

乳香和没药大概是经商人从原产地的阿拉伯及索马里运到各地的吧。

其次，在上述《雅歌》中称为“纳尔达”的甘松香（*Nardostachys jatamansi* D.C.），就是英语中的 spikenard，只在《新约圣经》的《马可福音》和《约翰福音》中各提到一次，在《旧约圣经》的第一回中却是不太为人熟悉的植物。它原产于印度北部喜马拉雅山区，看来在所罗门时代就已从印度移植到巴勒斯坦的庭园中了。

桂（*Cinnamomun cassia* Blume）除《雅歌》之外，在《出埃及记》（第三十章第二十四节）中称“肉桂”和“桂枝”；在《以西结书》（第二十七章第十九节）中称“肉桂”；在《箴言》（第七章第十七节）中称“桂皮”。它是从印度引进的樟科植物。

菖蒲（*Acorus calamus* L.）除《雅歌》外，还在《以赛亚书》（第四十三章第二十四节）、《以西结书》（第二十七章第十九节），及《耶利米记》（第六章第二十节）中出现过。

西黄芪（*Astragalus gummifer* Labill.）在《圣经》中没有出现过这个名称。前面所引的《创世纪》（第三十七章第二十五节）中出现的“香物”、《雅歌》（第六章第二节）中的“香花”，都译自希伯来语的“nechoth”，均指“西黄芪”。西黄芪零零星星地生长在叙利亚、伊朗、伊拉克一带的高原地区，同属紫云英。《圣经的植物》（大槻虎男著）指出：“据史密斯记载，所罗门在他营造的埃萨姆（Etham）的植物园中栽培了各种各样的国产香料植物，同时除西黄芪外，还从外国移植了一些实用植物。”

在讨论了芳香型植物之后，让我们再来考察一下果树。除葡萄树之外，《圣经》中经常出现的果树还有石榴树（*Punica granatum* L.）。例如：

> “在网子周围又种了两行石榴，遮住柱头，两个柱头都是如此。”（《列王记上》第七章第十八节）

《出埃及记》中记有：

> “在长袍底边周围做上紫色、红色、朱红色的毛线石榴，在石榴中间，再做上金铃铛。如此在长袍底边周围一个金铃铛、一个石榴，一个金铃铛、一个石榴。”（第二十八章第三十三节～第三十四节）

就这样，石榴的果实被用作柱头的装饰形状，也用作法衣的装饰图案。当然，石榴的花和果实之优美的形状也常被利用，这从以下句子中可推测出来：

> “（我们到葡萄园去）看看葡萄是否发芽，花朵是否怒放，石榴树是否已开花。”（《雅歌》第七章第十三节）

“我要领你走进我母亲的家，进入孕育我者的内室，给你喝调香的美酒，石榴的甘酿。”（《雅歌》第八章第二节）

因为圣地[1]就在石榴原产地的小亚细亚附近，所以出土文物的装饰雕刻上多有石榴形状，由此可知在公元前2000年就已栽培石榴了。石榴在《旧约圣经》中出现了三次，但在《新约圣经》中却只字未提。

1 指基督教圣地耶路撒冷。

除了无花果、葡萄和石榴，木犀榄（*Olea europaea* L.）也是《圣经》中经常出现的果树。本书所引用的明治《圣经》译本对“Olea”都一律译为“橄榄”，但实际上“橄榄”完全是另一种不同的植物。日文的《旧约圣经》是从文久三年（1863年）出版的汉译本转译而来，所以才导致了上述错误。为此请看《创世纪》第八章第十节中的记载：

“再等了七天，他由方舟中又放出一只鸽子。傍晚时，那只鸽子飞回他那里。看，嘴里衔着一根绿的橄榄树枝；诺亚于是知道水已由地上退去。”

这就是《圣经》中最早出现的“橄榄”一词。从橄榄果中榨出的油叫作“橄榄油”。以色列人常常随身带着橄榄油，主要用作食用油及灯油，并用来举行一些仪式。《出埃及记》第二十七章第二十节载：

“你应吩咐以色列子孙，叫他们把榨得的橄榄清油给你送来，为点灯用，好使灯时常点着。”

《约书亚记》第二十四章第十三节也记有：“我把未经你们开垦的土地赐给了你们；把未经你们建筑的城赐给了你们居住；将未经你们种植的葡萄园和橄榄树林赐给了你们作食物。”

所有这些都是极好的例子。橄榄树不宜用作建筑材料，但却适于作装饰用的工艺材料。《列王记上》第六章第二十三节的记载就说明了这一点：“在内殿里又用橄榄木做了两个革鲁宾[2]，每个高10肘。”

2 即约柜，也称结约之柜。《圣经》中古代犹太人存放上帝约法的圣柜。所罗门王在耶路撒冷建成圣殿后，将其移供于殿内。

“橄榄”一词在《旧约圣经》中出现了20多次。

在所罗门的庭园中，除了以上芳香型植物和果树之外，黎巴嫩杉树（Cedrus libani LOUD），英语为“ceder”，被视为庭园的主要树木。黎巴嫩杉树生长于黎巴嫩高山地带，是大形乔木类针叶树，它与同属的喜马拉雅杉树相似，但树的形状却不同，后者是圆锥形。黎巴嫩杉树随高度而变大，项部稍平，呈伞形。其木材最适用于建筑。在日译本《圣经》中将它译为“黎巴嫩香柏”，或简单译作“香柏”。

> “提洛王希兰派使臣来见达咪，给他送来了香柏木，派来了木匠、石匠，为他建造宫室。”（《撒母尔记下》第五章第十一节）
>
> “希兰于是全照所罗门的要求，供给他香柏木和柏木。”（《列王记上》第五章第二十四节）

所罗门王花了 13 年时间来建造“黎巴嫩林宫”，其中设有审判室。在所罗门王宫中，唯有审判室全用香柏木造成。黎巴嫩杉树以其优美无比的树形使其他所有树木都自惭形秽。在《旧约圣经》中随处可见赞美香柏的词句 ：

> “我要把它种在以色列的高山上，它要生出枝叶，结出果实，成为一棵高大的香柏；各种飞鸟要栖息在它的下面，栖息在它枝叶的阴影之下。”（《以西结书》第十七章第二十三节）
>
> “你是一棵黎巴嫩香柏，枝叶美观，阴影浓密，枝干高大，树梢插入云霄。水使它长大，渊泉使它长高，河水从四面八方流入种植它的土地，支流灌溉田中其他的树木。为此它的枝干高过田间的一切树木。因为水多，生长时枝叶繁茂，枝条特长。天上的所有飞鸟都在它的枝干上筑巢，田间的野兽在它的枝叶下生子，各国的人民住在它的阴影下。它的枝叶宽阔、高大、华丽，因为它的根深入多水之地。天主乐园中的香柏都不能同它相比，扁柏不及它的枝干，枫树不及它的枝丫，天主乐园中所有的树木都没有它那样美丽。我使它枝叶繁茂而美丽，致使‘伊甸’——天主乐园——中所有的树木都嫉妒它。”（《以西结书》第三十一章第三节 ~ 第九节）

读到这些章节，使人对伊甸园充满了幻想，勃鲁盖尔所描绘的“人间天堂”清晰地浮现在脑际，或许他在画中所要表现的就是这些章节所描述的意境吧。总而言之，香柏是完全适于装饰伊甸园及所罗门庭园的树木。

金合欢（Acacia spp.）在《圣经》中译作“合欢树”，多次出现在《出埃及记》的第二十五章、第二十六章、第二十七章及第三十章中。以色列人对合欢树怀有尊敬之心，故在建造点香的祭坛时就要采用这种材料，这从第三十章的记述中就可知道。合欢树可能主要用作家具的材料，而它在造园方面的使用方法却语焉不详。

胡桃（*Juglans regia* L.）nut（英）在《圣经》中以胡桃之名出现在《创世纪》与《雅歌》中。

> “在行李内带着本地最好的出产，一些乳香、蜂蜜、香料、没药、胡桃和杏仁，去送给那人当作礼物。”（《创世纪》第四十三章第十一节）
>
> “我走到胡桃园中，要欣赏谷中的新绿，看葡萄树是否发了芽，石榴树是否开了花。”（《雅歌》第六章第十一节）

胡桃的种子可榨取食油，材质优良，叶子散发出香味，所以也喜作庭树。传说在与伯利恒（Bethlehem）南部接壤的埃萨姆峡谷中，所罗门王造了植物园，并在该峡谷水源充足之处种了胡桃。

扁桃（*Prunus amygdalus* Stokes）“almond”（英）这个词在《圣经》中被译为“巴旦杏”，除前述的《创世纪》外，它还出现在《出埃及记》《民数记》等之中。扁桃是原产于中央亚细亚的落叶树，早春时节为浅粉红色的花，香飘四野。果实可食，并作为花木来观赏。

悬铃木（*Platanus orientalis* L.）“plane tree”（英）在《创世纪》第三十章第三十七节中被译为“桑的嫩枝”，在《以西结书》第三十一章第八节中被译为“枫树”。原产于小亚细亚。自古以来就移植在圣地，后在希腊、罗马作为造园树木而倍受重视。除《圣经》外，其他地方很少见，或许在庭园中不常种植。

第一篇

古代的造园

第一章　埃及的造园

埃及不仅是欧洲文明的摇篮，而且在特殊的气候、风土条件下，埃及的造园也独树一帜。在埃及国土中央，尼罗河纵贯南北，河水每年 7 月到 11 月的定期泛滥将肥沃的土壤冲来，使两岸沙漠地带的居民们不劳而获，受益匪浅。然而，这一适于谷物生长的带形区域却不适于树木的生长。尽管我们无从知道史前的埃及是否有过大森林；但有史以来，这个地区雨水稀少，始终没能形成大森林，仅有的森林也只生长在洪水泛滥之际不易被水淹没的高台地带。对于地处热带的埃及来说，正是这些稀疏的森林遮挡了灼热的阳光，造成凉爽宜人的绿荫。因而，人们对树木倍加珍视，并十分热衷于植树造林。

以培育树木为动机，埃及的园艺事业大获发展。人们把古王国时期的第四、第五王朝及中王国时期的第十二王朝称为园艺发展的鼎盛期，不少记载着当时许多种树木、葡萄及蔬菜种植情况的资料在后世广为流传。例如壁画等就是极好的例子，画中描绘着用堰堤、水闸调节运河网，来引导尼罗河水，用橘槔[1]将尼罗河水抽上来浇灌植物的情景。这表明很早以来埃及人就作为园艺师而活跃着，不过他们的种植园仍然没有摆脱树木园、葡萄园及蔬菜园的实用性质。从这种实用园向前迈进一步，施以造园装饰、创造具有美的享乐与宗教意义的庭园，这都是始于新王国时期的事情了。

[1] 一种简单的汲水工具。

当然，那时的庭园如今已经荡然无存了，但那些传递它们信息的壁画却可以使我们对其景况略知一二。其中之一是底比斯阿米诺菲斯三世的某大臣墓中发现的画（图 2），另一个是特鲁埃尔・阿马尔那的阿米诺菲斯四世之友麦利尔的庭园图（图 4）。今天从这两幅图中来概览埃及庭园，可以看到这些庭园均为方形，四周围以高墙，入口处建着埃及特有的塔门。高墙之内成排地种植着埃及榕、枣椰子、棕榈等庭园树木，矩形水池围在它们之中，池旁还建有亭子。在图 2 中，正对庭园中心的塔门和住宅中部的区域由 4 排拱形葡萄棚架组成；而在图 4 所示的主庭园中心却可看到一个巨大的下沉式水池。虽然这两个庭园有些相异之处，但在庭园的局部处理及材料的使用上却具有完全相同的特征，即都采取规则对称的布局手法。庭园树木除以上三种外，

公元前	通　史
3500 年	公元前约 3500 年　尼罗河流域纷纷建立各城市国家（希腊语称国家为"诺姆"）
3000 年	公元前约 3000 年　上埃及王国与下埃及王国统一 公元前约 2850 年　古王国时期（～约前 2050 年）：米尼兹王统一上、下埃及，建都孟菲斯 公元前约 2300 年　开始与克里特谈判 公元前约 2200 年　第六王朝王权旁落倾向加速 公元前约 2050 年　中王国时期（～约前 1670 年）：第十一王朝建立，建都底比斯
2000 年	公元前约 1670 年　建立希克索斯王朝（～约前 1570 年） 公元前约 1570 年　新王国时期（～前 525 年）：驱逐希克索斯，建立第十八王朝，建都底比斯 公元前约 1502 年　图特摩斯三世即位（～前 1448 年）
1500 年	公元前约 1470 年　图特摩斯三世征服叙利亚 公元前 1412 年　阿米诺菲斯（也名阿门赫特普）三世即位（～前 1376 年） 公元前 1377 年　阿米诺菲斯四世（也称阿克纳顿）即位（～前 1358 年），迁都特鲁埃尔·阿马尔那；阿马尔那时代（～前 1358 年） 公元前 1358 年　图坦卡门即位（～前 1349 年），建都底比斯 公元前约 1345 年　第十九王朝建立（～前约 1200 年） 公元前 1288 年　拉美西兹（即拉姆亚斯）二世入侵小亚细亚，与赫梯人交战 公元前约 1278 年　与赫梯人讲和

公元前	文化史
3000 年	公元前约 2650 年　金字塔时代（～约前 2560 年）：第四王朝胡夫（Khufu）王的金字塔最为宏伟 第五、第六王朝时代（公元前 2965~ 前 2630 年）园艺最繁荣 第十二王朝时代（公元前 2212~ 前 2000 年）园艺活动兴旺
1500 年	公元前约 1500 年　哈特什帕苏女王的神庙（戴尔 – 埃尔 – 巴哈利陵墓群） 建卡纳克的阿蒙神庙 阿米诺菲斯三世某大臣墓的庭园壁画 公元前 1377 年　阿米诺菲斯四世禁止阿蒙信仰，创立安东一神教，阿马尔那艺术；这个时代有庭园壁画 公元前约 1360 年　依库恩·安东的浮雕（柏林国立美术馆） 公元前 1358 年　阿蒙信仰复兴 拉美西斯三世（公元前 1204~ 前 1172 年在位）从各地移植树木

还有无花果树、洋槐树等。前面提及的美国梧桐树在埃及庭园中尤其不可缺少，它的果实、枝干都有实用价值，并且人们还相信，它的树荫既是生者的休憩之地，也是死者的安息之所。果树除无花果、葡萄外，还种植了石榴。此外，埃及人十分喜爱花卉，庭园中常常种有野生植物类的莲、纸草等，并引进了外国植物，如蔷薇、银莲花、矢车菊、罂粟、蓟、芦苇等。一般来说，庭园植物中的树木直接种于地上，花卉则种在花坛内，不过有时也将灌木、花卉之类种在花盆或木箱中，沿房屋附近的园路并排放置。特鲁埃尔·阿马尔那的庭园就是其范例之一。其次，水池是庭园的重要组成要素，其形状一般为矩形，当水池比较大时，池岸的阶梯一直伸至水面，造成所谓的“下沉式水池”。池中种着莲之类的水生植物，并养着水鸟、鱼类等，使它弥漫着凉爽的气息。池旁还建有亭子，这种亭式构筑物是埃及庭园中的重要设施。

以上两个实例对古埃及庭园作了一番概述。在埃及，除了这种私家庭园之外，还有附属于神庙的所谓“神苑”。法老们崇敬诸神，大兴土木建造神庙，并在其周围设置神苑。据说这种风习在中王国时期仍能看到，而绘画中所表现的则是新王国时期以后的神苑了。其中最著名的是哈特什帕苏女王祭祀阿蒙神[1]的戴尔－埃尔－巴哈利神庙（图5）[2]。该庙由三个台阶状的大露台组成，将山拦腰削平，用列柱廊形成的围墙来装饰，是一座颇为壮观的神庙。先沿河而上，穿过两排长长的狮身人面像，即到达最低层露台的塔门。接着缓缓倾斜的道路穿过围墙的中央，从一个露台通向另一个露台。在狮身人面像的两侧，似曾有过洋槐林荫树，还可以想象在塔门附近及三个露台上也都种过树木，造成神苑的形式。据悉，女王还从一个叫蓬多的地方移植来香树，这与其说是为了向阿蒙神祈祷，莫如说是为了装饰这座神庙。据说拉美西斯三世也建造了许多神苑，在阿图马神庙中，就有种着树木和葡萄的大神苑，以此来装饰神庙。埃及国王的这一惠赠品促进了神苑的发展，从神苑进而到神庙境内的林木，即圣林，都被大力兴造了。

▪1
阿蒙（Ammon），古埃及人的太阳神。

▪2
此处作者提及的戴尔－埃尔－巴哈利神庙，实际上应为戴尔－埃尔－巴哈利陵墓群的哈特什帕苏墓，又称为“圣洁圣殿”。该陵墓群是位于尼罗河西岸的陵墓寺庙的复合体。

除这类神苑、圣林外，在埃及的神庙及寺院的造园中，还有与陵墓有关的墓园。埃及人认为现世成就之物在来世也能为灵魂带来慰藉，其结果致使他们希望在住房周围尽可能建有庭园，以作为灵魂的安息之所。这种思想也表现了古埃及盛行的庭园葬礼这一已变化了的风俗，即人死后为告慰其灵魂，便在其生前所喜欢的庭园中为他举行葬礼。如壁画所示，沉浸在悲痛之中的人们并排坐在池边，安放着遗体的船在池中漫游（图1）。埃及人对这种观念做出了极富象征性的解释，他们在其陵墓的四壁上雕琢出庭园的浮雕及壁画等，以满足这种愿望。埃及庭园画大部分来自陵墓就是这个原因。我们甚至还可以设想，在他们的陵墓周围确实有陵园，而不仅是以绘画来象征。人们认为，即使将陵园也称为庭园，它的范围也是非常狭小的，往往不过是由几棵树木及小花坛、水池所组成而已。庭园中采用的树种是能在沙漠中生长并具有象征意义的枣椰子、埃及榕树等植物。图6所示是这种陵园的两三个例子，右图均为根据左边对应的原图画出的想象图。

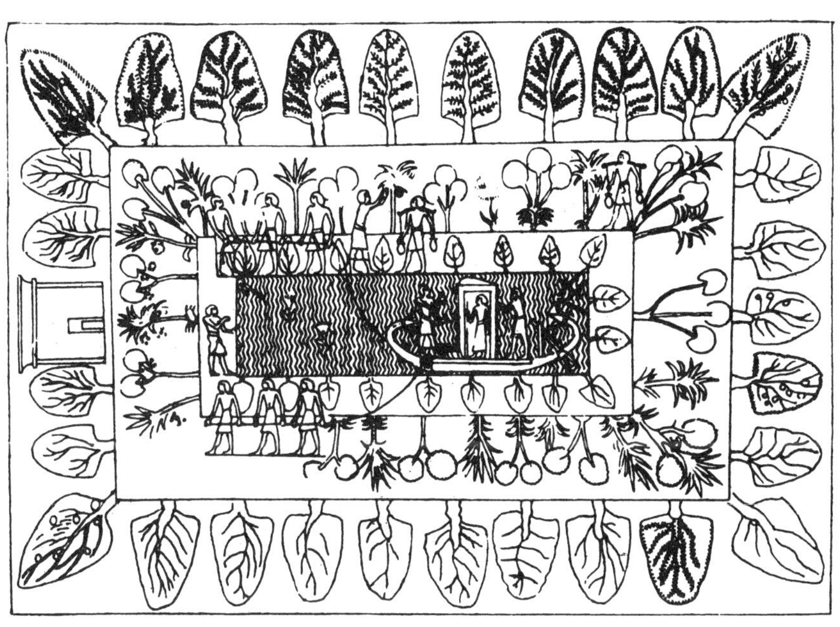

1

1　雷克马拉庭园中的葬礼（戈塞因）

2

2　阿米诺菲斯三世时代某大臣府邸的庭园壁画（纽乌顿）

3　根据左图绘成的想象鸟瞰图（纽乌顿）

4　特鲁埃尔·阿马尔那的高僧麦利尔的府邸（布里斯）

5　戴尔 - 埃尔 - 巴哈利神庙的复原图（戈塞因）

6　陵园三例（据《庭园艺术杂志》）

3

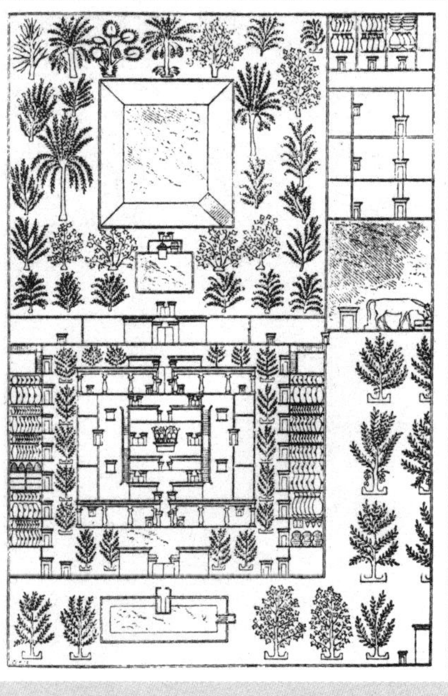

4

5

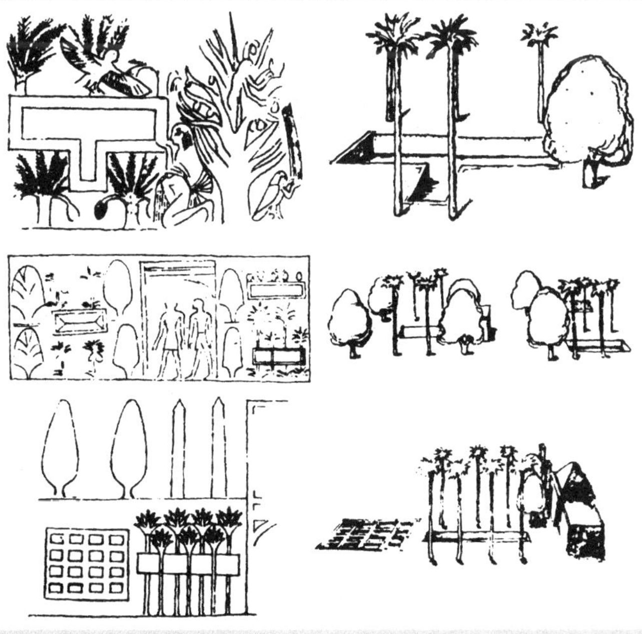

6

第二章　美索不达米亚的造园

当埃及文明的曙光初照之际，在底格里斯、幼发拉底两河流域的美索不达米亚，旧巴比伦王国诞生了。它的文化大放异彩，完全堪与埃及文化相媲美。正如同尼罗河水哺育了埃及文明一样，巴比伦文明也是底格里斯及幼发拉底这两条河流带来的肥壤沃土的恩赐物。在那个年代里，埃及文明与美索不达米亚文明大致相对而立。尽管如此，从流传下来的文献、绘画等资料来看，美索不达米亚造园文化产生的年代却远远晚于埃及；并且，由于自然条件的不同，使美索不达米亚与埃及的造园有着天壤之别。埃及所处的沙漠地带不适宜森林的生长，因而它的造园为人工的规则式；与此相反，在天然森林资源丰富的两河流域，却发展了以森林为主体、以自然风格取胜的造园，以狩猎为主要目的的猎苑即属此类。猎苑几乎无异于天然森林，它既具粗犷之风，又有实用价值。所以，在美索不达米亚，天然森林被称为“quitsu”，而人造的猎苑、庭园等却被叫作“kiru”，以示明确区别。

美索不达米亚的居民崇拜参天巨树，也渴求绿树浓荫，还由于森林地带可以避免洪水灾害；所以，他们的生活与猎苑息息相关。巴比伦的叙事诗《吉尔伽美什的传说》（*Gilgamesh-Epos*，公元前 2000 年）就是记载猎苑景观的最古老的文献，从中可以看到对猎苑的描述，但绘画资料却极其匮乏。在继承巴比伦文化的亚述帝国，兴造猎苑之风也曾盛极一时，其中尤以亚述王提格拉帕拉萨一世（公元前 1100 年）的猎苑最负盛名。据记载，正如埃及女王哈特什帕苏移植外国植物那样，提格拉帕拉萨一世也从征服国抢夺来西洋杉、黄杨等，用以点缀本国的猎苑。从此，猎苑变成了国内的主要装饰物，而树木也愈发受到青睐。据说在首都亚述的猎苑中，亚述王还饲养了野牛、鹿、山羊，甚至大象、骆驼等动物。

公元前 8 世纪后半叶，各亚述先王不仅用文字记载了猎苑的情形，而且还在宫墙上刻满浮雕，将树木、风光刻画在狩猎图、宫殿图、战争图及宴会图等各式各样的图中。从这些图里可以知道亚述人十分热衷于人造山丘、台地。他们或将宫殿建在大山冈上，或将礼拜堂、神庙等设在猎苑内的小丘上。一般来说，建筑物都有露天的成排小柱廊，近处有河水流淌，山上松柏成行，山顶还建有小祭坛（图 1）。

萨尔贡[1]二世之子辛那赫里布曾在尼尼微市的山冈上建造过规模宏伟的宫殿。从遗址来看，宫殿四周高墙环绕，在高约 50 英尺、全长达 8 英里的围墙之内，有宽阔的猎苑（图 2）。猎苑中种着产于迦勒底的香木、葡萄、棕榈、丝柏等；底格里斯河的支流科斯尔河穿城而过，苑内的贮水池中蓄满了引来的河水，供给猎苑。在袒露的岩石上，国王建造了祭祀亚述历代守护神亚述尔的神庙。从发掘的遗址可知，神庙四周造有神苑（图 3）。该遗址面积为 1.6 万平方米。在建筑物的前面，沟渠绕墙，并排流淌着一些小水沟。此外，在岩石地上还能看到许多圆形古穴址，它们深入地下 1.5 米，周围树木成行。在如此幽深的神苑的环抱之中，亚述尔神庙昂然挺立。神苑内对称地种着成排的树木，这与埃及庭园的植树法非常相似。

在美索不达米亚地区，除上述猎苑外，我们所知道的还有从巴比伦的“空中花园”（Hanging Garden）演变而来的庭园。“空中花园”直译为“悬空园”，或依其景观译为“架空园”，它依附在“巴比伦城墙”上，后者是古代世界屈指可数的七大奇观之一。关于“空中花园”名称的来历，班克斯在《古代世界的七大奇观》（*The Seven Wonders of the Ancient World*）一书中写道：“‘空中花园’之称源出于希腊作家们的幻想，在尼布甲雷撒的许多建筑碑文上完全不见这个称谓。或许是城墙露台上的树木、藤蔓垂挂在城墙上，令希腊旅行家们触景生情，欣然将此命名为‘空中花园’的吧。”尽管对这种庭园的存在尚存疑问，但造园史家根据各种文献的记载，都一致承认了这种庭园的真实性。现在，特尔·阿姆兰·伊万·阿里（Tel Amran-ibn-Ali）即“阿里酋长之丘”就被视为“空中花园”的遗构（图 4）。古代的巴比伦城由内外两重城墙环绕着，这个山丘就在内城墙以内。关于这个庭园的筑造者众说纷纭，大体上可分为以下三种说法。

1. 塞米拉米斯（即莎嫫拉米特）王妃说　此说源于马斯伯乐[2]所著的《东方人民古代史》（*Geschichte der alten orientalischen Völker*）一书，他认为该园乃亚述王宾·尼阿里之妃塞米拉米斯（亦名莎嫫拉米特）所造。

2. 某亚述王说　希腊历史学家狄奥多罗斯·希库尔斯[3]否定了塞米拉米斯王妃之说，他力主是某亚述王建造了该园，以抚慰一来自波斯而思念故土家园的宫女。

3. 尼布甲雷撒说　此说是贝罗萨斯经过更深入的研究而得出的结论。他认为该园是新巴比伦国王尼布甲雷撒二世为出生在米底的王妃建造的。英国专事古西亚研究的大学问家罗林生[4]译解了刻在砖上的楔形文字，证实了这

[1] 一译“萨艮”。

[2] 马斯伯乐（Gaston Camille Charles Maspero），1846~1916 年。法国的埃及学家。著有《东方人民古代史》三卷，资料丰富，对近东和中东历史研究的成果作了概述，享有盛誉。

[3] 狄奥多罗斯（Diodorus Siculus），约公元前 90~前 21 年。罗马统治时期西西里的历史学家。用希腊文撰《世界史》，凡四十卷，为后世保留了不少已佚的古代作家的作品。

[4] 罗林生（Henry Creswicke Rawlinson），1810~1895 年。英国的东方学家、外交家。1835~1837 年在伊朗西部发现《贝希斯敦铭文》，并译解古波斯文成功。著有《巴比伦和亚述的楔形文字注解》等。

公元前	通　史
3000 年	公元前约 3000 年　美索不达米亚各城市国家形成 公元前约 2800 年　苏美尔时代（～前约 2400 年） 公元前约 2400 年　阿卡德时代（～前约 2200 年）始祖萨尔贡一世进行大征服 公元前约 2050 年　乌尔第三王朝成立（～前约 1950 年）
2000 年	公元前约 1830 年　古巴比伦王国成立（～前 729 年） 公元前约 1800 年　赫梯王国兴起 公元前约 1700 年　汉谟拉比王（一说公元前 1728~ 前 1686 年）的鼎盛时期 公元前约 1100 年　亚述帝国成立（～前 612 年） 公元前约 1004 年〔希伯来〕建立希伯来王国
1000 年	公元前 965 年〔希伯来〕所罗门王即位（～约 926 年） 公元前 926 年〔希伯来〕分为两个王国：犹太与以色列两对立王国 公元前约 875 年　亚述王远征叙利亚、腓尼基 公元前约 730 年　亚述征服巴比伦 公元前 722 年　亚述王萨尔贡二世即位（～前 705 年） 公元前 721 年　以色列王国灭亡 公元前 670 年　亚述统一东方 公元前 625 年　新巴比伦（迦勒底）独立 公元前 612 年　亚述灭亡，四国对立时代形成（～前 558 年） 公元前 586 年　新巴比伦王尼布甲雷撒二世征服犹太王国 公元前 539 年　新巴比伦征服腓尼基

公元前	文化史
3000 年	公元前约 2050 年　乌尔第三王朝统治下苏美尔文明的最后繁荣
2000 年	公元前约 2000 年　苏美尔、阿卡德王舒尔吉编撰法典 公元前约 1800 年　赫梯人开始在东方使用铁器 公元前约 1700 年　汉谟拉比法典 亚述的提格拉帕拉萨一世的猎苑
1000 年	萨尔贡二世之子辛那赫里布在尼尼微市的山冈上建造宫殿 公元前约 700 年〔希伯来〕先知以赛亚的活动 波斯人琐罗亚斯德创立拜火教 公元前约 600 年〔希伯来〕先知耶利米的活动 新巴比伦王尼布甲雷撒二世的空中花园

一说法的正确性。

在上述三种说法中，以尼布甲雷撒说为最正确，故而流传甚广。

这个庭园遗构如今已毁坏殆尽，关于它的规模与构造，我们只能从斯特拉波[1]、狄奥多罗斯、库尔提乌斯、小普林尼[2]等希腊、罗马历史学家们的记载中略见一斑。虽然他们都认为该园是由金字塔形的数层露台所组成，但对于其底边的长度及台丘的高度等，学者们却各持己见。露台由厚墙支承，但学者们对墙的厚度、宽度及高度也众说不一。据说墙体是以沥青粘结砖块砌成。这些露台并非全都由墙体构成，它的外部是拱廊，内部则有大小不等的许多房屋、洞室、浴室等。但是，我们却不知道究竟是整座露台都采用这种结构还是仅从一层到二、三层才是如此。露台四周的平地上堆土成丘，种着大大小小的各类树木，这些土丘层层叠叠，整体外观宛若森林覆盖的小山耸立在巴比伦平原的中央，如高悬于天空之中一样（图 5）。其次，关于庭园的灌溉方式也众说纷纭。估计是先用水泵将幼发拉底河水抽上露台，然后经由水管、沟渠等来浇灌全园。

A・内哈尔德与 N・西休瓦合著的《古代世界的七大奇迹》中记载："据希罗多德[3]说，巴比伦庭园中的土台和栽植在其上的树木总高度达 200 科罗纳（1 科罗纳大约等于 25 厘米），与巴比伦城墙的高度相同。这样，巴比伦人运用他们所掌握的精深的数学知识，使这个十分棘手的问题迎刃而解。空中花园——这个令古人惊叹不已，至今仍为古代世界七大奇迹之一的庭园——就这样从人们传说的设想完全变成了现实。对今天来说，下令建造空中花园者究竟是尼布甲雷撒还是塞米拉米斯已无关紧要。重要的是，它是由古代巴比伦的无名百姓们建造的。实际上，烧砖、垒石、砌拱、植树，完成所谓空中花园的确实是那些名不见经传的庶民百姓们。"《古代世界的七大奇迹》实乃一篇令人回味无穷的文章。

虽然古代并无准确描绘空中花园景观的绘画资料，但若论后世与空中花园相似的庭园，当首推波斯设拉子的塔库特庭园和意大利伊索拉・贝拉别墅的庭园吧。

▪1
斯特拉波（Strabo），约公元前 64~ 约公元后 21 年，古希腊地理学家。著《历史概要》47 卷。今保留一部《地理学》，为古代重要的地理文献，对后世区域地理的研究有一定影响，也是研究古代历史的宝贵资料。

▪2
小普林尼（Gaius Plinius Caecilius Secundus），61~ 约 113 年。古罗马律师、散文作家和议员。大普林尼的外甥和养子。

▪3
希罗多德，公元前 484~ 前约 425 年。古希腊历史学家，被西塞罗称为"历史之父"。

1

5

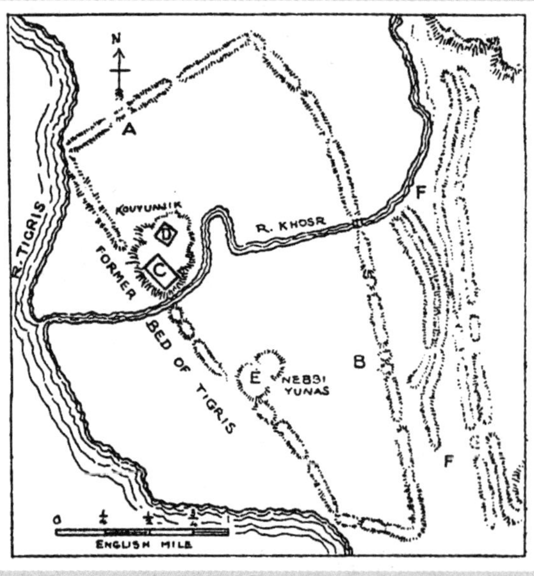
N
A
KOUYUNJIK
D
C
R. TIGRIS
R. KHOSR
FORMER BED OF TIGRIS
F
B
E
NEBBI YUNAS
F
ENGLISH MILE

2

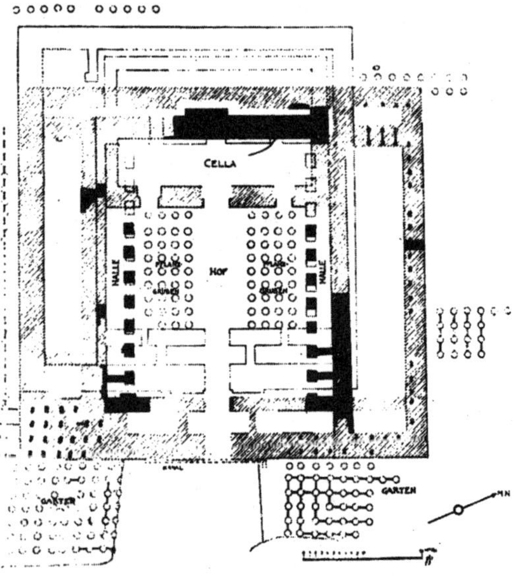
CELLA
HALLE
HOF
HALLE
GARTEN
GARTEN

3

4

6

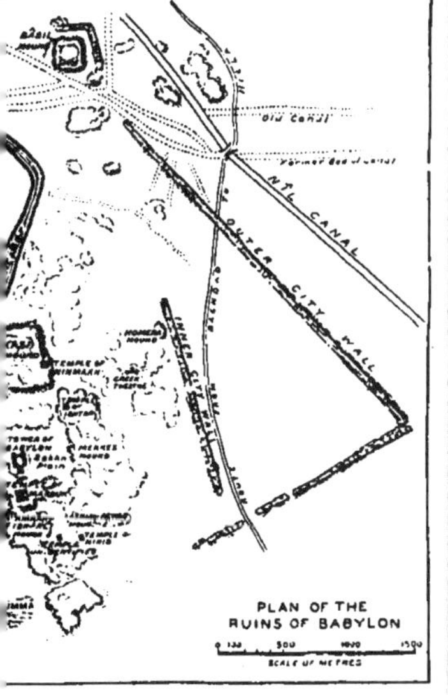

1 科尔撒巴德猎苑中的寺院和丘陵（戈塞因）
2 尼尼微遗址的平面图（贝尔）
3 亚述王辛那赫里布的大宴会场（戈塞因）
4 巴比伦遗址的平面图（班克斯）
5 空中花园的想象图（曼金）
6 空中花园的想象图（贝拉尔）

第三章　希腊的造园

爱琴海文化是希腊文化的前身，它由诞生在克里特时期和迈锡尼时期的两种文化所组成。这两种文化因地理条件和社会状况的不同而具有不同的性质，其区别在建筑方面的表现也是显而易见的。从遗址来看，克里特的宫殿采用住宅式的开敞形态，体现了其时代生活的安定和平；而迈西尼的宫殿则为城堡式，壁垒森严，各房间向中庭敞开，前门直达中庭，完全是封闭式构造。克里特受惠于地理及时代环境，其餐具装饰、花瓶形状、室内壁画等都表现出克里特人对植物的酷爱。可想而知，克里特的造园文化也是相当先进的。例如，在有关迷宫的传说中，著名的克诺索斯的米诺斯王的宫殿（图 1）就建在冬能避寒风袭人、夏能迎凉风送爽的斜坡上，不难想象，宫殿中从国王的寝宫到嫔妃的后宫，及文武百官的休息室等都建造得尽善尽美，附属于它们的庭园也与这些建筑物相得益彰。与此相反，在战火连绵的迈锡尼，平民百姓的庭园还处于极不成熟的阶段，仅是中央放置火炉、被称为起居室的大厅而已，既可将它们看作是与后来罗马时代的列柱中庭相当的小规模中庭，也可视为承袭前者衣钵的中庭（atrium）的前身。然而，即便在那样的时代，王宫的庭园也许仍然建造得十分壮观，这从荷马（公元前 10 世纪左右）的英雄史诗《奥德赛》（*Odysseia*）中所描述的阿尔喀诺俄斯王宫殿的庭园就可见一斑。尽管对这个庭园的描绘是出自诗人丰富的想象，是用语言表达古代民族感情的产物，但它仍不失为当时庭园的真实写照。这个大庭园树篱环绕，其中的果树园内种满了四季开花结果的梨、石榴、苹果、无花果、橄榄、葡萄等果树。规则齐整的花园位于庭园的尽端，园中有两个喷泉：一个喷泉涌出的水流入四周的庭园；另一个喷泉喷出的水则通过前庭入口的下方流向大宫殿旁，供城里的人们饮用（图 2）。诗中还列举了月桂树、桃金娘、牡荆等装饰树木；但是，却无花卉方面的任何记载。实际上，当时的房屋及服饰上几乎都不用花卉。由此可知，在那个时代大概尚未顾及花卉的栽培，花园仅仅是蔬菜园而已。所以，虽然这个宫苑中也有喷泉之类的装饰物，但庭园本身依旧是以种植果树和蔬菜为主、生产色彩颇浓的实用园。

在公元前 5 世纪爆发的波希战争[1]中，希腊因大获全胜而国势日强，从此步入希腊的鼎盛时代。在这个歌舞升平的太平盛世里，建造庭园的人日益增多，

▪1
公元前 492~ 前 448 年，古希腊各城邦反抗波斯侵略的战争。这次战争使波斯帝国惨遭失败，希腊人捍卫了国家的独立，并为各城邦的进一步发展奠定了基础。

自此以后栽培花卉之风盛极一时，从昔日的实用性庭园向装饰性庭园的转化也初见端倪。不过，当时花卉的品种极少，仅有蔷薇、紫花地丁、荷兰芹、罂粟、百合、番红花、风信子等，人们尤爱种植芳香类植物。在那时的普通住宅中，都有像迈西尼时代那样的起居室式大厅，中庭面向远离街道的居室，在其一侧并排着柱廊（图 3）。稍后，起居室被横置一侧，成了宽敞的大厅，中庭则成了所谓的列柱中庭（peristylium），是住宅的中心所在（图 4）。这种列柱中庭大部分开始铺砌地面，因为没有栽花种草，所以代之以赤陶（terracotta）雕像、盆栽及大理石的喷泉等。随着城市生活水平的提高，人们在这些中庭内种上了各种各样的植物，最后终于演变成能与其后罗马时代相匹敌的豪华的列柱中庭。当时在希腊除了这种中庭式庭园外，还创造了一种被称为阿多尼斯园（Adonis Garden）的屋顶庭园。这种屋顶庭园起源于祭祀阿多尼斯[1]的风俗。在祭祀阿多尼斯之日，为凭吊阿多尼斯的在天之灵，雅典妇女们模仿流行于叙利亚的仪式，在屋顶建起阿多尼斯像，并在像的四周并排放置土罐，其中种有茴香、莴苣、小麦、大麦及其他发芽快速的植物种子（图 5）。起初仅仅在阿多尼斯祭祀的短期内用盆栽来装饰屋顶，以后则盛行于一年四季了。

以上是私家造园的概况，在民主思想活跃的希腊，公共造园也蓬勃发展，其中首屈一指的是圣林。圣林是早在埃及就已流行的一种被依附于神庙的树林，即在神庙四周植树造林形成的神苑，旨在使神庙具有神圣与神秘之感。同时，它还表现了古希腊人对树木的敬畏观念，与神庙中举行的祭祀活动相比，圣林更受重视，后来甚至被当作宗教礼拜的主要对象。圣林所用的树木与庭园树木不同，多用绿荫树而不用果树，主要树种有棕榈树、槲树、悬铃木。在荷马史诗中也描写过谢丽亚的圣林、山林水泽仙女[2]的圣林及卡吕普索[3]的圣林等。但荷马时代的圣林只是作为墙壁围在祭坛的四周，以后才逐渐带有神苑的景观。在著名的阿波罗神庙周围有长达 60~100 米的空地，人们认为这就是圣林的遗迹。最初在圣林里是不种果树的，后来才以果树来装饰神庙。在奥林匹亚附近、环抱着宙斯神庙的圣林中，除有许多祭神殿外，还在一些地方并排放置了不少雕像、器皿等，故称之为“铜像与大理石雕像之林”。在这个宙斯神庙中，每隔 4 年便举行一次祭祀，届时还照惯例进行各类体育比赛，比赛的三次优胜者还能赢得将自己的半身或全身塑像装饰在圣林中的殊荣。梯尔什按遗址制作了奥林匹亚祭祀场的复原图，图中所示的比赛场与大神庙相毗连，四周环绕着圣林（图 6）。为举行奥林匹克运动会，希腊各地都建起了这种运动场。

随着群众性体育竞赛热潮的高涨，希腊青年们需要有场地来进行体育锻炼，

▪1 阿多尼斯（Adonis），希腊神话中的植物神，且为美少年，是爱神阿芙洛狄忒的情人。

▪2 Nymphs，希腊神话中居住在山林水泽的一群仙女，其中有森林仙女得律阿德斯、山神俄瑞阿德斯等。

▪3 卡吕普索（Calypso），希腊神话中的海之女神，是扛起天穹的巨人阿特拉斯的女儿。

公元前	通　史
3000 年	公元前约 2600 年　〔克里特〕爱琴文明兴起；克里特早期米诺斯时代（～前约 2000 年）
2000 年	公元前约 2000 年　希腊人[1]（亚该亚人）南下 希腊〔克里特〕中米诺斯时代（～前约 1600 年） 公元前约 1600 年　〔克里特〕后米诺斯时代（～前约 1400 年） 公元前约 1500 年　迈锡尼文明兴起（～前 1100 年）
1500 年	公元前约 1400 年　迈锡尼文明的兴盛期，希腊人入侵克里特
1000 年	公元前约 980 年　爱奥尼亚人向小亚细亚殖民 公元前约 950 年　伊奥利亚人向利迪亚海岸殖民 公元前约 900 年　由此时开始形成城邦
800 年	公元前约 800 年　雅典、斯巴达等建立 公元前约 750 年　开始向黑海及地中海沿岸殖民（～前 550 年） 公元前约 650 年　从此出现僭主政体 公元前 621 年　在雅典公布德拉古的成文法
600 年	公元前 594 年　梭伦改革：梭伦执政，竭力调解贵族与平民间的矛盾 公元前 561 年　庇西特拉图成为雅典的僭主，实施改革
550 年	公元前 550 年　以斯巴达为盟主，成立伯罗奔尼撒同盟（～前 527 年） 公元前 545 年　小亚细亚的希腊诸城市隶属于波斯 公元前 514 年　雅典僭主希帕尔库斯遭暗杀（公元前约 600 年～） 公元前 510 年　雅典僭主希庇亚斯下台 公元前 508 年　雅典的克利斯提尼开始施行民主政治
500 年	爱奥尼亚殖民市背叛波斯
494 年	米洛斯市遭波斯破坏
492 年	波希战争（～前 448 年）波斯军第一次入侵希腊
490 年	波斯军第二次入侵希腊
480 年	波斯军第三次入侵希腊
479 年	普拉提亚之战：在米克利海峡的海战中，波斯军战败
477 年	提洛同盟（～前 404 年）
448 年	卡里阿斯和约：波希战争结束
444 年	伯里克利时代（～前 429 年）：雅典的最强盛时期，文化的黄金时代
431 年	伯罗奔尼撒大战（～前 404 年）：雅典、斯巴达争夺霸权
429 年	伯里克利死于瘟疫（前 490 年～），此后雅典由德马哥库当政
421 年	尼西阿斯和约：雅典、斯巴达休战
413 年	雅典赴西西里的远征军被全歼：占领卡塔戈西西里岛西半部
405 年	伊格斯波特米海战；雅典大败于斯巴达
404 年	雅典开城，伯罗奔尼撒战争结束
399 年	斯巴达与波斯交战（～前 386 年）
395 年	科林斯战争（～前 387 年）：科林斯、底比斯、雅典等结盟，与斯巴达开战
386 年	波斯大帝和约（即安塔尔西德斯和约）：小亚细亚的希腊诸城归属波斯
371 年	留克特拉之战：底比斯打败斯巴达，称霸希腊
362 年	伊巴密浓达阵亡，底比斯霸权崩溃
337 年	科林斯同盟，腓力普二世为盟主，决议讨伐波斯

[1] 原始希腊人有四个分支：亚该亚人、伊奥利亚人、爱奥尼亚人和多利安人。

公元前	文化史
约 1600 年	〔克里特〕克里特文明的鼎盛时期
约 1100 年	进入铁器时代
约 880 年	从腓尼基传来罗马字母
约 850 年	荷麦罗斯（即荷马）完成史诗《伊利亚特》和《奥德赛》
776 年	首届奥林匹克运动会（~公元 394 年）
约 700 年	诗人赫西俄德的写作活动：《神谱》《劳动与日子》
约 590 年	女诗人萨福（Sappho）活跃
585 年	爱奥尼亚学派（也称米利都学派）的鼻祖泰勒斯观测日食
约 560 年	伊索去世（公元前约 620 年~）：《伊索寓言》
约 530 年	毕达哥拉斯学派的鼻祖毕达哥拉斯活跃：勾股定理。诗人阿那克里翁的活跃时期
约 510 年	哲学家赫拉克利特的活跃时期
约 480~ 前约 445 年	米隆完成“掷铁饼者”
约 462 年	抒情诗人平达：《奥林匹克第八胜利之歌》
约 456 年	奥林匹亚的宙斯神庙落成
438 年	雅典的帕提农神庙建成（公元前约 447 年~）
430 年	希罗多德写《历史》
423 年	喜剧作家阿里斯托芬写成《云》
约 420 年	修昔底德写成《伯罗奔尼撒战争史》一书
约 411 年	诡辩派的代表人物普罗泰戈拉逝世
399 年	哲学家苏格拉底被处死刑（公元前约 470 年~）
386 年	哲学家柏拉图开创柏拉图学园
约 377 年	医学之父希波克拉底逝世（公元前约 460 年~）
约 375 年	库塞诺冯作《万人退却记》
约 370 年	自然哲学家德谟克利特逝世（公元前约 460 年~），他提倡原子论哲学
约 340 年	雕刻家史柯珀斯逝世，雅典的普拉克西特利兹作为公元前 4 世纪的雕刻家而著名
335 年	哲学家亚里士多德创办吕克昂学园，著有《雅典人的国家》等许多著作
330 年	希腊化时期（~公元 31 年）：希腊主义文化逐渐兴起
322 年	雅典雄辩家德摩斯梯尼自杀（公元前约 384~）
约 311 年	埃皮库诺斯在雅典创办学园
307 年	芝诺（公元前 335~ 前 263 年）在雅典创立斯多葛学派

为满足这种需要而建造的就是体育场（gymnasium）。最早的体育场只是用以进行体育训练的一片空地，其中连一棵树也没有。后来一个叫西蒙的人在体育场内种上了洋梧桐树来遮阴，从此，人们便来这里散步、集会，直至发展成公园或公共庭园（public garden）。与圣林一样，体育场原来也与祭祀英雄的神庙有关。雅典近郊塞拉米科斯著名的阿卡德弥体育场虽为柏拉图所创，但它却是从举行比赛以祭祀英雄阿卡德摩斯的圣地演化而来的，体育场也因此而得名。场内有洋梧桐林荫树以及夹在灌木之间、名为“哲学家之路”的小径，殿堂、祭坛、柱廊、凉亭、凳子等遍布场内各处，还有用大理石镶边的长椭圆形跑道。

在雅典、斯巴达、科林斯诸城市内外都大建体育场，许多位于城郊的体育场不仅规模宏大，而且还占据了水源丰富的风景胜地。德尔菲的体育场由建在陡峭山腰上的两层露台所构成（图 7）。上层露台上有供训练用的宽大的露天广场，下层露台于公元前 4 世纪时向西扩展，增设了巨大的圆形游泳场。其他的古代体育场几乎都尚未发掘，但唯一留传后世、在我们眼前再现这种壮丽全景的是佩尔加蒙的体育场（图 8）。它是古希腊最大的体育场，与小规模的德尔菲体育场形成了鲜明的对照。这个体育场由三层大露台组成，各露台间的高差为 12 米到 14 米。整座体育场被包围在高墙之中，墙的下方可能是摆满偶像的壁龛，墙顶有大柱廊等。三层露台上都有建筑物，显然是有体育场的所在。第二层露台似为美丽的庭园区，在最上层露台上有列柱中庭。这座体育场是完整无缺的，它的四周建有起居室和卧室，中庭或许还施以优雅的造园装饰。然而奇怪的是，联系各层露台的台阶尚未被看作重要的部分，只将它们分别处理成通达上层露台的隐蔽而弯弯曲曲的阶梯路。这个体育场内的所有地方都设了奉纳像，使人联想到它的周围可能有大规模的森林。

体育场迅速发展，并带有了公园的性质，由于这里人声鼎沸、喧闹非常，所以哲学家们始觉不满，渴望拥有各自的私家庭园。上述的柏拉图将他的学园移至自己的私人庭园中，其他如伊壁鸠鲁[1]、提奥弗拉斯特[2]也步其后尘。关于伊壁鸠鲁的庭园，大普林尼[3]说道：“享乐主义者伊壁鸠鲁是第一个在雅典城筑造庭园的人。在他之前的那些时代，尚无在城市中拥有田园者。”由此看来，可知伊壁鸠鲁的庭园规模是相当大的。提奥弗拉斯特的庭园因位于雅典伊利兹斯河畔的利西乌姆附近，所以也被称为“利西乌姆园”。遵其遗嘱，该园被赠给了他的学校，以供友人们“举行聚会，畅谈哲理”。庭园中有来库古[4]种的树木、提奥弗拉斯特及德米特里[5]建造的博物馆、缪斯[6]神庙和亚里士多德的塑像等。

▪1 伊壁鸠鲁（Epicurus），公元前 341~ 前 270 年。古希腊哲学家，伊壁鸠鲁学派的创始人。

▪2 提奥弗拉斯特（Theophrastus），公元前约 372~ 前 287 年。古希腊哲学家，为亚里士多德的忠实弟子。

▪3 大普林尼（Plinius），23~79 年。古罗马作家。其著作《自然史》（一译《博物志》）包罗生物、农业、园艺、医药、艺术诸门类，是研究古罗马科学史的重要文献。

▪4 来库古（Lycurgus），公元前约 9 世纪或公元前 8 世纪。传说为古斯巴达的立法者。

▪5 德米特里（Demetorius），公元前约 189~ 前 167 年。大夏（巴克特里亚）王国国王。

▪6 缪斯（Muses），希腊神话中九位文艺和科学女神的通称。

1

2

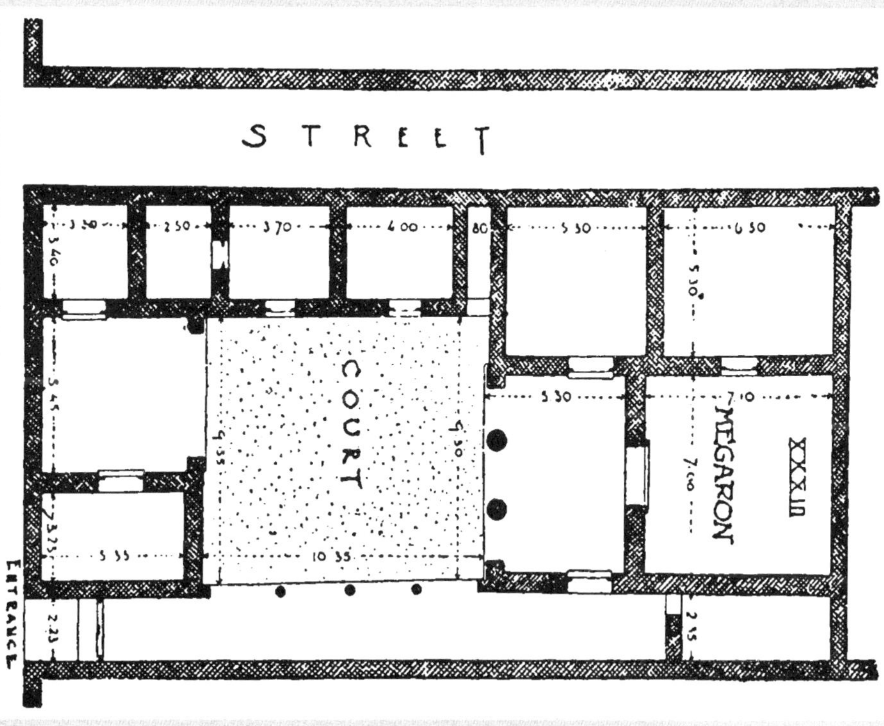

3

1　克诺索斯宫殿遗址（戈塞因）

2　阿尔喀诺俄斯庭园的想象图（曼金）

3　带起居室的住宅平面图（吉姆波尔）

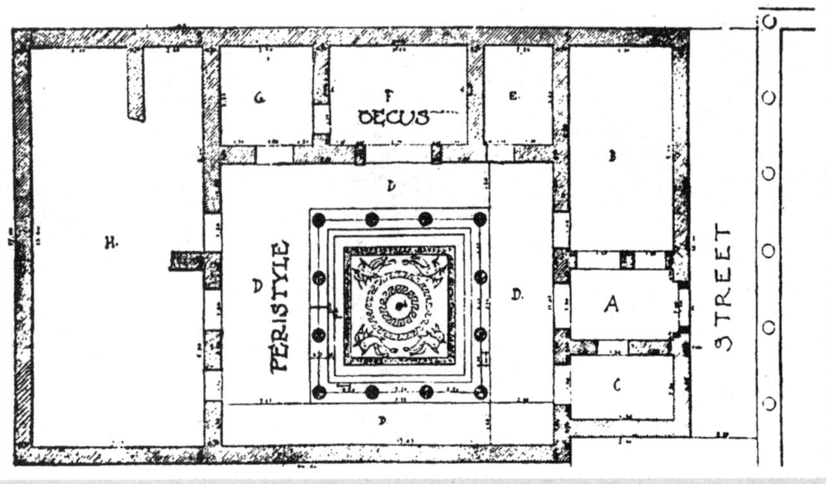

4

5

7

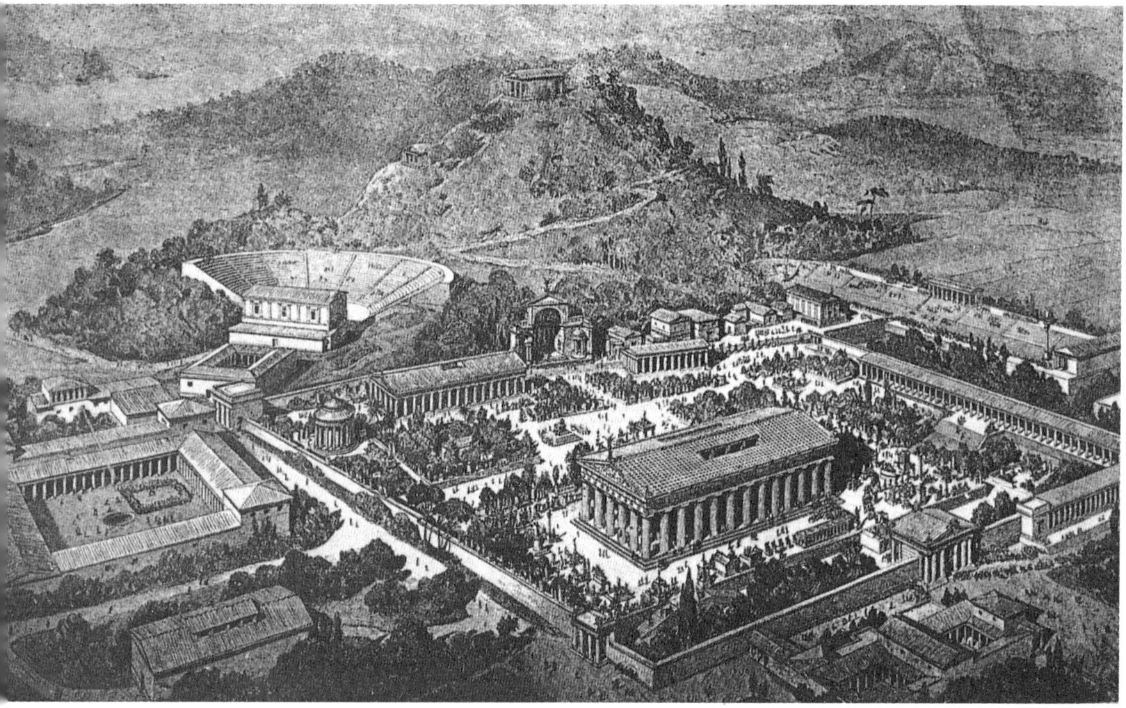

6

4 带列柱中庭的住宅平面图（吉姆波尔）
5 阿多尼斯园（戈塞因）
6 奥林匹亚祭祀场的复原图（杰盖尔）
7 德尔菲的体育场（戈塞因）
8 佩尔加蒙的体育场（戈塞因）

8

第四章　罗马的造园

成为古代世界一大帝国的罗马，最初只是拉丁人在第伯河畔的岗地上建立起来的一个小城市国家而已。后来，传说中的七位国王陆续登基，他们在贵族政治的基础上致力于罗马市的发展。但七王中的最后一位国王苏佩巴斯专横暴虐，引起当时的贵族与平民这两大阶级的强烈不满而遭驱逐。关于这七王时代的造园情况我们知之甚少，仅知苏佩巴斯国王的庭园是罗马最古老的庭园。据罗马历史学家李维[1]说，这个庭园毗连着王宫，园内的花坛上开满了百合、蔷薇、罂粟等花卉，仅此而已。

罗马在共和时代征服希腊之后，由于有机会接触希腊文化，因而在各个方面希腊化倾向都大大增强了，尤其是在富裕阶级中间，竞相效法希腊、东方各国豪华奢侈的生活方式，使昔日的质朴之风消失殆尽。别墅建设也在此时大兴土木。与此相应，别墅庭园的发展也突飞猛进。其中卢库鲁斯将军[2]被推为贵族别墅庭园的创始人，他的庭园为不少人所模仿。该庭园位于那不勒斯湾巴耶附近的米塞努姆海峡，建造时开山削岩，耗资巨大，相传其壮观美景足以与东方王侯们的庭园媲美。活跃于共和制末期的政治家马略[3]、庞培、恺撒等人的别墅也都并排在巴耶的坡地上。距罗马约 20 英里、交通方便的蒂沃利也是风景迷人的别墅区。在这一带，从文艺保护人麦克纳斯[4]、诗人卡图卢斯[5]、贺拉斯[6]、西塞罗[7]等人的别墅开始，到庞贝、克拉苏、布鲁特斯、卢库鲁斯等权贵的别墅比比皆是。从帝政时代起，在靠近罗马的其他地方，如萨瓦英的斜坡地带、阿尔巴诺山地、拉乌冷提努姆、苏比亚科、安托姆海岸及布莱尼斯特、圣姆塞拉等也被用作别墅区域。

著名演说家西塞罗指出了当时别墅造园的一个方向，并对其发展作出了贡献。他对位于故乡阿尔皮努斯、父亲留下的别墅一往情深，引以为豪，后来便在罗马各地征购地皮，建造别墅。他通过这样的实例，促进了别墅热的高涨。同时，他还在谈话录中描写了自己及朋友的别墅庭园，使其景观历历在目。西塞罗研究希腊哲学，是个吸收了它的思想与学说的启蒙的折中主义者，因而在造园方面也表现出明显的希腊化倾向，他的别墅的结构恰似希腊的体育场。例如，他照搬了柏拉图的体育场的名称，将自己在普特沃利的别墅命名为“阿卡德弥”。此外，在多斯库鲁姆的别墅（图 1）中，也有一部分被称为“利

▪1
李维（公元前 59~ 公元 17 年），古罗马历史学家、天文学家。主要著作有《罗马史》，共 142 卷。

▪2
卢库鲁斯（公元前 117~ 前 56 年），古罗马统帅。

▪3
马略（公元前 157~ 前 86 年），古罗马统帅、政治家。

▪4
麦克纳斯（公元前 2 世纪）古罗马法学家，身世不详。所著的《法学阶梯》极有名。

▪5
卡图卢斯（公元前约 84~ 前 54 年），古罗马诗人。

▪6
贺拉斯（公元前 65~ 前 8 年），古罗马诗人。晚年写有《诗艺》。

▪7
西塞罗（公元前 106~ 前 43 年），古罗马政治家、演说家和哲学家。其文体流畅优美，被后世誉为拉丁文学的典范。

西乌姆”。这些庭园是名副其实地模仿希腊体育场的产物，也可以说在形式上，它们将与希腊体育场进行的交流原封不动地移到了罗马的别墅庭园中。当然，尽管如此，仍如西塞罗本人所说，罗马的别墅庭园中绝无进行体育比赛的设备。正如罗马建筑师维特鲁威[1]所指出的那样，在希腊盛行的大造体育场之风在罗马并不时兴，因为在希腊末期的哲学家中间，将公共体育场变为私人庭园的已大有人在，步其后尘的西塞罗及其他罗马哲学家们也都以他们的庭园作为设计的蓝本。不难设想，庭园中的图书馆、博物馆、瞭望台等各类建筑都被水池、喷泉及瀑布所环绕。此后科鲁麦拉[2]的著作将当时别墅庭园的概况记载留传下来。他于公元前 40 年左右，以“*De Re Rustica*”为题写了一部 12 卷的著作，这部著作的第三卷详细记叙了他在卡西努姆的别墅的情况。他的描述使人想到庭园中流淌着清澈的河水，河中有小岛屹立，河岸边还有洒满阳光的园路……一派充满自然风趣的庭园景象。该著作还列举了书斋、家禽所、柱廊、圆堂等建筑物；另外，还设有鱼池、散步小道、格子工艺品等设施。

▪1 维特鲁威，公元前 1 世纪古罗马建筑学家，《建筑十书》的作者。

▪2 科鲁麦拉，公元 1 世纪古罗马农学家。著有《农业志》12 卷。

下面再考察一下当时城市平民的住宅庭园。通过庞贝遗址，我们至今仍能确切了解这类住宅庭园的实例。庞贝城于公元前 6 世纪左右由沃斯康人奠基，公元前 425 年被萨莫诺人征服，后在公元前 290 年由罗马人统一。此后在公元 63 年遭地震严重破坏，当其尚未恢复建成，又于公元 79 年因维苏威火山的剧烈爆发，致使整座城市都被完全埋没在火山灰之下。从 1748 年开始，考古学家将埋在建筑物下的美术品发掘出来，并收藏在各地的美术馆中，以后又进行了有组织的发掘，基本上了解了这座城市的概貌。斯帕诺教授在遗址中设计了喷泉、雕塑及花坛，成功地如实再现了当时的庭园。庞贝城原是一座由埃特尔利亚工程师设计的长方形城市，它由公共建筑街、商店街、住宅街三大街区所组成，现在为便于发掘而分为 6 个区域。被萨尔诺河附近的河床分开的石灰石早期住宅是纯意大利式，各矩形房间向被称为“天井”的长方形大厅敞开。天井屋顶中央有采光天窗，为了存放从天窗落下的雨水，在天窗正下方设了长方形的浅浴池（impluvium）（图 2、图 3）。有的天井用 4 根柱子支起四角，但多数不用柱。石地面上仅放置盆栽作装饰。属于这种类型的府邸有奇鲁尔哥府邸、萨鲁斯提欧府邸、弗奥诺府邸等。庞贝城内的凝灰岩住宅的建造晚于石灰石住宅，明显表现出来自希腊、埃及的影响，它们多为富裕市民所有。在这类住宅中有列柱中庭，这是一种希腊式的矩形中庭，它与源于塔斯康族简陋的天井相连（图 5）。列柱中庭被包围在四周连着一排

公元前	通　史
753 年	罗慕洛・勒姆斯建立罗马市（据传说）
509 年	废除王政，实行共和制（～前 27 年）
494 年	第一次圣山事件：传说由平民选出两名保民官
449 年	第二次圣山事件
343 年	第一次萨谟尼安战争（～前 334 年）
326 年	第二次萨谟尼安战争（～前 304 年）
298 年	第三次萨谟尼安战争（～前 290 年）：征服意大利中部
264 年	第一次布匿战争（～前 241 年）：罗马始与迦太基交战
241 年	第一次布匿战争结束，西西里归属罗马，成为罗马最早的行省
218 年	第二次布匿战争（汉尼拔战争）（～前 201 年）：汉尼拔从西班牙出发，越过阿尔卑斯，侵入意大利
216 年	第一次马其顿战争（～前 205 年）
201 年	第二次布匿战争结束，迦太基沦陷，地中海霸权旁落罗马
200 年	第二次马其顿战争（～前 197 年）
192 年	叙利亚战争（～前 189 年）：希腊成为战场
171 年	第三次马其顿战争（～前 168 年）
168 年	皮德纳之战：马其顿帝国灭亡，罗马在地中海占优势
158 年	罗马军队讨伐西班牙的叛乱（～前 133 年）
149 年	第三次布匿战争（～前 146 年），第四次马其顿战争（～前 148 年）
146 年	迦太基灭亡，马其顿成为罗马的行省
133 年	帕加马王国隶属罗马
88 年	第一次米特拉达梯战争拉开战幕（～前 84 年）
83 年	第二次米特拉达梯战争（～前 81 年）
74 年	第三次米特拉达梯战争（～前 64 年）
60 年	前三头同盟：庞贝、恺撒、克拉苏联盟
44 年	恺撒（公元前 100 年～）遇刺
43 年	后三头同盟：安东尼、屋大维、雷必达结盟
27 年	屋大维通过元老院获得奥古斯都称号，统治全帝国，开始实行帝制

公　元	通　史
14 年	奥古斯都（公元前 63 年～）逝世
30 年	耶稣在耶路撒冷被钉死于十字架上（公元前 4 世纪）
54 年	尼禄皇帝即位（~68 年）
64 年	罗马城大火，尼禄皇帝迫害基督教徒，佩特罗、保罗殉教
79 年	维苏威火山猛烈喷发，庞贝城被埋没
96 年	涅尔瓦皇帝即位（~98 年），五贤帝时代开始（~180 年）
98 年	图拉真皇帝即位（~117 年）
117 年	哈德良（一译阿德良）皇帝即位（~138 年）
138 年	安托奈纳斯・派厄斯皇帝即位（~161 年）
161 年	五贤帝中最后一位皇帝马尔库斯・奥雷利乌斯即位（~180 年）
192 年	军人皇帝时代（~284 年）
249 年	对基督教徒开始全面大迫害（~261 年）
284 年	专制君主政体开始，戴克利先皇帝即位
285 年	帝国一分为二：皇帝统治东部，马克西米安为副帝（称恺撒）统治西部
292 年	帝国分为 4 部分：实行两个正帝、两个副帝的统治
306 年	君士坦丁一世（大帝）即位（~337 年）

公　元	通　史
330 年	迁都至君士坦丁堡：从罗马迁都至拜占庭，现易名为君士坦丁堡
337 年	君士坦丁一世逝世：罗马帝国分为三部分
375 年	日耳曼民族大迁徙开始
394 年[1]	提奥多西一世（大帝）统一罗马帝国
395 年	提奥多西一世（大帝）死，罗马帝国由其二子分为东西两部分
401 年	西哥特王阿拉里克统一西罗马帝国，掠夺罗马

▪1
原著为 364 年，为作者误。

公元前	文化史
450 年	十二铜表法：罗马最早的成文法编成
371 年	柏拉图创办学园
312 年	建设阿比亚大道（罗马最早的军事道路）
311 年	修筑罗马水道
287 年	颁定霍尔腾西阿法
约 160 年	大加图写成《农业论》
约 70 年	伊壁鸠鲁派哲学家、诗人卢克莱修著《物性论》
51 年	恺撒著《高卢战记》，西塞罗著《国家论》
46 年	恺撒始创《儒略历》
约 40 年	科鲁麦拉著《论农业》两卷
19 年	建加鲁桥。诗人维吉尔逝世：著有史诗《伊尼特》
8 年	诗人霍雷舍斯逝世：著有《抒情诗集》

公　元	文化史
17 年	李维（公元前 59 年～）：逝世著有《罗马建国史》
约 17 年	诗人奥维德逝世：写有《变形记》
45 年	使徒保罗的传教旅行：著有《罗马书》
约 51 年	斯多葛派哲学家塞内加写成《幸福论》
77 年	大普林尼的《博物志》成书
80 年	圆形露天剧场落成
约 98 年	历史学家塔西佗写成《日耳曼尼亚志》
113 年	托拉亚鲁斯纪念柱建成
约 120 年	万神殿落成
约 146 年	斯多葛派哲学家、《语录》一书的作者爱比克泰德（约 60 年～）逝世
161 年	法学家盖尤斯的《法学提要》（一译《法学阶梯》）出版
180 年	马尔克斯・奥里利尼斯逝世：著有《自省录》
200 年	完成《新约圣经》（1~2 世纪）
216 年	卡拉卡拉浴场竣工
约 280 年	摩尼教传入罗马帝国
310 年	建君士坦丁巴西利卡（~320 年）
311 年	基督教宽恕令
313 年	宣布米兰敕令：承认基督教
330 年	埃德萨的尤西比厄斯（一译攸西比乌斯）著《神学论》
363 年	朱利埃纳斯皇帝著《基督教徒驳论》
380 年	建圣彼得大教堂（巴西利卡式）
386 年	圣保罗：动工兴建福利・勒・姆拉教堂
394 年	最后一次奥林匹克运动会
405 年	杰罗姆将《圣经》译成拉丁文

小房间的柱廊之中，比天井的面积大，由于是地面未加铺砌的露天中庭，所以规则地装饰着美丽的花卉、雕塑、喷水、祭坛等。柱廊的地面用石铺砌成图案，其中安放了桌、椅、三脚台，但这些家具往往做得比较小，以使列柱中庭显得更大些。点缀着喷泉、绿廊、花格墙及小岛等的庭园画（图 4）描绘在柱廊的墙面上，其所采用的透视画技法使这个狭小的区域显得比实际尺度更宽敞。外侧的天井用以接待宾客，里侧的列柱中庭则为家庭成员所使用，同时也是与挚友交谈及孩子们游玩的地方。一旦组成大家庭，在这个列柱中庭之后可能还设有第二个更大的列柱中庭。这个中庭围着围墙，有埃及式的鱼池、沟渠、园亭、进餐用的躺椅等设备。庭园中还有五点形栽植[1]、花卉灌木丛及其他果树园、菜园。但因不是专门发掘庭园，故对其形状仍不甚清楚。这种带列柱中庭的住宅有埃皮蒂奥·鲁佛府邸、庞萨府邸、罗利欧·提布鲁提诺府邸等。

带有这种列柱中庭的住宅遍布庞贝城内，其中最美丽的庭园多分布在第六区域内，有安可拉府邸、丰塔那·格兰德府邸、丰塔那·皮科拉府邸、卡斯托里及颇鲁士府邸、麦勒阿格罗府邸、阿波罗府邸、拉柏灵托府邸、维提府邸、阿摩里尼·多拉提府邸、诺兹·达尔庚托府邸等。其中维提府邸属庞贝末期的建筑，现在府邸内栽培了植物，使它几乎完全恢复了原状。这是古罗马住宅庭园的一个范例（图 5），它的列柱中庭被环抱在由 18 根彩色柱顶的白色圆柱组成的柱廊之中，中庭长 18 米，宽 10 米（面积约 50 坪[2]）。沿四周的列柱安放着 12 尊喷水雕像，其旁又设了 8 个接水的方水盘，还有大理石的桌、盆及赫耳墨斯[3]的雕像柱。在当时流行的波纹边黄杨花坛中，种着常春藤、灌木及花卉。

与城内相比，庞贝城外有充分的余地来建造更大的府邸。位于其近郊的别墅佳作是迪欧麦德（图 6）。概观一下这座别墅，从街道拾级而上，一走进宅内迎面就是列柱中庭，中庭的一隅正好朝街。中庭四周密排着许多房间，恰恰构成一个以街道为底边的等腰三角形。列柱中庭是个中央有水池的小庭园。与三角形一边相接并与街道处于同一平面上的还有尚未发掘的庭园，这里可能有为卧室遮阴并造成静谧气氛的树木园。在三角形的另一边，地面迅速下降，此处可能住着奴隶。沿台阶而下，有柱廊围成的中庭。从比前面低得多的露台顶部出来，就是这个柱廊的屋顶。这个中庭比前一个大得多，种着树木，中央有喷水池。水池附近一段升高的地面上有一个 6 柱凉亭。左侧的柱廊前有宽大的平台通向未发掘的庭园。两柱廊的末端是一片空地，这里

▪1
quincunx，指将五棵树木为一组，种成 V 字形的栽植，或指梅花形栽植。

▪2
日本面积单位，1 坪 = 3.306 平方米。

▪3
赫耳墨斯（Hermes），希腊神话中众神的使者，亡灵接引神，即罗马神话中的墨丘利。

可能有供眺望的亭子或绿廊。该别墅中始终没有天井，这是因为当时天井这一做法已经过时了。

兰恰尼教授研究认为，共和时代的罗马市还没有统筹规划，建筑鳞集。直到第一代皇帝奥古斯都登基，才开始着手罗马的城市规划，将市区分为 14 个 [1] 区划。即建筑物密集处为第一街区；其外侧的建筑较前者略为稀疏，故很有余地来建造庭园，此为第二街区；第二街区外侧分布着更大型的住宅，是城市外缘的别墅区域，此乃第三街区；最后为第四街区，其东南远至阿尔邦丘陵，东抵蒂沃利、斯庇亚哥，沿特韦雷河畔建造了大别墅区。距城最近处的别墅中居住着许多实业家，他们每天乘车往返于城市。远郊别墅则为繁忙的政治家和富裕贵族所有，这里既是摆脱繁忙事务的休息地，也是告老还乡时的隐居所。在共和时代，第四街区中就已建起许多富豪、权贵、诗人、学者等的别墅，进入帝政时代以后，这种状况有增无减。于是，在特韦雷河畔，以奥古斯都大帝的别墅开始，接连不断地建造了卡里古拉大帝、尼禄皇帝的别墅；在帕拉丁的丘陵上建起了多米提安努斯皇帝的宫殿；在蒂沃利有哈德良皇帝的哈德良别墅；斯帕拉多还建造了戴克利先皇帝的皇宫。尽管这些皇帝的别墅都规模壮观，但在平民阶级中也有不亚于此的大别墅。其中最著名的是小普林尼的劳伦提努姆别墅和吐斯库姆别墅。

这些古罗马的别墅按其结构可分为田园型别墅（rustic villa）和城市型别墅（urban villa）。田园型别墅中的建筑物为农舍式结构，其中设有厩舍、小仓库、奴隶小房等，还秩序井然地配置了附属于它们的、完全以实用为目的的果树园、橄榄树园、葡萄园等。与此相反，城市型别墅则将庭园与建筑物连在一起，井然有序地加以布置。一般来说，这种别墅都建在斜坡上，尽量利用地形，以利于露台的伸展，并采用了以水为装饰的处理手法。这里以上述别墅中小普林尼的两座别墅和哈德良别墅为例来加以具体的说明。斯卡莫齐 [2]、费尔宾、卡斯特尔、马尔库埃兹、豪德波特、波切特、欣盖尔 [3] 等学者根据小普林尼本人十分翔实的记载，做出了他的两个别墅的复原图。

劳伦提努姆别墅（图 7、图 8、图 9） 这座别墅距罗马西南 15 英里，濒临奥斯蒂亚海滨，位于特韦雷河口之南，为冬春两季使用的别墅。它的结构兼有田园型别墅与城市型别墅的特点。别墅中的农业建筑远离海岸，居住建筑则临海布置。以下根据小普林尼的书信来详加论述。从住宅建筑中餐厅的窗口可遥望庭园，两旁种着黄杨和迷迭香的公路延伸在庭园的四周，与园路的内圆周相接，铺满砂砾的园路上方葡萄藤缠绕，绿荫蔽日。庭园内布满了无

▪1 原著如此。

▪2 斯卡莫齐（1552~1616 年），意大利建筑师，著有 “*Dell'Idea dell' Architettura Universale*”，共 6 卷。

▪3 欣盖尔（1781~1841 年），德国建筑师，19 世纪古典主义的代表作家。晚年倾向于折中主义建筑样式。

花果树和桑树。从远离海滨的餐厅向外眺望，庭园的景观与海景同样令人陶醉。庭园后面有两间房屋，通过它们的窗口可以看见前庭和蔬菜园。柱廊从这里延伸出去，它的一排排窗既可观海又可赏园；而且，在狂风暴雨之日，两侧的窗扇可进行巧妙的调节。柱廊前有绿廊（xystus），上面盛开着芬芳的紫花地丁，从柱廊反射来的阳光使露台充满了暖融融的气息。此外，柱廊既保证了充足的日照，同时又挡住了东北风和西南风，并减弱了来自各个方向的风力，从而使它的两侧成为温暖宜人之地。庭园的这种布局还适于夏季，在夏天的整个上午，露台都是背阴的地方；而在下午，与园路相连的庭园又不受阳光的照射，投射在庭园上的阴影还随着日头的移动而增减。在一日中最热的时分，阳光恰恰直射在柱廊的屋顶上，柱廊内便成了纳凉之处。推开窗户，西来的微风频频吹入，防止了因空气不流通而引起的郁闷。在露台与柱廊的尽端，有着小普林尼建造的美丽的庭园建筑，那就是十分温暖的冬室。从中既可眺望露台，又能观赏海景。

吐斯库姆别墅（图 10、图 11） 这是一座都市风格的避暑别墅，建在距罗马 150 英里的塔斯卡尼山麓的特韦雷河畔。它由 3 个部分组成，即一座正房及其附属建筑、两个建在坡地上的建筑群和 3 个运动场。正房是一座两翼带有侧房的南向柱廊式建筑，内有住房和中庭，两翼侧房是餐厅和卧室。中庭恰在柱廊的正中，它的四隅各种着一棵梧桐树，中庭中央是大理石喷泉。三间住房与中庭相连，其中之一是所谓的庭园室（garden room），室内绘有可以在庞贝城中见到的那种精美的庭园壁画。柱廊前是露台，是一片边缘种着黄杨的花台形草坪区，露台外侧有花格墙。从露台开始，地形向下方缓缓倾斜，修剪成动物状的黄杨造型树[1]相对而立，再往下是宽阔的树林，其中布满了枝柔叶嫩的老鼠簕属植物。园路环绕着这片树木区，它的两旁挺立着修剪得千姿百态的常青树。在这个区域的对面是一个带圆形车道的大露台，露台中央装饰着造型各异的黄杨树和灌木栽植。外墙全部隐蔽在修剪成阶梯状的黄杨树之中，看上去庭园与外景融为一体。墙外的牧场辽阔而美丽。沿阶梯拾级而上，抵达上层露台，这里有 3 个起居室。第一个俯瞰着种有梧桐树的中庭；第二个面对西面一望无际的牧场；第三间朝向葡萄园。第三个起居室与有顶柱廊（crypt porticos）相连，尽端的餐厅可将体育场、葡萄园、山地风光一览无余。第二部分是建在坡地上的建筑，它们位于葡萄园内，入口似在别处。其中也有两个柱廊、几间房屋和两座凉亭。从这里只能看见葡萄园，而完全看不到庭园。作为第三部分的运动场被小普林尼称作“全园中的佼佼者”，它

▪1
造型树木（clipped tree）系指通过人工将紫杉、黄杨等生长缓慢的常青树木修剪成几何形体、人物或动物形状及其他各种形式，或译为“造型植物”、“绿色雕刻”等。

几乎完全丧失了运动场的功能。这是一块一边为圆形的长方形地域，其中以栽植为主，位置大概就在正房东侧下方的平地上。它掩映在爬满常青藤的梧桐树之中，梧桐树之间种着黄杨，与内侧的月桂树一起形成一片绿荫。运动场两侧构成直线边界线的栽植在末端弯曲成半圆形，罗汉松浓荫蔽日。栽植内侧是一片阳光明媚的圆形蔷薇园地，与四周的绿荫对比强烈，令人心旷神怡，而直线园路则被黄杨树篱分成数条。在这里，草坪、形形色色的黄杨造型树及果树混杂在一起，整齐有序地交替造成方尖塔形等，它们的中央仿造成自然的田园风光，其中还有一部分环抱着矮性梧桐树的图案花坛。在它们的旁边伸展着两旁种着老鼠簕属植物的园路，园路尽端有白色大理石的四柱龛室（alcove）和一片葡萄树荫。大理石凉亭（summer house）立在龛室之前，其窗口对着草坪，与凉亭毗连的小私房内安放了躺椅，透过方形窗口可以眺望葡萄园。

哈德良别墅（图 12） 此别墅亦名阿德良别墅、提伯提那别墅、哈德里安尼宫等，是一座建在蒂沃利山冈上的宫殿，动工时间大约在哈德良皇帝退位前 12 年，据说面积约 160 英亩。别墅的入口似在北面，因为来自罗马方向的道路都在北侧，故从这里通向宫殿的正面。罗马作家斯帕提安那斯认为：“皇帝为纪念他的旅行建造了别墅的一部分，并以利西乌姆、阿卡德弥、普利达尼乌姆、卡诺普斯、波伊凯勒、腾佩等名胜地的名字来命名它们。为了使之完美无缺，有的地方甚至还模仿冥界而造。它们象征着再现希腊的所有光辉的这种幻想。”斯帕提安那斯的这一论点成了后世参观者们的争论焦点。利戈里奥第一个为这些遗址命名。虽然这些遗址因遭受长年累月的破坏和掠夺，已经不能重现往昔的风姿，但科伊尔仍然成功地复原了它们。

靠近北面入口处的是别墅中最早的建筑物——希腊剧场（Theatro. Greco）。剧场的舞台和座席至今仍清晰可辨。沿着舞台的后墙登上山冈，穿过成排的罗汉松树一直南行就是波伊凯勒（图 13）。这是一个由柱廊围成的矩形庭园，中央造有大贮水池。现在北侧的纵墙仅存约 200 米。南侧围墙入口处的圆形凹室（exedra）可能是禁卫兵或奴隶的住房。东北角是“哲学家之家”的入口，那里有用雕像装饰的壁龛。从这里开始有一连串用坚固的墙壁围成的圆形鱼池，庭园中有贮水池，池中还有用柱廊装饰的小岛。这个建筑物的东侧是正殿。在紧靠前一座建筑物的稍凸起的地方有矩形图书馆的中庭，其西侧是图书馆建筑群。从此处再往东北行，以柱廊连接直抵餐厅。在这个餐厅里可远眺腾佩山谷和蒂沃利群山的美丽景色。中庭的东北侧是病房，它与多立克式柱廊连在一起。与中庭东南面相接的是庭园区。科林斯式大厅位于庭园区的东南隅，它的侧面被半圆形壁龛隔断。与大厅相连的是巴西利卡，它有 36 根大理石柱，其西南面有带圆天井房的大厅，其内有一个更高的台座，故从这里可以看见御座厅。巴西利卡的东南侧是被称为“黄金门”的中庭，它位于 68 根花岗石柱和大理石柱混杂围成的柱廊之中，它的东南面是带有半圆形壁龛的圆形天井，其中设有小瀑布。庭园区的西南方矗立着一座多层警卫所建筑，它的一部分可能是兵营，一部分是佣人的住所。这座建筑的西边有地下柱廊，再往西行是一排房屋，俯视着下方的运动场（stadium）。运动场以南的地势较低，形成一个长方形大中庭，其中央造有大浴场（grand thermae）。浴场所在之处是卡诺普斯山谷，是利用人工削平凝灰岩山冈造成的。此处仿照埃及，是哈德良皇帝效法埃及的生活、举办放荡不羁的宴会的场所。在山谷的端部，带有喷泉的大壁龛至今还保存完好。大浴场之北，还有保存得更好的小浴场。

关于古罗马的造园，除了与上述城市内的住宅及别墅有关的私家庭园外，还必须提到公共造园。概言之，罗马不同于希腊，因其不热衷于体育竞赛，所以没有造运动场和体育场，取而代之的是在城市规划方面创造了前所未有的业绩，关于此无论在庞贝城的街区构成，还是在奥古斯都大帝的罗马城市规划中均可见一斑。被视为后世广场前身的古罗马公共集会广场（forum）也是城市规划的产物。此外还有市场，它是与广场迥然相异之物。据亚里士多德说，广场是公众集会及美术品陈列的场所，不准奴隶、工匠、工人进入其间；而市场则是交易场所，一般的人都可以自由出入。所以罗马市自共和时代以来就在各地兴建广场，并使它明显地发展成为市民进行社交和娱乐活动的场所。

罗马文化受希腊文化的影响颇深，前述的罗马建筑大部分都是以希腊建筑为模式的，单从它们大多直接取用希腊建筑的名称就显而易见这一点。造园也与建筑一样，庭园的局部名称多来自希腊语。不过，罗马与希腊庭园中同名异物的情况也屡见不鲜，难免导致了许多错综复杂的结果。例如，希腊语将柱廊中爬满藤蔓的绿廊称为“xystus”，据维特鲁威的研究，同一个词却被罗马人用来指由园路、花坛所构成的露台。以下就有关的这类造园用语及罗马庭园的局部构成和材料试作一些说明。

吉施塔斯　如前所述，这是一种由花坛和园路构成的露台。花坛常高于园路，这时就称其为“pulvinus”或“torus”；当花坛不高于园路时，则将黄杨或迷迭香种在各种形状的花坛边缘。花坛中有时任意留出一些空地，有时栽满鲜花。看来花卉的数量和种类都很有限。“coronamenta”（“rorona”表示花冠之意）一词用来表示“栽培花卉”，由此可知，筑造花坛并非以观赏花卉的生长状态为目的，而是用以栽培花木，提供鲜花来制作花环和花冠，以装饰宴会席和墙壁。因此，花坛的外观多设计成几何形，装饰有造型树木、雕塑、喷泉等。由于缺少植物，致使整个庭园充斥着建筑的特征。蔷薇园(rosarium)和迷宫设在与这种露台相连之处，此外五点形栽植的果树园、蔬菜园也常常成为庭园的一部分。

园路　宽阔的大园路被称为“gestatio”，狭窄的小园路被叫作“ambulatio”。大园路的宽度只能容轿子通行，铺设在花坛或以下将要讨论的运动场周围，或设在露台上。小园路则极为狭窄，设来划分花坛内的花床，其宽度只能容两人并排而行。除这些大小园路外，还有专为运动、散步而设的露天或有顶柱廊的散步道（esplanade），这里是冬暖夏凉之地，从劳伦提努姆别墅的记载中就能见出它的上述用途。

马戏场（hippodromos）　自希腊时代以来，就有了用以进行体育训练的场所。但在罗马，这种用途几乎消失殆尽了，运动场的形状变成了椭圆形或一端为半圆形，四周围着宽阔的跑道，沿着跑道两旁种满了悬铃木及月桂之类的林荫树。运动场中部有时是交织着纵横小园路的草坪，有时对应于外侧的浓荫，造成色彩缤纷的蔷薇园及几何形的花坛。吐斯库姆别墅即为此类庭园的上乘之作。

雕塑　罗马庭园中的雕塑增添了装饰的效果。最初雕刻只施于栏杆、凳子、桌子，后来才将浅浮雕及雕像等视为庭园中最重要的因素而巧加设计（图 14）。为了满足需要，这些雕刻珍品大部分被从希腊带到罗马的庭园之中。罗马与希腊一样，一般都是为了崇拜神而设置雕像的，所以，卡里忒斯[1]、潘神[2]、西尔瓦诺斯[3]、福罗拉[4]、波莫娜[5]、维耳图诺斯[6]、普里阿普斯[7]等神话传说中的诸神像常常被塑立起来，其中尤以生殖之神普里阿普斯最受尊崇，甚至连农夫也用树干、石块粗糙地雕成普里阿普斯像，作为驱赶害鸟的守护神和稻草人，保护他们的农作物。

池与喷泉　以天井中的浴池、列柱中庭中的鱼池及喷泉等令人赏心悦目的形式，来巧妙地利用水。管理水的人被称为“aquarius”，是从别墅雇用的奴隶中挑选最有经验的人来担当此任的，建筑师和工程师也要听从他的指挥，设计、配备许多实用且具装饰性的水设施。庞贝城中还完好保存着各种喷泉。列柱中庭内几乎随处可见用大理石或马赛克镶嵌、深 1 英尺到 2 英尺的矩形

▪1
卡里忒斯（Charites），希腊神话中的美惠三女神。

▪2
潘神（Pan），希腊神话中的山林、畜牧神。

▪3
西尔瓦诺斯（Silvanus），罗马神话中的乡村神，手执牧笛和嫁接刀，头戴松枝编的帽子。

▪4
福罗拉（Flora），罗马神话中的女花神和花园女神。

▪5
波莫娜（Pomona），罗马神话中的果树女神。

▪6
维耳图诺斯（Vertumnus），罗马神话中的季节变化之神，也是果树和庭园之神。

▪7
普里阿普斯（Priapus），希腊、罗马神话中的园艺、葡萄种植之神，又是婚姻和畜牧之神。

水池。这种水池通常低于铺地，也有时砌有大理石压顶石的池岸高出铺地数英寸。此外，庭园中还设置有一些与喷泉相呼应的大理石桌、雕像等。

庭园植物 自古以来，种植得最多的庭园植物是蔷薇、百合、紫花地丁。在古罗马还种植水仙属植物、银莲花、唐菖蒲、鸢尾属植物、罂粟、苋属植物、马鞭草属植物、长春花属植物、番红花等其他观赏花木，以及罗勒属植物、香马郁兰、百里香属之类的芳香型植物。此外，由于老鼠簕属植物的叶子十分美丽，所以也大受青睐；常春藤爬满墙面，又装饰着树木和柱廊。其次，庭园中还种植乔灌木类植物，而遭受雷击的乔灌木更被视为神的御物而奉若神明。如希腊那样，在与神庙相连的地方，种有神树，各地还种植罗汉松、紫杉树，但却不将它们作为崇拜对象。此外，在罗马还盛行给乔灌木类修剪造型，修剪为被称为“opus topiarum”（英语中“topiary work”一词的语源）的所谓造型树木，并将它们用作花坛的镶边、树篱及其他装饰。虽然早在埃及时代就有了将树木修剪成圆柱形的做法，但罗马的树木修剪法究竟来自何处却不得而知。大普林尼认为，这种树木造型法是由卡尔维纳开始向本国人传授的，此人是恺撒大帝的朋友，又是奥古斯都大帝的宠臣。对灌木进行造型修剪是奴隶尤其是酋长要从事的第一件工作，干这件事的人就被称为“topiarii”，故“opus topiarum”这个词可能即源于此。另外，西塞罗虽然也以“topiarius”这个词来指管理庭园的人，但因园艺师的技术就是修剪树木，所以意指园艺师工作的“opus topiarius”自然而然就成为具有造型树木意义的词语了。加图[1]、瓦罗[2]、科鲁麦拉等人所在的共和时期，造型树木尚不太引人注目；但到王政时代，由于崇尚别墅生活，因而促成这种技艺的蓬勃发展。从树篱及其他纯几何形状的造型树木，到修剪出所有者、设计者名字的文字、人及动物的形状，进而表现狩猎、船队等复杂情景的造型植物，应有尽有。适于用来修剪造型的树种有黄杨、罗汉松、杜松、迷迭香等常青类树木。

▪1
加图（公元前234~前149年），古罗马政治家和作家，著有《农业志》。

▪2
瓦罗（公元前116~前27年），古罗马作家和学者，著有《论农业》。

庭园建筑 庭园内的建筑设施的种类很多，不可能在此一一列出；下面只列举其中几种，如柱廊、绿廊、园亭、娱乐场、凉亭、寺庙殿堂、剧场、浴场、动物房、温室等。因为在建筑物附近种植植物常常受到某种限制，所以看起来这些建筑物在庭园的整体和局部中占据了主要的位置。

游戏室（casino） 这是一种规模较大的园亭，为游戏、宴会、休息等用途而设，它由二至三个房屋组成。正像别墅是造来躲避都会的纷杂那样，游戏室也是远离别墅内喧嚣的地方。小普林尼自己建造了劳伦提努姆别墅，并在他最喜爱的游戏室内设了两间起居室和一间卧室。卧室是双层墙，用暖气设备采暖，所以完全阻隔了奴隶言行的声音、波涛之声及阳光、闪电等，营造了一个安闲静谧的环境。

小卧室（cubiculum） 此为类似于凉亭的小园亭，最初是为休息而造的，通常在墙壁的凹处设置床。与此同义的英语“cubby-hole”一词即源出于此。据小普林尼记载，在他的吐斯库姆别墅的第三部分中就有用作小卧室的大理石凉亭。

餐室（triclinium） 餐室有各种类型，通常是完全开敞无墙的，在走廊上设有缠绕着常春藤的绿廊，树荫下还配有餐桌、凳子（图 16）。这种就餐用的小园亭在庞贝有不少例子。与此同属园亭但类型不同的则有壁龛（alcove）。在前述的吐斯库姆别墅中与小卧室相连的四柱白色大理石房屋即属此类。

龛座（exedra） 龛座是一种设有普通半圆形凳子的房屋，既有带盖顶的，也有露天的，是交谈的专用场所。

温室　嵌着玻璃或透明石材的温室既可在冬季保护那些不耐寒的植物，同时还可以不拘时令地改变植物的成熟时间；此外，从外国引进的植物也在温室内繁育、驯化。

动物园（vivarium） 田园型别墅中有许多饲养鸟兽、鱼类，甚至昆虫的地方。鸟兽大多任其在树林中自由徘徊，但有时也要设一些专门的饲养所，如用麻或枝条编织成网的养鸟房、土造的养蜂所等。瓦罗在其别墅中建的养禽所颇有建筑特征。

庭园剧场　露天剧场早在希腊时代业已开始建造，成为希腊剧场的一种形式。罗马人大体上沿袭了希腊的剧场样式，并进一步加以形形色色的改革，创造出罗马剧场的另一种形式。将露天剧场引入庭园，造成所谓的庭园剧场，这是否始于希腊时代无人知晓，但在罗马首开先河的是哈德良别墅，在麦克纳斯的别墅中也有这种庭园剧场，这是众所周知的。庭园剧场一般不同于露天剧场，它规模较小，所以给观众以亲切感和独占感。

屋顶花园（solaria） 在王政时代初期，都市渐为庭园所蚕食，平民们居住在密集狭小的天地里，他们不得不忍受这种拥挤不堪的居住条件。而爱好花卉的人们只好将栽着鲜花的花盆摆放在屋顶上；不久之后，便由此发展成为一种美丽的屋顶花园。他们在耐水性好的厚板、板石、马赛克上填满厚土，将花草种于其中，并装饰一些铅造或石造的花瓶。有时还将树木种在较大的箱内。这样，屋顶就变成了一片树林，罗马人将此称为“sylvae in tectis”。屋顶花园还常取绿廊的形式，这就是后世屋顶拱廊的肇端。

果园和菜园　古罗马的造园在初期与希腊相同，都是以栽种果树为中心的。最初在园内栽培橄榄、葡萄、苹果、梨、无花果、核桃等，后来又从其他国家移植了我们现在所知的几乎所有的果树。其中的葡萄树在罗马帝国的发展时期是最重要的果树。罗马人饮酒成风，尤其嗜好葡萄酒，所以葡萄益发成为他们生活中不可或缺的东西，在大部分别墅庭园中都能看到葡萄园。此外，管理葡萄园的人被叫作“vinitorii”，而掌管橄榄园的人则被称为“olitorii”。以后又将菜园与果园一起建造在别墅庭园中，这不仅为了实用，而且在设计上对它们的装饰效果也颇费了一番匠心。

1

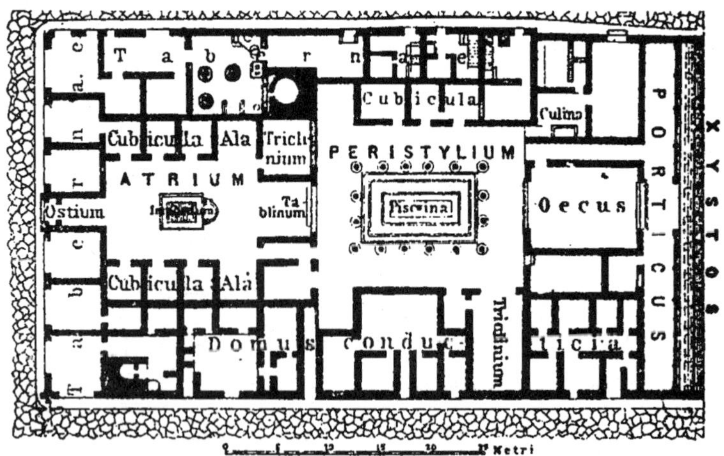

2

3

1 西塞罗在多斯库鲁姆的别墅遗址（托卡曼）

2 庞贝的住宅内部（佩德加）

3 诺兹·达尔庚托府邸的天井（尼科尔斯）

4

5

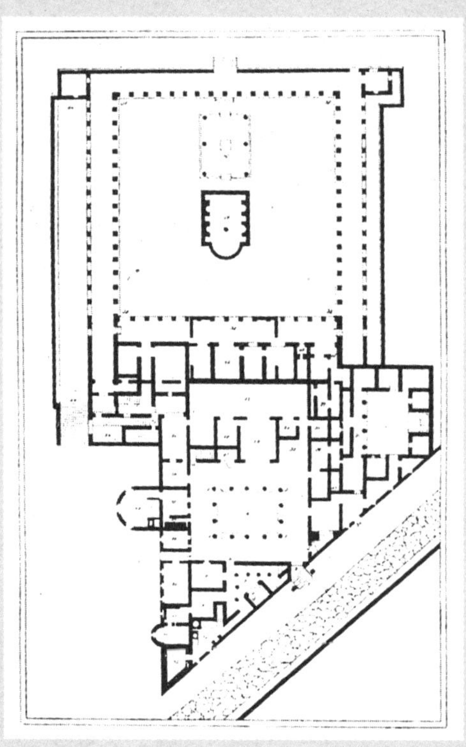

6

4 庞贝住宅内的庭园壁画（戈塞因）
5 维提府邸的列柱中庭（尼科尔斯）
6 迪欧麦德别墅的平面图（戈塞因）

7

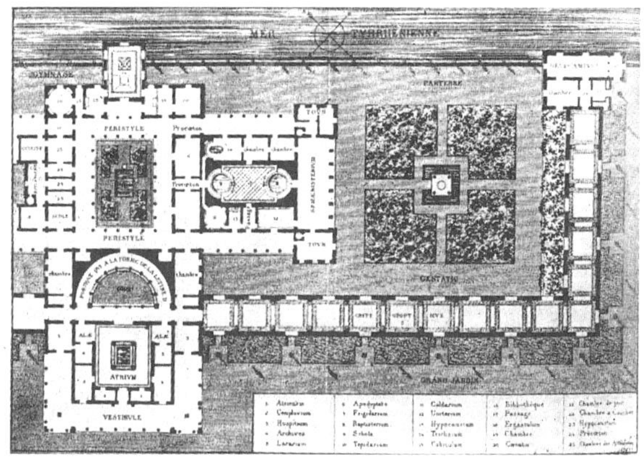

8

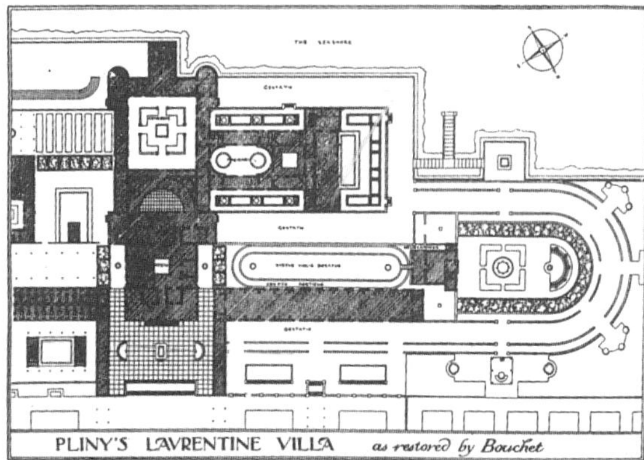

9

7　欣盖尔的劳伦提努姆别墅复原图

8　豪德波特的劳伦提努姆别墅复原图（特里格斯）

9　波切特的劳伦提努姆别墅复原图（特里格斯）

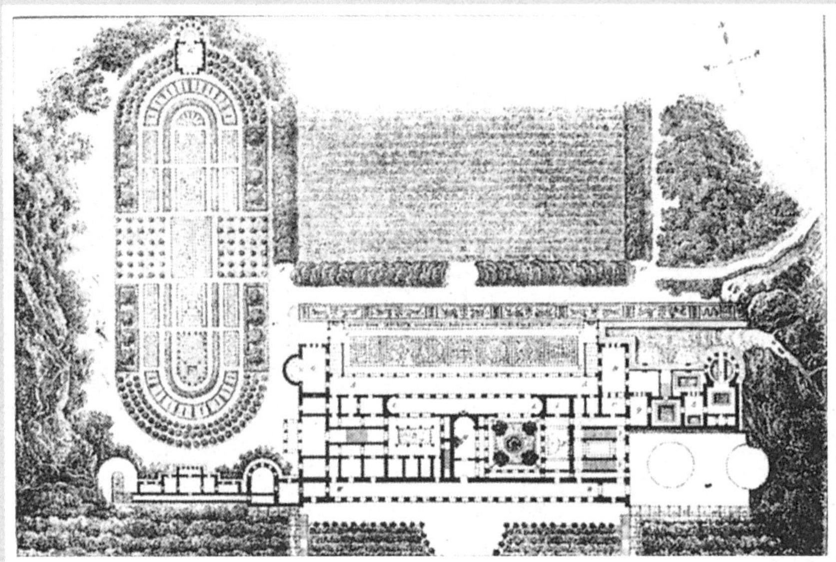

10

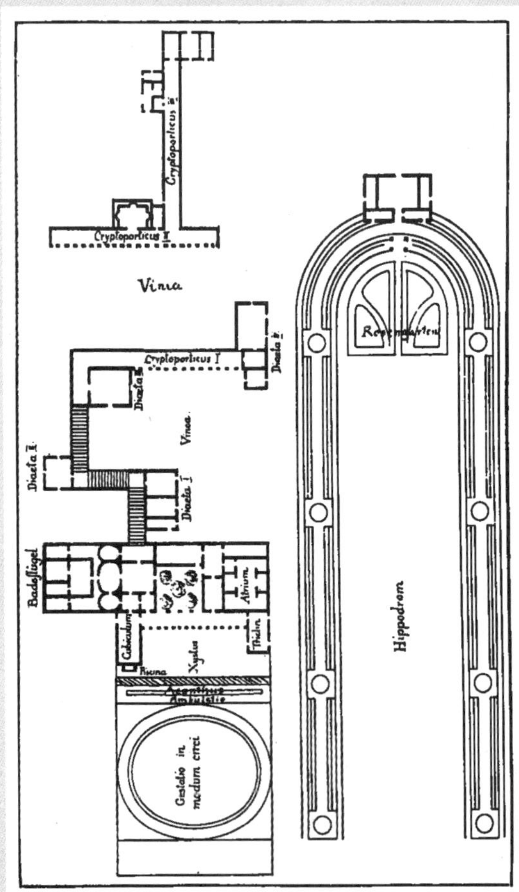

11

10 欣盖尔的吐斯库姆别墅复原图（杰盖尔）

11 吐斯库姆别墅复原图（戈塞因）

12 哈德良别墅的复原图（贝德卡）

13 哈德良别墅中的波伊凯勒（戈塞因）

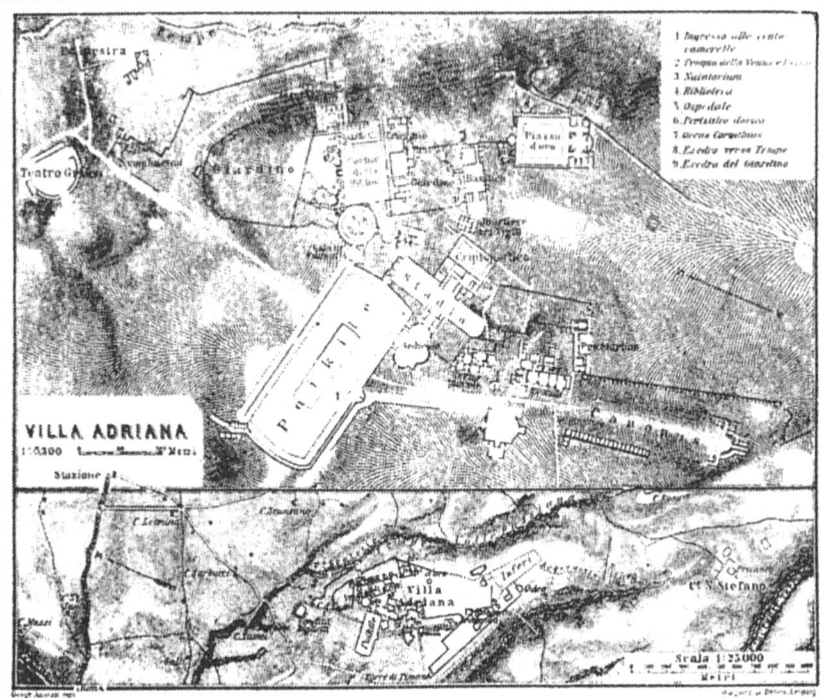
VILLA ADRIANA
Teatro Greco
Giardino
Piazza d'oro
Stazione
Villa Adriana
Scala 1:25000
Metri

12

13

14

15

16

14 罗马庭园局部之一（特里格斯）
15 罗马庭园局部之二（特里格斯）
16 罗马庭园局部之三（尼科尔斯）

第二篇

中世纪西欧的造园

公　元	通　史
415 年	西哥特王瓦利西（~419 年）在西班牙建立西哥特王国（~711 年）
443 年	勃艮第族在罗纳河上游建立勃艮第王国（~534 年）
449 年	盎格鲁撒克逊人入侵英国
476 年	西罗马帝国灭亡
481 年	法兰克王克洛维斯即位（~511 年），建立墨洛温王朝（~751 年）
486 年	克洛维斯大破罗马军，建立法兰克王国
493 年	狄奥多里克在意大利建立东哥特王国（~553 年）
496 年	克洛维斯皈依天主教
527 年	东罗马皇帝查士丁尼一世（大帝）即位（~565 年）
553 年	东哥特王国灭亡，意大利隶属东罗马
568 年	伦巴第族侵入北意大利，建立伦巴第王国（~774 年）
603 年	英国从此开始盎格鲁撒克逊七王国时代（~829 年）
711 年	赫雷斯之战：撒克逊人灭西哥特王国
751 年	小丕平（即矮子王）继承法兰克王位（~768 年），建立加洛林王朝（~987 年）
768 年	小丕平去世：其长子查理曼、次子卡洛曼共同执政（~771 年）
771 年	查理一世（大帝）统一全法兰克（~814 年）
774 年	查理大帝征服伦巴第王国：兼任伦巴第国王
800 年	查理大帝接受罗马教皇三世授予的西罗马皇帝桂冠
827 年	撒拉逊人入侵西西里岛
843 年	订立凡尔登条约：分割东、西法兰克和意大利的协定
870 年	订立麦尔森条约：自中部法兰克（洛泰尔王国）分裂成东、西法兰克（德意志、法兰西、意大利的起源）
911 年	创立诺曼底公国：诺曼底酋长罗洛把塞纳河口分给西法兰克王。东法兰克与加洛林王朝断交。建立德意志王国（选举制）
936 年	东法兰克（德意志）王奥托一世（大帝）即位（~973 年）
962 年	教皇授予奥托大帝皇冠。神圣罗马帝国创基（~1806 年）
987 年	西法兰克加洛林王朝覆灭。巴黎伯爵休・卡佩即位（~996 年）建立卡佩王朝（~1328 年）
1054 年	希腊正教会彻底脱离罗马天主教
1066 年	黑斯廷斯之战：诺曼底公爵威廉征服英格兰，成立诺曼底王朝（~1154 年）
1096 年	十字军东征开始。自 13 世纪以来进行过 7 次东征
1122 年	订立沃尔姆斯协约：皇帝向教皇让步，册封权问题得以解决
1140 年	卡尔方索从卡斯蒂利亚王国独立出来，建立葡萄牙王国
1154 年	英王亨利二世即位（~1194 年），建立金雀花王朝
1174 年	苏格兰成为英国的领地
1189 年	英王理查德一世率十字军第三次出征，与撒拉逊人交战，获狮心王之称
1199 年	英王约翰即位（~1216 年），与法国交战，丧失诺曼底，被称为无地者
1215 年	约翰王在大宪章上签名
1248 年	路易九世（圣王 1214~1270 年）参加第六次十字军

公　　元	通　　史
1254 年	德意志大空位时期开始（~1273 年）
1265 年	英政治家德·蒙特福特召集议会：英国议会成立
1272 年	英王爱德华一世即位（~1307 年）
1295 年	爱德华一世召开“模范议会”
1302 年	法王菲力浦四世首次召开“三级会议”（贵族、僧侣、平民）
1328 年	法卡佩王朝直系统治断绝，瓦尔瓦王朝建立（~1589 年）。菲力浦六世即位
1338 年	英法百年战争爆发（~1453 年）：英王乘卡佩王朝灭亡之机，主张夺取法王位继承权，入侵法国

公　　元	文化史
430 年	圣母玛丽亚马焦雷寺庙的镶嵌图
529 年	本尼狄克宗教团体成立
537 年	圣索菲亚教堂（拜占庭式）建成
约 547 年	圣维达尔教堂（拉温那）
604 年	英国圣保罗教堂落成
711 年	伊斯兰文化自此开始进入欧洲
725 年	编撰《巴巴利亚法典》
780 年	查理大帝改革币制，实行银本位制
781 年	从此古典文艺开始复兴，出现加洛林文艺复兴时期
812 年	查理大帝颁布《法令集》
约 825 年	本尼狄克教团完成圣加尔修道院设计图
840 年	历史学家昂哈尔德（770 年～）去世，《查理大帝传》问世
910 年	创办克吕尼修道院（布鲁哥纽） 拜占庭文化从此进入鼎盛时期
1052 年	开始建设威斯敏斯特教堂[1]
1063 年	开始兴建比萨的教堂
1085 年	威尼斯的圣马可教堂建成（1052 年～）
1090 年	建造伦敦塔（1080 年～）
1137 年	圣多尼修道院重建工程动工（~1144 年）
1163 年	巴黎圣母院在此时破土动工
1174 年	坎特伯雷重建教堂
1194 年	夏特尔大教堂重建工程开工（~1220 年）
1215 年	多明我教团成立
1235 年	巴黎圣母院竣工（1163 年～）
1257 年	巴黎创办索邦大学
1267 年	托马斯·阿奎那完成《神学大全》一书
1292 年	但丁的《新生》写成
1299 年	马可·波罗的《东方见闻录》成书

▪1
一译西敏寺大修道院。

第一章　修道院的庭园

中世纪即从罗马帝国灭亡的5世纪到文艺复兴开始的14世纪这一区间，历时大约一千年，这段时期因古代文化的光辉泯灭殆尽，故又称为黑暗时代。在这个动荡不定的时代，人们自然而然地到宗教中寻求慰藉，因此，基督教势力强大，渗透到人们生活的所有方面，使其蒙上了基督教的色彩。所以，中世纪的文化也被说成是基督教的文化，而造园文化则大受这种文化的恩泽。即使在那样一种动荡不定的年代里，信奉基督教的僧侣们的寺院生活仍然如世外桃源，以此作为造园文化的后盾可以说是最合适不过的。

从4、5世纪到7世纪至8世纪初为基督教美术时代。基督教徒在修建他们的寺院时，首先效法的样式是罗马时代的法院、市场、大会堂等公共建筑的巴西利卡[1]。按照这种样式建造的寺院就叫作巴西利卡式寺院。在罗马的巴西利卡中，建筑物前方有用连拱廊（arcaole）围成的长方形中庭，称为“前庭”（atrium）。在巴西利卡式寺院中，也有一部分是从这种中庭改造而来，它被命名为“前庭”或“帕拉第索”（paradiso）。它既有有顶式，也有露天式，后来人们将前者称为“帕拉第索”，后者则称为“前庭”，以示区别。这类前庭的中央有喷泉或水井，人们进入教堂时，先用这里的水净身。至今天主教徒仍以其他的形式来保持这一习惯，即在教堂入口处的圣水盘中浸指。作为建筑物的一部分而言，这种前庭虽然只是一片空地，但它却是不久后出现的修道院庭园的雏形，这一点是不容忽视的。

▪1 basilica，古罗马集会或审判用的长方形大会堂、长方形教堂。

西欧的修道院生活大约始于6世纪，是由本尼狄克[2]创始的。他厌恶放荡的罗马生活，故在萨比尼山中苏比亚高（Subiaco）附近的山洞里隐居了三年左右，之后成为修道院院长，大约在529年与12个志同道合者在蒙特·卡西诺（Monte Cassino）共创修道院。圣本尼狄克的戒律十分严格，并制定了合理的修道院生活戒规。修道院的僧侣们起初依靠外界的施舍生活，但圣本尼狄克却规定，修道院生活中，僧侣们所需的物资几乎全部都应在修道院内生产，实用的蔬菜园成为院内不可缺少的东西。此外，花卉原来是忌作异教徒祭祀的装饰品的，但后来逐渐开始用花卉来装饰修道院、教堂的祭坛，为种花草还建造了装饰性的花园。至此，目的截然不同的实用庭园和装饰庭园就组成了修道院庭园，即其中的菜园、药草园是实用庭园，而所谓的回廊式

▪2 本尼狄克，约480～550年，又译为本笃。意大利修道士，本笃会的创建人。

中庭则属装饰性庭园。

回廊式中庭是类似于希腊、罗马的列柱中庭的露天方形中庭，由教堂及其他公共建筑物围成（图 1、图 2）。为能朝阳，回廊式中庭一般都位于教堂的南侧，是僧侣们休息及社交的场所。庭园的四边环绕着有柱门廊（portico），淋不到雨的柱子支撑着它的屋顶。与罗马柱廊相同，回廊的墙面上描绘着题材和主题都不同的壁画。所绘图案都表现了新约、旧约圣经中的故事及表现圣徒等的生活，以激发僧侣们的宗教热情。表面上看来，回廊式中庭酷似柱廊式中庭，但实际上两者在柱廊的处理方法上却迥然相异。柱廊式中庭的柱直接立在地面上，从柱廊的任何地方都可进入中庭；而回廊式中庭的柱却设置在女儿墙（parapet）上，只有从指定地方才能进入中庭。另外，庭园的构成也非常简单，两条垂直的园路把庭园分为四个区域。园路的交点名为“帕拉第索”，这与巴西利卡式寺院的中庭相同，这里或种植树木，或设置贮满洗涤或饮用水的水盘、喷泉、水井等，它们是僧侣们忏悔和净化灵魂的象征物。用园路划分的空地上或植草坪，或种花草果树之类。修道院内还有数个与此分开的回廊式中庭。它们用作一般的公共用途，其中也有一些供修道院院长、修道院住持和其他高级执事僧们私用。即使属于同一个宗教团体的修道院，院内各部分的配置也不尽相同，尚有一些限于特殊用途的设施。

留传下来的早期修道院平面图只有两幅，即圣加尔修道院（一译圣高尔修道院）和坎特伯雷大修道院的平面图。圣加尔修道院是 9 世纪初建在瑞士康斯坦茨湖畔的本尼狄克教团的大修道院，至 17 世纪才在该修道院的图书馆偶然发现它的平面图。不过这张图不是该修道院的实测平面图，而是 820 年至 830 年间一个本尼狄克派僧侣所做的设计图，它极其详尽地传达了这个修道院的情况，现根据韦利斯所绘的解说平面图（图 3）来试作一些说明。修道院总面积约 430 平方英尺（约五千坪），凡修道院生活所需的一切设施院中都应有尽有。整个修道院分为三个部分，第一部分的中心区域是教堂和附属的僧房；第二部分从第一部分的南面到西面，包括校舍、客房、病房等建筑物；第三部分恰位于与此相反之处，配置有厩舍、农舍和工作室等。第一部分中有用教堂、僧房及其他建筑物围起来的回廊式中庭。这是一个方形露天庭院，由常见的前廊环绕着，两条垂直相交的园路把它分为四个部分。中心设置水盘，四个分区中可能种着草坪、花卉、灌木之类。第二部分中的柱廊式中庭及天井分别设在校舍和病房、客房等建筑物的中央。这部分中尤其值得一提的是规则地配置了实用的药草园、菜园和墓地（将果树与坟墓结合为一体）。病房的南面设有医生用的建筑物和重病患者的收治所，在其西面是药草园。药草园被分为 16 块长方形地盘，其中分别种有 16 种草本植物，在为患者提供治病药草的同时，还可供他们观赏。病房的北面有围在墙和树篱之中的墓地，其中也整齐地种着实用的果树和灌木。墓地中央横架着彩色十字架，在其周围的僧侣坟墓之间种着 15 种果树和灌木，除松树外的其他树木在平面图上都有所记载。墓地之北有菜园，其设计与药草园相同，但比后者大得多，18 块狭长形地盘并排成两行，从图面上来看，每块地中都栽种着不同品种的蔬菜。对以蔬菜为主食的僧侣来说，菜园的管理是至关重要的，所以在菜园旁建有漂亮的园丁房。菜园北侧有两个饲养家禽的圆形小屋，小屋之间为看守棚。此外，在寺院两侧虽有记为“乐园”的半圆形部分，但其中有无庭园设施则不清楚。

坎特伯雷大修道院的平面图（图 4）是 1165 年设计的，很好地表现了英国早期修道院的景象。或许是因为修复之需才画了这幅平面图以表示水的配置情况，因此细部状况不如圣加尔修道院那么详细。该图面上将平面图与立面图混杂在一起，图中纵横交织的曲线表示水的布置。由于水对植物而言是必不可少的，所以庭园中要有足够的供水系统。东墙旁的中庭里有记为 Piscina 的大水池，用以养鱼，这在英国的修道院中十分重要。北面是院内普通人的墓地，其中还有墓地专用的水井。病房面对着带药草园的大中庭，有顶园路的绿廊横贯中央。药草园的一侧为供水设备，另一侧是僧侣墓地。在带有许多不同分区的隐蔽部分中显然还会有图示之外的庭园。图上还简单画出了墙外田野上的葡萄园、果园及两座瞭望塔。

以上两幅平面图都是在早期修道院建设时代完成的，除此之外的这类图都没有保存下来。但是，许多世纪以来，修道院的整体布局几乎没有发生任何变化，这样说绝不言过其实。较近代的绘画作品可以充作这方面的资料。出于这个理由，克里斯普在《中世纪的庭园》（*Mediaeval Gardens*）一书中，以绘有修道院的整体或局部景观的绘画（包括许多版画）作为插图，并附加了说明。意大利中世纪中叶以后保存有完好的建筑物和回廊式中庭的本尼狄克教团的修道院有如下几个：

珊提·库瓦特罗·科罗那提（罗马），圣保罗（罗马），蒙里勒（巴勒莫），乔斯特罗·德尔·帕拉第索（阿马尔菲），圣乔万尼·德格利·埃雷米迪（巴勒莫），桑达·恰拉（那不勒斯）。

本尼狄克教团从 11 世纪末叶左右开始分为希德教团、卡马尔多利教团及卡尔特教团等派别，这些教派在意大利各地拥有许多著名的修道院。其中，卡尔特教派的戒律十分严格，它要求修道士沉默寡言，独善其身，为了尽量限制团体生活，该教派的修道院在构造上也与普通修道院稍有不同。最好的例子是克勒尔蒙特修道院。这个修道院中央的回廊式大中庭具有共享庭园的作用，几个单身僧侣住宅规则整齐地围在它的四周，这些住宅都有各自的私人小庭园，它们既带给僧侣们慰藉，又让他们负有管理的义务。从平面图（图5）上可见，在由客房和农舍围起来的大前庭中，中心是一块凸出部分，旁边建着带小庭园的修道院院长的家。西面有小鸽棚式的塔。回廊式大中庭的西侧为墓地专用区，剩余部分设计成庭园。除这个修道院之外，结构上与它酷似的还有帕维亚修道院、佛罗伦萨附近的瓦尔德马修道院，它们至今仍然保留着中世纪的外观。

1

2

1 圣保罗教堂的回廊式中庭（尼科尔斯）

2 珊提·库瓦特罗·科罗那提教堂的回廊式中庭（尼科尔斯）

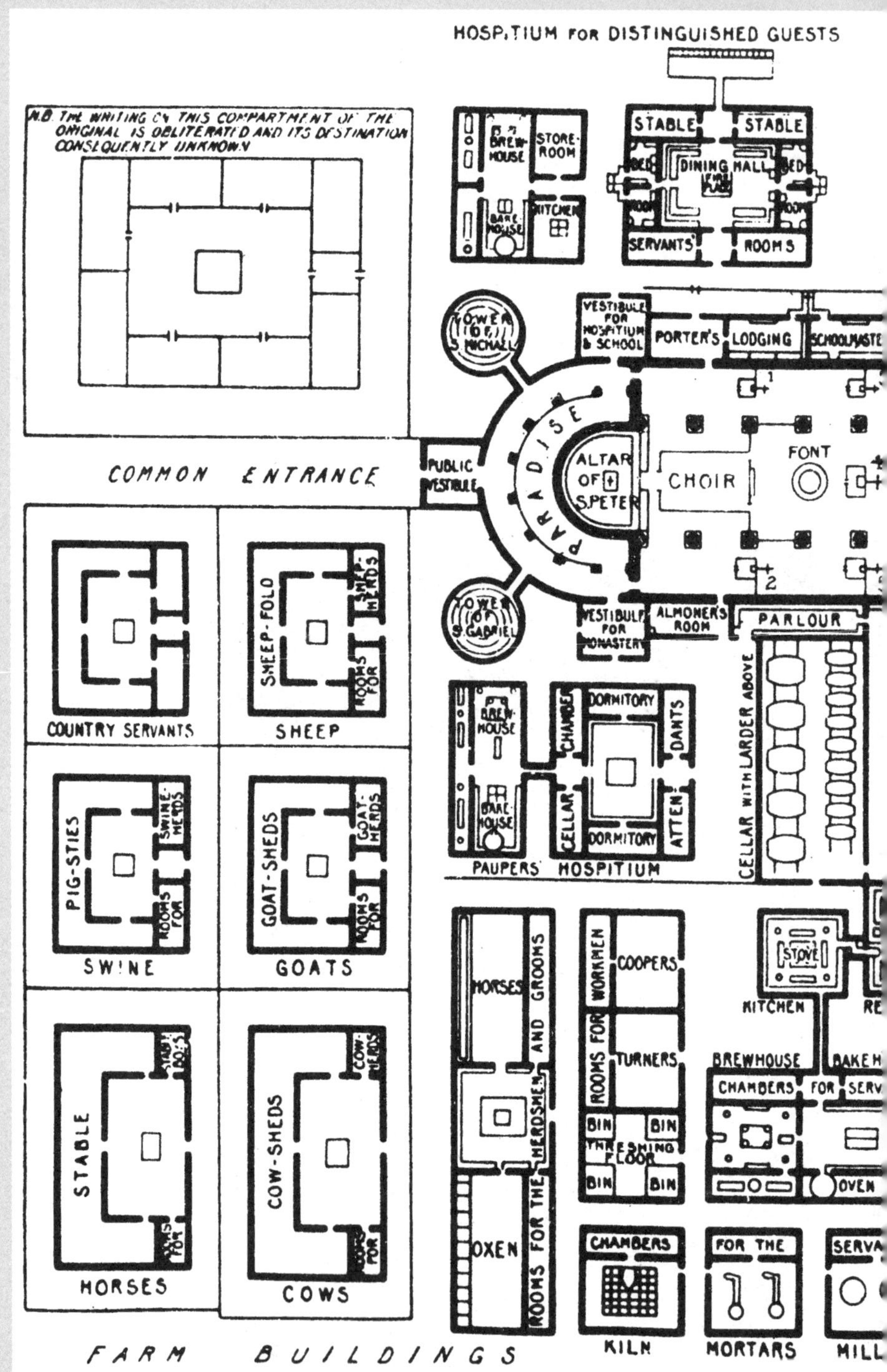

3 圣加尔修道院的平面图（克里斯普）

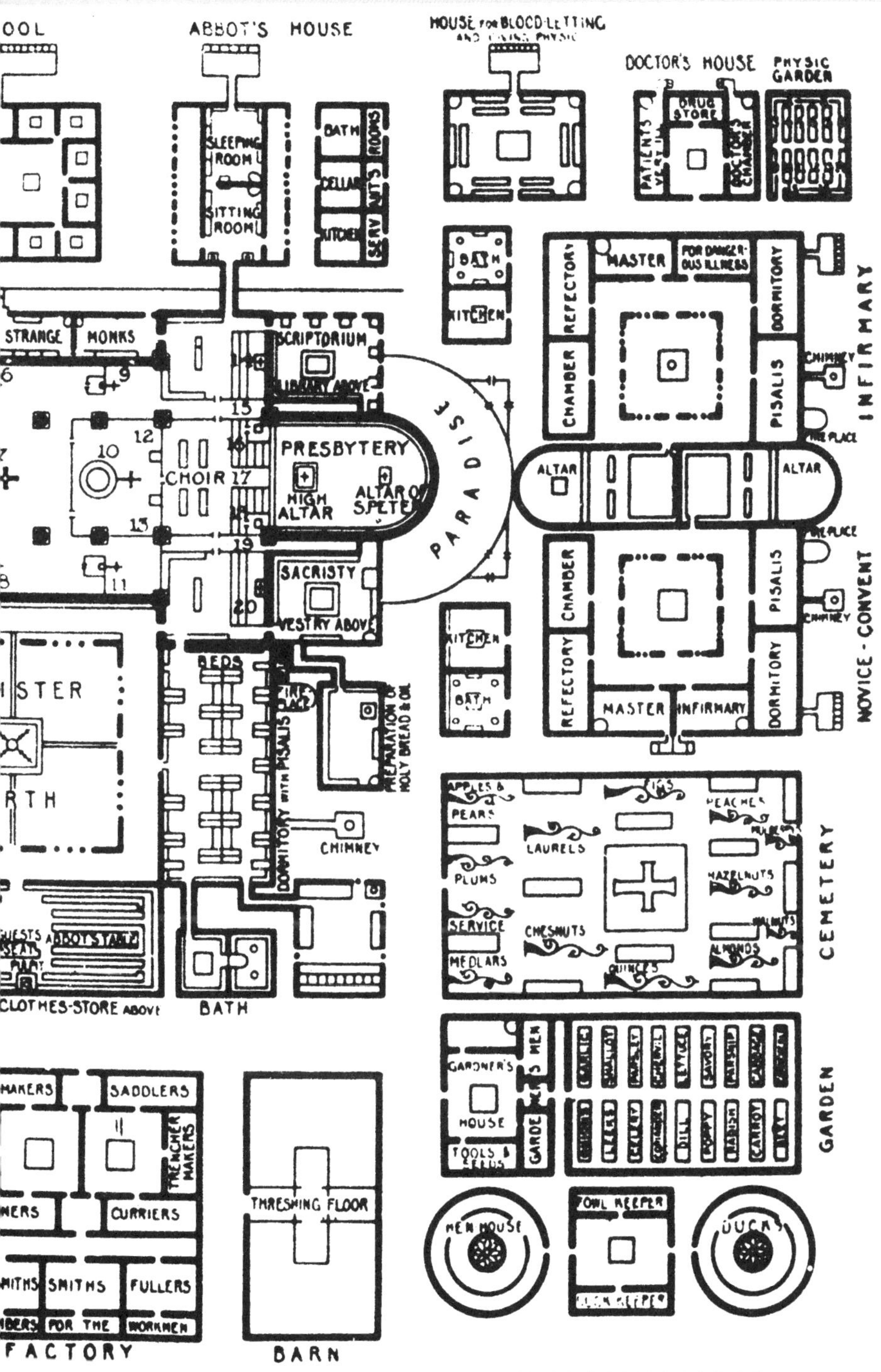

ABBOT'S HOUSE
HOUSE FOR BLOOD-LETTING
DOCTOR'S HOUSE
PHYSIC GARDEN
SLEEPING ROOM
SITTING ROOM
BATH
CELLAR
KITCHEN
DRUG STORE
BATH
KITCHEN
MASTER
FOR DANGEROUS ILLNESS
REFECTORY
DORMITORY
CHAMBER
PISALIS
INFIRMARY
SCRIPTORIUM
LIBRARY ABOVE
STRANGE
MONKS
PRESBYTERY
HIGH ALTAR
CHOIR
PARADISE
ALTAR
ALTAR
SACRISTY
VESTRY ABOVE
KITCHEN
BATH
CHAMBER
PISALIS
REFECTORY
DORMITORY
MASTER
INFIRMARY
NOVICE - CONVENT
BEDS
DORMITORY WITH PISALIS
CHIMNEY
PREPARATION OF HOLY BREAD & OIL
APPLES &
PEARS
PLUMS
SERVICE
MEDLARS
LAURELS
CHESNUTS
QUINCES
FIGS
PEACHES
HAZELNUTS
ALMONDS
CEMETERY
CLOTHES-STORE ABOVE
BATH
GARDNER'S HOUSE
TOOLS & SEEDS
GARDEN
MAKERS
SADDLERS
TRENCHER MAKERS
CURRIERS
SMITHS
FULLERS
FOR THE
WORKMEN
FACTORY
THRESHING FLOOR
BARN
HEN HOUSE
FOWL KEEPER
DUCKS

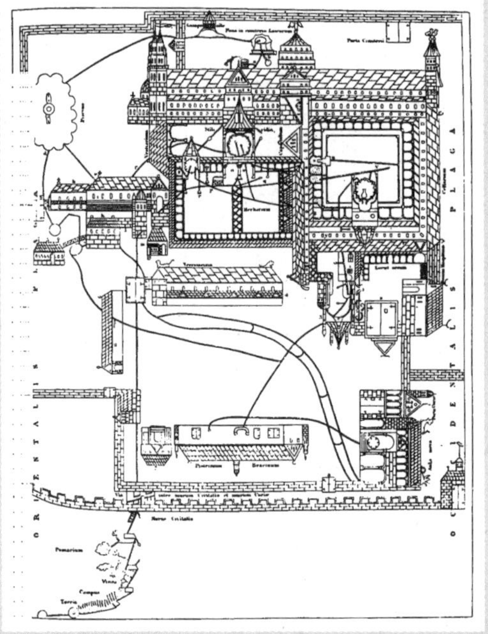

4

6

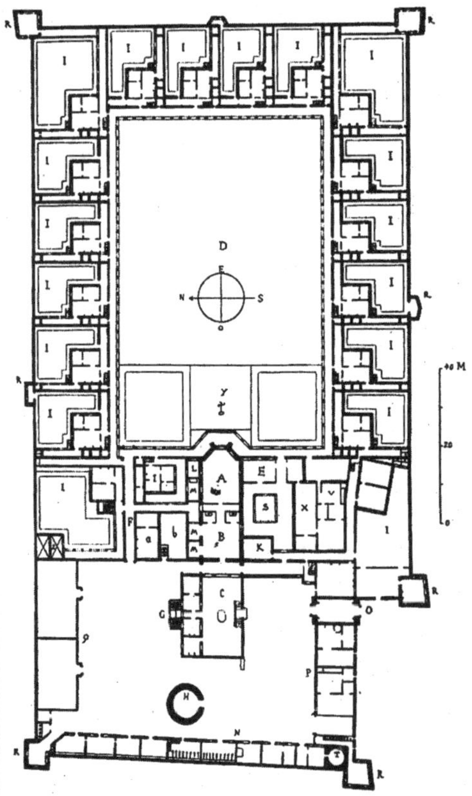

5

4 坎特伯雷修道院的平面图（戈塞因）

5 克勒尔蒙特修道院的平面图（克里斯普）

6 蒙里勒的修道院中庭（尼科尔斯）

7 巴勒莫的圣乔万尼·德格利·埃雷米迪修道院的中庭（尼科尔斯）

7

第二章　城堡的庭园

就造园发展史而言，中世纪前期是如前所述的修道院庭园时期。但到中世纪后期，随着封建制度的发展，在武士们居住的城堡内外，开始建造起所谓的城郭庭园或城堡庭园。如从地域来看，修道院庭园是以意大利为中心发展起来的；与此相对，城堡庭园则主要在法国与英国留下了许多实例。

首先，城堡在其发展阶段上，在规模、结构、位置等方面都有所变化，形式种类也多种多样。最初，城堡是一种简陋的木结构建筑，为防御敌人的攻击，多将它建于山顶上。这与早期的修道院形成了鲜明的对比，后者是坚固的石结构，并建造在宽阔而肥沃的峡谷间。与山脚相比，山顶上空地匮乏，且时局也不允许进行园艺这类只宜在和平时期进行的活动；所以，在早期的城堡中是没有庭园的一席之地的。到10世纪左右，城堡依旧是十分不完善的，它们只不过是领主或大地主府邸中设置的简单防御设施而已。即在土堡垒和无水壕沟围成的堡垒上并立木栅栏之类，还有的城堡是用二至三层的土堡垒围成。就连建在堡垒之中的城堡主人的住宅也还不是专门的城堡，它们只是或多或少地有些防御设施；不过，它们在后世却有所发展，变成了城楼（donjon）——城堡的中心。11世纪，诺曼底人征服了英国，与过去相比，叛乱的危险减少了，诺曼底人便将原来的木结构城堡改造成耐久的石结构城堡。诺曼底城堡就是这种石城堡。这种城堡由一或二层围廊组成，其中央有作为防御中心的城楼，它同时也是领主的住房。尽管这种城堡里还没有可与修道院庭园相媲美的庭园，但由于诺曼底人原来就爱好农业和园艺，所以他们常常将这些围着厚墙的小区域装饰成庭园。

欲了解这个时期城堡内部的情况，最翔实的参考资料就是长诗《玫瑰传奇》（*Roman de la Rose*）[1] 中的插图，该诗是法国诗人基洛姆·德·洛利思（Guillaume de Lorris）在13世纪前半叶所作。原书为手抄本，诗中所描述的庭园的各种插图留传下来，其中藏于大英博物馆的14世纪佛兰德文手抄本中的插图更是受人重视的资料。由于这些插图所描绘的情景被认为是当时的画家对实际庭园的真实写照，而非凭空捏造之作，所以据此可以获得那个时期城堡庭园的最具体的情况。首先来看一下描绘从城外眺望城堡所见景观的插图（图1）。图中石结构城楼岿然耸立在城堡中央，它的四周围着两重带射孔的

▪1 《玫瑰传奇》是13世纪法国寓言长诗。

墙和内外两道壕沟，构成城楼的牢固的防护。城墙上的篱笆开满了美丽的玫瑰花，其间有通道，下方的壕沟有适宜的宽度和深度，其中养着许多鲤鱼和鹄，为城内提供食物。尽管这是一幅充满想象力的图画，但人们仍然认为它基本上表现了菲力浦二世时代的、中央建有城楼的卢浮宫的情况。另外一幅画（图2）中的庭园里配上了许多人物，既表现了当时城堡庭园的景象，同时又暗示了中世纪浪漫的庭园生活。庭园环抱在带雉堞的墙之中，四周还设有壕沟。园内以木造花格墙来分区，左边的中央有铜制的狮头喷泉。从狮子口中喷出的水滴落在圆形水盘中，再通过草坪上的大理石水沟流到园外。天鹅绒般的草地上，点缀着雏菊，喷泉环绕，乐器奏鸣，变成了一块歌声回荡的柔软的地毯。在庭园的右边部分可以看到种着整齐的树木和叫不出名字的小植物的花坛，花坛是用压顶石围成的。

到12世纪末，城堡庭园大体上还保持着如上所述的状态。但到13世纪，城堡的结构发生了显著的变化，这是由于平息了国内的战乱，享乐思想大为增强以及十字军的影响所致。尤其是十字军在圣地巴勒斯坦逗留期间，受到异教徒——他们的敌人——的款待，他们研究了灿烂的东方文化，这给他们平淡无味的家庭带来了许多吸取东方文化的机会。他们不但吸收建筑知识，而且也搜罗园艺、造园等的有关材料，这些材料对促进造园及园艺事业的发展确实产生过不可低估的作用。城堡结构也摒弃了以往沉重压抑的城楼形式，一改而为住宅；与防御性城堡相比，它更适于叫作居住性城堡或府邸。即远远看去其建筑物似乎固若金汤，而实际上不过是一般的住宅建筑而已。14世纪末这种现象有增无减，城堡结构也变得更为开敞，一扫壁垒森严的外观。住宅区域也比过去有所扩大，在围墙、壕沟等的内侧，除了有装饰着挂毯、雕刻家具、盔甲之类的豪华大客厅外，其大小还尽量能容纳牲畜房、小仓库、骑马比枪场、庭园及果树园等。城堡内，到处都有取代城楼的高大雄伟的塔，形成一种大城堡，其中有用坚固的墙围成的正方形或长方形的中庭。15世纪末以后，这种建筑即便还具有城堡的外观，但其用途却完全变成了专用住宅。庭园的位置也不像过去那样仅限于城堡之内，而扩展建造在城堡外的斜坡地带。法国的城堡有比尤里（图4）、盖尔龙（图5）、蒙塔尔吉斯（图6）、枫丹白露、阿姆波依兹、韦尔讷伊、谢农索、尚蒂伊等。

1

2

3

1 《玫瑰传奇》手抄本的插图中所见的城堡庭园之一（克里斯普）

2 《玫瑰传奇》手抄本的插图中所见的城堡庭园之二（克里斯普）

3 《玫瑰传奇》手抄本的插图中所见的城堡庭园之三（克里斯普）

4 比尤里城堡（克里斯普）

5 盖尔龙城堡（克里斯普）

6 蒙塔尔吉斯城堡（克里斯普）

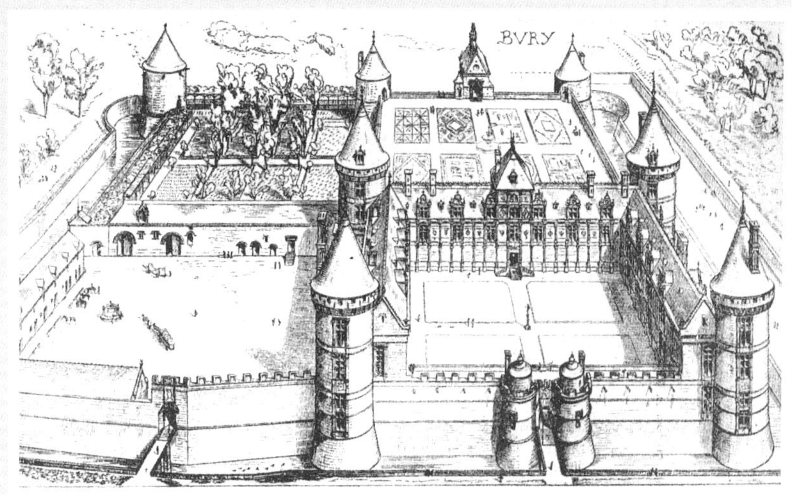
BVRY

4

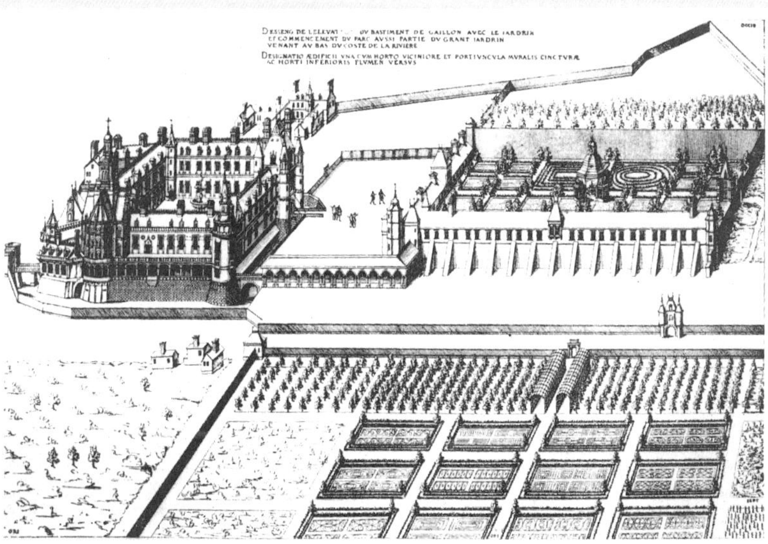
DESSENG DE LELEVAT DV BASTIMENT DE GAILLON AVEC LE IARDRIN
ET COMMENCEMENT DV PARC AVSSI PARTIE DV GRANT IARDRIN
VENANT AV BAS DV COSTE DE LA RIVIERE
DESIGNATIO ÆDIFICII VNA CVM HORTO VICINIORE ET PORTIVNCVLA MVRALIS CINCTVRÆ
AC HORTI INFERIORIS FLVMEN VERSVS

5

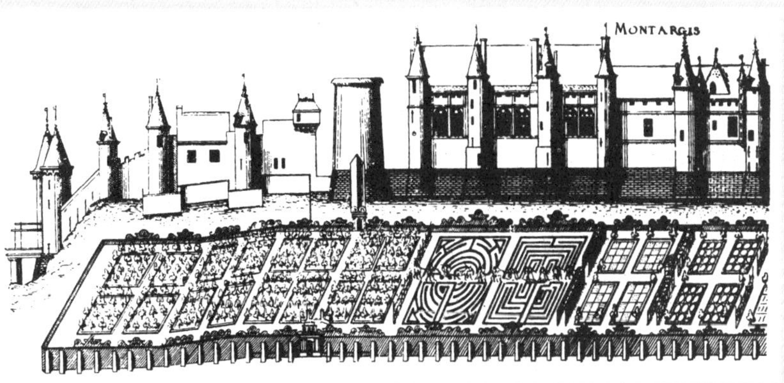
MONTARGIS

6

第三章　中世纪西欧造园的特征

如从造园的发展史来看，中世纪的庭园可以分为上述的修道院庭园与城堡庭园两种，但如按庭园的用途、内容、性质等对构成这两种庭园的庭园细部进行分类，则又可分为草本园（herb garden）和果园或游乐园（orchard or pleasance）两大类。这种分类方法与修道院庭园的分类遵循着相同的宗旨，即分为实用园与装饰园，因而被认为是最合理的。

植物园　与今天相比，herb 一词在中世纪有着更广泛的含义，它包括供食用的蔬菜和供治疗用的药草，故植物园又含有菜园及药草园的意义。在中世纪初期，栽培植物以实用为首要目的，自然就忽视了花卉的美观作用。如前所述，修道院中的这类实用性植物园是为给僧侣们提供生活必需品而建造的，因而占地相当广且地势优越。蔬菜与药草虽然也是城堡内武士们日常生活的必需之物，但因考虑到被敌人包围的境况，所以必然要将植物园设置在狭小之处。建造实用性植物园的重点完全在于必须种植的植物而不是它的形状。中世纪以后，植物园虽然还是庭园的一部分，但花园渐渐地开始登上举足轻重的位置。而到了今天，植物园则无可奈何地一落千丈，丧失了至高无上的地位。

果园或游乐园　上述的植物园归根到底总是实用及生产的场所而非户外的游乐之地。然而，在中世纪的户外生活中，名为“orchard”的地方却占有重要的位置，其功能不言而喻近似于今天的“garden”。“orchard”一词在今天虽为“栽培果树的场所”之意，但在中世纪时却并非如此，而是指“所有植物的种植地”。那时的果树园设在城堡的后面，四周围着建有塔的雉堞墙，并经由狭窄的门或伪装暗道进出。果园也建在外侧壕沟之间，其规模大小不一，小者仅以一棵树木蔽之，大者则能容纳一万人以上。随着时间的流逝，果园也自然而然地从简陋变为华丽，但却无法以时代来确切地加以划分。就外观而言，早期的果园是绿荫遍地、树木蔽日的凉爽之地。除举行比赛、竞技和运动之外，这里总是点缀着鲜花——大多是野生花卉。后来它逐渐变成装饰性庭园，添加了喷泉、坐凳、园亭等。15 世纪末，果园向庭园方向发展，到 16 世纪，果园已不再盛行，而被新兴的游乐园（garden of pleasure）所取代。

庭园植物　如克里斯普所说：“评价中世纪庭园外观的最好方法，就是调查一下那个时期实际栽培植物的目录。”植物是中世纪庭园的主要材料。介绍当时所栽培的植物的文献浩如烟海，但最古老而具体的目录记载在查理大帝（即查理一世）812 年颁布的“*Emperor Charlemagne's Capitulare de Villis*（*vel curtis*）*Imperialibus*”中。该《法令集》是关于适宜在宫廷庭园中种植的植物的指南，尽管不能说这是一份完整无缺的目录，但它却几乎囊括了当时宫廷庭园中栽培的所有主要植物。其中列举了 74 种蔬菜和药草、16 种果树，然而花卉却只有百合与玫瑰两种。圣加尔修道院平面图中所记的植物也基本上包括在其中。

英国最早的庭园著作者内卡姆所著的“*De Naturis Rerum*”中也列举了庭园植物，不过，关于花卉仍只有百合、玫瑰、天芥菜、紫花地丁、芍药、水仙等。到 14 世纪左右，野生花卉被广泛栽培，在加德纳的“*The Feate of Gardening*”一书中就提到 97 种，但芳香型花卉也只限于玫瑰、百合、紫花地丁、丁香、石竹、长春花等数种。一般来说，中世纪初期种植花卉仍只考虑它们的实用价值，而玛格努斯在“*De Vegetabilibus*”中却指出：“修道院庭园中栽花种草不是出于实用的目的，而是为欣赏其美丽与芳香。”但是，最平常的用途是装饰祭坛和神龛，或用来制作戴在头上的花圈、花冠，以及男女身上佩戴的花环等。做花环是中世纪的妇女们所喜爱的一种消遣活动，最初用来做花环的花卉是玫瑰和矢车菊。总之，那个时代栽培花卉仍旧只是为了实用而并非为了美观。玫瑰、百合、紫花地丁之类的花在今天虽然被视为观赏植物，但在中世纪，却只知道它们具有极好的疗效或食用等实用性功能。至于乔灌木，则大多数是如前所述的果树，此外还常种植葡萄。所栽树木有黄杨、罗汉松、蜡子树、带刺灌木、紫杉等。无论是为突出种植乔灌木的地方，还是出于对古树的崇拜，这些树木都是单株种植的。还有一些珍稀的外国植物等则用盆栽的方式来培育。从绘画作品来看，它们被种在以蓝色或白色为底色的彩色金属盆或土钵中，用来装饰庭园。从罗马庭园到中世纪庭园，造型树木一直盛行不衰，但在中世纪绘画中见到的主要是将紫杉、黄杨修剪成多层重叠的形状，而盛行于罗马庭园中的那种仿照人或动物形体的造型树木却销声匿迹了（图 1）。

围墙　若需防御外部对庭园的攻击和侵犯，围墙便用石、砖，以及灰泥等材料来建造；但如只需划分庭园内部区域，则只用编枝栅栏、木桩栅栏、栏杆、花格墙、树篱等即可。在这些围墙类型中，最常见的是编枝栅栏和木桩栅栏，或许因编枝栅栏比石围墙更牢固，所以编枝栅栏还常用作城郭的外墙及内部的城堡（图 2）。编枝栅栏是将日本绢柳的枝条缠绕编织在柱子上而成，易建造且又经济，故必然被普遍采用。此后，又因木桩栅栏比编枝栅栏经久耐用，所以使用范围更为广泛。这种木桩栅栏是将有各种各样顶部形状、宽约 3~4 英寸、高 3~4 英尺的木条钉在两根横梁上构成的。有时也将编枝栅栏和木桩栅栏结合起来使用。无论是立在地面上还是立在凸起的台面上的木制或铁制栏杆都有各种形状。爬满玫瑰的铁栏杆风景是中世纪画家乐于在圣母画中描绘的背景。与此相同，花格墙也是用于庭园的内部分区的，15 世纪以后，这种形式更为常用。从 15 世纪后半叶到 17 世纪末，出现了造成动物、植物形状及其他各种变形顶部的花格墙。树篱虽然也用来将庭园内部的各分区包围起来，却未见到过描绘它的绘画作品。后来树篱才取代了墙壁，用作庭园的围墙。用作树篱的树木有蜡子树、带刺灌木、玫瑰、紫杉等。

台（bed） 如圣加尔修道院所示的那种台是中世纪初期的产物。但这类花台与今天的不同，它并不是为观赏花卉，而是为采摘鲜花的需要建造的；就此而言，今昔两种花台截然异趣。台有两类：一类是中世纪所特有的，即用砖或木造成 2 英尺或 2 英尺以上的边缘，在上面铺草坪，再种鲜花；另一种是直接将花卉密密地栽种在花台的土中，这种方式实质上与近代庭园中的花台无甚区别。按照它们的特征，将第一类台称为“高台”（high bed），其用途与凳子相同。这类台有数种形式，即（1）沿庭园墙壁的四周布置；（2）靠着庭园墙用砖砌筑的短台；（3）独立建造在庭园中央等。第二类台初期为长方形，15 世纪以后变成正方形，数年以后又开始成为圆形或曲线形。长方形台大体像近代的蔬菜园那样，呈行列状布置，也有在中心台四周先描出图案再行布置。正方形台则排列成棋盘形状。中世纪以后才采用了轮廓为曲线形的台，这种台比棋盘形台的效果更好。在整个中世纪直至 17 世纪末，台都高于地面，其高度从 2 英尺至 4 英寸，或低于 4 英寸，高台用砖砌成。高度不足 1 英尺者则在立桩上钉横板做成栅栏，用石或木材为边。台的边缘有的用海石竹和黄杨，也有的采用铅、板、骨、瓷砖、石等人造材料。

结园（knot garden） 或称花结花床，是一种呈花结状图案的花坛。虽然它确实出现于中世纪，但却在中世纪之后才开始盛行，尤其在英国十分流行。它分为开放式结园（open knot garden）和封闭式结园（closed knot garden）两种类型。开放式结园是将矮性的、可以修剪造型的黄杨、迷迭香、海索草、百里香及其他植物修剪为线状设计而成。其图形各式各样，有复杂或简洁的几何图形，也有野兽、鸟、徽章及其他形状。其间的空地填满了各种颜色的土，如果园路上不种植草坪，则铺上粗砂。封闭式结园是在栽成线状的植物之间种满一种颜色的花卉，看起来花坛仿佛是由五彩缤纷的飘带组成。据说，在16至17世纪英国出版的许多园艺书籍中的结园图片表示的就是中世纪的结园。还有人认为，在缺乏装饰花卉的中世纪庭园中，这种用植物的绿色线条描出的几何形装饰是十分重要的。因此，在中世纪出现这种结园也绝非偶然。

迷园 在中世纪的寺院及教堂的彩色大理石地板上镶嵌出迷宫（labyrinth or maze）的图案，或在外面的草地上描绘出迷宫的形状，这一事实广为人知，但建成庭园形式的所谓迷园却有二三个实例留存至今；因此，可以认为迷园在中世纪曾经风靡一时。在英国，亨利二世所造的迷园位于牛津的伍德斯托克，这个闻名遐迩的迷园是为遮掩"迷人的罗莎蒙德凉亭"（Fair Rosamond's Bower）而造的。另外，查理五世时代在法国巴黎圣保罗教堂的庭园中，建造了"达达罗斯宫"（Maison de Dédale），这也是众所周知的。

凉亭（arbour）、**绿廊**、**游廊** 该词最早的用意与今天的有所不同，意指庭园中铺着草坪、种着树木的内圈地。凉亭的特征就是可以获得一个静谧的环境，这从中世纪的诗作中就能想象出来。最古老的绘画中的中世纪凉亭有三种：（1）Dream of Poliphilus；（2）薄伽丘的《十日谈》的抄本（图3）；（3）《玫瑰传奇》的佛兰德语的抄本。其中，（2）与（3）是板条结构，以常春藤、玫瑰为骨架。在中世纪绘画中的凉亭也就是被称为"绿廊"的东西。在1586年出版的"*Gardener's Labyrinth*"中，记载了三种类型的凉亭，它们与近代的凉亭结构相同。后来对凉亭大加扩展，还出现了游廊（gallery）或绿色隧道（tunnel）[1]（图4）。这是15世纪末到16世纪初的庭园的显著特征，就像修道院的回廊那样，用走廊将庭园的三边或所有各边包围起来，或者将庭园纵横分割成四个部分。绘画作品中所见到的走廊也有各种各样的形式，有中部开窗者也有不开窗者；有高大的也有矮小的；有单独一条者也有并排数条者；有直线形的也有曲线形的，不一而足。

[1] 绿色隧道即绿廊。

凳子（图5、图6） 在中世纪庭园中，坐凳设备尚不完善，人们不是坐在草坪上，就是坐在铺着草坪的人造土堆上，后来才安设了坐凳。坐凳高约18英寸，宽2英尺，或用横板和立桩围土而成；或用砖砌边，上面铺草而成。虽然坐凳大部分是独立的，但也有靠着庭园墙壁设置的，或在庭园中心用石或砖将三边围起来的坐凳。此外，还有在树干周围堆土，用圆形的编枝栅栏掩土造成的坐凳等，这些坐凳都在顶部铺草。除绕树桩的坐凳外，所有的草坪上都种着鲜花。

喷泉与浴池（图7） 水通过尽可能多的手段导入庭园之中。其中，喷泉更是中世纪庭园的主要组成因素，成为庭园的中心装饰物。喷泉的形状及色彩既有简朴的，也有华丽的，还有彩色的、镀金的等，确实种类繁多。如同建筑样式的变迁那样，喷泉的设计也经历了从罗马式到哥特式，再到文艺复兴式的发展过程。喷泉溢出的水通过庭园内的沟渠导入水池。浴池也和喷泉一样，带有中世纪庭园的特征，可以认为它直接受到了东方的影响。浴池可能是一种比较浅的水池。

1

1 树木雕刻的类型（克里斯普）

2 编枝栅栏围成的庭园（克里斯普）

3 中世纪的凉亭（克里斯普）

2

3

4

5

6

4 中世纪的凉亭（克里斯普）

5 草坪的凳子（克里斯普）

6 城堡庭园一隅（克里斯普）

7 水浴池（克里斯普）

7

第三篇

伊斯兰的造园

第一章　波斯伊斯兰的造园

阿拉伯人长年累月生活在寸草不生的阿拉伯沙漠地带，穆罕默德就诞生在他们中间，他高举伊斯兰教的大旗，统一了整个阿拉伯疆域。穆罕默德死后，历代哈里发继续宣扬伊斯兰教信仰，扩大领土。结果，到7世纪、8世纪，其疆域东起印度、中央亚细亚到亚洲一带，进而扩展到北非沿岸至西班牙半岛的广大范围。阿拉伯人迅速吸收了这些被征服国的文化，并将它们与本国文化相互协调融合，从而创造了独特的新文化。这种同化作用同样也发生在美术方面，富于东方情调的阿拉伯式或称伊斯兰式装点了中世纪的美术。造园也不例外，并且，就像前述中世纪西欧各国的造园就是基督教教徒的造园那样，伊斯兰的造园也就是伊斯兰教教徒的造园，它始终受到了这种宗教的极大影响。

亚历山大大帝以后，长期臣属于罗马的波斯在3世纪初叶宣告独立，建立了波斯帝国的萨珊王朝。在库斯鲁一世时代，波斯虽然作为东方强国之一曾国威大振；但在7世纪初左右，却被阿拉伯人灭亡。从那之后，波斯的艺术文化在过去的艺术成分中又增加了阿拉伯的影响，产生了一种可称之为“波斯阿拉伯式”的新样式。如同人们所说的那样，阿拉伯的建筑样式有赖于波斯，在整个中世纪，阿拉伯的庭园样式受到波斯的影响也是最大的。因此，波斯伊斯兰造园是西班牙伊斯兰造园、印度伊斯兰造园的源泉，成为它们效法的模式。

波斯的造园是在气候、宗教、国民性这三大影响下产生的。波斯地处风多荒瘠的高原，气候也多为严寒酷暑；因而水就成了庭园中最重要的因素，贮水池、沟渠、喷泉等各种设施支配了庭园的构成。其次，宗教也影响着庭园的设计。古波斯人信奉的拜火教认为，天国中有金碧辉煌的苑路、果树和盛开的鲜花，以及用钻石和珍珠建造的凉亭。征服波斯的阿拉伯人也在拜火教徒中广泛宣传穆罕默德的宗教信仰，在他们看来，天国本身就是一个巨大无比的大庭园。在中世纪波斯的庭园中，栽培了果树与花卉，并设置了凉亭，还将几个小庭园相互连接在一起，等等，所有这些做法都表现了穆罕默德教及拜火教这两种宗教的思想。最后，关于国民性的最好的体现就是波斯人都喜欢绿荫树，他们将绿荫树密植在高大的土墙内侧，以获得一种独占感并

波斯伊斯兰教大事年表

公 元	通 史
226 年	阿尔达希尔一世（Ardeshir I）创立中世纪波斯的萨珊王朝（~265 年）
241 年	萨珊王朝的沙普尔一世（Shapur I）即位
531 年	库斯鲁一世（Khosro I）即位（~579 年），萨珊王朝的黄金时代
591 年	库斯鲁二世即位（~628 年）
642 年	萨珊王朝波斯被阿拉伯帝国击败
867 年	亚库卜・伊本・莱斯在波斯东部创立伊斯兰萨法尔王朝（~903 年）
约 900 年	萨曼王朝始祖萨曼（Sāman）之孙伊斯迈尔・伊本于 10 世纪初推翻萨法尔王朝，开辟了广阔的领土（~999 年）
962 年	为萨曼王朝干活的土耳其奴隶阿尔普塔金（Alptigin）在阿富汗创立伽色尼王朝（~1186 年）
1037 年	塞尔柱克突厥人建立塞尔柱突厥帝国（~1157 年）
1097 年	库多布・乌登・姆哈马德从塞尔柱突厥帝国独立出来，创建了大花剌子模王朝（~1218 年）
1369 年	帖木儿（Timur）在中亚细亚建立帖木儿帝国（~1500 年）
1502 年	沙伊斯迈尔一世从奥斯曼土耳其人中独立出来，创立萨非王朝（~1736 年）
1587 年	萨非王朝的大沙赫阿拔斯一世即位（~1627 年），萨非王朝的最强盛时期
1736 年	纳狄尔沙赫继萨非王朝之后建立苏非王朝（~1796 年）
1750 年	桑德人卡利姆汗建立桑德王朝（~1794 年）
1796 年	建立卡扎尔王朝（Qajar，~1925 年），取代了桑德王朝
1848 年	卡扎尔王朝的第四代王纳赛尔丁沙即位（~1896 年）
1925 年	礼萨汗建立巴列维王朝取代卡扎尔王朝

公 元	造园史
230 年	拜火教成为国教
232 年	在萨珊王朝初期完成了《阿维斯陀》[1]
约 245 年	摩尼教创始，从库斯鲁一世时代的地毯上可以看到波斯庭园的设计
610 年	穆罕默德开始在阿拉伯传教，伊斯兰教诞生
1587 年	大沙赫阿拔斯建造费因园
	16 世纪后半叶阿拔斯一世时期在伊斯法罕建造了广场和四庭园大道
1607 年	阿拔斯一世在世界像之园种植丝柏
1789 年	加・穆罕默德创建卡扎尔王座
约 1824 年	建造嫉妒乐园之庭
1863 年	建造蔷薇园

▪1 即《波斯古经》，古代伊朗的宗教经典，对于研究伊朗和中亚古代的历史文化具有重要价值。

防御外敌。

一般来说，波斯的小庭园多为矩形，两条垂直相交、高于庭园地面的苑路将它分为 4 个部分，并通过小沟渠来浇灌。在苑路的交点上，或设置用蓝色花砖镶边的浅水池，或设置爬满藤蔓的凉亭。由此，我们可以体会到这种波斯小庭园的构造酷似于西欧修道院的回廊式中庭。有人认为这种庭园可视为西欧庭园的原型（prototype），它还在库斯鲁一世时代编织的绘有著名庭园的地毯图案中得到了极好的表现（图 1）。这种地毯用金线、华贵的绢及水晶、宝石等绣制而成，再现了王室庭园的平面，它们使人们对阿拉伯人留下了深刻的印象，这是王宫中任何其他珍宝都不能企及的。这种庭园地毯的设计可上溯到遥远的古亚述时代，它们流传到中世纪的波斯，并为伊斯兰帝国的庭园地毯所沿用。插图所示的地毯即为其中之一例。地毯的四边表现了矩形花坛、草坪、渠道、罗汉松、果树等等，中心有矩形水池，四股流水从中涌出。在所有的地毯图案中，这种庭园地毯图案的历史最为悠久，它所表现的似乎是春之园，而中世纪波斯室内装饰用的挂毯（图 2）则描绘了夏之园，这种挂毯也是十分流行的，其效果与古罗马的庭园壁画相当。波斯人还在挂毯上添加了香味，以使人们由这些庭园画引起一种错觉，仿佛置身于真正的庭园之中。

此外，大庭园可以由几个小庭园联结而成，但当庭园设在山腹地带时，则要采取用台阶连接各个露台的手法，就像在意大利式庭园中见到的那样。有人认为这仅仅是为了适应地形而取得的偶然的一致，也有人认为这种波斯的造园手法也像小庭园的设计手法那样传到了意大利。不过两者在庭园的细部、材料等方面的处理手法却不尽相同，即波斯庭园中虽有花坛，却不似意大利庭园中的花坛那样华丽。另外，由于《古兰经》严禁描绘人及动物的形体，因而波斯人在其庭园设计中也只采用植物花纹和几何图案，在其庭园中也没有意大利那样的雕刻品。

后来，波斯经历了许多成功的转变，16 世纪，在萨非王朝的统一下，波斯进入了最后的黄金时代。萨非王朝最大的国王阿拔斯大帝移居伊斯法罕（Isphahan），对这个城市的形态进行了调整。他在图 3 所示城市的重要位置建造了被称为“麦丹”（Maidan-i-Shah）的长方形公园广场，广场面积为 380 英尺 × 140 英尺，并在广场西面建造了长 3 公里以上、带有两层交叉桥的 4 条大道，命名为“四庭园大道”。

四庭园大道（图 4） 如根据 17 世纪法国旅行家夏尔丹的记载来想象，如图示那样，渠道纵贯每条大道的中央，这些渠道在宽阔而低矮的露台处即扩大为水池。水池及渠道的两边用石铺砌，可容两人并排而行。池的大小和形状种类繁多,在露台之间水形成台阶式瀑布落下。在林荫大道两端设两座凉亭，形成街道的终点。在广场和四庭园大道之间有一片宽大的四方形宫殿区，内有环抱在庭园之中的各式园亭，其中最有名的是名为“四十柱宫”的建筑物（图 5）。这座建筑物虽然是 17 世纪火灾后由阿拔斯大帝重新动工修建的，但其庭园仍保持着昔日的面貌。园亭建在长方形围墙正中,配有一个由每行 6 根、并列成 3 排的柱支撑的木屋顶前廊。细细的渠道环绕着园亭淙淙流淌，从建筑物流出的非常大的水渠则贯穿全园。庭园划分为规则整齐的花坛，其间穿插着林荫道。

阿什拉弗园（图 7） 阿什拉弗园是一座田园别墅遗址，距斯特拉巴特有数公里，位于远离阿什拉弗城的厄尔布尔士山（Elburz Mts.）的斜坡上，是阿拔斯一世时代的产物。据德国的东方研究家扎烈记载："该别墅有 7 个完全规则的长方形庭园。其布局仅为适应庭园所在的地形，而不是为了使主要设计构思相互协调一致。”它分为向西倾斜的“泉庭”和向北倾斜的主庭部分——“波斯王之庭”。这两部分都呈露台状布局，露台上都建有主要建筑，这两个庭园分别用墙围着，设计上缺乏统一。“波斯王之庭”有一个大前庭，除此之外，10 层露台重叠在面积为 450×200（平方米）的地面上。宽大的渠道沿着墙从一个露台流向另一个露台，一直流到中心的小瀑布，再穿过第五层露台上的凉亭一泻而下。这层露台上的渠道比其他的渠道宽,并扩大成长方形水池，水池四周有花坛，花坛又被十字形的渠道支流分为 4 个部分。位于上方的“老人园”的设计也与此相似，庭园中建有大宫殿似的圆顶大凉亭。在后宫中有围着高墙的“家庭园”。在远离此地的主庭园之东有高大的露台，从这里拾级而上，就到了临时住所或女宾接待室。现在这座别墅已成一片荒野，其庭园中最突出的装饰就是象征着水池和渠道的巨大的罗汉松。

伊斯法罕以南 500 公里处有桑德王朝的首都设拉子（Shiraz）。大约从中世纪开始,就有“皇帝道路”贯穿于这两个城市之间。设拉子是法尔斯省（Fars）的省会，而法尔斯是波斯人的发祥地，也是波斯最大的一个省，还是波斯文学史上著名的诗人萨迪[1]和哈菲兹[2]的诞生地，因而广为人知。自古以来，波斯人出于对诗歌的爱好，在设拉子城里为两位诗人修建了陵墓，一座是哈菲兹的陵墓“Hafiziyya”，另一座是萨迪的陵墓“Sadiyya”，并立了诗碑和凉亭等来赞颂诗人的业绩。哈菲兹曾写诗赞美设拉子，诗曰："青冈栎树荫环绕着秀

▪1 萨迪（Sadi Shirazi），约 1203~1292 年。波斯诗人，代表作有训世故事诗集《果园》和《蔷薇园》。

▪2 哈菲兹（Hâfiz Shirazi），1300~1389 年。波斯抒情诗人，主要作品有诗歌集。

丽的流水，水声潺潺的庭园遍布全城。”1674 年访问过该城的夏尔丹也记载说：“设拉子（图 9）到处都是庭园。”在“皇帝道路”的林荫树东侧有“安乐园”（Bagh-i-Dilgusha），在哈菲兹陵墓北面的不远处有被称为“七柱身”（Haft Tan）（图 10）和“四十柱身”（Chehel Tan）的庭园。在这两个建在土和砖造的高墙之中的庭园里掩埋着无数有名之士，它们是卡利姆汗（Karim Khan，1750~1779 年，桑德王朝波斯的建设者）时代的产物，属于近代的庭园住宅类型，凉亭设在围墙的北端，房屋为南向，其前面有水池。在它的附近，“世界像之园”（Bagh-i-Jahan Numa）和“新庭园”（Bagh-i-Naw）对峙在前述的“皇帝道路”两旁。前者位于林荫道东侧的哈菲兹陵墓及“七柱身庭园”附近，因有阿拔斯一世在 1607 年种植的罗汉松大树而闻名遐迩。1766 年，卡利姆·康·昌德在这里建造了“摄政园”（Bagh-i-Vakil），但仅过半年就将它改名为“世界像之园”。这是一个围墙环绕的巨大的正方形区域，通过人工堆土使其高于四周的地面，罗汉松、洋梧桐等林荫树排列在网状道路的两旁。

1665 年左右，据 17 世纪法国的东方旅行家塔弗尼尔（Jean Baptiste Tavernier）记载：“（设拉子）城外北面的山脚下有古波斯王的佛德奥斯园（Bagh-i-Firdaus）。园中种满了果树和玫瑰，在山麓的庭园尽端的一群建筑物下方，设有一个水波荡漾的大水池。”1705 年勒·布鲁因（Cornelius Le Bruyn）记述了菲罗杜斯（Ferodus）优美典雅的庭园，恰在一百年后，这个庭园就被命名为“Takt-i-Qajar”（卡扎尔王座）。当时，把这个庭园的创建年代上溯到 1789 年，即卡扎尔王朝的穆罕默德沙（Muhammad Shah）的时代。庭园的左侧是班羚的圈地及其他游乐场所。1850 年以后才取名为现在的“塔库特园”。拍摄于约 50 年前的照片揭示了这个庭园的荒废状况，后对上部的平坦部分进行了修复，并于 1945 年绘制了那时遗址的平面图（图 11）。这是一个以喷水来浇灌全园的典型作品，十分富有情趣，园中的流水集中注入大水池。这种水池被称为 Daryacheh（小海），尽可能地建造得很大。在阿塞拜疆，产生了山腹庭园这种类型，此后，与 Babur（巴布尔，印度莫卧儿帝国的缔造者）创造的设计手法相结合，波斯的影响在印度重新出现了。不过，这种庭园何时在伊朗出现过却无从得知。

在设拉子城北的临河处，还有其他一些远近闻名的庭园。其中屡被记载的庭园是 1824 年左右建造的“嫉妒乐园之庭”（Bagh-i-Rasht Behesht）。这个庭园就在今天游览设拉子庭园的人们最熟悉的埃拉姆庭园（Bagh-i-Eram）的附近。它得名于《古兰经》所引阿拉伯传说中的庭园“用柱装饰的 Iram”，而常常被误称为“平安之庭”（Bagh-i-Aram），但这个名称似乎更适合于庭园的气氛。与设拉子的其他庭园一样，无人了解这个庭园的历史沿革，谁是它的创建者也无定论。根据 1945 年实测所得的平面图（图 12），庭园大致在中部一分为二，低下部分为 Shahriyar Rashidpur 所有，从那时起上部区域就已没有掌握在卡苏凯族人的手中。

埃拉姆是一个充满了浓郁的人情味的庭园，其中有橘树林、宽广笔直的罗汉松林荫道，还有许多结构向游客展示了卡苏凯族热情好客的风俗。在它的平面构成中，纵长的轴线引人注目，该庭园的趣味所在全部沿着这条中轴线展示出来，而密植着柑橘类果树的灌溉区则担负着保持区域平衡的责任。

设拉子现存的一个大庭园是值得一看的。如被称为“阿菲法巴德”（Afifabad）或“玫瑰园”（Bagh-i-Gulshan）的庭园，它创建于 1863 年。庭园位于远离城市的西部，内有大凉亭、大水池，附加凉亭等设施，其形式与埃拉姆庭园类似（图 13）；不同的是，玫瑰园中的主要建筑大部分是采用当地产的石料来建造的。

在稍后的时代，有属于卡瓦姆·西拉兹家族的建筑物，名为“参拜大厅”（Divan Khaneh）。它是一座带有传统特色的山墙式建筑，夏天将门廊的窗帘放下以代替树荫。从平面图上还能看到其他常见的配置，即水池、中央的装饰道路及两侧的树丛（图 14）。

与参拜大厅隔着一条狭窄的小道，还有 19 世纪初期城市的建筑物，它们也归卡瓦姆·西拉兹家族所有。被称为“那朗吉斯坦”（Narangistan）的建筑的平面设计与参拜大厅极为相似，但比后者的范围小，还有一个区别就是其主要房间都朝东而不是朝南。

大不里士（Tabriz）因有马可波罗 1300 年时造访过的庭园而成为名城，白羊王朝[1]的统治者在 15 世纪末左右将该城立为首都，并以“八个乐园”（Hasht Bihesht）（图 15）这座华丽的庭园来装点城市。在这个庭园竣工后不久，游览大不里士的马可波罗就详细记载了位于十字形园路中心的凉亭、渠道、水池等。几个世纪以后，同是这个地方又得名为“伊什拉塔巴德园”（Bagh-i-Eshratabad），19 世纪末以前，它又重新改名，变成了现在所称的“北方之园”（Bagh-i-Shimal），不可思议的是这个庭园实际上位于城的南郊。卡扎尔王朝时期，历代皇太子为了作为阿塞拜疆地方的统治者来治理朝政，常常习惯于居住在大不里士，有几代皇太子就住在这座庭园里。根据古代的图制成的复原图表现了从只残留着一些大构筑物的地域变化而来的庭园（图 16）。

▪1 白羊王朝是 15 世纪初至 16 世纪初伊朗的封建王朝。

如今在大不里士城的四周还有两个美丽的庭园，它们位于城的东面，在大不里士通往德黑兰的国家公路的南边。一个名为“夏戈尔”（Shah Gol），另一个称为“夏戈里”（Shah Goli）或“夏科里”（Shah Koli），这几个词都是由具有“国王之地”的相同意义的波斯语和土耳其语结合而成。当然，这两个庭园的主要部分均为一个人造水池，池的一边长 700 英尺以上，据大不里士地方史记载，它们都是由不知其名的国王在 1785 年建造的，为造这两个庭园的水池用尽了同一水源的湖水，园中还筑起了平台，并于 19 世纪中叶以前建造了凉亭。它们明显地酷似于设拉子的塔库特园，只是规模更大些而已（图 17）。这两个庭园的大水池都不是在平地上掘土而成，而是将大量的土、砂搬运到此地建成的。

在靠近夏戈尔园的地方有法沙巴德庭园（Fathabad）（图 18）。庭园的中心几乎掩藏在果树园中，但长长的水路轴线却使庭园整体与波斯风格相结合，除了将古式凉亭变成了近代的房屋之外，所有的一切都十分协调。在上部庭园的南边，从庭园尽端开始的中央林荫道既表示出水池形状的变化，又明显表示了水平面的改变。在某些地方，渠道环绕着一片草地，草地边缘依次摆放着一排盆栽天竺葵，一直通到用巨石嵌边、被老态龙钟的古树环绕的水池，使这一设计意境达到高潮。

沿国家公路从大不里士南下德黑兰，再沿通往古姆的道路就来到了因玫瑰而著称于世的卡香（Kashan）。在道路的右侧可以看到参天的罗汉松树宛如费因园中耸立的高塔。费因园是世人瞩目的波斯规则式大庭园最杰出的作品。

据说卡香郊外的费因园曾是萨非王朝的统治者沙伊斯迈尔[1]的会客所，1587 年以后，沙阿拔斯在此大兴土木，1659 年沙阿拔斯二世也曾访问过这个庭园。然而，费因园中那些古老的建筑早已消失殆尽了，现在的建筑物都是 1799 年到 1834 年法特赫·阿里（Fath Ali）统治时期建造的。1852 年当时的首相埃米尔·喀比尔（Amir-i-Kabir）在这里遇刺，这一历史事件也许比庭园的美丽更能使波斯人浮想联翩吧（图 19）。

[1] Shah Ismail，Shah 译作沙，是对国王的尊称。——校注

在这一惨痛事件发生后的 75 年之间，费因园被恣意荒废，建筑也逐渐倒塌了。1935 年，费因园（Bagh-i-Fin）被定为伊朗的国家纪念物，并对它进行了必要的修理以使它重新充满活力。费因园是国家王室庭园的优秀实例，是波斯庭园的缩影，而且，这一个作品就将波斯庭园中最杰出的事物和因素全部展现无余；所以，值得对它报以密切的关注和特殊的兴趣。虽然庭园之外干旱缺水，但园内却林木扶疏、流水纵横，浓密葱郁的树叶、五彩缤纷的鲜花、

蓝色的瓷砖、喷泉、彩色的石膏像和木雕等弥补了外部风景单调之弊。

费因园的平面构图使人联想到波斯的庭园地毯，众多的渠道、果树园、鲜花、凉亭等，两者的组成因素全都表现出一种相似的关系。渠道的侧面和底部铺砌了蓝色的瓷砖，所以，当水注入大树环抱的大水池时，便熠熠生辉。

德黑兰附近的庭园因不及伊斯法罕、设拉子的庭园历史悠久，所以被认为缺少吸引力。卡扎尔王朝的创始人阿卡·穆罕默德汗（Aqa Muhammad Khan）扩张领土，最初建都于里海沿岸的萨里（Sari）城，后于 1788 年迁都德黑兰。国王的外甥法特赫·阿里于 1797 年登基，在执政的约 40 年间，他一改旧貌，大兴土木建设了庭园、宫殿、广场、公馆及私人住宅等。工程首先始于蔷薇宫（Gulistan Palace），卡加尔斯城堡（Qasr-e Qajar）和画廊宫（Negaristan）全都是那个时代建成的。到法特赫·阿里的孙子穆罕默德沙时，德黑兰发展速度虽然有所降低，但在纳赛尔丁沙（Nasir al-Din Shah）为王的漫长年代（1848~1896 年）中，德黑兰却变成了一座十分繁华的城市。

自 1925 年开始，德黑兰城的各方面都发生了变化，人口也增加到 150 万以上。城市本身则迅速向北部扩大，19 世纪位于城郊一公里处的画廊宫殿到 1930 年时已超越了这个范围，并于 1930 年和 1955 年间与其北面 5 公里处的卡加尔斯城堡合并在一起。蔷薇宫据说是法特赫·阿里时代开始创建，至 1806 年才完成的。画廊宫则竣工于 1810 年左右，凉亭设在一个数英亩的长方形区域内。

正如卡扎尔城的复原图（图 20）所示，该城是由宽阔而平坦的地带和建造在陡坡上呈露台状的墙围地所构成。在斜坡的底部有大水池，它的设计与大不里士附近的夏戈尔园（Shah Gol）及设拉子的塔库特园相同，采用了将山腹庭园与人造水池相结合的传统手法。该平面图可能忠实地描绘了 20 英亩区域内原来的构成情况。以下译文摘自古代目击者的叙述："（该园）设计了两旁种着繁茂的白杨树、垂柳、各种果树及许多蔷薇花的平行的园路。"庭园的中央矗立着用绿色大理石、砖、上釉瓷砖建成的大亭子。

在伊斯兰教的经典《古兰经》中不乏描写乐园的章节。其中写道：

> "信道而且行善者，我（安拉）将使他们进入临诸河的乐园，而永居其中。他们在乐园里有纯洁的配偶，我将使他们进入永恒的庇荫之中。"（第四章第五十七节）

在另一章中还进一步写道：

> “敬畏的人们所蒙应许的乐园其情景是这样的：其中有水河，水质不腐。”（第四十七章第十五节）

这些论述都将清澈的流水列在首位。不难想象，对于生活在沙漠之中的波斯人来说，水是多么的珍贵，临河之地不言而喻正是他们所渴求的生存场所。因此，在波斯的庭园中，与水有关的设施是至关重要的。为此，首先筑造的是水池。无论是至今尚存的萨非王朝时代的费因园，还是其后筑造的设拉子的埃拉姆园，水池都是它们不可或缺的庭园构成因素，这是可想而知的。在波斯庭园中，水池几乎都设在建筑物之前，偶尔也有设在建筑内部的情况。不可思议的是，水池的形状不是伊斯兰庭园中的那种圆形，而大部分采用方形或八角形，这或许是因为该国的造园一直循着与模仿自然形成鲜明对照的道路前进之缘故。庭园形式本身是按几何构成展开的，所以，水池的形状也采用方形或八角形，视曲线形为不合理的形状而弃之。

中世纪波斯庭园中设有如地毯图案所绘的渠道，这些渠道既为庭园带来清新凉爽的气息，同时也用作庭园分区的手段。在现存庭园中，萨非王朝时代筑造的费因园及卡扎尔王朝时代建成的埃拉姆园等都是将渠道作为庭园构成的重要设施的实例。

就喷泉设施而言，从 17 世纪上半叶访问波斯的旅行家赫伯特和塔弗尼尔的记录上，我们就可以知道在当时的波斯庭园中已经设有十分漂亮的喷泉。例如，伊斯法罕的萨非王朝时期的哈扎・贾利布（Hazar Jarib）大庭园中就有 500 多个喷泉，这些喷泉都用导管供水，并通过阀门这种精巧之物的开关来改变图形（pattern）的组合；还有记载说，在伊斯法罕的阿里・卡普宫中，是用牛力将喷泉的水扬到高处的，等等。除了这些记录之外，我们还可以从前述的现存古代庭园中想象出当时庭园的面貌。

继水之后，《古兰经》中还提到了清凉的树荫。如要论述波斯庭园中所种的植物，必定首推蔷薇。中世纪诗人菲尔多西[1]曾多次赞颂蔷薇的美丽，后来诗人萨迪、抒情诗人哈菲兹也有盛赞蔷薇的诗作。特别是在萨迪的诗集《蔷薇园》中，有“美女丰润的面颊犹如鲜红的蔷薇花”之句歌颂蔷薇。浅红色的蔷薇原产于西亚，它芳香迷人，故在波斯的庭园中也喜爱种这种花。

其次，悬铃木自古以来就被波斯人当作避瘟疫之物，古人们喜欢将它种

▪1
菲尔多西（Firdausi），920~1025 年。波斯诗人，代表作有史诗《王书》。

在自己的房屋四周。上述的中世纪诗人们也有诗作歌颂这种树木，所以悬铃木与伊朗民族结缘匪浅。烈日之下，这种树木有着相当重要的作用，无论是作为树林，还是作为林荫树，悬铃木都是不可缺少的造园树木。除了悬铃木，波斯庭园中还常种有松树。在古波斯拜火教的圣典《阿维斯陀》中描述的理想境界，就是高墙森森、流水淙淙、永远常青的绿色庭园，而构成这种庭园的就是当地原产的常绿针叶树——black pine。

此外的造园树木是早在旧约时代就已种植的果树，如石榴、核桃、葡萄、杏、扁桃、无花果、橄榄、枣椰子、阿月浑子树、栗树、李子、苹果、梨树、樱桃、榅桲、橘子之类。蔬菜类有甜瓜、西瓜、黄瓜等。花卉类有郁金香、银莲花、蝴蝶花、百合、睡莲、水仙、风信子、番红花、罂粟。观赏树木有白杨、柳树、茉莉、紫丁香、连翘、木瓜、合欢树、夹竹桃、桃金娘、四蕊柽柳、黎巴嫩杉、罗汉松等。

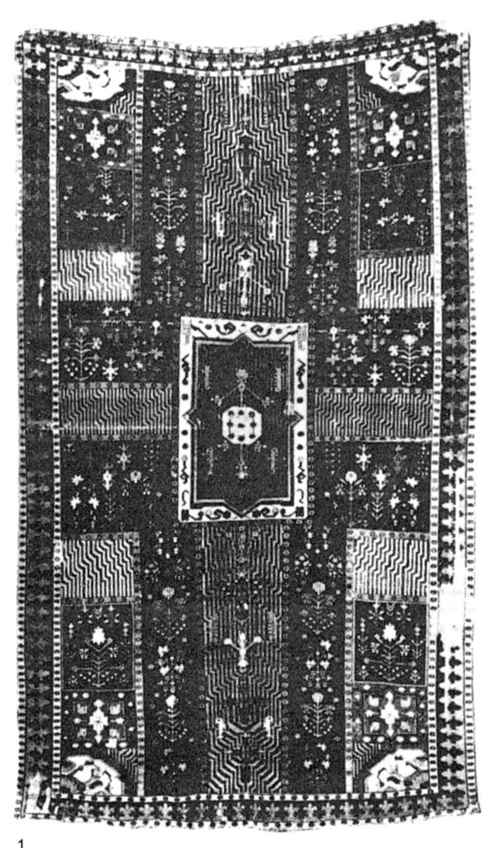

1

1　波斯地毯上所绘的庭园图案（威尔巴）

2　波斯的挂毛毯（戈塞因）
3　伊斯法罕城（戈塞因）
4　四庭园大道（戈塞因）
5　四十柱宫的门廊（威尔巴）
6　四十柱宫与周围的庭园（威尔巴）
7　阿什拉弗园平面图（戈塞因）

2

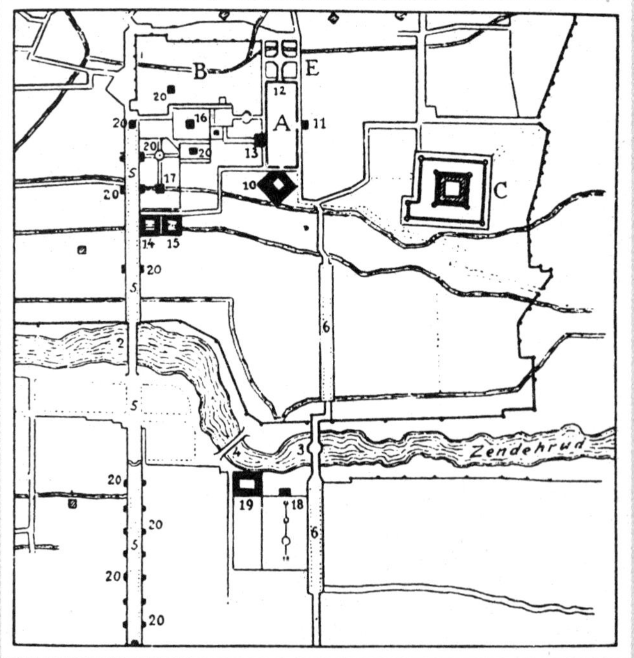

3

4

5

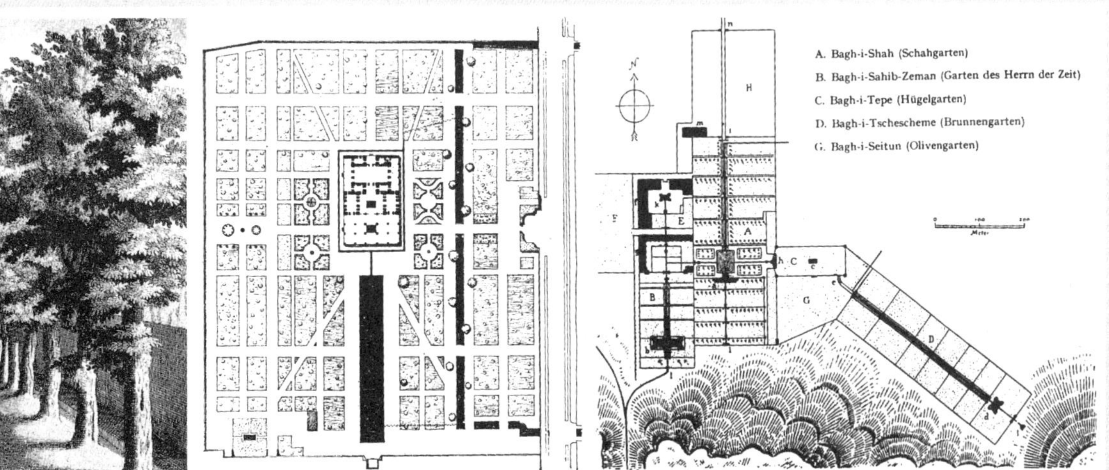
A. Bagh-i-Shah (Schahgarten)
B. Bagh-i-Sahib-Zeman (Garten des Herrn der Zeit)
C. Bagh-i-Tepe (Hügelgarten)
D. Bagh-i-Tschescheme (Brunnengarten)
G. Bagh-i-Seitun (Olivengarten)
Meter

6

7

8

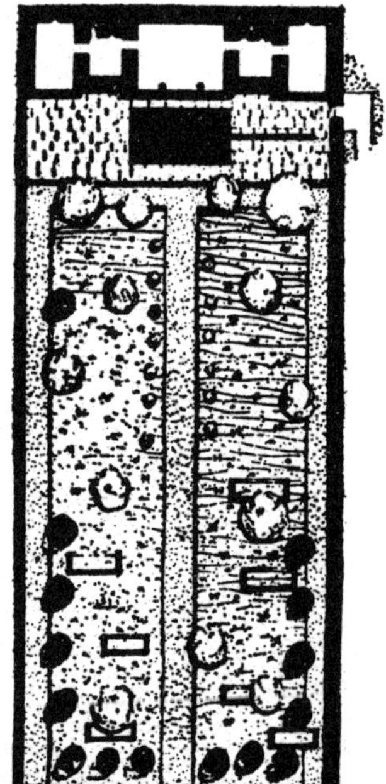

10

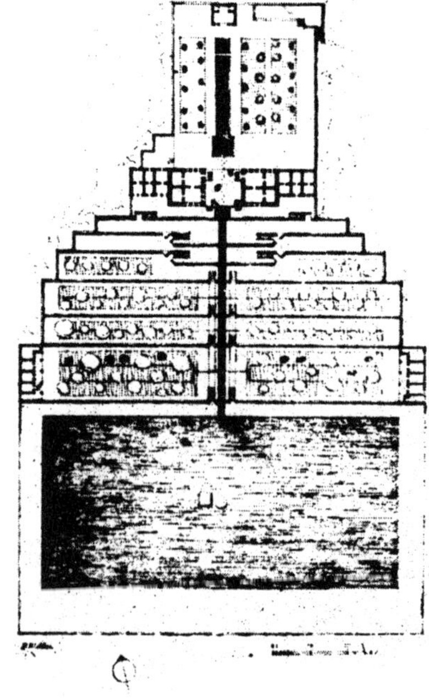

11

12

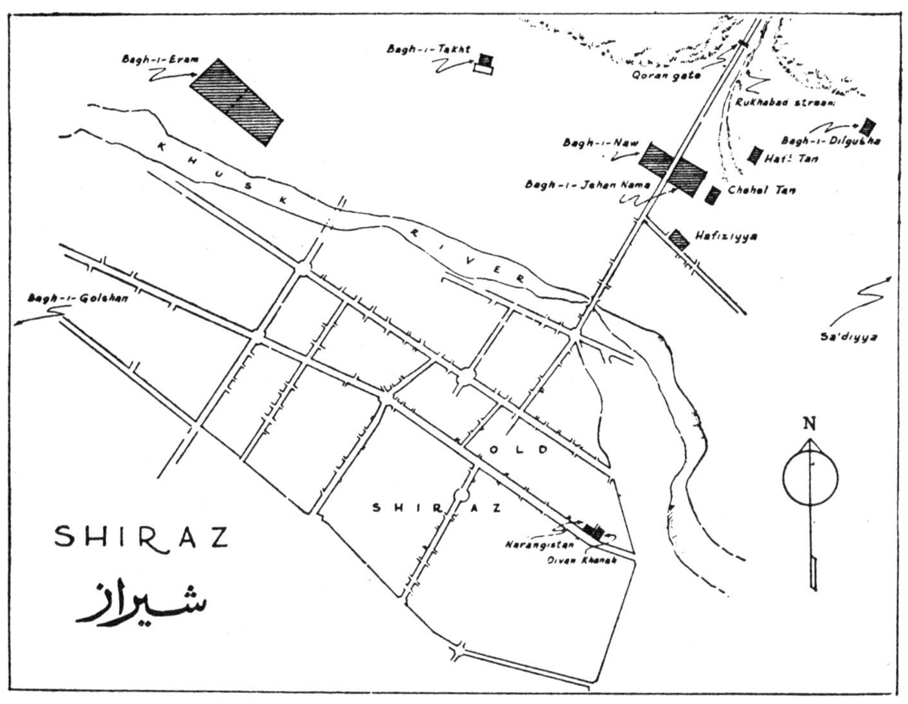

9

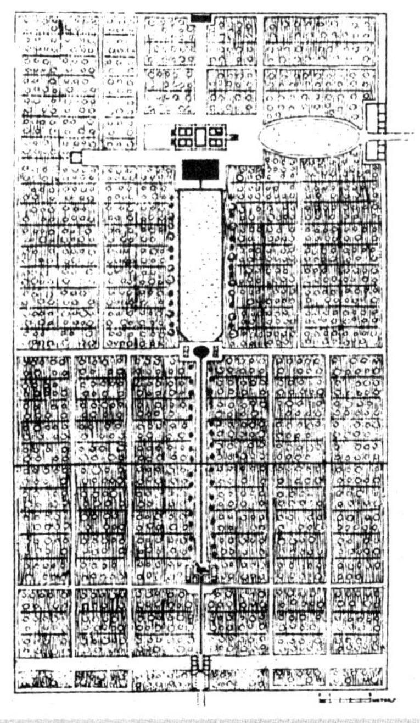

13

8　波斯王之庭的凉亭（戈塞因）
9　设拉子周围的庭园分布图（威尔巴）
10　七柱身园平面图（威尔巴）
11　塔库特园平面图（威尔巴）
12　埃拉姆园平面图（威尔巴）
13　玫瑰园平面图（威尔巴）

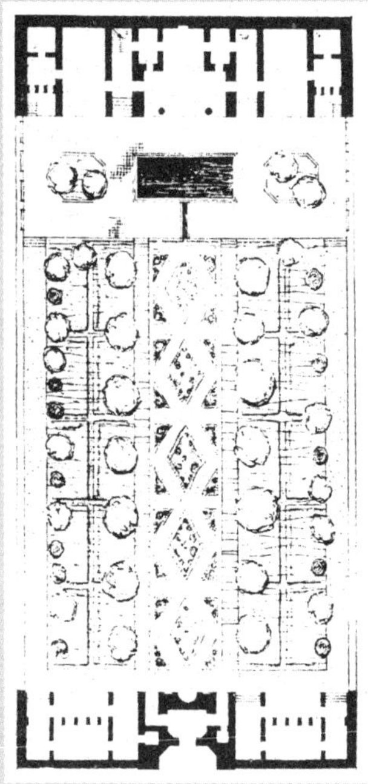

14

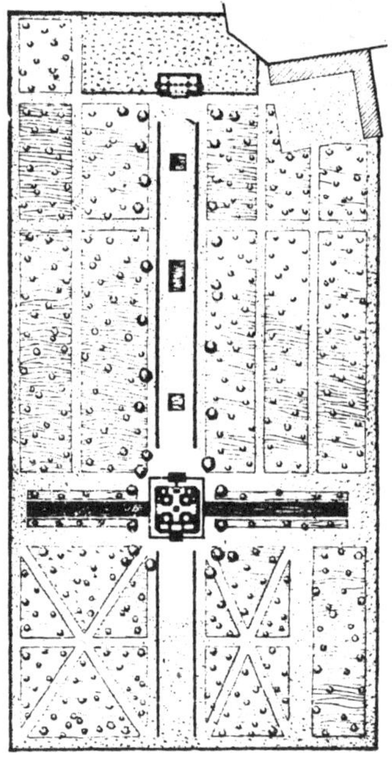

15

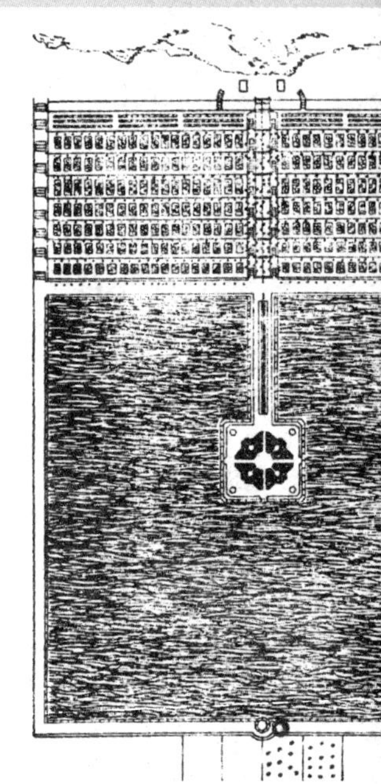

17

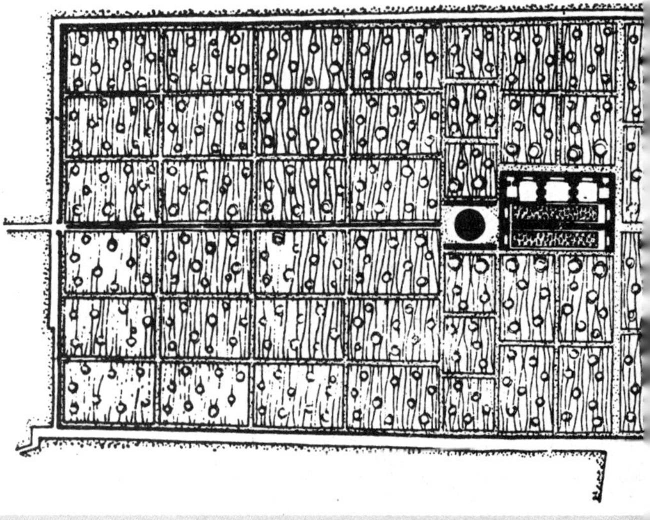

16

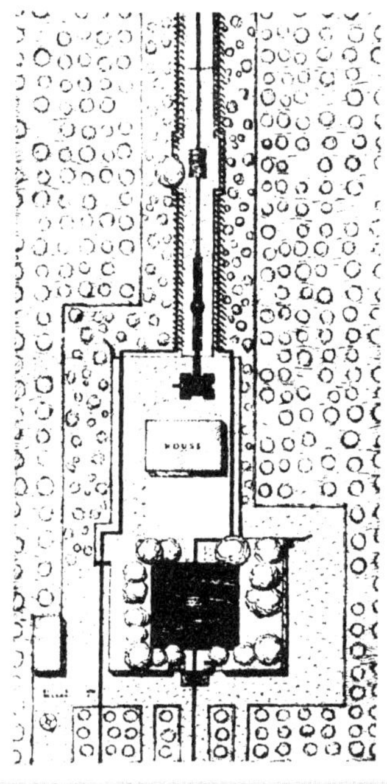

18

14 参拜大厅平面图（威尔巴）
15 “八个乐园”平面图（威尔巴）
16 “北方之园”平面图（威尔巴）
17 夏戈尔庭园平面图（威尔巴）
18 法沙巴德庭园平面图（威尔巴）
19 费因园平面图（威尔巴）
20 卡扎尔城堡的修复平面图（威尔巴）

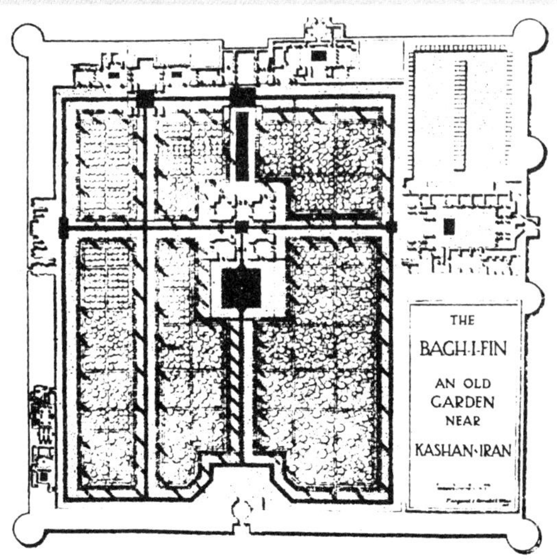

19

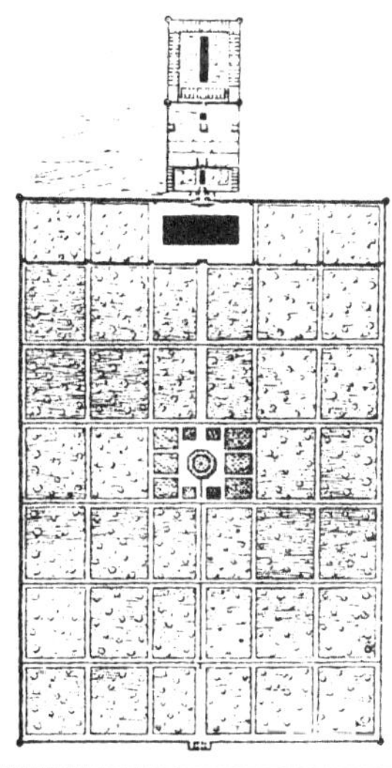

20

第二章　西班牙伊斯兰的造园

向北非沿岸西进的阿拉伯人在697年攻陷了卡塔戈城，越过直布罗陀海峡，进入西班牙半岛，平定了半岛的大部分地区。从那以后，他们统治该半岛直至8世纪，在此期间，西班牙的文化受到很大影响。阿拉伯人大力移植西亚，尤其是波斯、叙利亚的地方文化。这种现象从波斯建筑师设计的宏伟宫殿和别墅就可以窥见一斑。此外，庭园中虽然也允许引进一些外国植物，但就造园而论，仍以西班牙的阿拉伯式造园为标准，创造了富有东方情趣的西班牙阿拉伯式造园。

阿卜德·拉赫曼一世[1]是西班牙阿拉伯造园文化屈指可数的早期领袖之一。他从巴格达的阿拔斯王朝（东哈里发国）逃到西班牙，并征服了原来居住在这里的阿拉伯人，756年迁都科尔多瓦，建立了倭马亚王朝（西哈里发国），号称“都督”。他酷爱园艺，将各种珍稀的外国（尤其是叙利亚）的花卉草木移植到西班牙，并在科尔多瓦建造宫殿。他一边广泛采用东方建筑的风格来装饰宫殿，一边又模仿位于大马士革的祖父别墅（那是他度过幼年时代的地方），建造了名为“布萨法”的别墅；竭尽全力将西亚文化移入国内。相传他为建造别墅的庭园，专门派遣官员前往遥远的叙利亚、土耳其、印度等地，收集奇花异草，再将这些外国植物加以适当的栽培，传播到西班牙各地。

▪1
阿卜德·拉赫曼一世，731~788年。西班牙后倭马亚王朝的建立者。

阿卜德·拉赫曼一世的继承者们也像先王一样热衷于园艺。他们从长期闲置着的罗马人的遗址中借鉴了所需要的结构、材料，并用于自己的样式之中，又受惠于阿卜德·拉赫曼三世时代的太平盛世；数不胜数的别墅在科尔多瓦四周及瓜达尔基维尔河（Guadalquivir）沿岸拔地而起。这些别墅大部分是由来自君士坦丁堡的建筑师设计，并由来自东罗马帝国（即拜占庭帝国）和埃及的人们督造的。国王建设了规模恢宏的阿扎拉别墅。这个别墅整体上采用露台式结构，在最底层露台上有宽阔的庭园、果树园、动物园等。中心露台建有仆人、近侍的住房，王宫设在最高层露台上。这个庭园被马赛克园路，桃金娘、月桂树的树篱，爬满藤蔓的圆顶凉亭，人造水池、喷泉、水渠等装点得五彩缤纷。据说国王为建造这个华丽无比的庭园，特请来拜占庭的艺术家负责设计，动用了1万人、历时25年才告完成，其华丽程度堪与巴格达的阿拉伯建筑媲美。除科尔多瓦之外，装饰托莱多、塞维利亚、格拉纳达、塞哥维亚等城市的早期阿拉伯式建筑和庭园后来几乎都被毁坏，如《天方夜谭》之梦般地销声匿迹了。阿扎拉别墅中建筑物的圆柱被用在阿尔卡萨的建设中；在曾是王宫所在地之处今天建起了阿里扎帕农舍，而原来的庭园则变成了柑橘林。在过去曾建有壮丽的别墅与庭园的山腰地带，吉普赛人甚至挖洞掘窟居于其中。不过，幸运的是后来出现了几位致力于保护伊斯兰艺术瑰宝的西班牙国王，所以给后世留下了二三个作品，足以使人想起昔日的华丽景象。以下所述的格拉纳达的阿尔罕布拉宫、格内拉里弗，塞维利亚的阿尔卡萨就是其例。

阿尔罕布拉宫（图 1） 该宫就像阿扎拉那样，原是建在阿尔罕布拉山和毛罗尔山谷之间的最底层露台上，从而形成了一个称为“阿尔罕布拉宫”的大宫苑。然而，由于后来的破坏和改造，它的大部分已失去了昔日的壮观。这座宫殿是 13 世纪中叶由伊本·拉·马尔创建的，直到 14 世纪中叶，才由约瑟夫·阿布尔·哈吉完成。目前这里还残留着 4 个中庭（patio），靠近入口处有该宫殿的主庭“池庭”。中庭面积为 120 英尺 ×75 英尺，因中心建有浴池而得名，后来由于几易其主，沐浴仪式也废除了，现在池的两侧种着桃金娘的树篱，故又被称为“桃金娘中庭”[1]（图 2）。池的两端有白色大理石喷泉盘，水经由小水沟注入池内。与这个中庭相连的是著名的“狮子中庭”[2]（图 3），是由穆罕默德五世于 1377 年开始筑造的，面积为 92 英尺 ×52 英尺，因其中央有用 12 座狮子雕像支承的大喷泉而得名。4 条小水渠从这个喷泉伸向四方，将全园分为 4 个部分。这 4 个区域中曾种过花卉和柑橘树，但现在却成了一片砂砾铺地。以上两个庭园具有最典型的阿拉伯式庭园的特征，下面所述的却是基督教特色浓厚的两个中庭，它们都是将伊斯兰式庭园加以改造或新建的产物。第三个中庭曾附属于后宫（hermanas），被称为“达拉塞花园”[3]（图 4）。这个庭园被黄杨树镶边的各种花坛及穿插其间的园路划分成规则的形状。中心喷泉是将伊斯兰式水盘放置在文艺复兴式台座上构成的，是全园的主要组成部分；喷泉周围柏木参天而立，围墙附近柑橘古树枝繁叶茂。从这个中庭经拱形通道即到达第四个庭园，即“格栅中庭”[4]（图 5）。这个中庭小巧玲珑，建于 1654 年。它的地面铺着小石块，因四角处有巨大的意大利柏木，故也称为“柏木中庭”。喷泉设在柏木的中央，中庭狭小而雅致。

格内拉里弗[5]（图 6） 该园位于隔着阿尔罕布拉山冈和山谷的塞洛·德尔·索尔（Cerro del Sol）斜坡地带。一说“格内拉里弗”意为“高高在上的庭园”，因它的所在地比阿尔罕布拉山冈高 50 米，是能纵览四方形胜之地。

1 Patio de los Arrayanes，一译石榴院。——校注

2 Patio de los Leones

3 Jardines de Daraxa

4 Patio de la Reja

5 El Generalife，现译为轩尼洛里菲花园。——校注

西班牙伊斯兰教大事年表

公　元	通　史
716 年	阿拉伯人征服西班牙。西哥特王国灭亡。阿拉伯人统治西班牙（~1492 年）
718 年	围攻君士坦丁堡的阿拉伯人被击退
734 年	阿拉伯人入侵小亚细亚
739 年	阿拉伯人败于东罗马人。阿拉伯无力与东罗马抗衡
750 年	推翻阿布·阿拔斯王朝，建立阿兹巴斯王朝，建都库法，后于 762 年迁都巴格达
756 年	阿拉伯王国分为东、西两国。倭马亚王朝的遗族阿卜德·拉赫曼一世建西阿拉伯王国，首府为科尔多瓦
786 年	哈伦·阿尔·赖世德即位（~809 年），进入阿拔斯王朝的全盛时期
803 年	阿拉伯人入侵小亚细亚，掠夺塞浦路斯
822 年	阿卜德·拉赫曼二世即位（~852 年）
846 年	阿拉伯人攻破威尼斯舰队，包围罗马
909 年	阿尔·马普狄在埃及建立最早的穆斯林王朝法提马朝（~1171 年）。973 年立开罗为都
912 年	阿卜德·拉赫曼三世即位（~961 年）
1031 年	西阿拉伯的倭马亚王朝灭亡。此后国土四分五裂（~1091 年）
1090 年	非洲摩洛哥的莫拉维德人（阿拉伯人）征服了西班牙占领的阿拉伯大部分领土
1098 年	法提马王朝夺取耶路撒冷
1146 年	西阿拉伯阿尔莫哈德王朝（~1232 年）的始祖阿卜杜勒·穆明
1181 年	塞维利亚的王室兴旺
1232 年	西阿拉伯的阿尔莫哈德王朝灭亡
1236 年	卡斯蒂利亚王费迪南德三世占领科尔多瓦
1238 年	西阿拉伯的格拉纳达王国成立（~1492 年）
1252 年	摩尔人统治西班牙，建立格拉纳达王国
1258 年	蒙古人掠夺巴格达，阿拔斯王朝没落
1282 年	阿拉贡王吞并西西里（~1409 年）
1469 年	阿拉贡的费迪南德王与卡斯蒂利亚的伊莎贝拉联姻
1474 年	伊莎贝拉成为卡斯蒂利亚的女王
1479 年	西班牙王国成立：卡斯蒂利亚与阿拉贡合并
1481 年	西班牙开始对格拉纳达王国的征服战争（~1492 年）
1492 年	西班牙灭格拉纳达王国

公　元	文化史
786 年	开始建造科尔多瓦的“大清真寺”
803 年	哲学家阿尔金迪的全盛时期
809~877 年	学者弗纳因·伊本·伊斯哈克的活跃时期
878 年	建开罗的伊本·多隆清真寺
1181 年	四教皇阿布·亚库布·约瑟夫建设阿尔卡萨
1248 年	开始建造阿尔罕布拉宫
1319 年	阿布尔·瓦利德扩建格内拉里弗
约 1350 年	约瑟夫·阿布尔·哈吉完成阿尔罕布拉宫
约 1360 年	佩德罗与恩利克二世重建王宫
1377 年	穆罕默德五世建造“狮子中庭”
	16 世纪中叶卡洛斯一世与其子菲力浦二世改造阿尔卡萨

另有一说认为“格内拉里弗”来源于有“建筑师之园”之意的“Jennat al-Arif”一词，故可以想象它最早的所有者是位建筑师。格拉纳达最早的伊斯兰王建造了宫殿和庭园；1319 年春阿布尔·瓦利德又进行了扩建；至西班牙王统治时期，这里便成了阿维拉家族历代的办公厅，后为喀姆波特哈尔侯爵所有；此后才收归国有，作为历史和美术的纪念物而保存下来。沿着漫长的柏木林荫道，“水渠中庭”[1]（图 8）穿过建筑物，它是一个三边是建筑物，一边为拱廊的狭长的主庭园。拱廊下方有伊斯兰礼拜堂，中庭两端是美丽的拱形列柱廊。该中庭的特征是宽 4 英尺的水渠纵贯全园，从渠道两侧向上喷射着拱状水柱，形同莲花的“莲花喷泉”设置在水渠的两端（图 7）。在这个中庭的下方，伊斯兰式礼拜堂将露台上的黄杨花坛一分为二。北侧建筑正下方的露台面积为 40 平方英尺，中央设一个带圆形大喷泉的蔷薇园。水渠中庭东侧有 6 排露台，因底层露台与水渠中庭毫无联系，所以必须经“柏木中庭”[2]（图 9）方能通往庭园北部的建筑物。柏木中庭内高高的挡土墙边，挺立着数棵柏木古树。水渠在此处变成 U 字形，将两个小岛围在其中，再穿过水渠旁边的建筑与主庭园的水渠汇合在一起。通过南端的拱形庭园门，拾级而上，就到了底层露台。这个露台的地面铺砌着美观的马赛克，两侧栏杆上摆满了盆景。从 19 世纪初期的图来看，这个露台和与它相连的上部 4 个露台，过去是完全没有的，后来建公园时才附加了这一部分。在这个新筑露台的尽端，有两道台阶通向最高层露台。这层露台上耸立着一座白色的两层望楼（mirador）（图 10）。它的对面有伊斯兰式贮水池和被称为“摩尔人的椅子”（La Sila del Moro）的冈峦。北侧台阶用粗糙的石雕矮墙为边，墙的一半铺着瓷砖，墙下流水淙淙。台阶中部设有三个圆形的休息平台，各有一个小喷水池，平台上盖满了冬青。其他阶梯与露台均为后世之物，沿东南面的围墙伸展，连接着最高层露台和下面三个露台。它们勾勒出优美的凹形轮廓线，缠满铁柱及横架的繁茂的葡萄形成了一片赏心悦目的绿荫。

阿尔卡萨[3]（图 11） 该园于 1181 年由伊斯兰国王阿布·亚库布·约瑟夫建造，到 1248 年被西班牙人攻击之前一直为伊斯兰教徒所有。14 世纪中叶，残暴的佩德罗和恩利克二世修复该园；后又经卡洛斯一世[4]和菲力浦二世改造。该园入口在东北角，通往这个入口的途中有一个名叫“少女中庭”[5]的优雅庭园，曾经卡洛斯一世改造这里，也是用带蔓藤花纹的 52 根科林斯式列柱围起来的豪华中庭。在主庭园的右侧有菲力浦二世建造的“菲力浦二世的养鱼池”，现已用作贮水池（图 12）。从这里沿露台而行，铺展着西部宫殿的侧屋，其正面

▪1 Patio de la Acequia

▪2 Patio de los Cipreses

▪3 Real Alcazar de Sevilla，西班牙文直译为塞维利亚皇宫。

▪4 西班牙国王卡洛斯一世（Carlos I），又是神圣罗马帝国皇帝卡尔五世（Karl V），也是奥地利哈布斯堡王朝的查理五世。

▪5 Patio de las Doncellas

巧妙地饰以壁龛、雕像，呈淡橙色。从养鱼池出发，平行于这座非伊斯兰式宫殿朝西而行，穿过阶梯及喷泉和柏木与木兰的茂密树林，构成了一条透视线。先从水池步下阶梯西行，有称为“帕迪拉的多纳・玛丽亚浴场”[1]及设在它之前的“帕迪拉的多纳・玛丽亚花坛”的中庭（图 13）。中庭内的木兰树枝下可以看到小而浅的喷泉。庭园的主轴在此处垂直横穿透视线。庭园主轴线即从浴池开始，经过中庭，再穿过通向南面大花坛的拱形入口，经由文艺复兴时期的喷泉和第二道铁栅门，直抵“卡洛斯一世的凉亭”[2]（图 14）。

南面宽阔的大花坛形成了整个庭园的中心，它被苑路按文艺复兴式样划分得规则齐整，这些苑路大致互相平行且垂直于庭园的主轴线。花坛小区大多采用五点形（quincunx）栽植，呈 40 英尺 ×60 英尺的矩形。苑路宽 7 英尺到 10 英尺，用红砖铺成线形或人字形图案，有的地方用黄色、绿色瓷砖镶边。在园路的交叉点上设有用瓷砖铺成的喷泉。从大花坛再往西，步下台阶，走出墙来，就进入了另一个天地。这里外观形同自然风景，有中心建洞室的矩形水池。卡洛斯一世时期此处是用夹竹桃建成的迷园（laberinto）。在庭园主轴线的尽端矗立着著名的“卡洛斯一世的凉亭”。这是一座盖着红色瓷砖尖顶的白色方形建筑物。凉亭的西面是四周围着铁栏杆的矩形水池（图 15），这个水池曾被称为卡洛斯一世之母“疯狂胡安娜（Juana）的浴池”，水池尽端建有圆顶的凉亭。

[1] Baños de Doña Maria de Padilla

[2] Pabellon de Carlos I

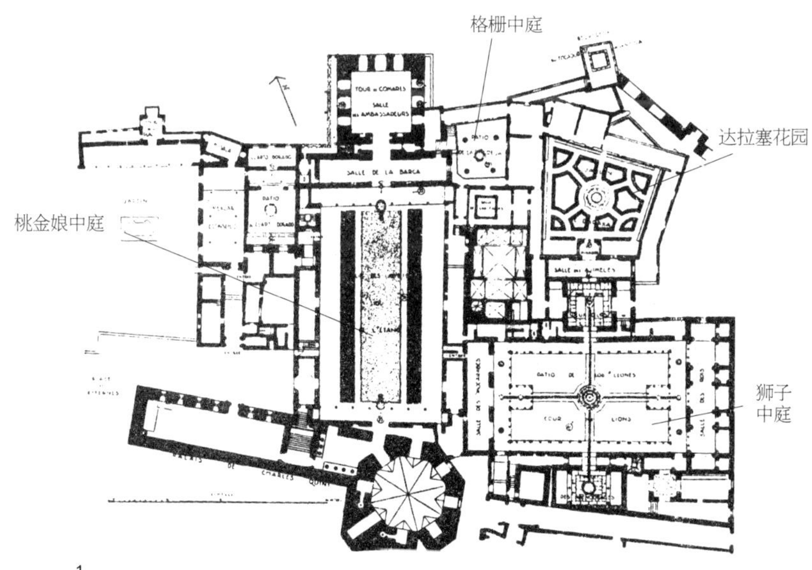

1

1　阿尔罕布拉宫平面图（赫伯斯）

2

3

4

5

2　桃金娘中庭（斯图尔特）
3　狮子中庭（斯图尔特）
4　达拉塞花园（斯图尔特）
5　格栅中庭（斯图尔特）
6　格内拉里弗平面图（斯图尔特）
7　莲花喷泉（斯图尔特）
8　水渠中庭（斯图尔特）

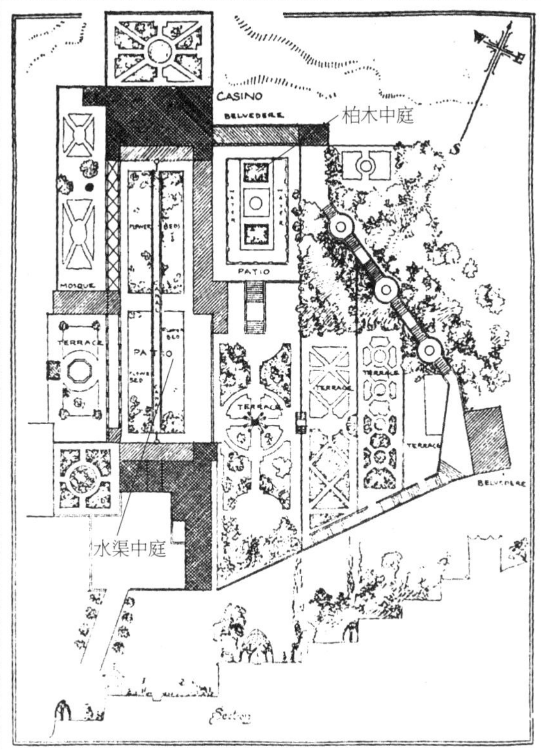

6

7

8

9

10

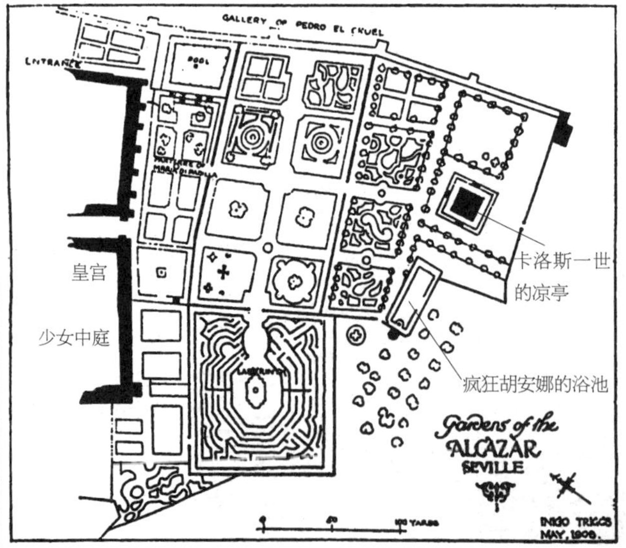

11

9 柏木中庭（斯图尔特）
10 望楼（斯图尔特）
11 阿尔卡萨宫平面图（斯图尔特）
12 菲力浦二世的养鱼池（斯图尔特）
13 帕迪拉的多纳·玛丽亚庭园（斯图尔特）
14 卡洛斯一世的凉亭和庭园（斯图尔特）
15 疯狂胡安娜的浴池（斯图尔特）

12

13

14

15

第三章　印度伊斯兰（莫卧儿帝国）的造园

印度，与埃及一样，是世界上屈指可数的最古老的文明古国之一，在它的印度河流域，居住着属于约四千年前古印度民族的雅利安人，后来他们移居到恒河流域，并在那里催开了古印度文化之花。与这种文化的发展相呼应，在美术史上也划分出一个源远流长的古印度美术时期，在这一时期产生了所谓的佛教美术。人们认为造园也与其他美术并驾齐驱地发展着，但因古代庭园的遗构早已荡然无存，所以要了解造园情况除利用文献之外便别无他法。戈塞因在其所著的《印度的庭园》(*Indishche Garten*）一书中，以诞生在古印度的两大叙事诗《罗摩衍那》(*Rãmãyana*）和《摩呵婆罗多》(*Mahābhārata*）中记载的王宫庭园为始，根据古代诗歌的描述，尝试着传递了古代印度庭园的信息。但是这些资料本身带有相当多的传奇色彩，其描写也极富幻想性，所以欲据此来推测庭园的设计是十分困难的。不过虽然无法知道庭园的设计构思，但仍可认为，它们揭示出古印度宫殿与庭园有着何等密切的关系；同时，也明确告诉我们构成古印度庭园的主要元素是什么。从这些资料来看，庭园构成的主要成分中，水居首位，而水常被存放在水池中，具有装饰、沐浴、灌溉三种用途。即水池既是荡漾着清新凉爽气息的泉池，也是进行沐浴净身等宗教活动的浴池，还是培育浇灌植物用的贮水池。除水池之外，凉亭在庭园中也是不可缺少的。它与水池一样，兼有装饰与实用的功能，在炎炎烈日之下，它是绝好的凉台，也是舒适的庭园生活的休憩场所。由于这里是热带气候，故自古以来人们就有寻求凉爽的强烈愿望，尽管水及凉亭等的使用也实现了这一目的，但他们还在庭园中创造更多的绿树浓荫。因此，作为庭园植物的绿荫树也备受重视，而不用花草造园;他们只在水池中种莲花，似乎还特别喜欢开花的树木。

比这种古代庭园更正统的印度庭园，到 11 世纪左右才与其他古代印度文化一起繁荣起来。8 世纪初，曾一度入侵印度西北部的阿拉伯人，从 1000 年左右再次侵入这个国度，他们来势凶猛。接着在印度国内出现了伊斯兰教徒的各个王朝，在整个印度疆域内移植了伊斯兰文化；结果，以往的印度文化受到伊斯兰文化的冲击，逐渐改变了它原来的形态。这种冲击表现得十分明显，在伊斯兰王朝之后的莫卧儿帝国时代（1526~1858 年），这两种文化就完全融为一体了。在建筑史上，受伊斯兰文化影响而产生的建筑式样被称为“印度伊斯兰式”，进而分为阿富汗式建筑和莫卧儿式建筑；前者是接近印度建筑的一种过渡样式，后者则完全是伊斯兰式。与建筑相同，这一时期也建造了一些以印度伊斯兰式命名的庭园，但是却不能像建筑那样明确地划分出可称为阿富汗式的庭园。不过，在戈塞因的上述著作中，列举了莫卧儿时代以前的建筑和庭园，其中有奇托尔加、乌代普尔的诸宫殿，勒克瑙的胡赛那巴德园、瓜廖尔宫，阿姆巴市的庭园等，并将它们视为纯印度式向伊斯兰式过渡过程中的产物。即便进入了莫卧儿帝国时期，从第一代的巴布尔时期到第三代的亚克巴大帝时期，印度的建筑与庭园仍然还保持着本国的特征，名副其实的印度伊斯兰式的作品是在那之后才出现的。

1. 巴布尔时代的造园

贴木儿的后裔巴布尔征服了北印度后，在恒河支流朱木拿河畔的亚格拉建立了首都。此地自古以来就没有任何值得一看的风景，并且由于战事连绵而成为荒凉的不毛之地。国王定居这里，首当其冲的就是要筑造庭园。从巴布尔的《回忆录》中可见，那时庭园的主要因素与古代庭园同样都是浴池，不过新式花坛被引入园中。后世印度细密画[1]中曾多次描绘过这种带有规则整齐花坛的庭园。现在在亚格拉，由巴布尔王建造的建筑和庭园几乎都已荡然无存了。据说位于朱木拿河左岸、围以高墙的“拉姆园”大庭园区就是由巴布尔王建造的莫卧儿时代最古老的庭园，遗憾的是由于后来修筑道路及植树，这个庭园已经面目全非了。拉姆园附近还有其他的大围墙区“扎哈拉园”，这是亚格拉最大的宫苑，为巴布尔王之女扎哈拉所有。除这些宫苑之外，在巴布尔王的埋葬地伊斯塔里弗的喀布尔周围还筑造了“基兰园”和“瓦法园”(意为“忠诚之园”)。巴布尔王的《回忆录》对这些庭园做了详尽的介绍。关于这些记录我们不在此赘述，只参考一下描绘着一部分瓦法园的当年的细密画(miniature)(图1)。这幅描绘了巴布尔王初次参观瓦法园并指导设计所谓“四分区栽培地”的情况。图中两个园艺师在测量路线，带着设计图的建筑师充当了国王的陪同，图的下角画着尺寸稍被缩小的贮水池。方形地域边缘种着石榴树和橘树，墙上耸立着洁白如雪的山，为了突出它的高度，又在低矮的斜坡上画了松鸡和山羊。园外，一些使者模样的人为向国王禀告什么消息而不断敲打着庭园门，但专注于庭园工作的国王却丝毫没有察觉此事。

▪1 细密画是描绘在书籍、徽章、盒子、镜框等物件上和宝石、象牙首饰上的一种微型绘画，最早出现在公元前16世纪埃及的卷物上。古希腊、古罗马已很流行，16世纪以后更普遍出现在圣经和祈祷书上。

2. 胡马雍时代的造园

巴布尔死后胡马雍继位。他遭阿富汗贵族谢尔沙（Sher Shah）的驱逐，曾一时处于后者的统治之下。在谢尔沙之子沙利姆沙死后，胡马雍借波斯人之力重新收复了失地。此后不久，他也与世长辞，其子亚克巴[2]继承了王位。

▪2 Akbar，一译阿克巴。

莫卧儿帝国大事年表

公　元	通　　史
1526 年	帕尼帕特战役：巴布尔灭罗第王朝，建莫卧儿帝国（~1858 年）
1530 年	莫卧儿王朝的巴布尔死，胡马雍即位（~1556 年）
1539 年	胡马雍外征失败，丧失王位。阿富汗人谢尔沙统治北印度
1542 年	谢尔沙即位（~1545 年）：成立苏尔王朝
1555 年	胡马雍夺回德里
1556 年	胡马雍死，亚克巴大帝即位（~1607 年）
1561 年	亚克巴在马尔瓦大获全胜；统一北印度
1579 年	英国人开始来印度。亚克巴的宗教政策开始实施
1605 年	亚克巴去世。查罕杰即位（~1627 年）
1628 年	沙贾汉即位（~1657 年）
1634 年	英国开始向西孟加拉邦移民
1639 年	英国占领马德拉斯
1668 年	奥朗则布（莫卧儿帝国第六任皇帝 1659~1707 年）镇压伊斯兰教徒
1674 年	西瓦吉任马拉特国王
1676 年	莫卧儿帝国再次向非回教徒征收人头税
1681 年	奥朗则布压制马拉特联盟力量
1707 年	奥朗则布死：王位继承战爆发
1710 年	锡克教徒起义
1712 年	莫卧儿皇帝巴哈多尔沙死（1643 年~）
1713 年	莫卧儿皇帝法鲁格沙即位（~1719 年）
1719 年	莫卧儿皇帝穆罕默德沙即位（~1748 年）
1724 年	德干·卧德从莫卧儿帝国独立出来
1737 年	马拉特同盟击败德里附近的莫卧儿军队
1739 年	纳狄尔沙占领德里
1740 年	西孟加拉邦独立于莫卧儿
1748 年	莫卧儿帝国的阿马德沙即位（~1754 年）
1756~1763 年	在印度进行的英法战争
1765 年	英国东印度公司获得西孟加拉邦、奥里萨、比哈尔邦三邦的地租征集权（德瓦里节）
1775 年	第一次马拉特战争（~1782 年）：英国获得贝拿勒斯
1784 年	英首相庇特制定印度条令：强化本国的监督权
1786 年	英国孔瓦利斯任西孟加拉邦总督
1803 年	第二次马拉特战争（~1805 年）
1804 年	英国成为莫卧儿帝国的保护国
1817 年	第三次马拉特战争（~1819 年）。马拉特王国灭亡
1833 年	英国改变东印度公司的特权：取消公司的独占通商权
1845 年	第一次锡克战争（~1846 年）
1849 年	第二次锡克战争结束：英国兼并旁遮普邦
1853 年	英国改变东印度公司的特权
1858 年	英国通过印度统治法案，莫卧儿帝国灭亡（1526 年~）

公元前	文化史
1538 年	锡克教教祖巴巴・那纳克逝世（1469 年～）
1542 年	基督教传教士弗兰切斯科・扎维尔到达果阿
1619 年	查罕杰在克什米尔创建夏利马庭园
1632 年	营建泰姬陵
1634 年	建筑师阿里・马丹・坎创建拉合尔的夏利马庭园
1653 年	泰姬陵建成（1632 年～）

转瞬即逝的胡马雍国王时代与各先王时代的不同之处就是几乎不造庭园，我们唯一知道的这一时期的庭园只有德里陵园。胡马雍王是第一个葬在印度的莫卧儿王，他的陵墓建在德里以南约四英里的地方。这是莫卧儿时代最早的一座大型纪念性建筑物，据说它的设计在 80 年后还为泰姬陵所沿袭。这座建筑物高耸在环抱德里的平原之上，它的巨大的圆形屋顶格外引人注目。现在，拥抱着陵墓，面广 13 英亩的墓园已成为一片煞风景的不毛之地。果树、绿荫树也都被一扫而空。但石造水渠和喷水池经修复大致保持了原状。因此，就时代而言，亚格拉的拉姆园虽然历史悠久，但由于它已改了旧貌，所以作为莫卧儿的古庭园，这座墓园就具有了十分深远的意义。

3. 亚克巴时代的造园

亚克巴大帝继承了祖先的事业，除使阿富汗人臣服于他之外，他还完全征服了中印度以北的疆域，在这里完成了莫卧儿帝国的建设伟业。大帝对印度的知识和艺术深感兴趣，尤其注重印度教徒与回教徒在宗教上的融合，他通过这种融合，巩固了政治上的统一。正如戈塞因所指出的那样，亚克巴大帝的造园土木事业是首先开辟了国内的道路，连接亚格拉市与法特普尔·西克里的街道。自巴布尔时代以来，亚格拉一直是莫卧儿帝国的首都，亚克巴在法特普尔 · 西克里另辟新都，在那里筑造了宫殿和许多庭园。此后没过几年，宫廷又屡屡迁回亚格拉，虽然这座城市没有得到充分的重视，但它区别于其他城市的地方就是它从未成为侵略者的军事根据地，部分建筑还保存得相当完好。

据戈塞因记载，因为亚克巴大帝是绘画爱好者，在他的宫殿及附属物中都装饰着绘画作品，这类作品就是受波斯细密画的影响绘出的壁画。尽管这种遗物为数甚少，但与这类壁画技法相同的绘画却作为书籍的插图而流行起来，它们就是残存下来的今天所谓的 miniature。这些细密画对庭园做了详细的描绘，如实反映了那个时代庭园的全景和细部景观，有的甚至还使人想到当时庭园生活的场景（图 4）。这些细密画有的是纯绘画性的，有的则是说明性的；它们的构图既有透视画风格，又有鸟瞰图风格。对于我们了解今天已完全荒废了的庭园原貌而言，所有这些细密画都不失为绝好的材料吧。

除法特普尔 · 西克里外，亚克巴晚年的 20 年中，还以亚格拉和拉合尔两城市为他的居住地。后来他的儿子查罕杰[1]和孙子沙贾汉[2]也在这两座城市中陆续建造了一些宫殿。戈塞因认为，虽然这两座城市中亚克巴时代的建筑与查罕杰时代的建筑区别甚微，但沙贾汉时代的建筑却明显不同于前两者；不过，他尚未对庭园加以任何具体的说明。亚克巴时代的庭园实例有建造在远

▪1 Jahangir，1605~1627 年在位。

▪2 Shah Jahan，1628~1657 年在位。

离上述两城市的北方山区克什米尔的庭园。亚克巴是第一个进入克什米尔地区的国王，他在斯利那加（Srinagar）建设了名为“绿丘”（Hari Pabat）的城堡，还在距塔尔湖（Taal Lake）很近的地方设计了尼西姆大庭园。这个庭园位于高于湖面的辽阔美丽的地带，因树下终日凉风习习而得名。现在，庭园的围墙、水渠、喷泉等均已不存，只留下一片杂草丛生、荒弃了的石露台。

在离亚格拉约五英里半的地方有亚克巴的陵园西康德拉（图 3）。这座陵园围在锯齿形高墙之中，巨大的方形陵园区被建造成十字形，陵墓耸立在其中央凸起的宽大露台上，它的各边都造有贮水池，池中心设喷泉，由流经石铺园路中心的小水渠供水。陵园是亚克巴自己创建的。

4. 查罕杰时代的造园

据说查罕杰在登基之前就曾营建过几个庭园，但都没有什么名气。查罕杰的庭园多半与他的爱妃纽·查罕有关。莎达拉园就是其中一例，它位于拉合尔以北 5 英里的拉威对面。庭园规模很大，其设计与西康德拉十分类似。它由 8 个大露台构成，露台上有被一排喷水池围着的陵墓。这里的水渠虽然狭窄，但却宽于西康德拉附设在石园路上的小沟渠，现渠道两旁是种着丝柏和鲜花的长花坛。在朱木拿河对岸有被称为“伊提玛德·乌德·道拉”的美丽的陵墓，这是纽·查罕为纪念其父米尔扎·加斯·贝古而建的，是大理石镶嵌工艺的最早实例；这种工艺从波斯的瓷砖马赛克直接发展而来。该陵墓及陵园均小于西康德拉，河岸边的古庭园虽然保存完好，但中心露台上的四个大贮水池却都空无一物了；所以既看不见喷泉喷水的闪烁，也听不到小水渠流水叮咚，只有一些稀稀落落的树木。

查罕杰王与爱妃有每年移居克什米尔的习惯。此地风景迷人，是极好的避暑胜地；所以从亚克巴王的尼西姆园开始，这里就成了著名的历代国王的避暑别墅区。现在这个地方还有尼夏特园、夏利马园、阿奇巴尔园、维里那格园等，其中最有名的是夏利马园和尼夏特园。

尼夏特园（图 5） 这是塔尔湖南侧的美丽庭园，由纽·玛哈尔之弟阿沙福·坎建造。他与同家族中的其他人一样，官居国王之下、万民之上。这个庭园由 12 个露台组成，这 12 个露台象征着 12 座宫殿，它们沿着塔尔湖的东岸依山逐渐升高。流经水渠的水变成台阶形瀑布落下，每一个水池、每一条水渠中都有喷泉在喷射着水柱，使庭园充满了勃勃生机。在这些明丽的露台上的花坛中，蔷薇、百合、天竺葵、紫菀、百日草、大波斯菊等各种鲜花争奇斗艳。据说这个庭园一年四季的景色都很迷人，而最美的季节是秋天。那时，白杨、洋梧桐的金黄色树叶在黛色山峦的衬托之下景色万千。该园与克什米尔的其他庭园一样，由于近代修筑道路，将湖岸边的露台与其余露台隔开，使其景观遭受了明显的破坏。现存全园长 595 码、宽 360 码；因是私家庭园而非宫苑，所以只分为两大部分。主要庭园比其他部分稍高，形成系列露台状。顶层露台上有一道 18 英尺高的墙横穿越整个庭园。从小凉亭的第二层引出的水渠用砖铺砌为波浪形图案，在宽 13 英尺、深 8 英尺的水渠两旁留有砖铺地的遗痕。八角形塔屹立在高大的挡土墙两侧，由塔内阶梯可达上层庭园。这个庭园的特征是设有大理石的御座，御座横跨在大半个瀑布的上方。此后对该庭园进行过局部修复，并在原处设置了装饰莫卧儿庭园的露台墙及露台的花瓶。对庭园所做的这些尝试都是些装饰性的工作，只能或多或少地增加一点往日的特征，不过它们相对于庭园的规模而言似有偏小之嫌。下面介绍一下仍位于塔尔湖东面岸边的著名的夏利马园。

夏利马园（图 6） 相传斯利那加市的创建人普拉瓦则纳二世在塔尔湖的东北隅建造了这座别墅，并将它称为“夏利马”，据说该词在梵语中意为“爱的住宅”。查罕杰王访问哈鲁万附近一个名叫苏卡马·斯瓦密的圣徒的途中，常在这个别墅里休息。随着时光的流逝，宫苑业已消失，后来便将建在附近的村庄取名为夏利马。1619 年查罕杰王在有这样一个来历的地方建造了被称为“夏利马园”的消夏别墅。直至今天，在这座别墅里还比较完好地残存着一些美妙的设计。长约 1 英里、宽 12 码的水渠穿过环抱着湖岸低凹地带的沼泽地、柳树林、水田等，深而宽阔的湖水与庭园连成一片，其两侧宽大的绿色苑路在悬铃木的浓荫覆盖下伸向前方，通向水渠入口的石块表示了过去门的位置。这里还残存着曾经围着水渠的一段石堤。庭园现在的区域长约 590 码，宽约 267 码，分为三部分，即外侧的庭园部分、位于中央的帝王庭园和供王妃及女眷享用的庭园；以这第三部分最为优雅。外侧庭园是经常向外开放的公共庭园，其范围从连着湖水的大水渠开始，到第一个大凉亭狄万·伊·阿姆（Diwan-i-Am）为止。黑色大理石的御座至今还安放在水渠中心的瀑布之上；水渠穿过建筑物，注入下面的贮水池中。第二个庭园比第一个稍宽，由两个低矮的露台组成，中央建有私人觐见厅狄万·伊卡斯（Diwan-i-Khas）。这座建筑虽已毁坏，但石台基和围在喷泉之中的平台还残留着。在这个区域的西北面还设有国王的浴室。守卫隔壁后宫庭园入口的小警卫室按克什米尔式重新建造在旧石基上。后宫庭园中最精彩的是沙贾汗建造的美丽的黑色大理石凉亭，它迄今还屹立在喷泉的水花之中。晶莹的碧水在光亮的大理石上闪闪发光，其浓烈的色彩反复闪现在罗汉松古树间。庭园所有的色彩和芬芳与背景迷人的马哈迪瓦山的白雪一起，聚集在这座凉亭的四周。与此类似的古老园亭四面都围有一排小瀑布。

阿奇巴尔园（图 7） 已成废墟的这座庭园是克什米尔的现任邦主（maharajah）的祖父古拉布·辛围成的。从南墙开始，有带莫卧儿式浴场的大型妇女建筑物，中央造有妇女专用游泳池。水花迸射的古凉亭已毁，现存遗物有拱形壁龛和安装在山崖旁边的门等。水池两旁建有覆盖着巨大的悬铃木树、砌石为边的花坛。莫卧儿式石台基上还有几个克什米尔式的凉亭。

瓦哈园 除克什米尔外，在哈桑普尔（Hassanpur）还有瓦哈园，它是查罕杰王的春季别墅，用作野营场地。据说这片美丽的土地被视为当地所有宗教的圣地，现有的名称是亚克巴王命名的。国王被它的美丽所感动，情不自禁地发出"Wah Bagh!"（多美的庭园啊！）的惊叹声，这便是这个庭园名称的由来。时至今日虽然它仍被通称为瓦哈园，但庭园的实际建造人却是查罕杰。这座被包围在 1/3 英里长、1/2 英里宽的围墙之中的庭园，现正变成废墟。

5. 沙贾汉时代的造园

在历代莫卧儿国王中，沙贾汗王才华横溢，又崇拜艺术与美，他的治国能力也是十分出色的。他在和平治理未遭破坏的领土长达 30 年之后，却被王子中最活跃的奥朗则布篡夺了王位，沙贾汗王在遭幽禁 8 年后逝世。如戈塞因所说，这个结果正说明了国王的软弱，而这种软弱还反映在他的建筑样式之中。事实上，沙贾汉时代的印度建筑最为发达，亚克巴时代的印度建筑因素被一扫无余，开始产生并完成了伊斯兰建筑样式。

与沙贾汉王有关的庭园有很多，分布范围也很广，即拉合尔的夏利马园、亚格拉的泰姬陵、德里的夏利马庭园、克什米尔的达拉舒可园等均在此列，它们都是世人瞩目的印度伊斯兰式建筑和庭园的力作。

夏利马庭园（图 8） 该园以国王之父查罕杰在克什米尔的同名别墅为模式，1634 年由建筑师阿里·马丹·坎建造的。阿里·马丹·坎还是一位技艺娴熟的工程师，将悬铃木移植进该园据说也是他之所为。庭园包括三个露台，长 520 码、宽 230 码。过去该园外侧也有庭园，其面积更大，地势从南到北逐渐倾斜。最顶层露台及最底层露台都采用 Char-Bagh 的形式，即由四条水渠分区的大庭园形式，连接着位于中央的、比它们狭小的第二层露台。在第二层露台的中央建有一个巨大的水池，池的三边各建一凉亭，水池中央还有一个小平台，由两条石铺小路与岸上相连。另有两条园路和花坛环绕在这个大型水池的四周。底层和顶层露台上的水渠宽约 20 英尺，都附有一排小喷泉。两侧的大园路铺砌着小砖，图案为人字形（herringbone）或其他花纹。这种砖砌园路是该园的一大特色。临池而建的砖砌抹灰凉亭在近代被越改越糟，其中只有一个被称为苏万·巴东（Suwan Bhadon）的凉亭是遗留下来的阿里·马丹·坎的原作。大水池中的水穿过这个凉亭一泻而下，注满了下部庭园的水渠。在顶层露台墙上的贮水池之上建有一个大凉亭，水经过这个建筑物，再沿大理石斜面流下来，斜面底部安放的白色大理石御座，宛如漂浮在水面一般。想来国王就坐在这里观赏庭园的喷泉。大水池中设有 144 座喷泉，庭园东墙上的国王浴室与中央的水池相对。顶层露台的四条水渠都连通到大凉亭。底层露台上最引人注目的是用美丽的烧花瓷砖装饰起来的两个门。西墙上的门直通城堡故道，原是正门；这是因为几乎像大部分莫卧儿庭园那样，这个庭园也是从底层露台进园的。顶层露台的角上用带塔的高大挡土墙隔出一块地方供妇女们私用。现在设的入口通向顶层露台上伊斯兰王的大凉亭。

▪1
沙贾汉的爱妃原名阿姬曼·芭奴，泰姬·玛哈尔是其在宫中的头衔。

泰姬陵　沙贾汉为爱妃蒙泰姬·玛哈尔[1]（Mumtaji Mahal）建造的泰姬陵是印度陵墓建筑的登峰造极之作，这座建筑的优美曾令所有人赞不绝口。它位于濒临朱木拿河的地带；与尼夏特庭园相反，它不是建在陡峭的山腹地带的露台园，而是一座优美而平坦的庭园。该园的特征就是它的主要建筑物均不位于庭园中心，而是偏于一侧，这种设计方法是前所未有的。即在通向巨大的圆拱形天井大门之处，以方形池泉为中心，开辟了与水渠垂直相交的大庭园；迎面而立的大理石陵墓的动人的形体倒映在一池碧水之中。建筑物建在高 30 英尺的平台上，顶部是高 230 英尺的穹顶圆塔，四隅建有尖塔(minaret)。稍小于主体建筑的带圆塔的建筑物如侍女一般立在其左右，就像建筑完全对称建造那样，庭园也以建筑物的轴线为中心，取左右均衡的极其单纯的布局方式，即用十字形水渠来造成在巴布尔的细密画中所见到的那种四分园，在它的中心处没有建筑物，而是建造了一个高于地面的白色大理石的美丽喷水池。在最初的设计中，即便从入口的大门不能看见整座平台，却能将主体建筑尽收眼底。不过，自英国人吞并印度全域的 19 世纪中叶以来，由于英国风景式造园思想的影响和土著居民对艺术的漠不关心，这个陵园遭到了严重的破坏，就像在森林中所见的那种情景。此后对它进行过修整，使这种荒废状况稍有改观。宽约三间的大理石砌水渠从庭园门笔直延伸到陵墓，在水渠底部约每隔一间半距离就安装一排喷泉。在中心喷水池处与纵向水渠垂直相交的横向渠道构造与前者相同，一直到达凉亭处为止。现在水渠两侧的草坪地带虽然成了紫杉的林荫道，但这些林荫树是否自古就有还存有疑问。著名的印度勘察家、英国人霍奇森于 1828 年制作的泰姬陵最古老的测量图（图 9）证明，在水渠两侧只有花坛，从入口处可以随心所欲地眺望整座建筑。

1

2

3

1　瓦法园（斯图尔特）

2　巴布尔鼎盛时期的庭园

3　西康德拉（斯图尔特）

4

5

10

4 细密画上描绘的屋顶庭园
5 尼夏特园（斯图尔特）
6 克什米尔的夏利马园平面图
7 阿奇巴尔庭园平面图（斯图尔特）
8 拉合尔的夏利马园平面图
9 泰姬陵的平面图
10 泰姬陵全景（斯图尔特）

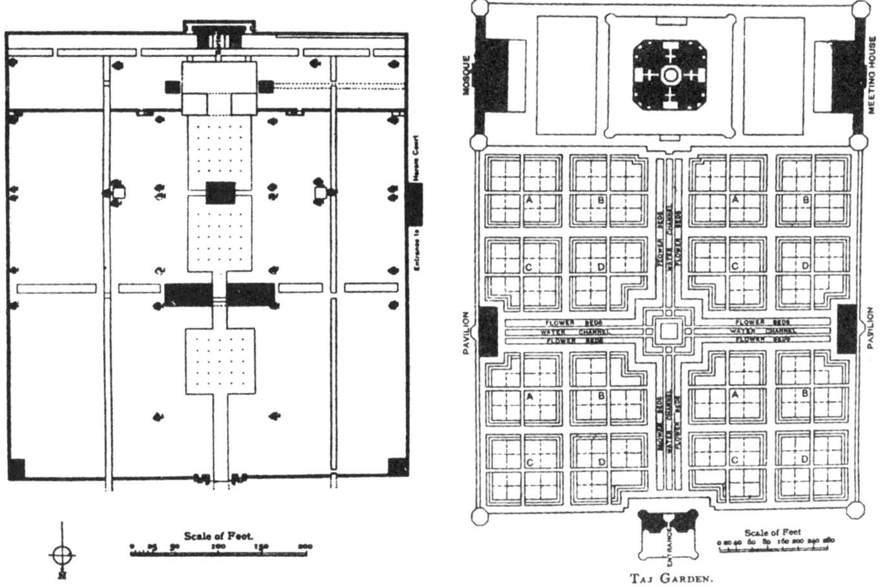
Scale of Feet.
MOSQUE
MEETING HOUSE
A
B
C
D
FLOWER BEDS
WATER CHANNEL
PAVILION
ENTRANCE
Scale of Feet
TAJ GARDEN.

6

9

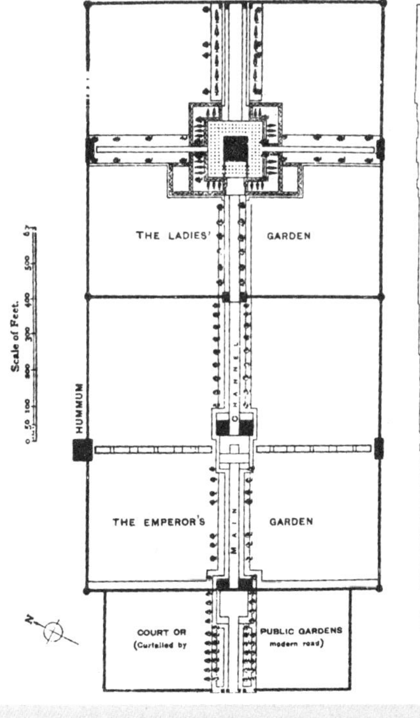
THE LADIES' GARDEN
THE EMPEROR'S GARDEN
HUMMUM
MAIN CHANNEL
Scale of Feet.
COURT OR PUBLIC GARDENS
(Curtailed by modern road)

7

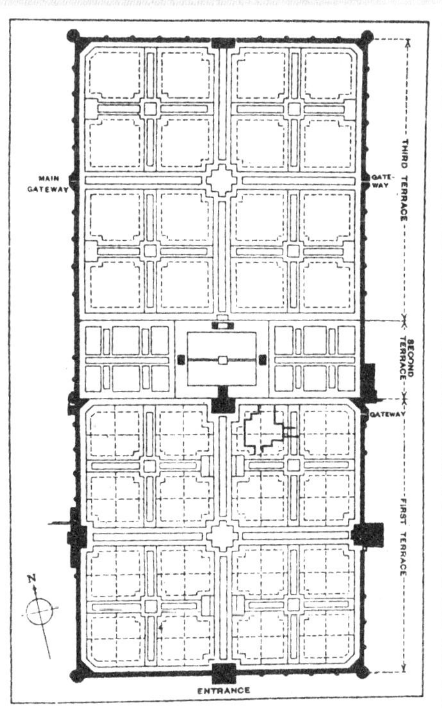
MAIN GATEWAY
GATE-WAY
THIRD TERRACE
SECOND TERRACE
GATEWAY
FIRST TERRACE
ENTRANCE
N

8

第四篇

意大利文艺复兴式造园

公　元	通　史
1400 年	美第奇家族统治佛罗伦萨，取得君主地位
1402 年	米兰大公维斯康提家族在此时进入最兴旺时期，统治了比萨、锡耶纳、佩鲁贾、帕多瓦、维罗纳及波洛尼亚等
1406 年	征服佛罗伦萨、比萨，统治威尼斯、维罗纳
1434 年	柯西莫·德·美第奇掌握了佛罗伦萨的市政大权 (~1464 年) 美第奇家族兴旺发达
1435 年	统治西西里的阿拉贡王也统治了那不勒斯 (~1442 年)
1440 年	在佛罗伦萨创办柏拉图学院
1463 年	威尼斯军队与土耳其海战 (~1479 年)
1470 年	薄伽丘著《十日谈》(*The Decameron*)
1492 年	洛伦佐·德·美第奇逝世 (1449 年 ~)。哥伦布发现北美洲
1494 年	法国王查理八世出兵意大利，侵入那不勒斯王国，美第奇家族下台，佛罗伦萨暂时恢复共和制
1497 年	意大利宗教改革家萨伏那洛拉被教皇革除教籍，并被处以火刑
1499 年	意大利人亚美利哥·韦斯普奇发现南美海岸
1501 年	法国王路易十二占领那不勒斯
1516 年	拉斐尔完成《西斯廷的圣母》
1519 年	列奥纳多·达·芬奇逝世
1520 年	拉斐尔逝世 (1483 年 ~)
1521 年	第一次意大利战争
1526 年	第二次意大利战争 (~1529 年)
1534 年	米开朗琪罗开始创作《最后的审判》
1536 年	第三次意大利战争 (~1538 年)
1542 年	第四次意大利战争
1560 年	在那不勒斯创办自然科学学院
1564 年	米开朗琪罗逝世 (1475 年 ~)
1569 年	佛罗伦萨建成托斯卡纳大公国
1571 年	勒班陀海战：西班牙与威尼斯的联合舰队击败土耳其海军
1576 年	画家提香逝世 (1476 年 ~)
1583 年	伽利略发现伽利略振子的等时性
1588 年	画家委罗内塞逝世 (1528 年 ~)
1589 年	伽利略进行自由落体实验，发现加速度定律
1592 年	发现庞贝遗址
1602 年	伽利略发现动力及振动的定律
1616 年	伽利略遭受宗教裁判，被命令放弃地动说
1633 年	伽利略因地动说被投进监狱
1642 年	伽利略逝世

公　元	造园史
1417 年	柯西莫买下卡雷吉别墅的场地
1420 年	康切利家族将波吉奥・阿・卡亚诺别墅卖给诺弗利・斯特劳兹
1434 年	阿尔伯蒂著《建筑十书》(*De Architectura*)
1448~1479 年	波吉奥・阿・卡亚诺别墅归乔万尼・鲁切莱所有
1450 年	阿累曼诺买入萨尔瓦提别墅的场地
1464 年	柯西莫在卡雷吉别墅逝世
1470 年	鲁切莱将卡亚诺别墅卖给洛伦佐
1485 年	洛伦佐令老桑迦洛建造波吉奥・阿・卡亚诺别墅
1499 年	斯福查家族衰落
1500 年	乔万尼・庞塔诺著“*De Hortis Hesperidum*”
1502 年	伯拉孟特在贾尼科洛山冈上为费尔南德五世和伊莎贝拉建造坦比哀多
1508 年	拉斐尔赴罗马，为尤利乌斯二世工作
1510 年	雅各布・萨尔维亚提筑造萨尔维亚提别墅的平台
1516 年	拉斐尔到蒂沃利旅行，受到哈德良别墅的启迪
1519 年	玛达玛别墅工程取得进展
1522 年	弗兰切斯科・马利亚建造恩佩利亚别墅
1527 年	玛达玛别墅经“罗马掠夺”而遭严重的破坏
1530 年	教皇令小桑迦洛修复玛达玛别墅
1534 年	玛达玛别墅被出卖给埃乌斯塔奇奥的僧侣
1538 年	玛格丽塔结婚时，教皇为她买下玛达玛别墅，以后就一直称为玛达玛别墅
1540 年	阿尼巴莱・利皮建罗马的美第奇别墅
1545 年	在帕多瓦创建植物园
1549 年	彼蒂家族把波波里花园卖给柯西莫一世 伊波利托・埃斯特主教在蒂沃利建造埃斯特别墅
1547~1559 年	亚历山德罗・法尔内塞命维尼奥拉和朱加利造法尔内塞别墅
1550 年	柯西莫一世的王妃埃莱奥诺拉让特里波罗将果树园改为庭园
1558 年	阿曼那蒂造波波里花园的前庭
1565 年	洛伦佐・斯托罗特造波波里花园最高层的尼普顿水池
1567 年	枢机官马可・多・阿尔特姆在弗拉斯卡蒂造蒙德拉戈别墅
1560~1580 年	枢机官冈巴拉造兰特别墅
1574 年	蒙特・卡瓦罗的宫殿在基利那尔破土动工
1580 年	蒙泰尼到意大利旅行，参观兰特别墅
1579~1587 年	兴建波波里花园的洞窟
1588 年	在贝尔维德雷庭园的中间露台上建造梵蒂冈图书馆
1598~1603 年	彼埃特罗・阿尔多布兰迪尼让波尔塔建造阿尔多布兰迪尼别墅
1618 年	西庇阿・波尔格则在罗马兴建波尔格则别墅
1632~1671 年	卡洛・波罗梅奥伯爵（卡洛三世）在卡洛・丰塔纳的指导下，动工兴建伊索拉・贝拉别墅，40 年后始成
1640 年	打造波波里花园的罗汉松林荫道

第一章　文艺复兴初期

从十字军时期开始，意大利在地中海的海上运输业兴旺发达。随着与东方各国的贸易往来，该国的各都市也日趋繁荣，其结果在促成封建制度崩溃的同时，也使地方统治阶级、中产阶级，尤其是商贾们愈发富裕起来。在这种新形势下，古代文化重振雄威，开始了具有再生意义的文艺复兴时代。随着罗马帝国的衰落，古代文化虽曾一度一落千丈，但在意大利，罗马文化的传统并没有完全消亡，在中世纪的整整一个世纪中，它变为意大利人内心深处的潜在意识。于是，在意大利，那种教会文化在中世纪末期步入了它的黄金时代，当无数革新浪潮方兴未艾之时，它便同人们憧憬古代、复兴古代文化的氛围相结合，再度生机勃勃，充满活力。

佛罗伦萨堪称文艺复兴运动的发祥地。14 世纪初期，这座以毛纺织业为主的工业城市繁荣起来。在以其为中心的托斯卡纳一带，新兴资产阶级的阵营不断发展壮大，在他们之中，美第奇家族更是脱颖而出。这个家族在 13 世纪末期就出现在佛罗伦萨市，此后家道渐盛并进入了市政府机构，不久又以君主的姿态荣登统治地位。这个家族中的柯西莫・德・美第奇和他的孙子洛伦佐尤其对艺术情有独钟，他们将众多著名学者和艺术家聚集在一起探讨科学艺术问题。以后，美第奇家族中又相继出现了酷爱并保护艺术的人，因此在整个 15 世纪，佛罗伦萨一跃而为学者、文人、美术家们的活动中心，并且，在受到美第奇家族庇护的学者、艺术家中，涌现出不少倡导文艺复兴运动的人文主义者（humanist）。人文主义者推崇古人尊重人性的风尚，渴望具有古代先贤那样的完美人格。在中世纪，人文主义者主张把人类从神这一绝对权威的束缚中解救出来，使他们获得自由。不仅如此，人文主义者们还发现了大自然的多姿多彩和观察大自然的正确方法，即观赏大自然本身的美，通过对真正的大自然的心领神会来唤起人们的田园情趣；并且，为了满足这种田园情趣，人们自然而然地需要别墅生活。佛罗伦萨郊外风景宜人，土地肥沃，正是充满了田园生活情趣的绝妙场所。所以，富裕的城市居民们接踵而至，一幢幢别墅拔地而起。与此相应，人们对园艺的兴趣也不断高涨，他们热切期望着进一步深化自己的园艺知识。文艺复兴的结果还刺激了拉丁文学的复兴，通过阅读古罗马人的园艺著作来汲取拉丁文学知识，这在意大利人中已蔚然成风。人们对瓦罗、科鲁麦拉[1]等人所著的园艺著作、小普林尼的书信和维吉尔[2]的《田园诗》(*Georgicon*)爱不释手。这些书籍在赋予他们园艺知识的同时，还唤起了他们对古罗马人别墅生活的憧憬，这更加速了别墅兴造之风的盛行。

这一时期，以瓦罗、科鲁麦拉、加图等人所著的古罗马园艺著作为准绳，并加入了作者自己的观察与主张的园艺书籍不断问世，13 世纪末波洛尼亚律师克累森兹所著的《田园考》(*Opus Ruralium Commodorum*)即其中之一。这本书是为那不勒斯国王查尔斯二世而作，中世纪时以抄本形式广为流传，直至 1471 年才开始付梓，后又被译为意、法、德三国文字，作为具体的庭园指南而始为人知。在该书的第八章中，克累森兹将庭园分为上、中、下三等，并就这三类庭园提出了各种设计方案；其中，王公贵族等上层阶级的庭园更是他论述的重点。克累森兹指出：首先，这类庭园的面积以 20 英亩为宜，四周围墙，在庭园的南面设置美丽的宫殿，构成一个有花坛、果园、鱼池的舒适的居住环境。庭园的北面种植密林，这样既可造成绿树浓荫，又可使庭园免受暴风的袭击。在庭园设计指南书籍寥若晨星的当时，该书在向人们灌输田园情趣方面具有不容低估的作用(图 1)。

在佛罗伦萨，竭力培植人文主义思想的三大文豪——但丁、彼特拉克[3]、薄伽丘，对庭园都怀有非同寻常的爱好。1300 年左右，但丁在费索勒的圣梅尼戈拥有一座别墅(现称为“邦笛别墅”)。遗憾的是这座别墅在 15 世纪时曾被改建，其中的庭园几乎面目全非，令人无法从中窥见诗人的庭园情趣。继之成为人文主义运动先驱的彼特拉克也是著名的庭园鉴赏家，他不但在法国的沃克吕斯造有别墅，而且别墅中还建有阿波罗庭园和巴克斯[4]庭园。阿波罗庭园寄托着主人对天空山川的冥想；巴克斯庭园则使他安享晚年，总之这是两个洋溢着诗人般臆想的庭园。在《彼特拉克信笺》(*Letterre di F. Petrarca*)中，诗人自己对这个别墅赞不绝口。此外，彼特拉克还在尤加内昂山腹地带的阿尔库瓦村建了间小别墅，将它作为晚年的住所。据说，诗人在这优雅迷人、一尘不染的地方送走了无忧无虑的时光。继彼特拉克之后作为人文主义者而备受推崇的薄伽丘也与庭园结下了不解之缘。如果说彼特拉克是庭园生活的实践者的话；那么与他相反，薄伽丘的旨趣则在于引导读者像作者本人那样来欣赏他的作品中描绘的同时代的庭园。薄伽丘在成名之作《十日谈》中详细描述了佛罗伦萨丘陵地带别墅的华丽景致，如实反映了当时以此为人生舞台的佛罗伦萨人快乐的别墅生活。在该书第一日的序中，薄伽丘以极其简洁流畅的笔触描写了土地丰盈青翠的佛罗伦萨郊外风光。接着在第二日的序中，又对过去的别墅及其他住宅作了一番不厌其详的描述。在这些别墅的庭园中已开始种有藤蔓、蔷薇、茉莉之类的芳香

▪1 科鲁麦拉(公元 1 世纪~)，古罗马农学家，著有《农业志》12 卷。

▪2 维吉尔(前 70~前 19 年)，古罗马诗人。主要作品有《田园诗》10 篇。其诗作脍炙人口，被誉为罗马一代诗宗。

▪3 彼特拉克(1304~1374 年)，意大利诗人，欧洲文艺复兴时期人文主义先驱之一。主要作品有意大利文写的《抒情诗集》。

▪4 巴克斯(Bacchus)，古罗马神话中的酒神。

型植物，数不胜数的花卉草木星罗棋布。在庭园中央绿油油的草坪上百花争妍。围绕在草坪四周的橘树、柠檬树新绿初绽，它们的花果散发着醉人的芬芳。草坪中还有白色大理石水盘，从立于水盘柱顶的雕像中喷出的水柱直射天空。水盘中溢出的水则流向草坪下的水沟，再经过草坪四周人工开凿的壕沟，形成纵横交织的数条小溪穿庭而过，最后汇集在一起落入山谷之中。薄伽丘在追述了环境优美的豪华别墅的生活情景的同时，还不断展开他的描述。他在《十日谈》中描写的别墅都是有实物可查的，它们就位于他的住所瑟提尼阿诺的附近。他甚至还告知第一日序中的别墅叫波吉奥·盖拉尔多，第三日序中的别墅叫帕尔梅里。

在整个 14 世纪，三大文豪向人们畅叙了充满美与舒适宜人的别墅生活的欢乐。到 15 世纪，建筑师阿尔伯蒂[1]在"*Del Governo della Famiglia*"一书中赞美了别墅生活，赞美了西塞罗、贺拉斯、小普林尼等人的生活。在 1434 年出版的《建筑十书》中，阿尔伯蒂还论述了他理想中的庭园，这个庭园的设想如下所述。

▪1 阿尔伯蒂，意大利建筑大师之一，他同时也是音乐家、画家、作家和著名的人文主义者。他在曼图亚、里米尼、佛罗伦萨等地设计过许多古典风格的教堂。

阿尔伯蒂的庭园设想

（1）在一个正方形庭园中，以直线将其分为几个部分，并将这些小区植以草坪，用长方形密生团状的剪枝造型黄杨、夹竹桃及月桂树等围植在它们的边缘。（2）树木不论是一行还是三行均需种成直线形。（3）在园路的尽端，将月桂树、西洋杉、杜松编织成古雅的凉亭。（4）沿园路而建的平顶绿廊支承在爬满藤蔓的圆石柱上，为园路洒下一片绿荫。（5）在园路上点缀石或陶制的花瓶。（6）在花坛中用黄杨树种植拼写出主人的名字。（7）每隔一定距离就将树篱修剪成壁龛形式，其内安放雕塑品，下置大理石坐凳。（8）在中央园路的相交处建造造型月桂树的祈祷堂。（9）祈祷堂附近设迷园，旁边建造缠绕着大马士革草、玫瑰藤蔓的拱形绿廊。（10）在流水潺潺的山腰筑造凝灰岩的洞窟，并在其对面设置鱼池、草地、果园、菜园。

阿尔伯蒂的上述庭园设想在许多方面是以小普林尼的两个古罗马别墅庭园为依据的，不过，在他的设想中也含有一些前所未有的特征。第一个实施阿尔伯蒂的设想，在庭园中做出用造型树木围起来的草坪小区的是秘园（giardino segreto），这种形式显然被后来的意大利庭园所沿袭。有趣的事实是，在最后出现的庭园设施中，我们才见到了文艺复兴末期造园特征的一鳞半爪。

除进行局部的构思之外，阿尔伯蒂还把庭园与建筑物处理成密切相关的整体。为达此目的，他主张如果建筑物内设有圆形、半圆形部分，那么在庭园中也要尽量设置与之相呼应的部分。阿尔伯蒂还一反古人所偏爱的厚重感，除背景外，他极少在庭园内采用灰暗的浓荫，从而使庭园获得一种明快感。由于当时尚无提出这类造园方针的人，所以他被视为当之无愧的庭园理论先驱。不久以后，总算出现了使他的那些理论付诸实施的机会，那就是为佛罗伦萨的富翁贝那多・鲁切莱设计夸拉基别墅的庭园。据戈塞因说，由于阿尔伯蒂坚信建筑师只是设计师而非施工员，因此他只参加了这个别墅的设计工作，仅此而已。

阿尔伯蒂还在著作中提出了具体的造园方针，这对后来庭园的蓬勃发展产生了巨大的促进作用。随着庭园的大量建造，别墅生活实际上转向了豪华型，而领导这个潮流的是美第奇家族。自阿尔伯蒂开始，柯西莫[1]庇护了许多学者、文艺家及美术家，他还顺应时代潮流，对别墅生活十分倾心。他聘用建筑师米开罗佐（Michelozzo）[2]建造了卡雷吉和卡法吉奥罗这两座别墅内的建筑和庭园。柯西莫之孙洛伦佐[3]也毫不亚于柯西莫，他酷爱园林成癖。洛伦佐不只满足于祖父遗传下来的别墅，还建造了波吉奥・阿・卡亚诺别墅。迄今为止，这些别墅内的庭园几乎还保持着当初营造时的形状，它们向人们诉说着美第奇家族豪华的别墅生活。下面简要介绍一下这些别墅的沿革与现状。

（1）卡雷吉别墅（V. Careggi）（图 2）

这是美第奇家族的别墅中最古老的一座，它位于佛罗伦萨西北两英里处。1417 年柯西莫购置地皮，命米开罗佐设计了建筑与庭园。据说这座别墅深得柯西莫和洛伦佐的喜爱，他们两人都是在这里安然辞世的。别墅内建筑物的开窗极小，其上有锯齿形墙壁，具有中世纪城堡的外观。除了敞廊之外，全然不见文艺复兴的建筑特征。建筑被建在平坦地带，由于布置巧妙，从这里可将托斯卡纳一带的美丽景色尽收眼底。据戈塞因记载，庭园自建成后历经数个世纪的沧桑，其中只有它的栽植发生了很大的变化，而其他主要特征依然如故。该别墅的主庭园在建筑物正面展开，并封闭在高大的锯齿形墙内。自始建以来，前面的花坛大概就是由小墙壁和门等与大庭园分开的，看起来还装饰着一些陶制花瓶。主庭园内的栽植与夸拉基别墅相似，建有绿廊，其余各处植有果树；当然还栽种着造型黄杨树，建着内设坐凳的园亭，亭外还设有坐凳。正如布克哈特指出的那样，该别墅中植物种类繁多，外观仿若一座植物园。

（2）卡法吉奥罗别墅（V. Cafaggiolo）

该别墅位于佛罗伦萨市北 18 英里的亚平宁山脉的分支穆格罗山谷间，与上述卡雷吉别墅一样，它也是由米开罗佐奉柯西莫之命设计建造的。该别墅的建筑物已不再取 15 世纪前半叶的式样，而是带壕沟和吊桥的城堡式。19 世纪，改建了建筑，并拆除了壕沟与吊桥；不过，通过当时的绘画作品，我们仍可详细知道从别墅外观到庭园内部土地分配的情况。别墅的主庭园位于城

[1] 柯西莫（1389~1464 年），佛罗伦萨银行家、政治家。他大力奖掖文学艺术，促使佛罗伦萨成为意大利文艺复兴的中心之一。

[2] 米开罗佐（1396~1472 年），意大利雕刻家、建筑师。

[3] 洛伦佐（约 1449~1492 年），佛罗伦萨共和国僭主，美第奇家族的代表人物，绰号“豪华者”。

堡的后面，取围墙环抱的规则式。在长长的园路尽端设有漂亮的庭园建筑，牲畜圈及其他附属建筑则都并列在城堡的东侧，现在它们仍位于外墙的外侧。从古画上看可以清楚地知道，这个庭园及其四周的田园面貌几乎丝毫未改。透过这座别墅的窗户还可眺望到柯西莫的整个领地，故而有人说这座别墅比卡雷吉别墅更得柯西莫的欢心。

（3）费索勒的美第奇别墅（V.Medici at Fiesole）

这座别墅是15世纪中叶米开罗佐为柯西莫之子乔凡尼建造的，它位于费索勒山丘的斜坡上，现已被改为巴洛克式，故很难见到15世纪的特征。诺曼·牛顿对这座别墅的重要性作了如下的论述，并赞扬了米开罗佐的才华。

> “美第奇别墅的最大特点是它的位置选择。别墅被大胆置于面对费索勒山顶正下方的陡坡上，视野所及方圆数英里的广阔全景尽被纳入别墅之中。这座别墅或许并不能使那些希望看到完美无缺建筑细部的人们心满意足，但其所取基本形式的价值却会得到独具慧眼的人们的赏识，其中的一些处理手法大胆有序、构造简洁，这些佳作后来成为意大利最人工化的华丽别墅设计的基础。这座别墅虽然没有豪华的装饰，但却表现了杰出的基本设计方法。它说明只要是接近完美的造园工程，它为人们提供的观览范围就决不会仅仅囿于它所拥有的那片场地，而是将其周围景观的全部或最为精彩的小景作为自身构造的一部分。如建筑物朝东、西方向凸出的宽敞平台，为人们提供了领略四季常在的远山美景的场所。就这个意义而言，远山之景也变成了别墅的一个组成部分。此外，下部的庭园和菜园布置在视线以下，因而毫不妨碍人们眺望远景。
>
> 这座别墅建造在斜坡之上，宛如天然自成一般，它所具有的那种安定感既有赖于其他简单的要素；同时，又是土地整体造型这一简洁手法巧妙运用的结果。别墅的整个布局综合利用了绘画的技巧与地形学方法，用平台将斜坡拦腰切断，使其完全自然地下凹，并维持着平台高度与宽度之间的平衡。在美第奇别墅中，我们还能看到意大利别墅所特有的那种巧妙的协调（coordination）；即各区域间的过渡虽然直截了当，但决非马虎从事；它们既各自具有其个性，又不是孤立分散的。建筑物与

它的平台密不可分地结合成为一体，所有一切都布置得那么尽善尽美。从美第奇别墅中，我们既能学到意大利造园的全部课程，又能学到它的特殊旨趣所在。基础部分的设计与其说要求单纯的细部简洁，莫如说更强调它的永久的重要性，这正是美第奇别墅获得巨大成功的真正原因。”

（4）波吉奥·阿·卡亚诺别墅（Poggio a Cajano）（图 3）

这座别墅是洛伦佐于 1485 年令老桑迦洛[1]建造的。它位于佛罗伦萨和皮斯托亚之间奥姆布罗内河的沿岸。它的建筑物成功地实现了从柯西莫时代沉闷厚重的城堡样式向明朗开敞样式的飞跃。别墅基地的四隅建有园亭，它们使人联想起中世纪的城堡，建筑物正面入口处以敞廊加以突出，这也基于古代寺院的样式。在宽大的台基四周设有带栏杆的露台，在这里可以领略美丽的景致。该别墅在洛伦佐生前尚未完成，接着又因美第奇家族时运不济，所以别墅庭园的完成当为后世的事情了。现在这个庭园虽被改成了 18 世纪的风景式林苑，但从古画上来看，它与卡法吉奥罗别墅一样，也淋漓尽致地表现了文艺复兴早期庭园的特征。

（5）萨尔维亚提别墅（V.Salviati）（图 4）

萨尔维亚提别墅是由米开罗佐建造的，它与卡雷吉别墅极为相似。1450 年亚历曼诺·萨尔维亚提（柯西莫的内弟）购置地皮建造了城堡式别墅。不过，关于当时造园的情况我们一无所知，仅知此后于 1510 年，雅各布·萨尔维亚提（洛伦佐之婿）在别墅里造了露台式庭园。18 世纪时，弗兰切斯科·德·美第奇又将洛可可风格吸收入庭园之中。

正如对上述诸庭园的考察所了解到的那样，文艺复兴初期的庭园因模仿古罗马别墅样式而带有了古代的特征，而从它的建筑物及细部处理上又可见到中世纪别墅的特征；至于其位置的选择、场地划分的技巧则保持着文艺复兴时期的独到之处。作为一种过渡时期的样式来说，它的这种尚未定型的特征是司空见惯的，这在 15 世纪表现得尤为明显；直到 15 世纪末期，才逐渐完成了向文艺复兴式的转化。如果根据古罗马时代流行的别墅分类方法，可以说这一时期的别墅多属田园式别墅。这个结果是必然的，就像文艺复兴初期的别墅最初就充满了田园情趣那样，这类庭园中的植物种类数不胜数。中世纪的人们一般是根据实用的需要在园内栽培植物，而文艺复兴时期的人们则是出于对植物本身的兴趣来栽培各类植物的。更进一步说，这一时期的人们并不将植物作为造园的材料来使用，而是从园艺的角度来观赏植物的，这就是文艺复兴初期造园的最为显著的特征。

[1] 老桑迦洛（1453~1534 年），意大利文艺复兴时期的桑迦洛建筑师家族成员之一。

1 克累森兹著作中见到的庭园图（尼科尔斯）
2 卡雷吉别墅（戈塞因）
3 波吉奥·阿·卡亚诺别墅（戈塞因）
4 萨尔维亚提别墅（戈塞因）

1

2

3

4

第二章　文艺复兴中期（鼎盛期）

15 世纪文艺复兴文化是以佛罗伦萨为中心，由美第奇家族培育起来的，而 16 世纪的文艺复兴文化则是以罗马为中心，由罗马教皇创造的。此时，洛伦佐死后的美第奇家族一扫家道衰落的局势，尤利乌斯二世当上了罗马教皇。如同过去的美第奇家族曾保护过众多人文主义者、促进了文艺的发展那样，尤利乌斯二世也将当时的艺术巨匠们罗致于罗马，对他们加以保护和积极利用，从而在罗马出现了文艺复兴时期文化艺术的全盛时代。

尤利乌斯二世成为教皇后不久，就计划修复位于罗马市西北角梵蒂冈上的梵蒂冈宫。早在尼古拉五世时代，就曾打算扩建这座宫殿，但尚未兑现。后来英诺森八世扩建了宫殿，并在稍离宫殿的梵蒂冈支脉上增建了高台建筑的大园亭，由于这座建筑居高临下，故它又有“风塔”之称。除了宫殿的修复工程外，教皇还制定了将此高台建筑与下方的宫殿连接起来的计划，并委任伯拉孟特负责设计建造工作。教皇希望不拘天气影响地在这座建筑内欣赏收藏的古代艺术珍品。提起被教皇提拔的伯拉孟特，就必须介绍一下他成为建筑师的经历。伯拉孟特出生在罗马北部离亚平宁山脉中部乌比诺 2 英里的村庄中，是一位画家出身的建筑师。青年时代的伯拉孟特因看到伊斯特拉建筑师劳拉那[1]建设的宫殿而深受震动，所以毫不迟疑地投师其门下。30 岁那年，伯拉孟特赴米兰在斯福查家族供职，引起了有远见卓识的前辈洛多维科·伊尔·摩尔公爵的注意。以后的 25 年间，伯拉孟特在这个豪华的宫廷里与列奥纳多·达·芬奇和卡拉多索结为至交。他曾建造过教堂、桥梁等，也做过该地的工程监督。他时常一边建造别墅里优雅别致的柱廊（colonnade），一边画壁画。1499 年，随着斯福查家族的没落，伯拉孟特离开米兰移居罗马，在罗马的数年中，他潜心研究了古代的遗址和艺术。不久以后，他的才华得到了教皇朝廷的赏识，受雇设计了圣彼得大教堂广场（piazza）上的喷泉。接着在 1502 年，又为西班牙的费尔南德五世和伊莎贝拉建造了著名的“坦比埃多”（Tempietto）。这是一座围廊式圆形建筑物，位于甲尼可洛山冈上的方济各会[2]修道院中。这座使人想起古代神庙的精巧建筑物揭示出伯拉孟特在设计手法上怎样完全同化于古代样式，并形成了建筑史上的一种新样式。伯拉孟特因此而被视为当时最富创造天才的建筑师。教皇为实现前述的宏伟蓝图，特

▪1
劳拉那，生卒年代不详，15 世纪中叶至 16 世纪初意大利雕刻家。

▪2
方济各会（Ordo Franciscanorum），一译法兰西斯派。天主教托钵修会的主要派别之一。

意聘请了这位当时已 60 岁高龄的建筑巨匠。伯拉孟特先设计了由三层拱廊（arcade）构成的两条有顶柱廊，并使它们横跨在建着梵蒂岗宫和园亭的山谷之间。人们站在一条柱廊上可以俯瞰山腰覆盖着密林的斜坡；在另一条柱廊上则可以尽情欣赏罗马和坎帕尼亚的美景。伯拉孟特在设计柱廊的同时，还规划了所谓的贝尔维德雷园[1]（又称望景楼花园）（图 1），它正位于由前述那两条柱廊围成的狭长且高低起伏的区域之中。在当时，罗马人并不关心与宫殿、别墅相互协调的空地的处理，但因伯拉孟特曾与阿尔伯蒂、达·芬奇等人交往甚笃，并且他又曾接触过乌尔比诺的露台式庭园；所以，此时正是他运用这种露台式庭园设计方法来解决他所提出的课题的时候。

伯拉孟特将长 1004 英尺（306 米）、宽 213 英尺（75 米）的长方形场地划分成 3 层平台（图 2），与园亭相连接的顶层露台被全部辟为装饰园。由于场地长边尽端处的园亭过于狭小；所以，庭园并没有直接与观景楼相联系，而是在园亭内设置了高达 85 英尺的巨大半圆形壁龛，它的前面是一些庭园设施。壁龛通过带半圆形天井的柱廊成为环视罗马城周围景色的最佳瞭望台。庭园两侧的柱廊均向内侧敞开，外侧则围着高墙，以保持庭园环境的安静。庭园动工后的第二年，又在其中央设置了古代样式的贝壳形喷泉。伯拉孟特还将前述的覆顶柱廊从顶层平台水平地延伸出来，使底层平台部分产生一种幽深的中庭之感。在最底层的宫殿中也附加了半圆形的端部，使它与顶层平台上的半圆形壁龛遥相呼应。底层的中庭被用作竞技场（arena），半圆形部分是它的看台。中庭宽大的台阶一直通向第二层平台，这里仍设有看台，据说足可容纳 6 万人。教皇虽然求成心切，但这项工程的进展仍然十分缓慢，勉强等到开工时，伯拉孟特却与世长辞了。从当时所绘的状况图（图 3）来看，工程仅完成了东侧的柱廊而已。庭园中还有 3 层平台，底层平台上绿草成茵；第二层平台是高台；顶层平台上则覆盖着小树林。在伯拉孟特去世约半个世纪以后，西侧的柱廊才由庇护四世的建筑师利哥里奥完成。据说庇护四世喜欢讲排场和大宴宾客，所以他常在底层平台的竞技场上举办宴会。与此相反，即位的庇护五世却对宴会类活动深恶痛绝，他首先改造了竞技场，接着又将装饰在中庭内的异教徒的雕像（尼罗河神与提贝尔河神像、赫拉克勒斯[2]像、阿波罗像、拉奥孔[3]的群雕等）统统搬往佛罗伦萨及其他城市。到西克塔斯五世执政的 1588 年，又在第二层平台上建造了横穿中庭的梵蒂冈图书馆。伯拉孟特的这个杰作完成仅 25 年就惨遭厄运。在 17 世纪，顶层平台被装点得最为华丽，保罗五世将青铜制的松果形喷泉装饰在伯拉孟特设计的大壁龛之

▪1 Cortile del Belvedere

▪2 赫拉克勒斯（Heracles），希腊神话中伟大的英雄，即罗马神话中的赫丘利。

▪3 拉奥孔（Laocoon），希腊神话中阿波罗在特洛伊城的祭司。

前，这座喷泉高达 11 英尺，相传曾装饰过黑德里埃纳斯皇帝的陵墓。从此以后，这个庭园就被命名为“松果园”，与这座喷泉之名结下了不解之缘。由于建造了图书馆，所以这里变成了十分狭窄的内院，后于 19 世纪又在第二层平台的前部建了新栏杆，与已化为废墟的昔日美丽的庭园相依为命。

尽管伯拉孟特的造园事业未竟，但他对后来的意大利造园的影响却是不容低估的。他以罗马为起点，创造发展出一种平台建筑式造园样式。这是意大利造园史上的一个转变时期，此后的意大利庭园都以建筑式构成为主，即以宽大的平台、连接各层平台的台阶、绘着壁画的凉亭、青铜或大理石的喷泉、古代的雕像等等来装点。不仅此后不久伯拉孟特的作品就成为枢机官、贵族、官吏、商人、学者、艺术家等各个阶层的人们竞相模仿的对象；而且，人们还在作为古罗马别墅区的七座山冈上及城郊大兴土木，建造别墅，此风盛极一时。

继伯拉孟特的贝尔维德雷园之后，作为意大利露台式造园风格而闻名的还有拉斐尔为朱利奥・德・美第奇（后来的教皇克莱门七世）建造的玛达玛别墅（图 5）。朱利奥・德・美第奇从他的家族遗传了对别墅的兴趣，在他偶尔得到马利奥山上一片水量充沛、景致迷人的山腹地带时，他便想在这里建造一座大型别墅。于是，他请来了当时声名显赫的艺术家拉斐尔。拉斐尔是乌尔比诺人，师从彼得罗・佩鲁吉诺（Pietro Perugino）学画，后又在佛罗伦萨受到达・芬奇和米开朗琪罗的巨大影响。1508 年，25 岁的拉斐尔应聘前往罗马，在那里为尤利乌斯二世供职，并受到列奥十世的宠爱。拉斐尔与同乡伯拉孟特也交情深厚，还学习了建筑技术，并热衷于古代艺术。年仅 37 岁就辞别人世的拉斐尔留下了不计其数的绘画作品，他设计的这座玛达玛别墅也出人意料地在文艺复兴造园中起到了重要的作用。据传，拉斐尔于 1516 年 4 月与本波、卡斯蒂利昂伯爵及其他威尼斯朋友前往蒂沃利旅行。在那里，他受到了黑德里埃纳斯皇帝壮观的别墅遗址的启示，跃跃欲试地要在马利奥山的别墅中再现上述别墅的恢宏景致。这座别墅创建的准确年代不详，不过，在 1519 年中期左右，此项工程已取得了相当的进展。虽然无人知道拉斐尔逝世时这项工程的确切进展情况，但确信无疑的是建筑物及内部装修的施工已进行得十分顺利。从拉斐尔的助手小桑迦洛及其兄弟巴蒂斯塔・桑迦洛等完成的图纸来看，该别墅内的建筑物正面朝东，中央门廊的两翼尽端都建有塔楼；南侧有用爱奥尼式圆柱支承的半圆形剧场，从这里可以眺望圣彼得教堂；北侧另有美丽的敞廊向庭园敞开着。建筑物的主要部分是中央的敞廊，室内装饰由朱利奥・罗马诺[1] 及乔万尼・达・乌迪勒担任设计。北侧的庭园由两层平

▪1
朱利奥・罗马诺（1492 或 1499~1546 年），意大利画家、建筑师。拉斐尔的学生和主要助手，并参与其创作。

台构成，现尚存。顶层平台上建了一座三层的拱形敞廊，界定了庭园的南端；高大的北墙上有两尊巨大的雕像，与山体相连的墙内凿有 3 个大壁龛，中央的那个壁龛年代悠久。其中设了一个象头喷水，四周覆盖着黄杨，从象鼻里喷出的水射向水盘。这是乌迪勒的作品（图 6）。顶层平台的下方开凿了一个矩形的大水池，从象头喷水流出的水注入池内。南、北墙上规则有序地并列着一些壁龛。从桑迦洛的平面图上可见门的一旁立着巨人雕像，门外有大型赛马场，四周还种有栗树和无花果树。东面有二层台阶通向下方的柑橘园，第三层平台也可经由这个台阶到达柑橘园。这是一个宽大的花园，尽端处是一个圆形喷泉（图 7）。从保存在乌费兹手中的拉斐尔亲笔绘制的草图可知，他所设计的庭园位于建筑物的东北面，规划得十分宽敞。他还将庭园设计成 3 层水平面，以适应山腰的地形。主建筑对着正门，门前是一片铺石的露台，与两个台阶连在一起，顶层露台上造了一片正方形的花园，中央建有园亭，构成一个绿廊区域；第二层露台为圆形，正中设有喷泉；底层露台的平面是一个更大的椭圆形，设有两座喷泉。露台之间皆以宽大的台阶连通。这个庭园及其建筑物的形状屡屡采用圆形和半圆形，可见阿尔伯蒂在他的庭园论中提出的要求被拉斐尔付诸实施了，其意义确实是极为深远的。

尽管拉斐尔的上述设计意图（图 8）未能实现，但当时的人们却都为这个别墅设计方案的完美所折服。拉斐尔的朋友、诗人忒贝尔迪奥曾作诗赞美过它，朱利奥·罗马诺也将圆形剧场的景观用作其壁画中的背景。但是从一开始玛达玛别墅就运交华盖。拉斐尔去世后的第二年列奥十世也驾崩了，即位的是黑德里埃纳斯六世，他对艺术漠不关心，梵蒂冈宫的工程从此中断。朱利奥·德·美第奇隐居在佛罗伦萨，艺术家们也退避宫中，几乎没有人再顾及这座宫殿。不久以后，虽然朱利奥·德·美第奇当选为教皇，但他所面临的局势却是财力匮乏；另外，也没有在别墅度日的闲暇。1527 年 5 月 2 日开始了历史上有名的“罗马掠夺”，这座别墅也在劫难逃，大台阶东面的前廊等均遭破坏，大理石的圆形剧场部分被毁，二层的屋顶也坍塌了，所幸的是大敞廊未毁而残存下来，朱利奥·罗马诺的壁画作品及乌迪勒的泥塑也免遭其难。1530 年，教皇重返罗马，饬令小桑迦洛修复别墅，但大台阶和二层屋顶部分始终没有重建，圆形剧场的柱廊也残破如废墟。1534 年教皇死后，这座别墅被卖给了埃乌斯塔奇奥的僧侣。此后到 1538 年，皇帝查理五世之女玛格丽塔[1]与保罗三世之甥奥塔维奥·法尔内塞结婚来罗马时，有时就留宿在别墅里。由于玛格丽塔很喜欢这个别墅，教皇便买下供她专用；从此以后，该别墅就

▪1
帕尔马女公爵和哈布斯堡王朝摄政，神圣罗马帝国皇帝查理五世（西班牙的卡洛斯一世）的私生女。

以玛达玛[1]之名广为人知了。

这样，拉斐尔的作品虽然没有作为意大利式来完成，但其基本的设计构思却成了以后别墅模仿的榜样，因而对别墅建筑的发展影响甚大。16世纪前半叶，在其影响下建成的庭园虽然不计其数，但因时局不稳，它们的大部分都命运不济；或尚未完成，或被荒弃，或被改造。值得注意的是，拉斐尔的影响还波及了北方诸城市。巨星陨落后仅仅两年，即1522年，乌尔比诺公爵费里切斯科·马利亚就效法玛达玛别墅，在佩扎罗建造了恩佩利亚别墅的建筑和庭园。与此同时，朱利奥·罗马诺也带着对玛达玛别墅的记忆来到曼图亚，为贡查加公爵建造了德尔忒宫[2]。关于16世纪前半叶到18世纪末期的别墅，B·W·庞德曾列出了如下一览表（B·W·Pond：*Outline History of Landscape Architecture.*）。

[1] Madama意大利文直译为夫人，此处特指玛格丽塔。

[2] 又名得特宫。

序号	年代	园 名	位 置			创 建 人	设 计 人
			托斯卡纳	罗马及意大利南部	意大利北部		
1	1520	维科贝洛别墅	锡耶纳				佩鲁齐
2	1525	德尔忒宫			曼图亚		罗马诺
3	约1527	切尔萨别墅	锡耶纳				佩鲁齐？
4	1530	多利亚宫			热那亚	安德烈亚·多利亚	蒙托索里
5	1540	卡斯特洛别墅	佛罗伦萨			美第奇家族	特里波罗
6	1540	兰切洛蒂别墅（皮科洛米尼别墅）		弗拉斯卡蒂			伏尔泰拉？
7	1547	法尔内塞别墅		卡普拉罗拉		法尔内塞	维尼奥拉
8	1548	法尔科尼埃利别墅		弗拉斯卡蒂		鲁兹费尼	博洛米尼**
9	1549	埃斯特别墅		蒂沃利		伊波利托·埃斯特	利戈里奥
10	1549	波波里花园	佛罗伦萨				特里波罗*
11	1550	瓦尔马拉那别墅			利西拉		帕拉第奥与斯卡莫齐
12	1552	圆厅别墅			维琴察		帕拉第奥与斯卡莫齐
13	1555	朱利亚别墅		罗马		尤利乌斯三世	利戈里奥*
14	1560	兰特别墅		巴尼亚亚		甘巴拉	维尼奥拉
15	1560	庇阿别墅		罗马		尤利乌斯三世	利戈里奥

续表

序号	年代	园 名	位 置			创 建 人	设 计 人
			托斯卡纳	罗马及意大利南部	意大利北部		
16	1560	美第奇别墅		罗马		里奇	里皮
17	约 1560	斯卡西别墅			热那亚		阿莱西
18	约 1560	罗萨察别墅			热那亚		阿莱西？
19	约 1560	斯皮诺拉别墅（塞斯特里）			热那亚		阿莱西？
20	约 1560	弗兰佐尼别墅（阿尔巴罗）			热那亚		阿莱西？
21	约 1560	帕拉维奇尼别墅（穆提）		弗拉斯卡蒂			阿莱西？
22	1563	波德斯塔宫			热那亚		贝尔伽马斯科
23	1565	格洛帕罗别墅			热那亚		阿莱西？
24	1565	奇科尼亚别墅			比斯奇奥	简・彼特埃罗・奇科尼亚伯爵	莫佐尼？
25	1566	艾莫别墅			法昂佐罗		帕拉第奥
26	1566	卡特纳别墅		波利			A・卡洛
27	1567	蒙德拉戈别墅		弗拉斯卡蒂		马可・阿尔特姆波	维尼奥拉与雷那尔迪 *
28	1568	埃斯特别墅			科莫	托洛梅奥・加里奥	佩雷格里诺
29	1568	巴巴罗别墅（贾科梅利）			马塞尔		帕拉第奥
30	1570	科尔纳罗别墅	皮奥姆比诺				帕拉第奥
31	约 1570	普拉托里诺别墅	佛罗伦萨				布翁塔伦蒂
32	约 1572	卡波尼别墅	佛罗伦萨				
33	1575	彼得拉亚别墅	佛罗伦萨			斐迪南・德・美第奇	布翁塔伦蒂
34	约 1575	波姆比奇别墅（科拉奇）	佛罗伦萨				桑蒂・迪・提托
35	约 1575	拉斯波尼别墅	佛罗伦萨				阿曼那蒂
36	约 1580	朱斯蒂园			维罗纳		
37	1581	马泰伊别墅（塞里蒙塔纳别墅）					杜卡
38	1590	贝尔纳迪尼别墅	卢卡				
39	1590	坎比别墅（锡尼亚）	佛罗伦萨			普奇家族	
40	1598	阿尔多布兰迪尼别墅		弗拉斯卡蒂		彼得・阿尔多布兰迪尼	德拉・波尔塔

续表

序号	年代	园名	位置			创建人	设计人
			托斯卡纳	罗马及意大利南部	意大利北部		
41	1600	托里加尼别墅（卡米利亚诺）	卢卡			桑蒂尼家族	
42	1602	博尔盖塞别墅（塔韦尔纳）		弗拉斯卡蒂		塔韦尔纳伯爵	卡洛·丰塔那与德拉·波尔塔
43	1610	冈贝里亚别墅	佛罗伦萨				加姆伯雷利？
44	1616	德拉·雷吉纳别墅			都灵		维托奇
45	1618	博尔盖塞别墅（罗马）		罗马		西庇阿·博尔盖塞	雷那尔迪与萨维尼
46	1622	波吉奥皇家别墅	佛罗伦萨			玛丽亚·马达莱娜	帕里吉
47	1623	托洛尼亚别墅		弗拉斯卡蒂		孔蒂家族	马德尔诺
48	1625	帕帕尔宫		冈多菲堡		乌尔班八世	马德尔诺
49	1637	科西—萨尔维亚蒂别墅	佛罗伦萨				乔瓦尼？
50	1645	玛利亚皇家别墅（奥尔塞蒂）	卢卡			奥尔塞蒂伯爵	
51	1650	多利亚·潘菲利别墅		罗马		奥利姆皮亚·潘菲利	阿尔加迪
52	1650	乔维奥·巴尔比亚诺别墅			科莫	乔维奥家族	
53	约 1650	科隆纳宫		罗马		菲利浦·科隆纳	科隆纳
54	约 1650	库察诺别墅			维罗纳	斯卡拉家族	
55	1652	科洛迪别墅（加佐尼）	卢卡				迪奥达蒂 **
56	1654	伊索拉·贝拉别墅			马焦雷湖		卡洛·丰塔那 *
57	1669	多纳·达雷·罗斯别墅			帕多瓦	巴尔巴里戈	巴尔巴里戈
58	1670	瑞雷别墅			拉科尼吉		
59	1680	切蒂纳雷别墅	锡耶纳				卡洛·丰塔那
60	约 1680	科尔西尼别墅	佛罗伦萨			科尔西尼家族	费里
61	1690	哥里别墅	锡耶纳			哥里家族	
62		色加迪别墅	锡耶纳				
63	约 1697	皮耶特拉别墅	佛罗伦萨				卡洛·丰塔那
64	1725	曼西别墅	卢卡				尤瓦拉 **
65	1740	皮萨尼宫			斯特罗（帕多瓦）		弗瑞吉麦利卡

续表

序号	年代	园名	位置			创建人	设计人
			托斯卡纳	罗马及意大利南部	意大利北部		
66	1747	卡洛塔别墅			卡狄那比亚	克雷利奇侯爵	
67	1752	卡塞尔塔王宫		那不勒斯		查尔斯三世	万维泰利
68	1759	阿尔巴尼别墅		罗马		阿尔巴尼	诺利
69	1760	卡斯特尔拉佐别墅			米兰		琼·奇昂达
70	1765	马耳他骑士团别墅		罗马			皮拉内西？
71	1785	巴尔比阿内洛别墅			科莫	多里尼	

注：* 与他人合作设计；** 现存庭园的设计人

关于上述表格所记的年代尚存不少疑问，但它大体上是按动工年代为序列出的。如表所示，别墅所在位置分为托斯卡纳、罗马附近及意大利南部、意大利北部三大区域。在文艺复兴时期，这三大区域构成了各自独特的文化圈，造园文化也分别以它们为中心而繁荣起来。在 16 世纪前半叶，文艺复兴文化从佛罗伦萨转移到罗马，在以罗马为核心的地带及其近郊建造了不少别墅；到同世纪的后半叶，造园文化又在托斯卡纳大放异彩，并进而影响到意大利北部的热那亚地区。接着，从 17 世纪以来，别墅建设在这三个区域齐头并进。值得注意的是，从 17 世纪后半叶到 18 世纪，在湖滨地带也建造了许多别墅。如果再就设计者而论，在中世纪，修道院及城堡之类规模的建筑虽然为数众多，但其设计者的名字却几乎无人知晓，庭园设计者就更是名不见经传了。文艺复兴开创了尊重个性的时代，建筑必定与设计建造它的建筑师之名连在一起。并且，在文艺复兴初期，在意大利尚无职业造园家，大部分造园作品都出于建筑师之手。之所以出现这种情况是不足为怪的，因为自阿尔伯蒂开始，才进入了人才辈出的新时代，涌现出伯拉孟特、拉斐尔那样既具有专业知识，又多才多艺的巨匠。我们在后面所论述的意大利文艺复兴式，是按照所谓的建筑式那样一种建筑意匠来建造的，建筑的设计者往往也兼任了庭园的设计者。

以下试对罗马别墅区中的所谓三大别墅，即法尔内塞别墅、埃斯特别墅、兰特别墅，以及托斯卡纳地区的重要别墅——卡斯特洛别墅、波波里花园等作一概要的讨论。

法尔内塞别墅[1]（图 9） 该别墅位于罗马以北约 70 公里的维泰博附近的

▪1 Villa Farnese (Caprarola)

卡普拉罗拉城，故又称为“卡普拉罗拉别墅”。枢机官亚历山德罗・法尔内塞（保罗三世）命维尼奥拉[1]及其兄弟朱加利建造了这座别墅，1547年动工，1559年始成。亚历山德罗死后，该别墅归奥多阿多・法尔内塞所有；不久后又在别墅内建造了庭园建筑和上部的庭园。这些部分仍是朱加利设计的，但建造年代不详。其内的宫殿是带有大台阶的五边形建筑物，庭园位于宫殿之后，并以狭窄的水渠相隔。庭园部分由四层露台组成，它的透视线穿过栗树林中弯弯曲曲的道路，通向最底层露台及该层露台上的阶式瀑布处，阶式瀑布的两边布满了奇形怪状的河神。在底层露台的两侧造有两座凉亭，为人们提供了凉爽的休息场所。线形新颖、似引导流动的阶式瀑布的海豚雕像极富魅力，引人身不由已地走向第二层露台（图10）。这是一个椭圆形、壁龛式的地方，沿其两侧弯曲的台阶拾级而上，即可来到第三层露台上的大花坛中央。这是庭园中的主要区域。从这个露台再往前行，在第四层露台的后部耸立着一座二层的园亭。园亭建在黄杨树篱植坛的中央。围墙中的矩形道路盖满了青草，围墙上耸立着高16英尺的女像柱，柱顶放置着花瓶，每隔一定距离还设有装饰性坐凳（图12）。在园亭后面，从植坛两端沿第四层露台的支承墙筑有通往该层即顶层露台的台阶，穿过台阶底部的门可以走向庭园四周的栗树林和果实累累的葡萄园深处。沿着台阶还装点着许多雕刻装饰品和水景设施。在台阶外侧，阶梯状地交错安放着一些肥硕的海豚雕像和浅水盆，构成了流向底层露台的水的中转台。顶层露台形成了园亭后庭院的一部分，挡土墙将其上的草坪划分成比例恰当的各种形状，位于园亭轴线上的美丽的大理石喷水和设在它两侧的两个浅喷水盆更为它锦上添花。绿色草坪上，一条马赛克铺砌的园路犹如铺上了一层东方绒毯一般，这条通道一直抵达鲜花露台端部的门。鲜花露台是构成底部3个露台的花园，现在几乎已成为荒野，但其中一些残存至今的部分仍保留了昔日的华美景象。

埃斯特别墅（图13） 它位于罗马以东40公里的蒂沃利城。1549年，费拉拉的枢机官伊波利托・埃斯特被教皇保罗三世任命为蒂沃利守城官时，建造了这座消夏别墅。别墅是由维尼奥拉的弟子利戈里奥设计的，除他之外参加设计工作的还有波尔塔和著名的水工技师奥利维尔利。伊波利托死后，到1796年该别墅归枢机官卢吉和亚历山德罗所有，但因埃斯特家族的厄科尔三世无嗣子，所以别墅就归其女儿的姻亲、奥地利大公费迪南德所有。第一次世界大战爆发时，意大利政府没收了该家族的别墅。

埃斯特别墅庭园的总面积为600英尺 ×800英尺，它将向西北急剧倾斜

[1] 维尼奥拉（1507~1573年），意大利建筑师，1546年以后在罗马从事建筑活动。

的斜坡推平后筑造了 6 个露台。底层露台占地约 300 英尺 ×600 英尺，入口设在西北墙体的中央；围着露台中央的喷泉，有种着罗汉松的“罗汉松园亭”（图 14）；四周花园环绕，外侧还辟有菜园。沿着它们的内侧，并列着一排占地约 50 平方英尺的 4 个泉池，泉池四周摆满了石花瓶。从位于泉池轴线东北面的喷泉中喷出的水注入了巨大的水风琴[1]中，再从那里形成瀑布落入泉池。从底层露台伸出三道台阶，穿过具柄冬青树林，通向第二层露台。在连接第二层与第三层露台的坡道中央筑有著名的“龙喷泉”（图 15）。喷泉耸立在椭圆形的水池中，水池左右两边的半圆形台阶上盖满了常春藤和杂草，这是全园的焦点所在。接着它的第三层露台名曰“百泉台”（图 16），沿露台长边的斜坡上每隔数英尺就有无数个迸射着水花的喷水。

在第三层露台的东北部，以阿瑞托萨[2]雕像为中心，前方设有半圆形水池的“阿瑞托萨喷泉”（图 17），构成一个水量丰富的所谓水剧场。与此遥遥相对的西南部，筑有被建筑物环抱的喷泉。现在这部分几乎已成废墟，过去却是著名的“水风琴”。此外，别墅中还有小寺庙与剧场，以及再现古罗马城市景象的小模型等等。

顶层露台位于建筑物的前面，是一块铺砌而成的宽约 40 英尺的地方，边缘设置了石栏杆。位于中部的美丽的石台阶从两侧通向这个露台。从这个露台和建筑物开始，穿过下方的罗汉松树梢及具柄冬青的密叶，可将远处坎帕尼亚的橄榄树林及地平线上隐约可见的萨巴艮群山一览无余。现在树木长得太高，否则就能像过去那样清楚地看到整个别墅（图 18）。

兰特别墅（图 20） 这座别墅地处维泰博附近的巴尼亚亚（Bagnaia）。它最初是 14 世纪维泰博的僧侣拉尼埃里建作猎舍的简易建筑物，15 世纪，枢机官李多尔费进行了扩建，以后从 1560 年到 1580 年，枢机官冈巴拉花了 20 年时间才大体建成了这座别墅。冈巴拉死后，这座别墅的继承人、枢机官卡扎烈将它转让给了罗马教廷，当时这里只有一座园亭，西克塔斯五世之甥、枢机官蒙达多增设了形状酷似第一座园亭的第二座园亭，并在花坛中央设置了美丽壮观的喷泉。据说，朱利奥 · 罗马诺、维尼奥拉等建筑师都参加了这项工程的设计建造工作。该别墅现在的主人是兰特公爵。这座别墅设置在向北缓缓倾斜的山腰地带，总面积为 250 英尺 ×800 英尺，四周高墙相围。它由高低相差约 16 英尺的 4 层露台组成，形状优美的台阶将这 4 层露台连在一起。底层露台面积约 150 平方英尺，入口位于北墙正中。这层露台的中央筑有一个正方形的水池，周围绕以栏杆，池中圆形的小岛上架设了四座桥。岛上有

[1] water organ 是水魔术的一种形式，即在洞窟内利用流水奏出风琴声的技法。

[2] 阿瑞托萨（Arethusa），希腊神话中的泉水女神，月神阿尔忒弥斯的随从。

四尊雪花石膏制作的美丽的群雕喷泉，其上支承着蒙达多设计的水装置（图21）。池的周围是用紫杉树篱围成的花园，其中布满了橘树、砂砾园路、黄杨饰边树等等（图22）。在这层露台与第二层露台之间，建着两座相互独立的园亭，俯瞰着上述的花园。从花园出发，穿过这两个园亭之间，沿着两条平缓的坡道和两边的台阶即可达第二层露台。在这层露台上有两片草地和洋梧桐树林。再由此拾级而上就来到了第三层露台上奇特的圆喷泉两侧。这层露台靠近山腹地带，比前述的露台都要大。它的两侧是对称种着树木的小草坪，露台中央造了一个长方形水池。这层露台上的中心设施是那座“巨人喷泉”。从上方落下的水流淌在象征冈巴拉家族族徽的蟹的四肢之间，再落入两边倚着河神的水池中。第四层即顶层露台的宽度仅为第三层露台的三分之一。这层露台沿纵向被分为三个部分。位于坡度相当大的斜坡上、被称为“卡特那”（Catena）的一段高渠道沿中轴线流过，将下部分一分为二，渠道两边是用高大的树篱围起来的草坪区。在宽阔低矮的台阶中央耸立着“海豚喷泉”（图23）。在用树篱围成、形如坐凳的壁龛后面，建造了两座内设石桌和凳子的美丽园亭，这部分露台的端点在半圆形的洞窟处，从上面的山冈引来的水流向小瀑布。在庭园围墙的另一边造有林苑，如今它的面积已稍有减小。

卡斯特洛别墅[1]（图25） 它位于距佛罗伦萨市西北5公里处的卡斯特洛城，并因此而得名，它的原名叫“瑞雷别墅”。别墅建造在卡斯特洛城附近的莫累罗山脚。柯西莫一世为大公时（1537年），请来雕刻家特里波罗在父亲所建的住宅周围建造庭园，尽管直至特里波罗死时庭园仍未竣工，但已初具规模了。

别墅中的建筑物建在场地西南部的低洼地带，庭园则位于其北面的平缓斜坡上，围着高墙。主轴线上的园路在顶层露台基座上的洞窟处结束，全长约300英尺。与主轴园路相垂直的花园中心有博洛尼亚所造的“赫拉克勒斯喷泉”（图26）。四周的花坛边缘种植着黄杨树，东北面有18英尺高的围墙。在这座别墅中，除了“赫拉克勒斯喷泉”外，还有“山林水泽仙女喷泉”，后者现已被移至该别墅附近的彼得拉亚别墅中了。

连着这个花坛的为一稍高而细长的露台，露台上开辟了一片柑橘园，其两侧建有培育柑橘树的大温室。夏天，园丁将盆栽柑橘树、柠檬树搬出温室，并排摆放在主轴园路两旁的石台上。这条主轴园路以顶层露台的基座处为终点，基座上设有洞窟。沿柑橘园两端的台阶而上即可到达这层露台。站在顶层露台上可以环视整个别墅乃至远方的阿尔诺溪谷。这层露台是瓦萨里[2]所记的迷园的遗址，现筑造了一个中央建小岛的圆形贮水池，四周是由具柄冬

[1] Villa Medicea di Castello

[2] 瓦萨里（1511~1574年），意大利文艺复兴盛期的画家和建筑师，又是美术史家。著有《美术家列传》，被尊为“美术史之父”。

青及罗汉松古树形成的丛林。池中岛上雄踞着象征亚平宁的巨大雕像，据说它是特里波罗所作，带有榨油场的古朴的园丁小屋也建在水池的附近。

波波里花园（图 27） 位于佛罗伦萨市西南隅，是附属于彼蒂宫[1]（又译碧提宫）的庭园，该宫殿是卢卡 · 彼蒂于 1441 年请布鲁内莱斯基[2]设计建造的。1549 年这座宫殿及其所有土地都被彼蒂家族卖给了柯西莫一世。于是，这里便成了出生于西班牙的柯西莫夫人埃莱奥诺拉·迪·托莱多所喜欢的府邸。翌年，即 1550 年，她让特里波罗将宫殿后面的果园改为庭园，后由阿曼那蒂接替该工程，几年以后，庭园才终于被本塔伦提[3]建成。波波里之名相传是埃莱奥诺拉根据过去拥有这片土地的波波里家族之名来命名的。在美第奇家族所有的庭园中，波波里花园面积最大，更重要的是它几乎未改旧貌。

波波里花园的总面积约为 150 英亩，它由完全独立的两部分组成。一部分从宫殿中央开始，沿南面的主轴园路延至城墙；另一部分以大体垂直于主轴线的园路为轴线。连着宫殿的前庭十分宽大，它与庭园部分之间筑有露台。露台上建着带阶式瀑布的八角形大喷泉，露台的基座中开凿出洞窟，内设各种雕像和水工设施。比前庭稍高之处建有一座圆形剧场。剧场呈大半圆形，设有 6 排石凳，剧场上下都围着栏杆。与下部栏杆相接的是等距设置的壁龛，其内安放着雕像；栏杆后面还围着造型月桂树篱，它的背景是一片盖满了具柄冬青树的斜坡。在圆形剧场正中耸立着斑岩造的大水盘和方尖碑。从圆形剧场出发，通过具柄冬青树林间的数层露台就登临了饰有博洛尼亚制作的青铜的“尼普顿[4]喷泉”的露台。在此喷泉上方的草坪围成如圆形剧场那样的马蹄形。沿顶层露台右侧的台阶而上，即为“骑士之庭”。这是用花坛建成的一种秘园（giardino segreto），中心处设置了一座青铜制的猿雕像喷泉。屹立在庭园东面的望阁高出宫殿 150 英尺，在其上可以尽情领略佛罗伦萨风光。

西面的庭园部分完全没设露台，而是以罗汉松林荫大道为主轴线，面向城墙笔直延伸半英里，庭园恰好以波尔塔 · 罗马那为顶点，形成一个楔状。庭园两侧的区域中具柄冬青树林铺天盖地，其中一个区域中至今还残留着尽人皆知的菜园——菠萝庭园。沿罗汉松林荫大道而下，即达向内敞开的平坦地带。这是一种柠檬园，称为所谓的“伊索罗托”（Isolotto）。一个椭圆形的水池环抱在茂密的具柄冬青造型树篱之中（图 30），池中的椭圆形小岛上架着两座桥。池边装饰了栏杆，池中还有骑马的群像，岛中心处建有一座博洛尼亚所作的“俄刻阿诺斯[5]喷泉”。

▪1
Palazzo Pitti

▪2
布鲁内莱斯基（1377~1446 年），意大利文艺复兴时期第一个伟大的建筑师，他设计了佛罗伦萨许多著名的教堂。

▪3
本塔伦提（1536~1608 年），意大利文艺复兴时期的建筑师，城市规划师及画家，瓦萨利的学生。

▪4
尼普顿（Neptune），希腊神话中尼尼微城的创建者。

▪5
俄刻阿诺斯（Oceanus），希腊神话中的大洋之神，提坦巨神之一。

1

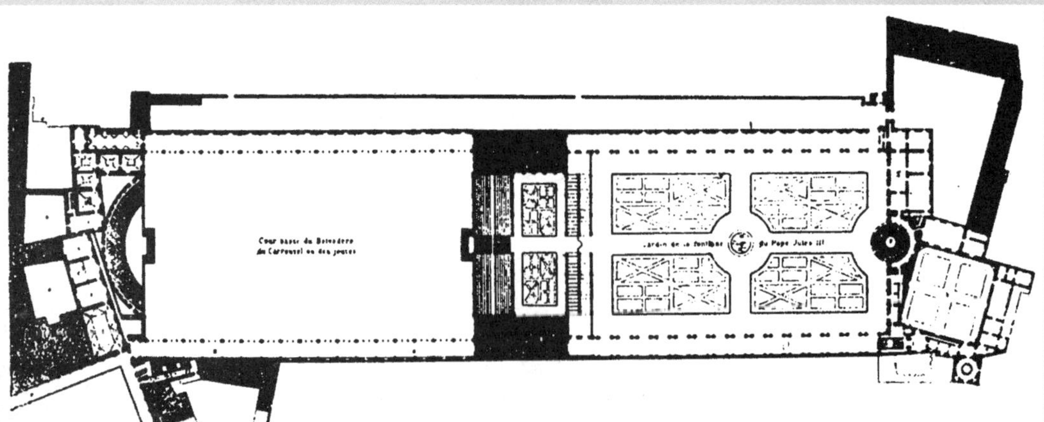

2

3

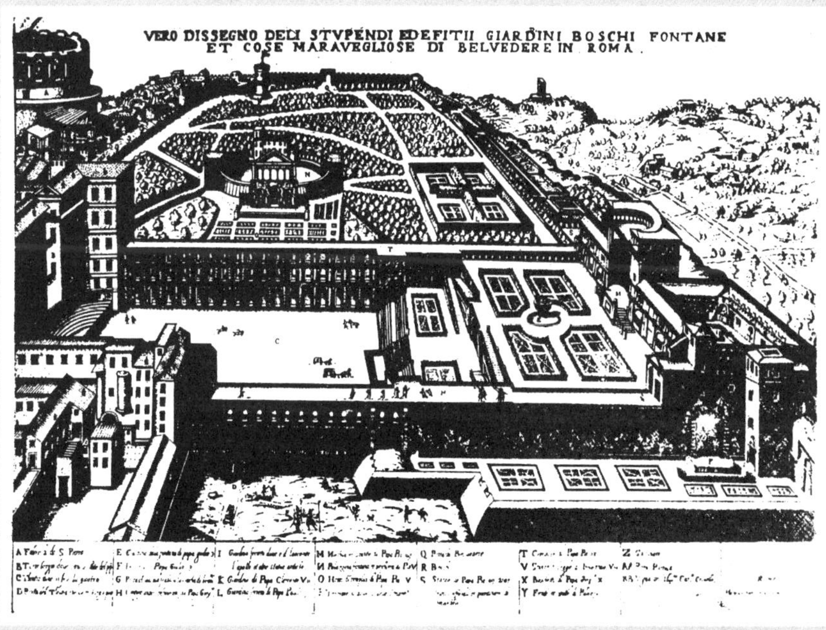

4

1 贝尔维德雷的古画（戈塞因）

2 贝尔维德雷园平面图（戈塞因）

3 伯拉孟特逝世时的贝尔维德雷园（戈塞因）

4 表现贝尔维德雷园内图书馆建造前状况的 16 世纪的古版画（纽顿）

5

6

5　玛达玛别墅的立面图（兹加曼）

6　玛达玛别墅内的象头喷水（戈塞因）

7　玛达玛别墅东部庭园的复原图（戈塞因）

8　拉斐尔的庭园设计

9　法尔内塞别墅平面图（波尔顿）

7

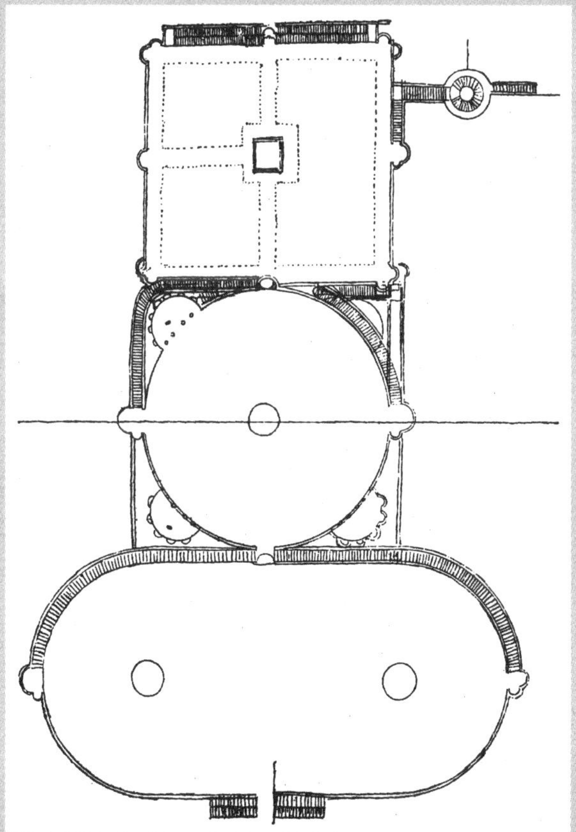

8

9

10

11

10 法尔内塞别墅的喷泉（布林库曼）
11 法尔内塞别墅（布林库曼）
12 法尔内塞别墅（布林库曼）
13 埃斯特别墅平面图（特里格斯）
14 埃斯特别墅内的“罗汉松园亭”（布林库曼）
15 埃斯特别墅内的“龙喷泉”（布林库曼）
16 埃斯特别墅中的“百泉台”（布林库曼）

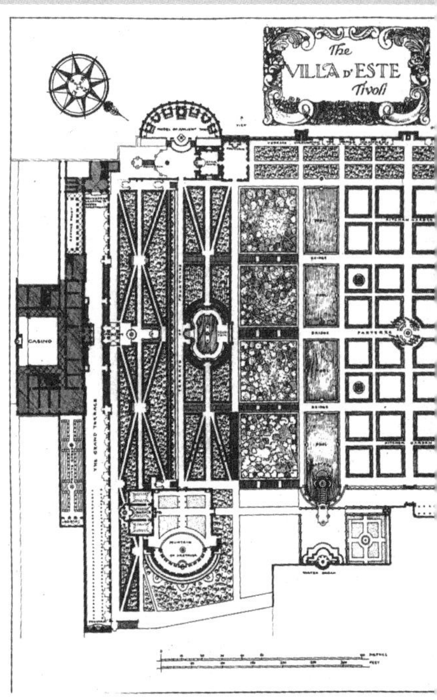

13

12

14

15

16

17

18

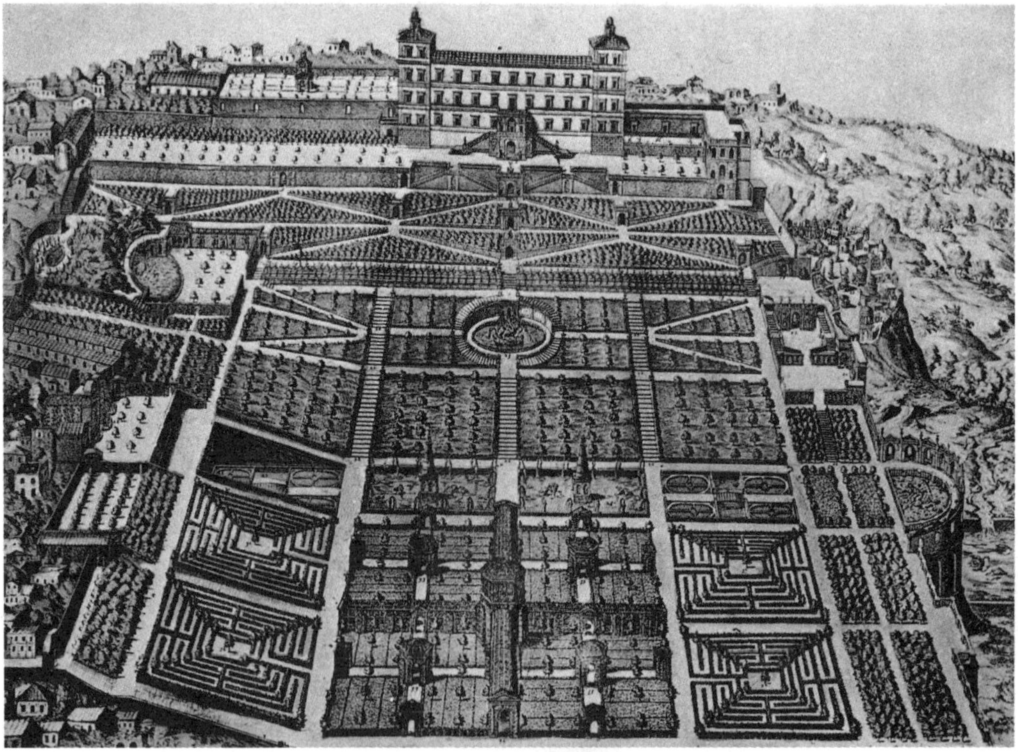

19

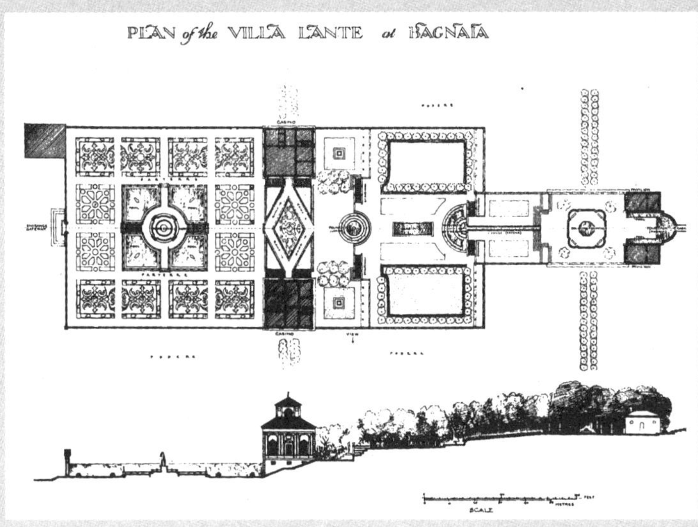

20

21

22

17 埃斯特别墅内的“阿瑞托萨喷泉”（布林库曼）

18 从埃斯特别墅的顶层露台眺望到的风景（布林库曼）

19 埃斯特别墅的古画（戈塞因）

20 兰特别墅平面图（特里格斯）

21 兰特别墅内蒙达多设计的喷泉（布林库曼）

22 兰特别墅内环绕着水池的花坛（布林库曼）

23

24

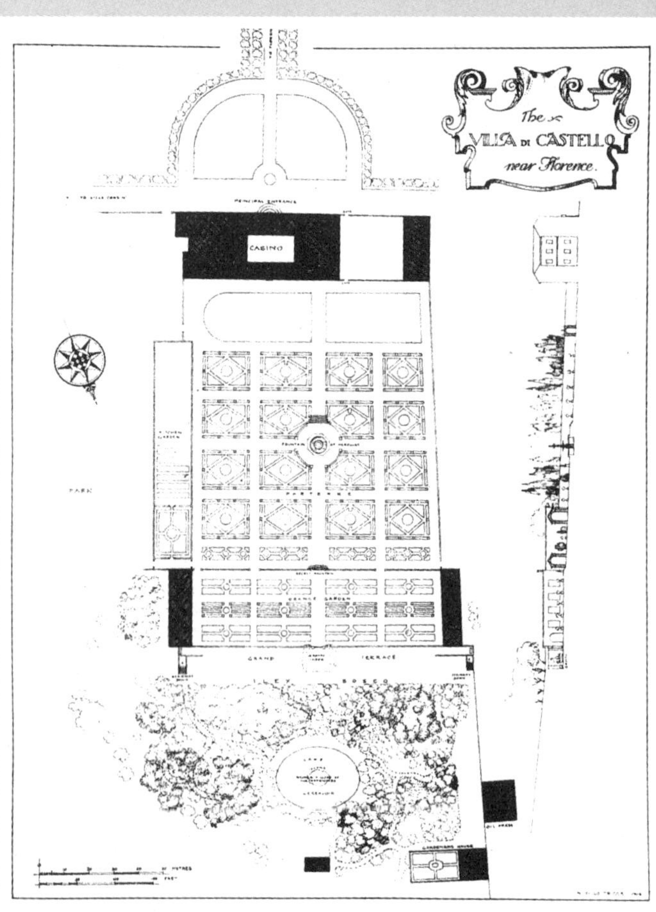
The
VILLA DI CASTELLO
near Florence.
PRINCIPAL ENTRANCE
CASINO
PARK
PARTERRE
ORANGE GARDEN
GRAND TERRACE
ILEX BOSCO

25

26

23 兰特别墅内的海豚喷泉（布林库曼）

24 兰特别墅内丛林中的喷泉（布林库曼）

25 卡斯特洛别墅平面图（特里格斯）

26 卡斯特洛别墅内的赫拉克勒斯喷泉（布林库曼）

27 波波里花园平面图（特里格斯）

A Plan of the
BOBOLI GARDEN
FLORENCE

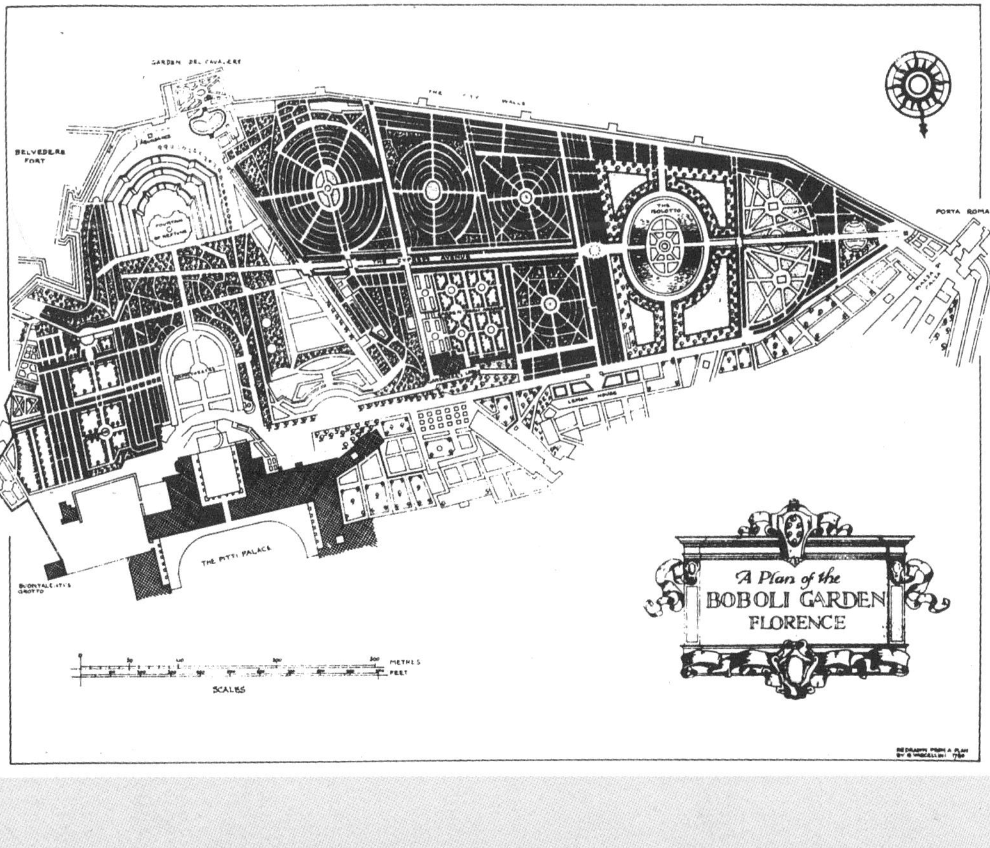

27

28

29

30

28 波波里花园中圆形剧场的喷泉（布林库曼）

29 波波里花园中罗汉松林荫道（布林库曼）

30 波波里花园中伊索罗托的一座喷泉（布林库曼）

第三章　文艺复兴末期（巴洛克风格）

15 世纪初，在人文主义运动促进下兴起的古代复兴活动，使别墅建筑以佛罗伦萨为中心盛极一时。进入 16 世纪以来，文化中心移至罗马，在这里，意大利式别墅庭园才告完成，催开了造园文化的绚丽花朵。当造园文化发展到登峰造极之时，与它密切相关的建筑与雕刻艺术却已经历了它的鼎盛时期，而向另一种倾向，即巴洛克风格转化，这种风格后来也影响到造园，以致出现了所谓的巴洛克式庭园。也就是说，庭园的巴洛克化比建筑的巴洛克化推迟了大约半个世纪，从 16 世纪末到 17 世纪才开始进行。首先，就建筑的巴洛克化而言，是同 16 世纪中叶的学院派风格针锋相对的，它的代表人物是米开朗琪罗。巴洛克风格的特征是一反明快均衡之美，过分地表现了杂乱无章及繁琐累赘的细部技巧，喜用太多的曲线来制造出有些骚动不安的效果；装饰上大量使用灰泥雕刻、镀金的小五金器具、彩色大理石等，竭力显出令人吃惊的豪华之感。那么，庭园的巴洛克化采取一种什么样的方式来与具有上述特征的建筑巴洛克化相对应，就成为一件耐人寻味的事情。被视为巴洛克风格创始人的建筑师维尼奥拉，从 16 世纪 50 年代以来相继建造了法尔内塞别墅、朱利亚别墅、兰特别墅。他在这些别墅中，表现出一种十分自由不羁的革新风格；因而，它们都被认为是巴洛克式的作品。但是，同出于他之手的别墅庭园，在构成其设计的基本手法方面却表现出完美无缺的文艺复兴风格，丝毫没有巴洛克化的倾向；其中的兰特别墅，庭园更被许多书籍介绍为维尼奥拉成熟时期的杰出作品。除此之外，即使另一些被视为纯巴洛克风格的庭园，其情形也可以说与兰特别墅庭园相同。结果，对于庭园的巴洛克化来说，始终只是在细部特征上有所表现而已。

在庭园中，最早表现出巴洛克风格的局部构成元素当推庭园洞窟。这原是巴洛克式宫殿中的一种壁龛形式，用以造成充满幻想的外观，后来才被引入庭园之中。庭园洞窟的造型构成了巴洛克式庭园的一个特征，在这种洞窟中所见到的天然岩石风格的处理手法在过去的庭园中尚无先例。法尔克认为，这种洞窟中所见的模仿天然的手法与后来英国风景园中模仿天然的手法有所不同。前者所表现的自然风格只是出自标新立异的心理需要，而后者却是真正来自酷爱优美大自然的观念，是发自内心地欣赏大自然之美的产物。在前述的法尔内塞别墅、朱利亚别墅中，都有典型的庭园洞窟实例，而室内壁龛则以波波里花园中博洛尼亚所造的最为有名。

继洞窟之后，最淋漓尽致地表现出巴洛克式特征的是新颖别致的水景设施。过去用来装饰庭园的水景形式有喷泉、瀑布、水池等等；显然，仅有这些简单的形式是不能满足需要的。于是，各种各样处理水的技巧——所谓的水魔术法（water magic）便应运而生，凝聚了令人耳目一新的匠心。水剧场（water theatre）、水风琴（water organ）、惊愕喷泉（surprise fountain）、神密喷泉（secret fountain）等均属此类。在前述鼎盛期的代表性名园中，埃斯特别墅，就因在庭园中成功地运用了这种水魔术法而名扬世界。水剧场一名是英语的直译，顾名思义，就是利用水力来造成各种戏剧效果的一种设施。下面介绍的阿尔多布兰迪尼别墅中的大半圆形水剧场即其范例之一。这种设施通常安装在挡土墙中的装置内，通过落水的作用，发出风雨之声、雷鸣之声及鸟兽之声。水风琴是一种利用水力奏出风琴之声的装置，它与前述的水剧场不同，主要是安装在洞窟内。从字面上看，惊愕喷水就是为使人震惊而设的喷水。这种装置中有的平时滴水不漏，一旦有人走近它，就突然从上向下喷出水来；有的则是在人靠近它们坐下时，突如其来地从四面八方喷出水来，淋湿人们的衣衫，等等；种类繁多，不一而足。所谓的秘密喷水就是故意让喷水口藏而不露，并使其四周充满凉意的喷水装置，它与惊愕喷水之类的游戏性设施是有所不同的。

此外，滥用造型树木亦可举为巴洛克式造园的一个特征。造型树木是改变树木原来的天然生长形态的产物。在巴洛克时期，猎奇求异之风盛行，造型树木这类故意施加人工的非自然的培植之物便大受人们的青睐，其形态也愈来愈不自然。利用这种造型树木构成的迷园等等，也都是当时流行的繁杂无益的游戏之物。此外，花园形状也从正方形变成了矩形，并在其四隅加上了各种形式的图案。花坛、水渠、喷泉及其他细部的线条较少使用简洁的直线而更喜欢采用曲线。具有这些巴洛克造园特征的意大利文艺复兴式庭园有兰切洛蒂别墅、庇阿别墅、埃斯特别墅、贝尔纳迪尼别墅、阿尔多布兰迪尼别墅、博尔盖塞别墅（罗马）、玛利亚皇家别墅、潘菲利别墅、科洛迪别墅、伊索拉·贝拉别墅、皮萨尼别墅等。下面，对其中最具代表性的阿尔多布兰迪尼别墅、伊索拉·贝拉别墅作一简单介绍，然后再讨论新近才知道的奥尔西尼别墅。

阿尔多布兰迪尼别墅（图 1） 据说该别墅位于距罗马东南 12 英里的弗拉斯卡蒂的阿尔邦山腰上，此地原来曾建有奥古斯都大帝的别墅。1598 年，教皇克莱门八世之甥、枢机官彼埃特罗·阿尔多布兰迪尼就让建筑师波尔塔[1]开始建造这座别墅，工程一直持续到1603年方由波洛尼亚的多麦尼奇诺完成。水工程是由乔瓦尼·丰塔纳[2]和奥利维尔利[3]设计的。

从位于西北面的“穆尼西彼奥广场”（Piazza del Municipio）前的正门进入，经过平缓斜坡上的三条林荫道走上斜坡，就来到了园亭前的底层露台（现已不再使用这个入口，在园亭所在的露台上还有其他的入口）。在这三条园路中，中央的一条园路穿过园亭的中心，与其后的阶式瀑布的轴线一起组成了本园的主轴线。在中央园路的终点处有设在第二层露台台座壁上的大喷泉，在它的两侧各有一条通向园亭的半圆形坡道。由这两条弯曲坡道围成的马戏场形状的露台台座壁上开凿了一些大洞窟。这层大露台的地面是铺砌而成的，其上既无草坪也无花卉，只安装了漂亮的石栏杆。由此穿过建筑物，沿露台两侧的台阶而上就到了园亭所在的露台。这是一个面积约为200英尺×600英尺的大露台，在它的一侧有种成五点形的洋梧桐树；另一侧是一个规则庭园。东侧花园中有绿廊和船形喷泉。著名的水剧场（图2）就建在建筑物对面，它是整个庭园的中心，至今仍基本保持着原来的状态。顾名思义，在这个水剧场中，水起着形形色色的重要作用。先从相距8公里的阿尔基多山上将水引来，贮存在后山腰的水池中，再通过两个天然瀑布和水池，以及砖砌渠道将水引到小瀑布上。在其两边，耸立着用族徽装饰的爱奥尼式马赛克镶嵌的圆柱，沿圆柱周围的螺旋形水沟流淌下来的水迸射着水花。从小瀑布顶上，流水发出震耳欲聋的声响飞流直下，落入中央的瀑布，再注入半圆形的大剧场型水剧场中。这个水剧场内凿有壁龛，其中安装了各种水装置。在中心的壁龛内，有阿特拉斯[4]雕像。他背依苍穹，双臂顶着蓝天，瀑布落下的水在他的肩上溅起层层水花。在另一个壁龛中，潘神[5]正悠然自得地吹着笛子。在这个水剧场的左侧建有礼拜堂的侧房，与它对峙着的侧房就是著名的“帕耳那索斯”[6]。过去这里还设有水风琴，利用水力发出微妙之音，还有小鸟的啼鸣和风雨雷鸣之声；除此之外，还有一些令人惊叹不已的技巧。现在由于缺乏水力，这所有的一切都悄然无声，再也不复见昔日的壮景了。在顶层露台上设有喷泉和水池，从两端的坡道即可到达这里，其上密布着丛林，形成喷泉和瀑布优美的背景。

伊索拉·贝拉别墅（图3） 这是博罗梅埃群岛（Isole Borromee）的第二大岛上的一个庭园，该岛位于马焦雷湖（Lago Maggiore）西岸的斯特雷扎城附近。卡洛·波罗梅奥伯爵（卡洛三世）尚未在这个岛上建造园亭之前，这里不过堆

▪1 Giacomo della Porta

▪2 Giovanni Fontana

▪3 Orazio Olivieri

▪4 阿特拉斯（Atlas），希腊神话中的擎天神，提坦巨神之一。他被宙斯降罪用双臂支撑苍天。

▪5 潘神（Pan），希腊神话中的牧神，出生于阿卡迪亚。

▪6 帕耳那索斯（Parnassus），希腊神话中太阳神阿波罗和文艺女神缪斯居住的地方。

满了露出湖面的美丽岩石而已。原来在该群岛的第一大岛伊索拉·马多雷上也建有园亭，还造有形状规则的露台状的庭园，但不幸的是它们已几乎完全消失了，我们只能从过去的测量图上来推测当时的壮丽景色。与此相反，现存意大利式庭园之一的伊索拉·贝拉却将其无与伦比的英姿投映在马焦雷湖的湖面上。这个庭园于 1632 年由卡洛伯爵动工兴造，其子——伯爵维它利亚诺四世继续此工程，1671 年基本竣工。维它利亚诺还让建筑师卡洛·丰塔纳[1]在卡斯特利和克里维利筑造的露台上建造了宫殿和庭园。水工程是由莫拉负责的，维斯马拉和西蒙那塔完成了其中的雕塑及其他装饰工程。该园最初以卡洛伯爵母亲的名字来命名，称为伊索拉·伊莎贝拉，后来才简称为伊索拉·贝拉。

宫殿的入口靠近东北面，从圆形码头拾级而上就到了前庭。宫殿装饰采取了洛可可式，毫无简洁洗练可言。因它完全是作为避暑别墅来设计，所以主要房间都朝北。向南延伸，长侧房中设有客房，透视线穿过宫殿的一端伸向另一端。这排长侧房主要用作画廊，尽端有一个椭圆形小院。由于受制于岛的形状，故宫殿的透视线和庭园的主轴线在平面图上并不成一直线，以这个小院为中介，巧妙地利用错觉后，则让人觉得这两者恰在一条直线上。这个处理手法即是在小院两端设半圆形台阶，由此台阶上至上层露台，于无意之中就实现了改变方向的设计意图。从小院左侧小门走出狭长的庭园，在其尽端处是一个建筑式的赫拉克勒斯剧场（图 5）。中庭台阶上面的露台自古以来就是一片矩形的草坪区，四处摆满了花瓶和雕塑来强调它的存在。八角形的阶梯将人们引到下一层露台上，这里筑有花坛，南面高耸着由三层平台重叠而成的假山。巴洛克式的水剧场正对着宫殿的一侧（图 6）。其中布满了壁龛和贝壳装饰品。石栏杆与角柱顶上也设有许多表现农业与艺术活动的雕像以及火神、战神的塑像。在水剧场的顶上饰有骑马雕像，在它的两边又有表现注入湖水的两条河流的横卧塑像。装着镀金铁顶花的石造方尖碑使这一构成更加完美无缺。顶端的台地经由水剧场两旁的台阶即可到达，那里有雕像、花瓶以及围着栏杆的柑橘树林，四处耸立的尖塔使这里引人注目。

台地下方造有一个大贮水池，用水泵将湖水抽上来，再从这里送往庭园中的各处喷泉。在露台南侧的两个八角形凉亭中现在还保存着一个这样的机械装置。两个凉亭之间的花坛园的形状仍一如以往。从这个花坛园开始，两侧造着渠道的阶梯一直通向下方的露台，那里有两个码头和一片三角形的柑橘园。在美丽的铁栏杆环绕着的露台上，可以遥望远方的伊索拉·马多雷岛。在岛的两侧还有府邸佣人的住地。

▪1
Carlo Fontana（1634~1714 年），意大利后期巴洛克建筑师。

奥尔西尼别墅 在前述的一览表中没有记入这个别墅。它位于维泰博附近的波马尔佐村[1]，为1572年皮尔·弗兰切斯科·奥尔西尼[2]所造，其中有充斥着巴洛克趣味的庭园。奥尔西尼不喜欢宫殿后高耸陡峭的山峰，所以才选择了山下林木扶疏的山谷地带来建造别墅，这里有小溪流和天然裸露的石灰岩体。所谓的庭园实为展览露天雕刻的场地，这些恶梦中的怪物、吃人的妖精等等，全部是用天然石料雕刻而成，如欲用强有力的双手撕裂敌人的巨人赫拉克勒斯、与两头狮子结伴而行的飞龙……。它们立即使人联想到大象用鼻子将古罗马的剑客缠了一圈又一圈的可怕情形（图7）。据说这个庭园是为纪念公爵的亡妻而设计的，设计人是建筑师维尼奥拉。1970年游览过这个庭园的涉泽龙彦先生在他所著的《欧洲的乳房》中，曾对此作过详尽的报告，在此摘录其中的一段，以便让大家对这个庭园中异想天开的情形有所了解：

> "（庭园中）有张着血盆大口、类似鲸那样的海怪；海狗似的怪兽；手脚残缺不全的天马；蛇尾的哈耳皮埃（希腊神话中女面鸟身的怪物）；捧着蔷薇徽章的熊；背载人像柱的跪伏着的乌龟。人像柱上的山林水泽仙女形如吹号，但其高举的两手之间却没有号。据彼尔·德·曼迪亚尔库估计，原来仙女吹的小号可能是一种利用水力学原理发出声响的装置。如此看来，克罗托仙女雕像的腹部开有一个孔洞，想必过去这也是一种喷水设施。……在受到自然力的摧残、破坏之前，这个'圣林'可能也是按照巴洛克式庭园的风格设计的，其中的小道、水池、喷泉都规则有序地排列着，表现出一种迷宫的风格。但是如今只有石雕怪物残留着，我们在园内毫无目标地信步漫游，无意之中会与它们不期而遇。……即便如此，利用这种'不合情理、逻辑混乱、异想天开、有悖常识、反自然的谜一样的表现形式，'建造波马尔佐怪诞庭园的贵族皮尔·弗兰切斯科·奥尔西尼（也称维奇诺·奥尔西尼[3]）究竟是个什么样的人，却无人知晓。关于别墅，通常认为是1572年（彼尔·德·曼迪亚尔库则认为它建于1564年以前）建造的。正是这个意大利地方贵族的庭园，成为走向没落而充满幻想与怪异之物的巴洛克时期最后的回光返照。这种庭园的出现是不难理解的。"

▪1 Bomarzo，现为意大利波马尔佐怪物公园。

▪2 Pier Francesco Orsini（1523~1583年）。

▪3 Vicino Orsini

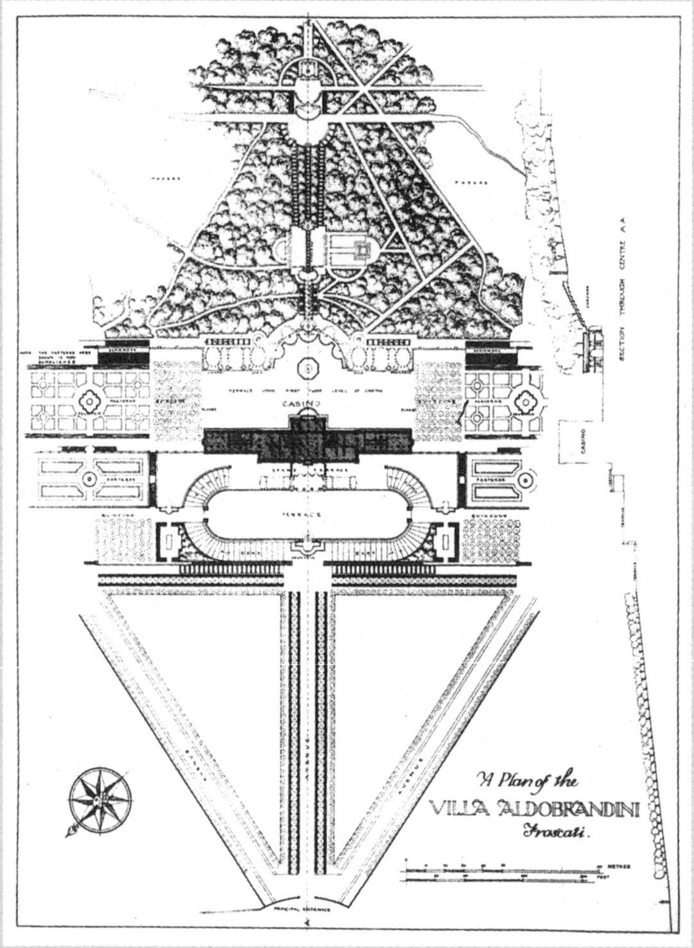
CASINO
TERRACE
CASINO
SECTION THROUGH CENTRE A.A
A Plan of the
VILLA ALDOBRANDINI
Frascati.

1

2

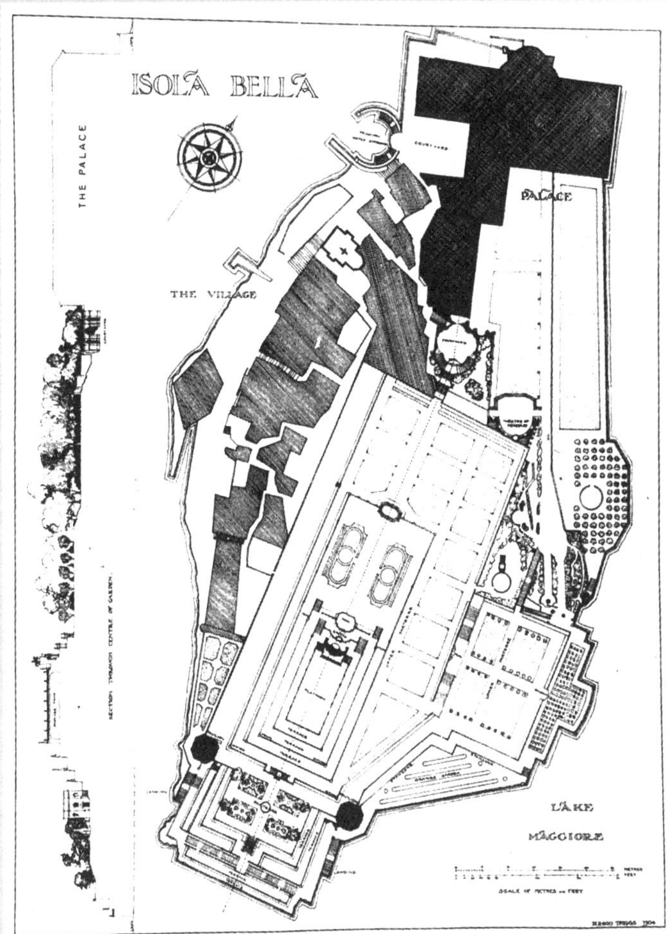

3

1　阿尔多布兰迪尼别墅的平面图（特里格斯）
2　阿尔多布兰迪尼别墅的水剧场（戈塞因）
3　伊索拉·贝拉别墅平面图（特里格斯）
4　伊索拉·贝拉别墅全景（戈塞因）

4

5

6

7

5　伊索拉·贝拉别墅中的赫拉克勒斯剧场（特洛斯）

6　伊索拉·贝拉别墅中的巴洛克式水剧场（特洛斯）

7　奥尔西尼别墅中的石雕（贝拉尔）

第四章　意大利式造园的特征

要在丘陵地带的斜坡上造庭园，首先可能会考虑将它设计成露台。视斜坡的长度将露台相应地设计成数层，整体上呈现出显著的建筑式外观。根据这一特征，意大利式造园也称为露台建筑式造园；因此，要探讨意大利庭园的设计手法，我们必须从它的立面特征和平面特征这两个方面入手。

立面特征（图 1）　如就地形而言，露台是由倾斜部分和下方的平坦部分构成的。视坡度的缓急，露台有宽窄、高低之分，形式也不尽相同。一般来说，都市附近的别墅因建在坡度平缓之地，所以露台的层数少而占地面积相对较大；建在乡村的别墅则正好相反。各层露台间连以阶梯，建筑物也被用作瞭望台，故尽可能将它们建在高处；不过由于场地的地形、方位及其他因素所限，建筑也常常被置于露台的下方，而不是只建在最高处。有时建筑恰好位于庭园的中央，有时则位于庭园中最低凹的地方。

平面特征（图 2）　从平面图来考察意大利式庭园时，即可知道它们采取了严格的对称式格局。在这种情况下，庭园的对称轴必定是以建筑物的轴线为基准的。最广泛采用的形式是以建筑物的轴线作为庭园的主轴线；但有时，庭园的主轴线是垂直或平行于建筑物轴线的。在意大利式庭园中，除了一条主轴线外，还有数条副轴线与主轴线相垂直或平行。例如，在图 2 中，埃斯特别墅的花坛和泉池部分各有一条副轴线与主轴线垂直相交；兰特别墅中有一条轴线纵贯花台；美第奇别墅（罗马）则与前两者不同，它的建筑物的轴线与庭园的轴线是相互独立的，庭园中有三条轴线纵横交织，但它们都不能视为庭园的主轴线；此外，插图中所没有的波波里花园与美第奇别墅相反，它没有副轴线，整个庭园被两条垂直相交的主轴线分为两个部分[1]。

其次，庭园细部通过轴线来对称地统一布置，以花坛、泉池、露台等为面；园路（包括树篱和树行）、阶梯、瀑布等为线；小水池、园亭、雕塑品等为点的布局；都强化了这种对称性。

以上所述均为庭园形体上的特征，如就其色彩特征而论，意大利式庭园以常绿树木为主色调，其间又点缀了白色的各种石造的建筑物、构筑物及雕塑，而丛林部分与花坛部分的设计则充分展示了明暗对比的巧妙处理。下面讨论一下意大利式庭园的细部和材料。

[1] 原文如此。

园门　庭园的围墙无论是墙壁还是树篱，都造得十分宏伟壮观，入口也相当宽敞，而且还安装了铁花门扇。门柱顶上装饰着各种形式的雕塑、装饰坛、花瓶等，柱身上还布满了雕刻。

露台　露台不一定都是铲平斜坡而成，有时是在平坦的地上将土堆成阶梯形状，用挡土墙围成的。在上面或建造建筑物，或设置喷泉、池泉，或种植树林等等。在地形坡度相当大的情况下，露台就自然而然做成横向窄长且低矮的长条形。露台就成了先观下面的花坛后赏园外自然景色的瞭望台，与花坛五彩缤纷的花木形成对照，露台上是浓荫蔽日的纳凉胜地。

阶梯　各层露台用阶梯连接，有时也用坡道来取代阶梯，使人不知不觉中就到达了上层露台，不过这当然是极特殊的例子。阶梯的形式多种多样，既有单跑阶梯，也有分左右两边上的双跑阶梯，还有在阶梯之间设几个休息平台、曲折而上的阶梯。其形状不单有直线形，还有半圆形、椭圆形、扇形等曲线形（图 4）。材料则大多用石材。

栏杆　在意大利庭园中的建筑物屋顶和阳台上使用的栏杆，通常也在庭园的露台和阶梯边缘使用。有时还用它装饰在池泉的周围。与花坛的边缘一样，栏杆也具有一种强调景观的功能。有时栏杆既是从平台观望风景的画框，也是前景。栏杆的材料多用石料，其上放置雕塑、花瓶及装饰壶等等。如图 5 所示，栏杆设计从简洁到精巧应有尽有。

庭园植物　据说，早期庭园中的植物种类繁多，宛如植物园。随着时代的推移，人们自然而然对庭园植物进行了选择，逐渐摆脱了过去的植物学情趣，更有效地利用了植物的个性美，显著表现为频繁使用罗汉松、伞松。有人认为这一则是因为意大利盛产这两种植物，一则是这两种植物的树冠具有特殊的形状。罗汉松与日本的杉树相似，向上生长旺盛，具有挺拔之美，是林荫树及成行栽植的绝好树种（图 8）。伞松名副其实的圆锥形树冠适于做背景，是意大利庭园中最富特色的植物。意大利处在亚热带气候条件下，需要在庭园中栽植常绿树木造成绿荫。其中主要的树种还有月桂树、具柄冬青、紫杉、青冈栎、棕榈等，它们或丛植或单植在园内各处。落叶树种以法国梧桐、白杨为多，此外橘树、橄榄、柠檬等果树，或直接栽在地上，或盆栽作为装饰。有时在某一景点栽上某一种植物以形成所谓柑橘园、橄榄园、柠檬园等等。剪枝造型树木选用黄杨、具柄冬青、月桂、紫杉之类的植物，广泛用作花坛和园路边缘的树篱。意大利人似乎不太热衷于在花坛中栽花植草，因而花卉的种类远比树木的种类少。

喷泉 作为对水的一种技巧性处理，喷泉自古以来就盛行不衰。在整个古代中世纪，喷泉都被用在意大利庭园中；到文艺复兴时期，更成为必不可少的东西；人们将喷泉视为意大利式庭园的象征。虽然在中世纪喷泉兼有实用和装饰两种功能，但在文艺复兴时期喷泉就只为装饰目的而建造了。并且为了加强装饰效果，在喷泉中放置雕像、施以雕刻造成所谓雕塑喷泉，即用柱支撑一个或数个水盘，盘顶安置雕像，整体成塔形（图 9）；有的不采用这种做法而用群雕或其他形式。喷泉采用石材，柱头上的雕像用青铜制成，雕刻题材多描绘神话中的神、英雄、动物的形象，喷泉的命名大多也依雕像来决定。

壁泉 壁泉就是设在挡土墙上的喷水。在意大利庭园中挡土墙用得很多，因而壁泉也被频频使用。壁泉也有各种形式，有的在挡土墙上做各种伪装，水从中喷射出来；也有的在挡土墙凹下处设壁龛，水则从壁龛的雕塑中喷射出来，等等。

阶式瀑布（cascade） 这是一种让水呈阶梯状落下令人欣赏其动态美的设施。这种阶式瀑布形式千差万别，从在喷泉底部的小瀑布到由上方露台到下方露台沿台阶布置的大型瀑布应有尽有。

池泉 是观赏水的静态美的设施。其中有设置喷泉的池泉。形状有圆亦有方，其规模大小各不相同。

雕塑与花瓶 在雕刻种类丰富的意大利，雕塑成了重要的庭园小景物。雕塑造型取立、卧等多种姿势，或独立或作群像设置；它们大多依附在喷泉、栏杆、门柱、壁龛之类的东西上。花瓶或装饰盆是用大理石做的（图 10），其表面饰有图案各异的浮雕；一般设置在栏杆、台阶、挡土墙上，使之更为漂亮。但有时也单独用来装饰庭园一角。盆中有的栽种植物，有的什么也不种，空盆供人欣赏。

铺地 在意大利，从中世纪到文艺复兴早期，对园内的铺地似乎都不太重视，无论是在现存的古时庭园遗址中还是在有关文献中，都没有留下使用过铺地的资料。直到 16 世纪伯拉孟特才在贝尔维德雷庭园中局部采用了铺地。这片铺地被设计成镶嵌状的四方块，在各个方块中央种上橘树。除此之外在梵蒂冈宫内的庇阿别墅中也同样采用了铺地，它是用灰色和黑色石子组合成图案的简单铺地。铺地形式多样，如在白与黑或白色的地面上用蔷薇色小石子镶嵌出图案，等等。

庭园剧场 在意大利，从古罗马时代起就已将露天剧场引进了庭园中，据悉有两三个这样的实例，到文艺复兴时期庭园剧场就被广泛地用作别墅的一部分了。不过就规模而言却不能与古代相比，它充其量不过是供家族成员及其客人们使用的那种小型剧场而已。其中最大的也只能容纳 20 ~ 30 人。庭园剧场一般是以草坪为舞台，以整形树木作背景，周边用整形树木围起来的。其位置或在轴线的端点，或在两座建筑物之间的空地上，有时还用来装饰园内的一角。

游戏室 是别墅中的主要建筑物，是供家族成员及来访客人休养娱乐而建的设施。也有像贝尔维德雷园内的那种游戏室，是按主人的兴趣（如收藏、展览美术品）而建造的。游戏室内的收藏从罗马遗址发掘出土的雕塑到当时艺术家们的作品，数不胜数。这种游戏室大概与今天的美术馆一样对外开放。因此一般来说，游戏室建筑本身颇为壮丽，常有杰出之作。

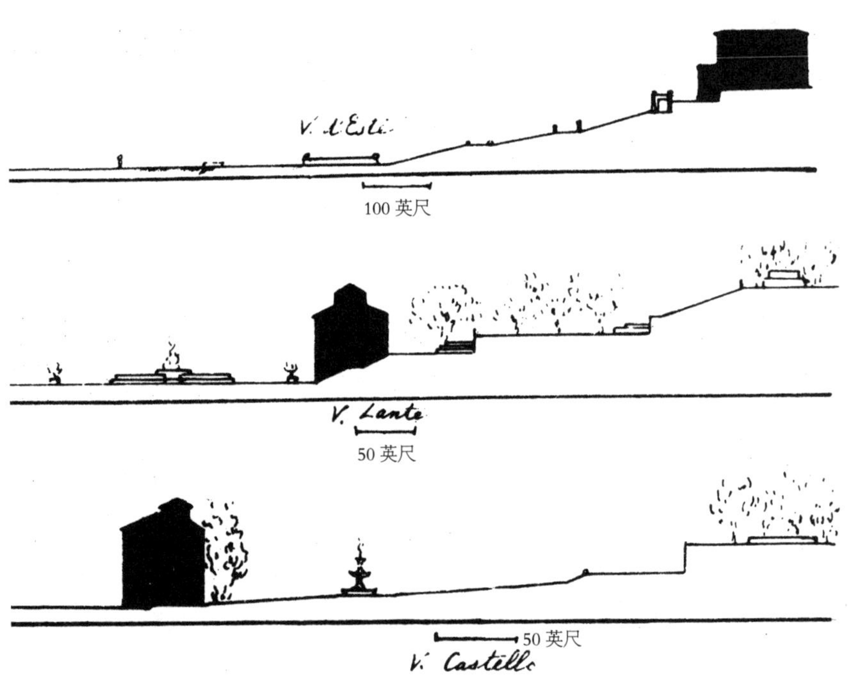

1 意大利式庭园的立面图（作者原图）

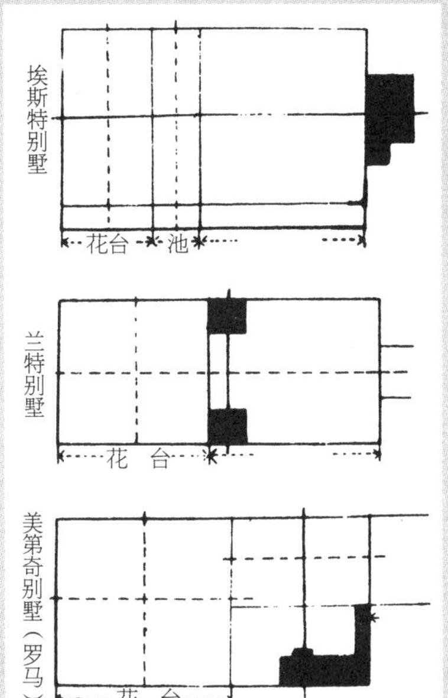

2

3

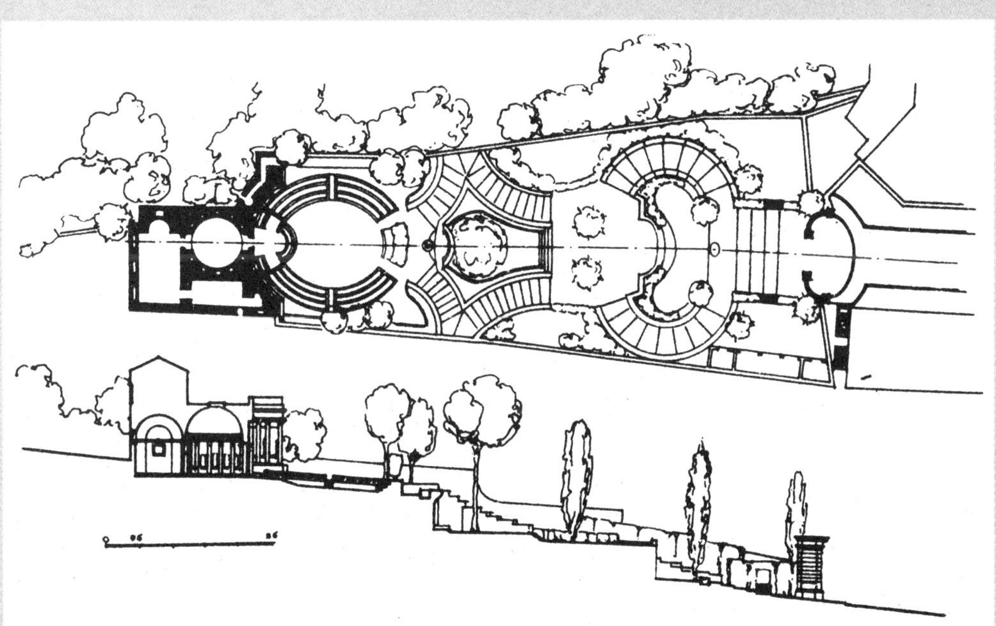
4

2 意大利式庭园的平面图（作者原图）

3 路德维希别墅的台阶（布林库曼）

4 意大利式台阶的平面图和立面图（庞德）

5

6

7

8

5　意大利式庭园的栏杆（庞德）
6　兰切洛蒂别墅的花坛（布林库曼）
7　梵蒂冈内庇阿别墅的花坛（戈塞因）
8　法尔科尼埃利别墅中的罗汉松（布林库曼）

9

10

9 彼得拉亚别墅中的喷泉（布林库曼）

10 意大利庭园的喷泉和花瓶（庞德）

第五章　意大利式造园对各国的影响

一、法国

在 15 世纪初期，以佛罗伦萨为中心的人文主义运动从意大利北部蔓延到北方各国，不久就形成了波及整个西欧的精神运动。这个运动传至西欧的年代比意大利晚约一个世纪。法国的文艺复兴运动始于查理八世的“那波利远征”之时，即 1494 年到翌年。这次远征虽然在军事上宣告败北，但在文化方面却硕果累累。好战而又想入非非的查理八世在远征时亲眼目睹了辉煌灿烂的意大利文化之花，并深受感染。归国时，他随身带回了意大利的书籍、绘画、雕刻、挂毯等等文化战利品及 22 位意大利艺术家和那波利造园家梅尔科利亚诺[1]，让他们居住在皇城香堡。国王早就计划要改造这座城堡，在远征前这项改造工程业已动工；他一回国，就想进一步美化城堡的庭园。两年后，国王尚未见到他的工程大功告成就一命呜呼了。该工程又从路易十二继续进行到法兰西斯一世时代。梅尔科利亚诺扩大了庭园，还在其中设置了法国前所未有的格子墙、柑橘园及走廊等，使它带有意大利式造园的特色。除了这个庭园外，梅尔科利亚诺还在布洛瓦建造了露台式庭园。

上述意大利艺术家们移居法国，使当时的法国民众愈发倾慕意大利文化。后来，年轻的建筑师们频繁地前往意大利，造成了一种喜欢古代及文

年　代		城堡名称	设计人	备　注
法兰西斯一世	约 1500	布洛瓦	梅尔科利亚诺和达・科尔托那[2]	已改造
	1524	谢农索	梅尔科利亚诺	
	1526	香堡	达・科尔托那	
	1528	枫丹白露	塞尔利奥或普利马蒂乔	已改造
从亨利二世到亨利三世	1550	阿内	罗尔姆	已改造
	1565	韦尔讷伊	布罗斯或丢赛索[4]	现不存
	1572	沙勒瓦勒[3]	丢赛索	
亨利四世		丢勒里宫苑	帕里西与克洛德・莫莱	已改造
		圣日尔曼昂莱城堡	弗朗西尼	已改造
路易十三	1615	卢森堡宫	布罗斯	已改造
	1624	凡尔赛猎苑	布瓦索与布罗斯	
	1627	鲁伊尔[5]	勒・梅歇尔[7]	
	1629	黎塞留宫[6]	勒・梅歇尔	

▪1 梅尔科利亚诺（1455~1534 年），意大利建筑师。

▪2 达・科尔托那（1465~1549 年），意大利建筑师。

▪3 Château de Charleval

▪4 丢赛索（约 1510~1584 年），法国建筑师、建筑理论家。亨利三世、四世时代的宫廷建筑师。

▪5 Château de Ruel，位于 Rueil。

▪6 现称 Palais Royal。

▪7 Jacques le Mercier（1585~1654 年），法国建筑师。

艺复兴时期作品的倾向。但是，法国人素以既富创新精神而又保守著称于世。在意大利，文艺复兴初期的佛罗伦萨别墅建筑尚带着中世纪城堡式的外观，但从15世纪左右开始，就逐渐变成了开敞式的文艺复兴风格。那波利远征尽管时值那样一个时代，但法国本身的建筑样式却没有向开敞式转化，外观上仍是带雉堞与壕沟的戒备森严的城堡式；因而，它的庭园在细部上虽然可以见到意大利风格的影响，但整体却还是围着厚墙，保持着规则的形状。以后，拆除了这种围墙，按早期意大利式建造的庭园几乎与建筑毫无关联，相互独立。

法国的文艺复兴运动是以法兰西斯一世时代为中心繁荣起来的，造园也在这个时代异军突起。法兰西斯一世确实不负"文艺科学之父"的赞誉，他给这个国家文艺事业的发展造成了巨大的影响。国王聘用了维尼奥拉、罗索[1]、普利马蒂乔[2]、塞尔利奥[3]（Sebastiano Serlio）等意大利艺术家，他们将意大利文艺复兴最优秀的传统传给了莱斯科[4]、古戎[5]、罗尔姆等法国艺术家。到亨利二世、法兰西斯二世、查理九世、亨利三世时代（1547~1583年），战乱使法国艺术衰落一时。亨利四世时期，艺术再度复兴起来；并且，由于玛丽·德·美第奇王妃对园艺的钟爱，致使造园也明显地兴旺发达起来。从法兰西斯一世到整个路易十三时代，盛行建造上表所列出的那种城堡，它们使人联想到意大利别墅建筑风行时的盛况。

正如上表所示，这些庭园的大部分都被改造或毁坏了。与此并驾齐驱的状况是，自16世纪到17世纪初期，法国的造园家辈出，他们在造园著作和作品中留下了光辉的业绩。

帕里西[6]（图6） 当时的万能大师之一，也是一位著名的制陶师、化学家及物理学家。与其前后出现的造园家一样，他也为宗教信仰问题所恼；他曾因是胡格诺派[7]教徒而被投进监狱，生活也受到威胁。尽管遭受了这种磨难，但他对艺术的信念却始终未减。作为造园家，帕里西在1563年出版了两卷本的"Recepte véritable"，并参与设计了埃库恩、休尔努、内塞尔（皮卡尔迪的）、路克斯（诺曼底的）、玛德里、谢农索等的庭园。他的这部著作颇有独创性，是后人了解当时庭园设计的重要资料。该著作采用问答体形式，从他本人和介绍人的角度阐述了有关的造园理论和实践。据悉，第一卷中全部是关于农业的记事；第二卷以《快乐之庭》为标题，记载了在诺曼底的休尔努实际设计的庭园。首先，他就庭园的位置指出可以选择水源丰富的丘陵地带造园。为了保护种在庭园西北山腰上的不耐寒植物，他还提出了在向阳地

▪1
罗索（1494~1540年），意大利画家，风格主义的主要代表人物之一。

▪2
普利马蒂乔（1504~1570年），意大利画家，颓废的艺术流派风格主义的典型代表人物，主持过许多雕塑和建筑工程，与罗索同为"枫丹白露派"的创始人。

▪3
塞尔利奥（1475~1554年），意大利文艺复兴时期的建筑师、建筑理论家。著有7卷本的"*Regole generali di architettura etc. degli edific*"，是一部建筑史上极为重要的著作。

▪4
莱斯科（约1510~1578年），法国文艺复兴时期的建筑师。

▪5
古戎（1510~1565年），法国文艺复兴时期的雕塑家、建筑师，是法国雕塑艺术成熟时期的代表人物。

▪6
Bernard Palissy

▪7
胡格诺派（Huguenots），一译预格诺派。16至17世纪法国基督教新教徒形成的派别。1562至1598年间，曾与法国天主教派发生胡格诺战争。

带建造一些洞窟的方案。此外，他认为露台上必须安装栏杆，并在其上放置陶盆，盆中种植蔷薇、紫花地丁等芳香型花卉，……这完全脱胎于意大利的造园样式。另一方面，他还受到风靡意大利庭园的巴洛克风格的影响，在庭园中引进了惊愕喷泉和洞窟。特别有趣的是，他还介绍了对树木加以造型修剪、建造自然式凉亭“绿色园亭”的方法。

塞尔 以造园家及园艺家而著称于世。他在1600年出版了《农业的舞台》（*Le Théâtre d' Agriculture*）一书，在法国影响甚巨。他根据各种各样的用途，把庭园分为菜园、花园、草本园[1]、果园4种。其中菜园和果园所占面积较大；花园造在植坛之中，边缘处种薰衣草、百里香、薄荷、马郁兰等，以表现地毯般的美；植坛中只种植矮性植物。此外，为能俯览景致，也只将紫花地丁、香紫罗兰、石竹等等地蔓花卉栽种在这种庭园中，并用各种颜色的土来铺地，还种植造型侧柏来引起人们的注意，在造型树木的外侧设置坐凳、雕像。草本园是生产家庭所需粮食的地方，构造十分简单。

▪1 草本园是庭园中专门辟来生产家庭所需粮食的一种园地。因为在中国园林中尚无与此相对应的名称，故仍沿用原著中的术语。

莫莱家族 莫莱家族中出人意料地诞生了三位著名的造园家，由此令人感到莫莱家族似乎勾画出了法国造园史上的一个时代。老莫莱是阿内城堡的庭园主管，他设计了这个庭园，并为奥马尔公爵收集了不少奇花异草，此后成为有名的宫廷造园家。其子克洛德·莫莱生于1563年，他继承父业成为亨利四世及路易十三的宫廷园艺师；后于1595年供职于圣日尔曼昂莱城堡，数年以后又在蒙梭园、枫丹白露宫和丢勒里宫苑供职。在这些庭园中，他采用了黄杨树篱及高大的黄杨树墙，他设计的花坛都是平面几何形状（图7），他还被视为在法国首创“刺绣分区花坛”的人、克洛德·莫莱主张所有规则形式的庭园设计都应重视园艺，庭园筑造决不可缺少花卉。他还著有《植物及园艺的舞台》（*Le Téâtre des Plantes et Jardinage*）一书。克洛德·莫莱有两个儿子，名为小克洛德和安德烈，他们后来都成了著名的造园家。其中的安德烈·莫莱被任命为詹姆斯一世的庭园主管，1651年他出版了《观赏庭园》（*Le Jardin de Plaisir*）这本巨著。在该著作的一开始，他就提出要广泛种植林荫树，故被称为“林荫树的创始人”。他主张，相应于建筑的规模和外观，在它的前面种植与之垂直的一行、二行或三行榆树或椴木树，在林荫树的起点处留出一大片半圆形或方形空地；并且，整体设计要考虑便于眺望风景。基于这种观点，他还提出，建筑后面应无树木、栅栏及其他有碍整体景观的障碍物。为了有利观赏，在近窗处应建造刺绣花坛。

■1 Charles Estienne，Jean Liébaut

■2 原书名为“L' Agriculture et Maison Rustique”，由利埃博尔特补充完善并出版。

埃蒂安纳与利埃博尔特[1] 此二人并非职业造园家，而是医生。利埃博尔特在埃蒂安纳的舅舅处任职。因他们都写过庭园方面的著作，故在此与其他造园家一并介绍。埃蒂安纳于1545年写过有关农业方面的著作《农村的土地》（*Pracdium Rusticum*），后又于1570年与利埃博尔特合作出版了《田园住宅》（*La Maison Rustique*[2]）一书。1600年该书被英国医生萨福利特译成英文，1616年由马卡姆再版。

丢赛索 丢赛索因其巨著《法国最美丽的城堡》（*Le Plus excellents Bastiments de France*）而引人注目。该著作是瓦罗王朝（14世纪初期~16世纪末）末期法国优秀城堡建筑的图集，原画现藏于大英博物馆。如前面在“中世纪城堡的庭园”中所述，它们都是中世纪末期比较和平安定的50到60年间建造的有特色的城堡建筑，可以认为它们的设计大部分都受到意大利样式的影响。

米扎德 16世纪著名的庭园作家和医生。他掌握了多种拉丁语言并用之来写作。1564年他出版了有关造园的第一本著作，接着又公开出版了一些小册子；这些论著后经卡耶医生收集成册，并于1578年用法文出版。后来又将它们译成单行本，1675年付梓。米扎德的著作虽然得到了极高的评价，但他关于庭园设计方面的论述却不像帕里西的那样精彩。

■3 Jacques Boyceau（1560~1633年）。

雅克·布瓦索[3] 他诞生的年代稍早于勒·诺特尔，是一位影响甚广、令人瞩目的造园家。年轻时，布瓦索当过路易十三和路易十四的园艺师，1688年写出《来自自然与艺术理论的园艺论》（*Traité du Jardinage, selon les Raison de la Nature et de l'Art*）而著名。在这本书的开头部分，他就造园的一般原理和造园技术，论述了造园家必须熟悉设计技术，倘若达不到这个要求，那么庭园设计就只能委托给建筑师来完成了。关于庭园的形状，他对直线的方形花坛连续并列这种形式提出了非议。为了使设计富于变化，他建议尽量多用圆形和曲线形状。关于园路的设计，他认为园路要尽可能相交，并使游人不走回头路。此外，园路的宽度与长度应按一定的比例来设计，例如长三百到四百陀瓦兹（1陀瓦兹约为2米）以上，宽则以七至八陀瓦兹为宜。如就个人爱好来说，既可栽种二行乃至更多行小橡子树、榆树及椴木树，也可将核桃树、栗树排成一行。花坛设计以适于俯瞰为佳，分区花坛中应采用五颜六色的灌木、地蔓植物，并以花卉、砂石、有色土等来形成设计上的变化。他还展示了许多花坛设计图案（图8），它们已被运用在卢浮宫、丢勒里宫、圣日尔曼昂莱城堡和凡尔赛宫等的诸庭园中。

1

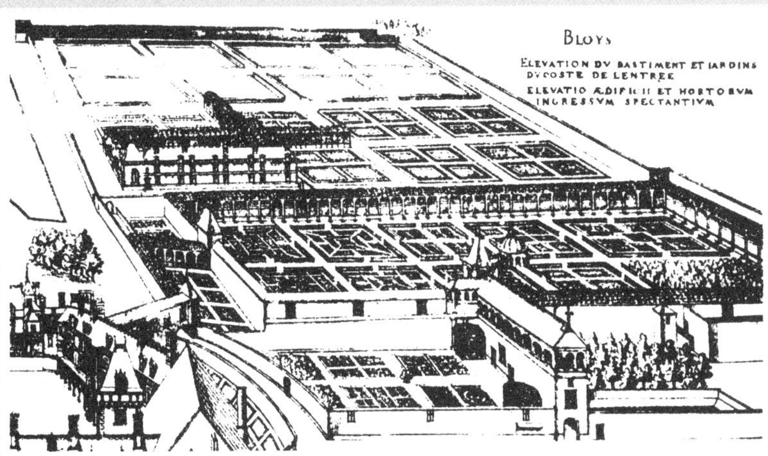

2

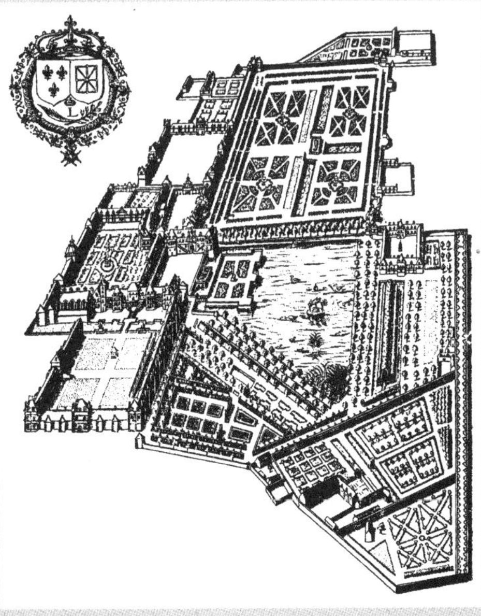

3

1　1490 年左右的阿姆波依兹城（纽顿）

2　路易十二时代的布洛瓦城堡（纽顿）

3　亨利四世时代的枫丹白露（戈塞因）

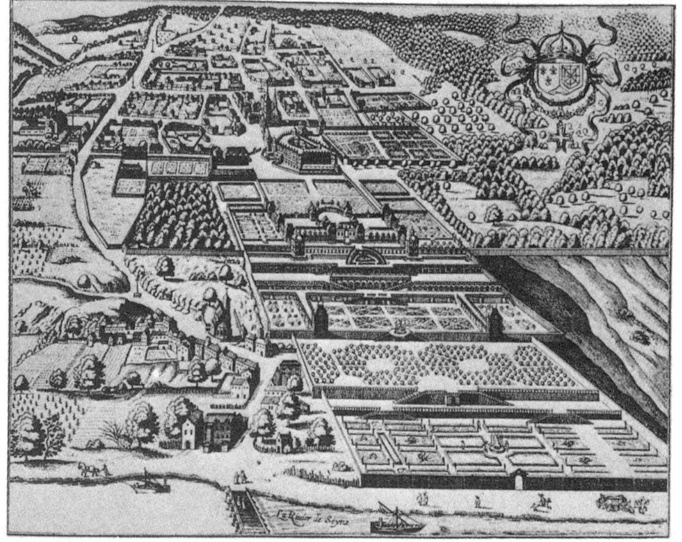

4

5

4 1654 年的圣日尔曼昂莱城堡（特里格斯）

5 韦尔讷伊城堡和庭园的平面图（戈塞因）

6 帕里西的肖像（特里格斯）

7 克洛德·莫莱设计的圣日尔曼昂莱城堡的花坛 A（特里格斯）

8 花坛 B

9 韦尔讷伊城的喷泉（特里格斯）

10 布瓦索设计的花坛（特里格斯）

6

7

8

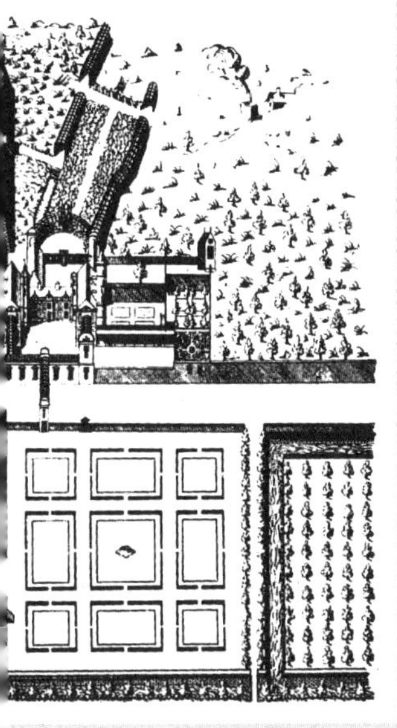

9

10

二、荷兰

与法国一样，意大利文艺复兴的影响在 16 世纪初期也渗入了荷兰。荷兰人从来就以喜欢栽花种草而闻名于欧洲。据有关书籍记载，早在 15 世纪末，荷兰就有了游园（vermakhoven）及城市居民的造园。如阿姆斯特丹一个叫歇利普·本宁的人就在阿姆斯特丹的布利冷布尔塔的别墅内造了庭园。这种庭园的设计十分简单，面积也不大，通常只有一个至几个庭院，它们都被用于特殊的家务活动。

1582 年在荷兰的安特卫普出版了对庭园建造给予详细指导的第一本造园著作，即 30 年前就已在巴黎问世的埃蒂安纳的“*Praedium rusticum*”一书的译本。从书中可见当时的庭园普遍是造来栽种蔬菜的。其中的药草园是最令人舒畅的地方。正如当时一般的园艺书中所有的那样，该书除了记载这些植物之外，还介绍了它们的治疗功效及使用方法。

在 16 世纪的荷兰造园家中，最著名的是 1527 年生于吕伐登的德·威利斯，人们称他为荷兰的丢赛索（图 1）。1583 年他的庭园设计书在安特卫普出版。在众多涉及建筑设计的书籍中，他将有关喷泉和洞窟的许多设计汇集起来，出版了以“*Hortorum Riridariorumque*”为题的 10 卷本专著。他的设计图与同时代有名的法国人的设计图一样，几乎都体现了他们对城堡生活的深入洞察，而他的著作与埃蒂安纳的译著一道，向我们展示了这一时期极其完整的庭园设计手法（图 2）。德·威利斯在他的版画中，效法建筑样式的分类法，对庭园样式也做了分类。虽然按照德·威利斯的设计方案建造起来的庭园为数甚少，但他所创造的这种庭园设计形式后来却被普遍地确立为一种庭园样式，这种新的荷兰式造园主要还流行于英国和德国。

荷兰主要城堡的所在地历来都是欧洲战争的战场，在这种动荡不定的时代中，拥有这类城堡的贵族们大多因革命而没落了，他们的城堡也常常被洗劫一空或被付之一炬。结果，在 17 世纪的荷兰，几乎没有一座城堡还原封不动地保留下它四周的庭园。各地的园亭遗址、盖满苔藓的喷泉虽然都在喃喃诉说着荷兰曾经有过豪华的庭园，但这一切却不能揭示出完整无缺的荷兰式庭园设计手法。幸运的是，在浩如烟海的书籍中留下了温切西奥斯·贺拉、彼特斯、布鲁因、哈雷因、万维尔登等画家的优秀的版画作品，人们据此可以了解到 17 世纪前半期荷兰城堡的情况，其中最主要的著作是桑德雷缪斯的“*Flandria Illustrata*”（1641 年）、“*Brabantia Sacra et Profana*”；阿兹因格的早期著作“*De Leon Belgico*”和“*Castellorum et Praediorum Nobilium*

Brabantiae”。在最后这本著作中载有卢万、布鲁塞尔、安特卫普、勃阿鲁·丢兹克等地的城堡及其庭园的鸟瞰图，使古代荷兰及佛兰德贵族们的美丽宅邸一一展现在我们的眼前。

这些书籍既勾起了我们对身遭不幸的美丽城堡的痛惜之情，又使我们从中了解到荷兰艺术如何影响了 16、17 世纪的英国、德国和奥地利，以及怎样领会当时荷兰的地方绅士们美化宅邸环境的方式。

上述荷兰的城堡建筑通常都带有各种形式的山墙、小塔、弯曲的烟囱及精心制作的风向标等等，它们被环抱在古雅的庭园之中，既优美如画又舒适宜人，丝毫没有后世住宅令人不快的那种矫饰和奢华。城堡的主要房屋围着中庭而建，一般经由架设在壕沟上的吊桥进入城堡。带有吊门（portcullis）的塔的上层是鸽棚（dovecote），家禽饲养场也就近设置，并视方便配置厩舍、农舍、谷仓。构成一排小平台的水渠形成了果园、菜园、药草园及庭园间的分界线，各园之间用小桥来联系。在少数情况下，庭园才与住宅同建在一个岛上。

在所有这些城堡中，花坛的设计极尽风雅，形式繁多，栽着黄杨造型树，种着花卉。1614 年，在阿纳姆（Arnhem）出版了克里斯宾·德·帕斯的“*Hortus Floridus*”，在这本著作卷首插图中描绘了庭园（图 5）。这个庭园被木回廊环绕着，就像丢赛索描绘的 16 世纪法国贵族的庭园画中所见的那样。庭园中有一个骑士倚靠在栏杆上，一个妇女正在摘郁金香；园中有 4 个郁金香花圃。与荷兰人设计的庭园相比，当时更流行的是由意大利人设计、用彩色土和砂石建造的庭园。在这种庭园中，园路及林荫道上有时撒满了美丽的砂和大理石屑，或铺砌砖、瓷砖和板石等。如果花坛很大，则用小水渠将它分为 4 个部分。喷泉的设计尤为重要，它们结构精巧，常用青铜、大理石或铅制成。现在在荷兰的一些乡村住宅中，还能看到古画中常见的鹳鸟巢，它们建造在离地面二三十英尺的地方，当地的人们认为如果鸟不在这些巢中栖身，那么这个家庭就是不幸的。在荷兰，鱼池是乡村住宅中的主要附属物，它们所占区域常常都很大。为了避免水流静止不动，还设了拦水坝、水车、水闸等设施。要保持各种高度的水平面，墙与水渠的配置就成了一件最重要的工作。出于卫生方面的考虑，人们特别重视调节流水的深度以防杂草堆积，同时还注重渠道边缘的砌筑质量，要求所有格构工艺、边缘石的形状规整。倘若忽视了这些防范措施，对已破坏的水闸、堰堤不及时加以修整，令人恐怖的瘟疫就会立即蔓延。

园亭与凉亭的设计是丰富多彩的，这类带有妙趣横生的屋顶、镀金的风向标、色彩艳丽的百叶门的建筑物，为庭园平添了无穷的魅力。主要园亭是用砖瓦和石材造成的隐蔽所，既能遮风挡雨，又坚固舒适；附属园亭则用木材或造型树木建成，精巧雅致。花坛常常建在绿色隧道的环抱之中。从图 4 所示的奇妙例子来看，雉堞墙围着长方形的平台，两个圆形花坛将此平台分开，花坛中建有绿色甬道和圆锥形的凉亭。

荷兰庭园的一个主要特征就是极少建造露台，这是因为在这个国度里没有丘陵地能让露台结构一展雄姿，即便在海尔德兰、上艾瑟尔等部分丘陵地带，其坡度也嫌太小而无法筑成露台。因此，在荷兰的庭园中，人造假山取代了露台，成为供游人眺望风景的场所，同时又作为迷园的中心。在其他国家可以通过形成庭园各部分间的高度差来克服缺乏变化的弊端；但在荷兰，只有尽量栽种五彩缤纷的花卉来弥补庭园狭小之弊并体现该国栽培技术的优势。在所有大庭园中，水平面没有高低变化的大花坛是毫无趣味可言的。

在德·坎迪龙所著的“*Vermakelykheden van Brabant*”一书中，对后来的荷兰庭园作了详尽的描述，书中还收录了古代鸟瞰图中描画的各种庭园设计图。从中可见，上述的荷兰庭园特征丝毫未变，并且也没有受到勒·诺特尔式造园的影响。这本著作出版于 1770 年。另一本问世更早的书籍是“*Les délices de Brabant*”，它大概是在 1759 年出版的，其中的版画揭示了当时荷兰的城堡荒芜的情形。

1

1　德·威利斯的肖像（特里格斯）
2　17 世纪围墙环抱的庭园（特里格斯）
3　德·威利斯设计的庭园（特里格斯）

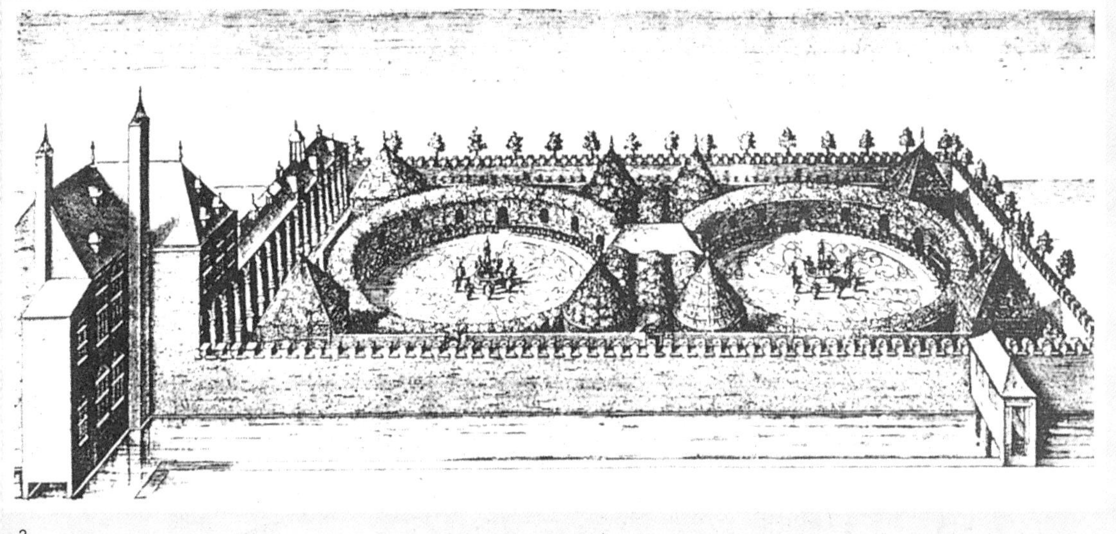

2

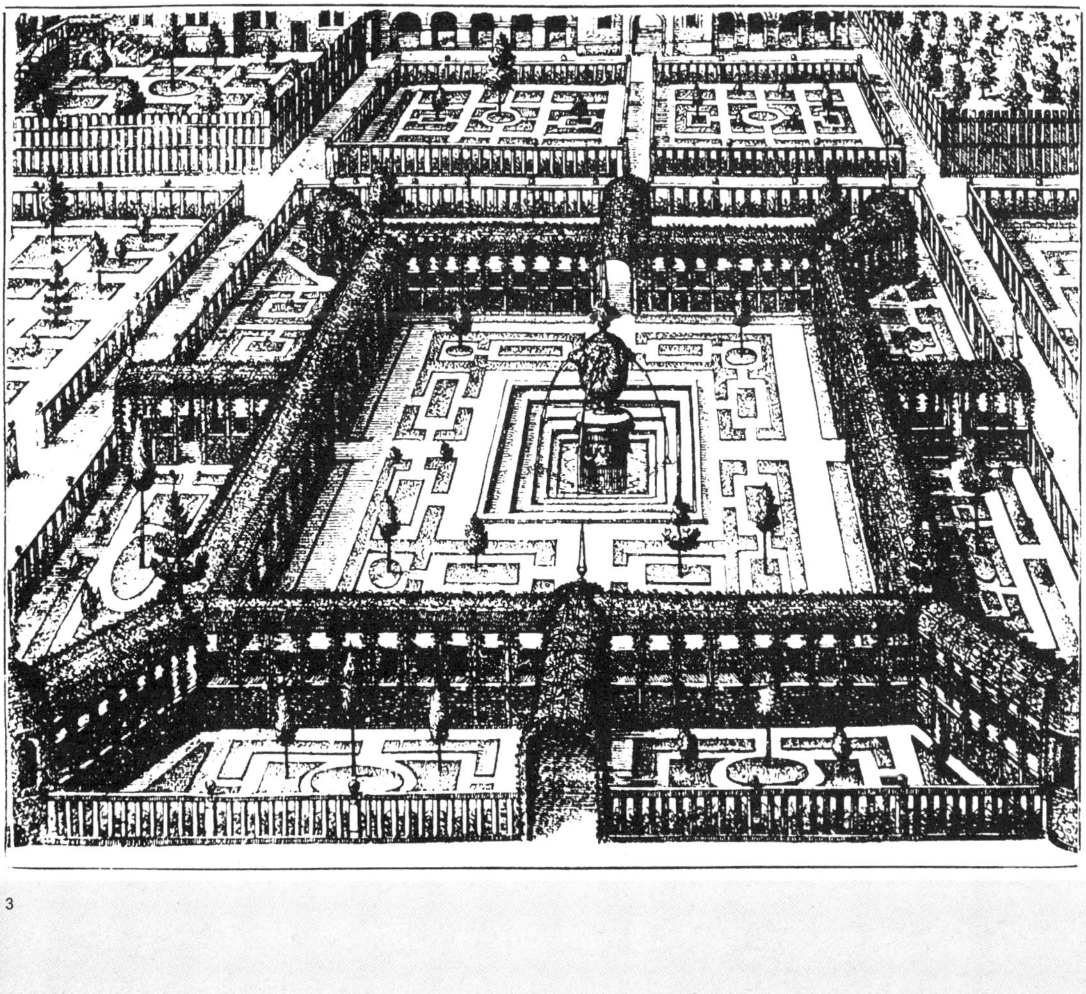

3

4

5

4　17 世纪的荷兰庭园（特里格斯）

5　帕斯著作的扉页插图中的花坛（特里格斯）

三、德国

在文艺复兴时期，法国艺术家、医生、植物学家等大批前往意大利研究学问；与此同时，德国学者们也成群结队地奔赴意大利，他们回国时带回了意大利式造园设计思想。然而，尽管法国在意大利式造园的影响下创造了法国风格的造园样式，但是这种意大利式造园对德国造园样式的革新却影响甚微。在文艺复兴时期的德国，皇室及宫廷的庭园都是按照意大利式或法国式来建造的，它们均由荷兰造园家们经手设计。只有小规模的城市庭园，即富裕市民们的庭园，才会在设计及植物材料的选用上表现出他们传统的兴趣爱好。

这种兴趣爱好在弗特恩巴哈的庭园中即可见一斑（图 1）。这个庭园位于弗特恩巴哈建造在乌尔姆的住宅旁边。身为建筑师的弗特恩巴哈[1]曾去过意大利，从以下两个方面就可以看出意大利式造园对他的庭园设计所产生的影响，即住宅的围墙上建有园亭；在角落部位造有小型的洞窟凉亭（grotto summer house）。此外，庭园的其他部分都铺满了板石，在板石路的两边建造了狭长的花圃。现在在伦敦城市庭园中也采用了石砌地面，这与弗特恩巴哈的庭园十分相似；弗特恩巴哈的庭园也许还显露出最现代的法国及德国铺砌庭园的端倪。这些都说明弗特恩巴哈在很多方面常常超前于时代。他还为学校设计庭园，让儿童们在那里学会观察植物的生长、栽培并知道它们的价值。弗特恩巴哈出版过包括两个庭园设计方案在内的两本书籍，即“*Architecturia Recreationis*”和“*Architectura Privata*”[2]。设计方案之一的那个大庭园采用规则形，四周围着墙、树篱及壕沟。全园分为 3 个部分（图 2），即居室与前庭为第一部分；用绿色甬道围成的花坛是第二部分；第三部分由果园和菜园组成。耸立在壕沟之上的 6 个圆形小园的中心都有两层高用树枝编织而成的房屋。

就时代而言，萨尔蒙·德·考乌斯[3]是弗特恩巴哈的前辈，他曾因建造海德堡城郊的庭园而名声大振。德·考乌斯的一生历经周折，最初在法国学建筑；后赴英国成为英国王子的家庭教师，并在那里出版了关于英国庭园与喷泉的著作“*Des Grots et Fontaines pour l'ornement des Maisons de Plaisance et Jardins*”。1615 年，德·考乌斯因在海德堡委员会任职而返回德国。4 年后他又赴法国听命于路易十三的宫廷。在法国，他写了一本有趣的水力学著作“*Les Raisons des Forces Mouvantes*”。在这本著作中，他介绍了在当时的庭园中必不可少、利用水力学原理设计的一些水景装置的制作方法，如水风琴、音乐车、报时小号等，这些形形色色的水景技巧都被

▪1 Joseph Furttenbach（1591~1667 年）。

▪2 《休闲建筑》和《私人建筑》。

▪3 Salomon de Caus（1576~1626 年）。

采用在海德堡的庭园中。1620 年，在一本以有趣的插图为主的珍贵的书籍中，他还发表了这个庭园的设计图。海德堡的庭园与古城相连，设有一排露台，与内卡河遥相呼应。庭园后的山上有着丰富的水源，对运用水力学原理来造园极为有利。这个庭园现已不存，我们只能从绘画作品中了解到它的一些情况（图 3）。

文艺复兴时期，德国造园的发展还突出地表现在另外两个方面，即热衷于新植物的栽培及植物学的研究。造园最早流行于 16 世纪初期，由黑森的方伯首开先河，他经营了一个私人植物园。1580 年，萨克森选侯在莱比锡创建了第一个公共植物园，接着又相继建造了吉森、拉迪斯伯恩、阿尔特多夫、乌尔姆的植物园。后来庭园的主人们仍继续不断地收集尚不知名的花卉、灌木、藤蔓、乔木等等。赫瓦德开始在他的奥格斯堡的庭园中种植郁金香，1559 年种植初告成功，郁金香终于绽开了迷人的花朵。这一时期，在植物学方面最早著书立说的人是纽伦堡的药剂师巴西尔·贝斯雷。他在纽伦堡建起一座博物馆，开展了涉猎面极广的植物收集活动。1613 年他出版了一本题为“*Hortus Eystettensis*”的著作，它记载了埃休塔特僧侣杰明根所收集的植物。

直至 18 世纪，德国的大部分城堡仍保留着壕沟作为一种防御性设施，它们的庭园也被包围在这种壕沟之中。这与荷兰的情况相同。但是，由于没有水，所以在不设壕沟的地方，就建造了防御塔，并围着坚固的围墙。在不伦瑞克城要塞的对面一侧，就造有带这种小瞭望塔及园丁小屋的大小庭园、花坛群，其情景在该城的古版画中有所表现。查伊勒伦城的庭园全都围在壕沟之内。当代最美的庭园之一是柏林选侯的宫苑，它建在被易北河支流环抱着的人工岛上。在这里，利用水泵将水从河中抽上来，涓涓水流流淌在花坛四周的小水渠中，动人的水景成为这个庭园设计的主要部分。

慕尼黑的阿尔特·瑞西登兹庭园是帕达·坎迪特为选侯马克西米利安一世建造的。帕达·坎迪特设计了城墙，并以廊桥与城堡相连，城堡所取的矩形形状与弗特恩巴哈所设想的形式十分相似。园中纵横交织的园路构成了花坛间的分界线，在这些园路的交汇点处都造了园亭。在庭园的尽端有一个大餐厅，与喷水池遥遥相望。此外，在黑森的城堡中，架在壕沟上的桥连接着城堡与庭园，庭园被划分为方形。园中的花坛有的建成家族徽章的形状；有的建成规则的几何形。树篱的顶端是修剪得十分巧妙的狮子造型及王冠形状，并附有 1631 年的日期字样。德国人对技巧性喷泉的设计尤其得心应手。喷泉材料多用金属而不用石材。喷泉常被排列成阶梯状，通过台阶可以走近它们，其四周还围着栏杆。庭园中的水井也极富装饰性。在一些庭园中，花坛四周围着长长的甬道，而另一些庭园中的花坛则被甬道分为 4 个部分。造型树木在德国庭园中非常流行，园中的树篱、树木等都被修剪得千姿百态。如位于休拉姆威尔斯的扎库森伯爵的庭园，其入口处用造型树木造了一个魁伟的巨人，人们须从这个巨人的胯下穿过方能进入花坛。在德国庭园中，大多建有园亭、凉亭、养禽屋、鸽棚等，它们被布置在花坛的中央或园中的其他地方。除此之外，假山也是造园要素之一。这种假山被垒成四方形，其上筑有瞭望台，并有平缓的登山坡道，有的圆形假山则设有螺旋形的登山道，道旁种着低矮的树篱。德国的城堡中一般还设有骑马赛枪场，在罗森城中，这种骑马赛枪场就位于城堡与养马房的接合部位，它是一片用矮墙围成的开阔地。在萨克森的戈森也有这种赛枪场的范例。果园和菜园大多建在远离庭园的地方，并用坚固的栅栏或壕沟保护起来。

在沃尔卡莫[1]的《纽伦堡的橙子》(*Nürnbergische Hesperides*) 一书中记载了 18 世纪初期的德国庭园。书中专门介绍了小庭园，并记载了许多庭园实例，其中包括凉亭、瞭望台及花格墙的设计。这些庭园几乎都建有柑橘园，有时也代之以宏伟的、以圆柱支承的建筑物。藤蔓植物爬满了建筑物的构架，既可防止冬季的严寒冻伤建筑物，又可大大增加庭园环境的湿润度。

·1 Johann Volkamer

1

1　乌尔姆的弗特恩巴哈的庭园（特里格斯）

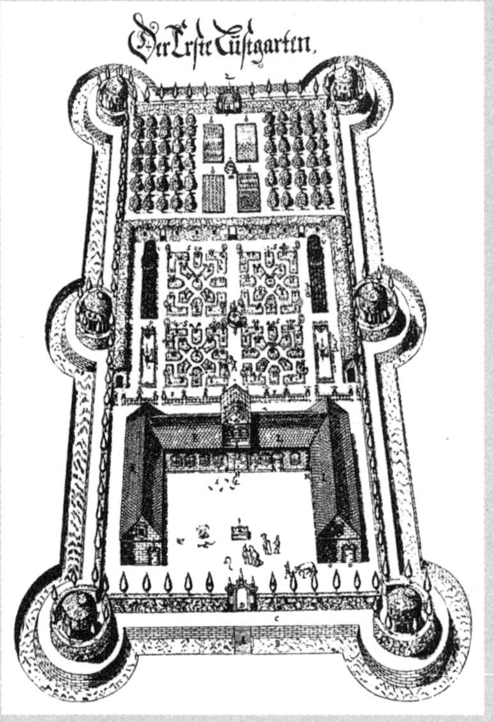

2

3

4

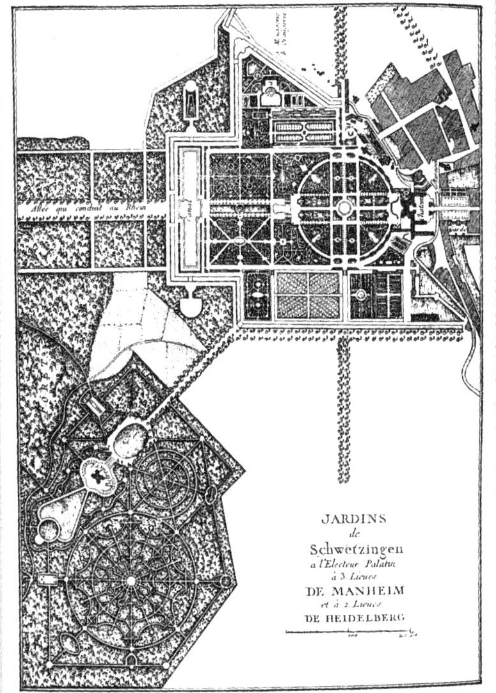

5

2　弗特恩巴哈的大庭园设计图（特里格斯）

3　17 世纪的海德堡（特里格斯）

4　德·考乌斯设计的海德堡的花坛（特里格斯）

5　苏维兹因根的平面图（戈塞因）

第五篇

法国勒·诺特尔式造园

法国勒·诺特尔式造园简史表

公 元	通 史
1501 年	路易十二占领那不勒斯
1506 年	圣劳伦斯湾探险
1515 年	法兰西斯一世即位 (~1547 年)
1562 年	胡格诺战争爆发 (~1598 年)
1570 年	新旧教徒达成圣热曼条约
1572 年	圣·巴托罗缪的大屠杀事件
1586 年	亨利四世即位 (~1610 年)；波旁王朝成立 (~1792 年)
1593 年	亨利四世发布南特敕令；胡格诺战争结束 (1562 年 ~)
1599 年	亨利实行财政改革
1604 年	东印度公司成立 (~1770 年)
1610 年	亨利四世遇刺，路易十三即位
1614 年	最后召集的三级会议
1624 年	黎塞留出任宰相 (~1642 年)
1640 年	路易十四即位 (~1715 年)，马扎然任宰相 (~1661 年)
1648 年	福隆德之乱 (~1653 年)：贵族叛乱
1651 年	孔德亲王与马扎然发生内讧，马扎然流亡
1653 年	马扎然镇压福隆德叛乱
1661 年	马扎然逝世，路易十四亲政 (~1715 年)
1667 年	路易十四的第一次侵略战争 (~1668 年)：入侵西班牙属尼德兰
1685 年	废除南特敕令：迫害新教徒
1715 年	路易十四驾崩，路易十五即位 (~1774 年)

公 元	造园史
1497~1510 年	创建盖尔龙城堡
1522 年	尚蒂伊城落入蒙莫伦西手中
1524 年	法兰西斯一世着手谢农索庄园工程
1538 年	蒙莫伦西动工改造谢农索庄园
1540 年	法兰西斯一世重建圣日尔曼昂莱古城
1545 年	埃蒂安纳著《农业书》
1556 年	亨利二世将谢农索庄园赐给博伊埃，在罗尔姆造园
1563 年	帕里西著“*Recepte Veritable*”
	克洛德·莫莱诞生
1564 年	安东尼奥·米扎德出版第一本造园著作
1570 年	丢赛索著城堡版画集
	利埃博尔特的“*La Maison Rustique*”出版
1600 年	萨福利特将利埃博尔特的著作译成英文
	塞尔的“*Theâtre d'Agriculture*”出版
1613 年	勒·诺特尔在巴黎出生
1616 年	马卡姆再版萨福利特的英译本
1651 年	安德烈·莫莱著“*Le Jardin de Plaisir*”
1656 年	勒·诺特尔开始进行孚·勒·维贡特府邸工程
1658 年	路易十四买下圣克洛德[1]，孟莎重建该城堡
1661 年	在孚·勒·维贡特府邸的庭园内举行庭园竣工的第一次宴会，八月举办第二次宴会
1663 年	勒·诺特尔开始改造孔德亲王的尚蒂伊府邸花园
1665 年	路易十四购买克拉尼赠给蒙德斯庞夫人
	完成凡尔赛宫的主轴线
1670 年	路易十四为蒙德斯庞夫人造大特里亚农
	在尚蒂伊府邸内建造 Maison de Sylvie
	科尔贝尔购买苏园（Château de Sceaux）
1678 年	勒·诺特尔赴英国
1679 年	勒·诺特尔访问意大利
1685 年	勒·诺特尔改造阿内城堡，在苏园为路易王与曼特农夫人举办庆祝宴会
1686 年	孔德亲王长眠于尚蒂伊府邸花园
1688 年	布瓦索著“*Traite du Jardinage selon les Raisons de la Nature et de l'Art*”
1694 年	路易十四买下摩东城堡
1700 年	勒·诺特尔逝世

[1] 又译为圣云城堡。

第一章　勒·诺特尔式造园的完成

从 16 世纪后半叶以来，大约历时整整一个世纪，法国的造园既接受了意大利造园的影响，又经历了不断发展的过程，到 17 世纪后半叶左右，安德列·勒·诺特尔（André Le Nôtre，1613~1700 年）的出现，标志着单纯模仿意大利造园样式时代的结束，和所谓勒·诺特尔式独特造园样式时代的开始。勒·诺特尔是路易十四时期的宫廷造园家，后世称他为“宫廷造园家之王”，而他也完全不负这一赞誉，是造园史上杰出的才华横溢的人物。勒·诺特尔庭园样式不但是法国文艺复兴时期造园样式的精华；而且，它还取代了自始以来独占鳌头的意大利露台式（造园），成为风靡整个欧洲造园界的一大样式，法国造园本身也获得了前所未有的发展。当时，德国的自由发展受阻于“三十年战争”（1618~1648 年）[1]；英国也因清教徒厌恶华美的思想作祟，其文化的发展十分缓慢。唯有法国步入了文化高度发展的时期，成为全欧洲屈指可数的强国，在政治及文化方面都达到了辉煌的巅峰。在这样一个文化昌盛的时代，涌现出勒·诺特尔这类卓越的造园家，不仅是法国，而且是整个欧洲造园界的一件幸事。

1613 年 3 月 12 日，勒·诺特尔诞生在巴黎的一个造园世家，他的祖父皮埃尔·勒·诺特尔是宫廷造园家；父亲让·勒·诺特尔是玛丽·德·美第奇时代丢勒里宫苑的管理人，并曾在圣日尔曼昂莱城堡任职。父亲希望勒·诺特尔成为一个画家，故安德烈在 13 岁时，就师从宫廷画家西蒙·沃韦特[2]。在沃韦特画室的生活使他后来受益匪浅。与同窗勒许埃[3]、米尼亚尔[4]、勒布仑（Charles Le Brun）[5]等的交往，与时常走访老师画室的当代艺术巨匠们的不断接触，都明显激发了他的艺术天分。受惠于这样的成长环境，勒·诺特尔从父辈遗传下来的造园家素质，不久就开始萌芽开花，最后在法国结出了一种崭新庭园样式的硕果。

从 1626 年到 1636 年，勒·诺特尔在沃韦特的指导下，一面刻苦钻研，一面又扩大了交友范围。他自幼就重友情，机敏、开朗且稳重，又具有艺术家所应具备的敏锐的鉴赏力，或许可以说这些都决定了他将来的成功吧。在离开沃韦特后的许多年里，他一直与父亲一起在丢勒里宫苑中工作，这期间他不断充实掌握了造园与园艺的实际技术。当时，他只是一个年薪仅 1500 利瓦尔的低级园艺师，他的工作就是管理西班牙茉莉和白桑树的树篱。由于工

▪1
“三十年战争”指 1618~1648 年发生的欧洲历史上第一次大规模的国际战争，德国是这次战争的主要战场。

▪2
西蒙·沃韦特（1590~1649 年），法国油画家，17 世纪法国绘画巴洛克艺术倾向的体现者，曾被赐予“皇家首席画家”的称号。

▪3
勒许埃（1617~1655 年），法国油画家，1648 年参与创办巴黎美术学院。

▪4
皮埃尔·米尼亚尔（Pierre Mignard）（1612~1695 年），法国油画家，是路易十四宫廷中的“首席画家”。

▪5
查理·勒布仑（Charles Le Brun），1619~1690 年。法国画家。法国皇家绘画雕塑学院的创始人和领导者，凡尔赛宫的内部装饰总监督。

作出色，他很快就引起了人们的注意。1640年他与一个名叫弗兰索斯·朗格卢瓦的富家女子结了婚，这桩婚姻，使他有机会接触了贵族阶层的人们。在这里他遇到了许多新知己，使他过去受艺术家们影响激发出来的才华得到了充分的展示机会。

据说，勒·诺特尔在成名之前就曾筑造过法国著名政治家黎塞留公爵的鲁伊尔城堡及盖尔龙城堡的庭园，但真正使他一举成名的则是被称为孚·勒·维贡特府邸（Château de Vaux-le-Vicomte）的庭园。该庭园是马扎然内阁的财政部长富凯所造壮丽宫殿的附属庭园，采用了一种前所未有的新庭园样式。它确实是造园史上一件划时代的作品，使勒·诺特尔一举成名。规划这座宫殿与庭园的富凯曾辅佐幼年的路易十四，并得到首相马扎然的庇护，当上了财政部长。在职期间，他渴望腰缠万贯、挥金如土的生活。在位于巴黎和枫丹白露之间的默伦有一片叫孚（Vaux）的地方归他所有，于是他便打算在此实现他的富贵荣华之梦。1650年初，富凯先请来建筑师路易·勒伏[1]为他建造宫殿，在此期间，曾与勒·诺特尔一起绘画的勒布仑也得到沃韦特的允许来协助富凯，参加了这项工程。凑巧的是，在挑选适合该宫殿附属庭园的设计者时，勒布仑推荐了朋友勒·诺特尔。勒布仑的友情，使勒·诺特尔初次受托担任这样一个大规模的设计工作，并很幸运地有机会施展他已掌握的造园技能。

▪1
Louis Le Vau（1612~1670年），法国建筑师。

为了获得在宫殿周围建造宽阔的庭园所需的空地，富凯计划购买基地附近的三个村庄，该计划在资本家的大力援助下迅速兑现，所以建筑工程从1656年开始进行，据说有时投入该工程的人力多达18000人，总工程费用需要1600万至1800万利瓦尔。在宫殿基础工程开始前的四五年，庭园就已破土动工，历时10年始成。下面，在介绍这个庭园的现状之前，让我们先叙述一下与该园有关的各方面情况吧。

这个使勒·诺特尔大获成功的庭园，却出乎意料地把富凯推入了自我毁灭的深渊，这是一个惨痛的事实。很早以前科尔贝尔就对集马扎然的宠爱于一身、耽于享乐的富凯心怀不满，他在孚园工程进行期间，曾到此秘密查访，了解了该工程耗费巨大人力和巨额费用的情况，并将此禀告了路易十四。在庭园基本竣工的1661年夏天，富凯在这里举行了第一次宴会。国王虽然没有莅临这次宴会，但却听到了关于这次宴会盛大豪华场面的传言，他极不堪于忍受内心的愤怒与羡慕之情。同年3月9日宰相马扎然逝世，年仅23岁的路易十四登基，自此以后亲理朝政。不言而喻，国王对富凯这种凌驾于自己之上的奢靡行为深恶痛绝。不久，在该年的8月17日，国王下决心趁在孚园中举行第二次宴会之机逮捕富凯。这一计划又因皇太后安妮的劝阻而告吹。宴会的当天，国王来到这个庭园，看到它确实比枫丹白露和圣日尔曼昂莱的宫苑富丽堂皇得多。那天未遭逮捕的富凯在此后不久就被科尔贝尔检举犯有贪污罪而锒铛入狱，除财产遭没收之外，还落得个终身监禁的悲惨结局。这种僭越犯上的生活葬送了富凯的后半生，这件事本身是可悲的；但富凯曾是艺术的知音和赞助人，在他身边常常聚集着那个年代第一流的艺术家，他对这些人一直关怀备至。所以当他惨遭不幸的消息传来，同情之声四起，他能得到这些人由衷的安慰，又是不幸中的万幸了。

围绕在富凯周围的艺术家中，曾有勒伏、勒布仑、勒·诺特尔这样的造型艺术家，也有拉封丹、莫里哀、斯居代里、高乃依等文人。在富凯志得意满的时期，著名的寓言诗人拉封丹曾通过比喻的手法歌颂了孚园之美，后又将此冠以《孚园之梦》（*Le Songe de Vaux*）的标题出版。在它的序诗中，拉封丹哀叹了这位敢在太岁头上动土而丧失了财产的男爵的不幸命运，还为富凯作了挽歌，并将它上呈国王，请求国王的宽恕。喜剧作家莫里哀与孚园也结缘不浅。在第一次宴会上，演出了莫里哀创作的《丈夫学堂》（*L'école des Maris*）；在第二次宴会上，又演出了他的《胡搅蛮缠》（*Les Fâcheux*）等剧目。斯居代里是位女小说家。富凯在狱中曾想通过她委托亲友做保释人，但最终毫无结果。斯居代里在作品《克雷利》（*Clélie*）中也记述了孚园。据说剧作家高乃依是在富凯的帮助下才得以在戏剧界东山再起的，他还与勒·诺特尔家族有亲戚关系。后来，路易十四为了完成自己的艺术事业，必须借助这些曾经云集在富凯周围、充满了富凯精神的艺术家们的力量，这对身陷囹圄的富凯来说也算多少有点安慰吧。

孚园南北长1200米，东西宽600米，对勒·诺特尔式而言，它只是一个小型庭园，但在当时的法国却属罕见的庞然大物了。宫殿位于东西轴线的中偏北侧，主庭向南面扩展。主轴线由宫殿前引出，通过装饰花坛、编枝林荫道（Allées des Grille）、水渠林荫道（Allée d'Eau），穿越阶式瀑布和水渠直抵洞窟；再从这里穿过森林，一直延伸到景观深处。轴线两旁的庭园都以丛林作背景。宫殿的四周环绕着宽大的壕沟，仍然沿袭中世纪城堡的建筑样式。宫殿前方横向布置着宽大的前庭（图2之*B*），周围用半圆形栏杆和铁栅栏包围，外侧草地的车道通向这个前庭。宫殿两侧有安放着喷泉的花坛。在宫殿南面的大型装饰花坛与华丽的刺绣花坛不同，它采用了简洁的设计构思。刺绣花坛的左右也有花园，其中配置了喷泉，尤其是东侧的“王冠喷水池”（图

2 之 *C*）更是独放异彩。刺绣花坛的南端有圆形喷泉，以此为中心东西走向有一条编枝林荫道，与林荫道平行的一条狭长的水渠延伸着与主轴线交叉成十字形。编枝林荫道的东端有水栅栏（La Grille d'Eau）（图 2 之 *K*），其中央布置了阶梯，形成三级阶式小瀑布。圆形喷泉的南面有一连串的水渠，将园路夹在中间；其两侧为草地，边缘种植着花卉。草地中间有喷泉，由喷泉中流出的水注入南面方形大水池中。这个大水池东西有个洞窟状的忏悔室（La Confessionnal）（图 2 之 *D*），忏悔室两侧为阶梯，拾级而上可达一平台，平台周边安装有栏杆。方形水池所在露台的南部下方是一条东西走向的水渠，上面没有架桥，主庭在此迅速结束。这里是泛舟游玩之处，为了方便游船掉头，特意扩大了水渠的中部和东西的端部。主庭和水渠之间做了小瀑布(图 2 之 *E*)。水渠的南侧形成稍陡的自然山丘，洞窟、水剧场（图 2 之 *H*）及束状喷泉（La Gerbe）（图 2 之 *I*）、赫拉克勒斯的巨大雕像等装饰在庭园的终点。

法国庭园自 16 世纪以来，都采用了严格对称的形式。当时露台的各部分也都相同或呈大体相似的外观，花坛也一样。对称形不过是重复一些相似的线条而已。到 17 世纪，虽然受到意大利的影响，但在整体设计及局部处理上却未见到什么新奇的构思，即仍然是局部与整体未能统一，即使局部有些变化也是零散的相互无关的。勒·诺特尔认识到要弥补这一缺陷，最重要的就是将庭园与建筑物看成一个整体，创造出雄伟的景观。勒·诺特尔在修建这个庭园时，个别设施都需得到另外两三个专家的协助。例如，花坛的设计是由总园艺师特律梅尔和其助手贝斯梅恩完成的；喷泉及水渠等水工工程委托给了罗比拉德，罗比拉德不像勒·诺特尔那样温和，是个一意孤行的人，他毁掉了上述三个村庄才将水引入这个庭园，灌满了专门从意大利运来的大理石贮水池。该园从整体布局到细部设计几乎仍保持了勒·诺特尔当年建造时的原貌。花坛的形状虽有所改变，但露台、喷泉、透视景观等由于四周树木的生长都比富凯时代更美了。

勒·诺特尔为富凯造的孚园不久就引起了孔德亲王的注目。他是路易十四时代的名将，1675 年的莱茵之战是他参加的最后一战，尔后便退职到了尚蒂伊，在诗人与文学家的包围中安度晚年。他一看到孚园，就希望模仿它，对尚蒂伊府邸花园进行扩建改造。这个庭园大约是一个世纪以前由蒙特莫伦希公爵改造过，到孔德亲王居住时，它仍保持着过去的状态，现在亲王打算对宅邸进行改造和美化。勒·诺特尔在 1663 年动工，挑选了他的外甥德戈兹，建筑师吉塔德、造园家拉·坎塔尼、水工技师勒·芒斯等协助其工作。尚蒂伊是适于建造比孚园规模更大的庭园的地方。首先勒·诺特尔将名为拉·农提（La Nonette）的急流改为宽阔的河道和名为“Manche”的水池。它将宫殿前面的花坛一分为二。孔德亲王很早以前就设计了水力机械，除了喷泉以外，勒·芒斯巧妙地利用了这些设计方案，造成很好的水景效果。水渠之大几乎可与凡尔赛宫的水渠相匹敌（图5），阶式流水瀑布也有惊人之作，还造了一个带有花格墙走廊的大广场和纵贯树林的八岔道。1670年建的“森林之家”现在还残留在森林中，是舒适的隐匿之所。孔德亲王为躲避公务，常在这里悠闲度日，1686年就在这里安息。该府邸现已成为博物馆。

路易十四看过孚园与尚蒂伊园之后深为勒·诺特尔的造园技能所感动，于是启用勒·诺特尔来设计建造皇宫凡尔赛宫的附属庭园。从那以后，他作为宫廷造园家忠实勤恳地为国王服务长达40年。从修建凡尔赛宫苑开始，他不断地建造了一系列独树一帜的庭园，赢得了皇家首席造园家的美称。他所设计的庭园数不胜数，不言而喻，其中使他名垂青史的就是凡尔赛宫苑。

凡尔赛宫这块地，最初是一片适于狩猎的沼泽地，酷爱狩猎的路易十三从1624年以来开始在这里修建了简陋的狩猎行宫，那些房屋是砖砌的抹灰建筑，十分简朴，中庭的四角建有园亭，周围是宽大的壕沟，外观优美。这个庭园由布瓦索设计，纯属16世纪末期的风格。路易十四也从父王那里继承了狩猎的爱好，他12岁时初来这里狩猎，从那以后他就特别喜欢这个简朴而优美的城堡。国王最初并不想改建这座城堡，只希望在它的周围逐渐增建一些建筑物，过了相当长的时间才下决心新建这座城堡。

国王为宫苑设计而雇用勒·诺特尔的确切年代无人知晓，宫苑动工修建的年代也不详。据推测，也许是从富凯遭难的1661年后不久，勒·诺特尔向国王提出设计草图的时候。勒伏承担了宫殿工程，这个工程虽稍晚于庭园工程，但勒·诺特尔已经预想了大宫殿，完成了它的庭园设计。庭园中最早建造的部分是南面花坛下方的柑橘园，建于1664年以前。最初的面积大约是现在的一半，与行宫相连，后来出现了现在的“新柑橘园”，对此将在稍后论述。柑橘园上方的露台中，曾经有路易十三时期布瓦索造的花坛。勒伏最初建造时这个花坛还保持原状，但当孟莎[1]扩建时，它又被扩大了一倍，而且改造成现在这样的人工露台。这个露台被称为“水花坛”，大概勒·诺特尔打算在这里用水来表现花坛那样的效果。从保存在凡尔赛宫出自勒·诺特尔之手的“水花坛”图案来看，其设计意匠——用五彩缤纷的水流描绘出花坛般的景象大至可以看出这一点。但最终并未实现，代之而建的是用大理石饰边的两个巨

▪1
孟莎（1646~1708年），法国建筑师。

大水池，白色宫殿倒映在宽阔的水面上优美动人。在池边大理石上安置了千姿百态的青铜雕像。名为“拉托那[1]坡道”的半圆形大坡道通向这个露台的正下方，在坡道前面的正中设置了“拉托那水池”（图 10），花坛装饰在左右两侧，主轴线从这个水池延伸到中心园路的“国王林荫道”。这一部分虽然与上述“水花坛”同时建造，但后来宽度、长度都有所增加，美其名曰“绿色地毯”。这条“绿色地毯”直抵“阿波罗水池”（图 8）。这样，庭园的主轴线于 1665 年完成。到此实际耗资达 150 万利瓦尔。

在凡尔赛宫中最引人注目的部分当推沿主轴线建造的“大水渠”（平面图中央）。它是为展望庭园，同时也为低湿地的排水而设计的。从上部露台眺望这条长达一英里的大水渠，虽然不能窥其全貌，但仍可感受到其规模之宏大。后来从这条水渠中部分出两条支流，形成十字形水渠。向北流的水渠到“大特里亚农宫”（Grand Trianon）结束；向南流的水渠到“野兽园”处结束。传说国王经常乘坐御船在这条巨大的水渠中欢宴。

“水花坛”以北的部分在 1669 年进行了改造，因其局部对水的处理极为巧妙而闻名于世。从“金字塔喷泉”开始,还有“水园路”“山林水泽仙女池”“龙池”（图 12）、“尼普顿池”等。“金字塔喷泉”位于由北部花坛进入“水园路”之处，是吉拉尔东[2]的作品。支撑着雕像的 4 个水盘，重叠如金字塔形，确实是匠心独运的喷泉设计。“水园路”由佩罗[3]设计，他将 14 座小喷泉并列在青草园路的两侧，每个喷泉都是美丽儿童的群像组成，用装满花果的盘子支撑着。“山林水泽仙女池”与“金字塔喷泉”都出自吉拉尔东之手。他根据狄安娜[4]与山林水泽仙女嬉戏的神话构思创作而成。“龙池”的北面有“尼普顿池”。从安置在水池四周的无数花瓶中喷射出高高的水柱，蔚为壮观。

由于凡尔赛宫苑局部屡经改建，有许多景点现已不复存在了，如“泰西斯[5]洞窟”“水剧场”（图 2 之 H）等。“泰西斯洞窟”因为孟莎扩建宫殿的北翼而遭毁坏，它的原址在现在的礼拜堂一带。“泰西斯洞窟”是建来献给太阳神的，其构造奇妙，富于想象力，是技艺精湛的水工技师弗朗西尼兄弟的作品。“水剧场”建在从“尼普顿池”分叉的林荫道中。据说因其中央的椭圆形空地上流淌着三个小瀑布，许多喷泉在郁郁葱葱的丛林的衬托下跳跃升腾恰似优美的舞台布景而得名。遗憾的是这一景观从 18 世纪中期起就永远消失了，现在成了一片杂草丛生的洼地。与“水剧场”毗邻有“三喷泉”，它是一组修建在三层平台上的三个水池。与“水剧场”对峙的是建在中轴线上的“迷园”，它建于 1674 年，是勒·诺特尔设计构思最美妙的作品之一，“迷园”构思源于“伊

[1] 拉托那（Latona），罗马神话中的提坦巨人科俄斯和福柏的女儿。

[2] 吉拉尔东（1628~1715 年），法国雕塑家。

[3] 克洛德·佩罗（Claude Perrault），集医生、物理学家和笛卡尔主义者于一身。他设计并参与建设了法国卢浮宫东翼，但他更大的成就或许是翻译古罗马建筑理论家维特鲁威的《建筑十书》，并于 1673 年出版。

[4] 狄安娜（Diana），罗马神话中的月亮和狩猎女神。

[5] 泰西斯（Tethys），希腊神话中的大洋女神，十二提坦神之一；是乌拉诺斯和盖亚的女儿。

索寓言”，其入口两侧相对而立着伊索和厄洛斯[1]雕像。暗示受厄洛斯引诱误入迷园的人将会得到寓言中伊索的导引。在园内错综复杂的道路旁布置了39座铅制的彩色雕像喷泉，上面刻着寓言中的动物。这个迷园于1775年被拆毁，现在只留下“王妃的树丛”。规模庞大的凡尔赛宫每个部分都堪称是杰出的庭园，它们花费了10年以上的漫长岁月才逐渐完成。下面是特里格斯著作中列出的建造时间表。

1 厄洛斯（Eros），希腊神话中的爱神。

1672~1675　“色列斯[2]喷泉”和“福罗拉喷泉”

2 色列斯（Ceres），罗马神话中的农神。

1672　“镜池”

1673~1677　“巴克斯喷泉”

1674~1683　“帝王之岛”

1675~1676　“恩克拉多斯[3]喷泉”

3 恩克拉多斯（Enceladus），希腊神话中的巨人。

1679~1683　“凯旋门丛林”和“三喷水丛林”

1670~1687　“新柑橘园”

1682　“瑞士厅”

1688　“舞会厅”和“柱廊”

据特里格斯的时间表推测，1688年庭园已基本完成，此后时有改造，时有荒废，但总体设计都保持了原样。

“色列斯喷泉”“福罗拉喷泉”“巴克斯喷泉”“撒旦喷泉”分别点缀在平行于主轴线的两条园路和垂直于主轴线的两条园路的交点上。“巴克斯喷泉”的西南是“帝王之岛”，它处在美丽的大水池中央，喷泉接连不断地向外喷水，呈现勃勃生机。与其相对的一侧即“福罗拉喷泉”的西北有“方尖碑丛林”。据说这里原来还有“会客厅”，“方尖碑喷泉”立在中央。这个喷泉的底边为9英尺，密布向上喷水的管道，喷水高达80英尺，形成方尖碑状的水景。

由于路易十四酷爱橘树，所以从那以后，就时常在宫殿旁设置柑橘园。勒・诺特尔将各地收集来的各种橘树种植在这里。后来，出于安全考虑，孟莎另辟了一处“新柑橘园”。柑橘园前面的花坛有许多美丽的大理石雕像、青铜像、铅制花瓶，至今仍装饰着四周的露台。称为“瑞士厅”的部分其实是柑橘园南面的一片开阔的大水面，远处的萨托里山冈倒映在水面上，呈现出迷人的景象。这里原来是天然沼泽，技师们试图排水，但以失败告终，所以勒・诺特尔才作了这样的处理。据说“舞会厅”是与“迷园”相邻的，也十分美丽。在椭圆形的一端有沿假山流下的小瀑布，上方是演奏场，它对面列着一排排的观众席。

水渠支流的北端是“大特里亚农”，这里曾有路易十四在 1670 年为蒙德斯庞侯爵夫人建造的“特里亚农瓷宫”，瓷宫建成后 7 年被毁，后来建造了由孟莎设计的“特里亚农大理石宫”。“特里亚农瓷宫”是一座罕见的中国式建筑物，它表现出路易十四的幻想之情和对东方世界的强烈憧憬，确实是个有意思的所在。这个宫殿中建造了由勒・诺特尔的外甥勒・布托设计的庭园。设计花坛时为了和建筑物的蔚蓝色与瓷器的白色相协调，特地从各地移植了五颜六色的珍稀花卉，又造了柑橘园。“特里亚农瓷宫”被毁时，柑橘园已换成了刺绣花坛。花卉比从前有所增多，浓烈的花香沁人心脾。此外还有一个种植着形形色色芳香植物的地方，被人称为“芳香园”。随着路易十四辉煌历史的结束，进入摄政时代以后，凡尔赛宫就开始荒废了。特里亚农宫也未能幸免于难。直到 1747 年才由蓬帕多侯爵夫人复兴，这个庭园也和凉爽的丛林、庵、喷泉等等一起恢复了全盛时代的景观。

凡尔赛大宫苑的完成确立了法国式或者可称为勒・诺特尔式庭园样式，同时使造园家勒・诺特尔其人身价倍增。从法国各地请他设计庭园的人也多起来，在他漫长的生涯中，由他指导在法国国内修建或改建的庭园数不胜数。其中著名的有：苏园（1673 年）、玛利园（1679 年）、圣克洛德（1660 年）、朗布伊埃、摩东、克拉尼、丹比埃尔（1683 年）、丢勒里宫苑（1662 年）、卢森堡、枫丹白露、圣日尔曼昂莱等。虽然这些庭园中有一半修建年代不详，但可以想象，它们都是历时多年建成的。从庭园的位置分布来看，意大利式庭园大致分布在全国的三个地区；相对而言，法国式庭园却几乎全都以巴黎为中心，集中在巴黎四周，恰恰形成了一大庭园地区。勒・诺特尔于 1700 年 9 月 15 日 87 岁高龄时逝世。遵照他的遗嘱，将他的遗体十分简朴地埋葬在巴黎的圣・罗希的圣・安德烈教堂。他终生作为路易十四的宫廷造园家为国王尽忠尽职。国王在勒・诺特尔生前授予他圣米歇尔十字勋章和圣拉扎尔勋位以表彰其功绩。当时国王还要授予他徽章，据说徽章上刻着三只蜗牛爬在花白菜上的图案，但是由于他早就有了自己选择的徽章，所以婉言谢绝了，并说：“我曾经忘了带锄，我怎能忘记了自己必须珍视的东西呢？因为陛下赐给我的一切荣誉和恩惠都是由这把锄头带来的呀！”从此，勒・诺特尔不仅得到国王的厚待，而且君臣之谊也更为深厚了。

1

2

3

4

5

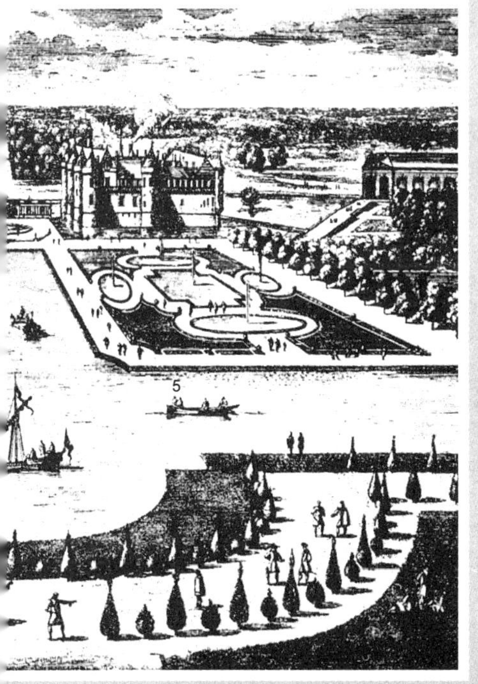

1 勒·诺特尔的肖像（特里格斯）

2 孚·勒·维贡特府邸的平面图

3 孚·勒·维贡特府邸的刺绣花坛（贝拉尔）

4 尚蒂伊府邸花园的古版画（特里格斯）

5 凡尔赛宫平面图（戈赛因）

6

7

6　凡尔赛宫俯瞰（韦尼奥）

7　“国王林荫道”或“绿色地毯”（韦尼奥）

8

9

8 “阿波罗水池”与“绿色地毯”（韦尼奥）
9 “阿波罗的战车”（韦尼奥）

10

11

12

10“拉托那水池”，背景是“大水渠”（韦尼奥）
11 北部的花坛和“卡戎之池”（韦尼奥）
12“林荫水道”，前景是“龙池”（韦尼奥）

13

14

15

16

17

18

13 “阿波罗的半圆形地”（韦尼奥）
14 “拉托那的花坛”（韦尼奥）
15 “撒旦水池”或“冬池”（韦尼奥）
16 “柱廊之林”（韦尼奥）
17 “摩东园的古版画”（特里格斯）
18 克拉尼园的古版画（特里格斯）

19

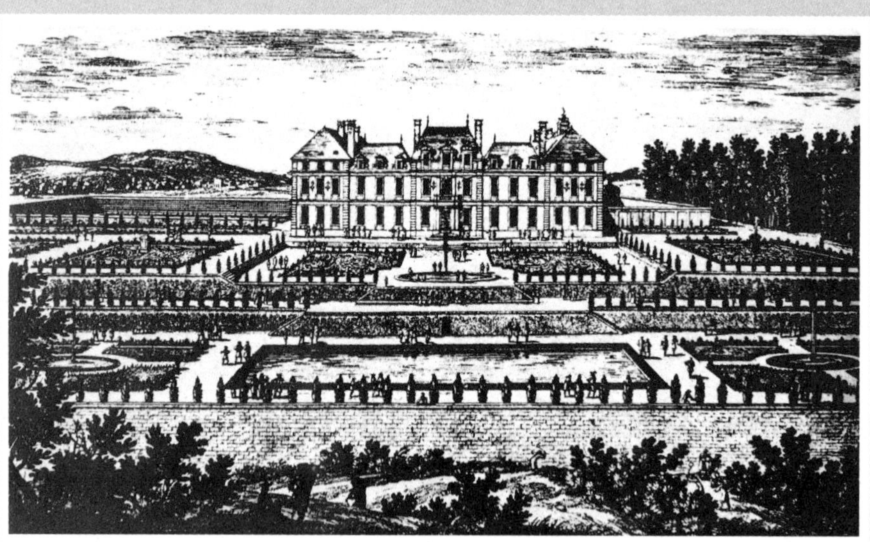

20

19 玛利园的古版画（特里格斯）

20 苏园的古版画（特里格斯）

21

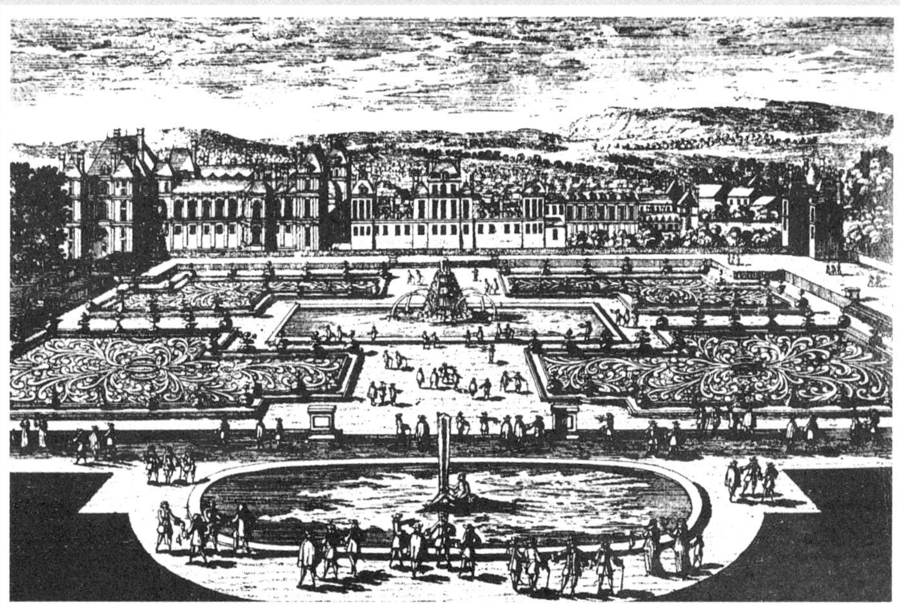

22

21 丢勒里宫苑的古版画（特里格斯）

22 枫丹白露的古版画（特里格斯）

第二章　勒·诺特尔式造园的特征

在阐述勒·诺特尔式造园的特征以前，让我们先来考察一下勒·诺特尔在造园史上所起的作用。勒·诺特尔出现之时，意大利的造园界已度过了它的辉煌时代，而表现出愈演愈烈的巴洛克式倾向。生逢此时的勒·诺特尔将变化无常、装饰繁琐的巴洛克倾向一扫而空，给造园设计带来了一种优美高雅的形式，必须承认这就是勒·诺特尔的丰功伟绩吧。勒·诺特尔在庭园构成中运用的种种要素，其绝大部分实际上一直都被使用在意大利式庭园之中，只不过，他采用了与之前不同的方法。法国造园史家曼金在指出这一事实之后，还进一步作出了如下的具体说明。

> “勒·诺特尔为庭园配置的露台、台阶、坡道、栏杆、池泉等等，都发挥了不但重要而且还常常令人心情舒畅的作用。经过他的处理，甚至连树木也成了新样式造园的材料。他将树木或布置成高墙，或构成长廊，或呈圆形的天井，或似成排的立柱；一言以蔽之，勒·诺特尔在庭园中淋漓尽致地展示了真正的纪念性建筑物的性格。它不仅自身结构华美无比，而且与主体的石造宫殿相映生趣，形成一个硕大无比的绿色宫殿。正如查理·勒布仑所述，这种庭园不仅是严肃庄重的散步场所，而且还备有许多地方来举办大型集会及与皇宫相称的豪华的宴会。”

以上论述表明，由于勒·诺特尔式造园具有意大利式造园中所没有的典雅庄重的风格，所以它的局部处理也颇具匠心。下面我们进一步从庭园构思方面来探讨勒·诺特尔式造园的特征。意大利造园属于露台建筑式造园；与此相反，法国式造园则可被称为平面图案式造园。尽管两者都采用规则的形状，但其特征却截然不同；即前者有立体的堆积感，后者则有平面的铺展感。如果说意大利式造园的选址大部分是高爽干燥的丘陵地带；那么法国式造园则不囿于风景特别优美的场所，它们中的许多甚至建于沼泽性低湿地带。所以法国式造园不像意大利式造园那样需从高处俯瞰，而是利用宽阔的园路构成贯通的透视线；或设水渠，展现出意大利式庭园无法见到的那种恢宏的园景。

基于这样的庭园外观，勒·诺特尔式又被称为“广袤式”（grand style）。尽管法国式庭园中也筑有露台，但与利用斜面将几个庭园部分重叠起来的意大利式庭园相比，法国式所设的几级宽大的露台不过是使水平面多些变化而已；从整体来看，它仍然是一种几乎近于平面的庭园。如将法国式与意大利式在平面图上做一番比较，就不难看出，它们的主轴线均从建筑物开始，沿一条直线延伸，以该轴线为中心对称布置其他的部分，使整体统一起来。就此而言，这两种样式是非常相似的；但在局部设施方面来说，却有一些属于勒·诺特尔的独创，它们也构成了法国式造园的独特之处。

花坛　勒·诺特尔设计的花坛有 6 种类型，即“刺绣花坛”（parterre de broderie）、“组合花坛”（parterre de compartiment）、“英国式花坛”（parterre á langlaise）、“分区花坛”（parterre de pièces coupées）、“柑橘花坛”和“水花坛”。“刺绣花坛”是将黄杨之类的树木成行种植成刺绣图案一般，是最美丽的一种花坛。路易十三时期，这种花坛中常栽种花卉培植草坪。“组合花坛”是由涡形图案栽植地，草坪、结花栽植地和花卉栽植地 4 个对称的部分组合而成的花坛。“英国式花坛”就是一片草地或经修剪成形的草地，它的四周辟有 0.5~0.6 米宽的小径，外侧再围以花卉构成的栽植带，这是一种最不显眼的花坛。“分区花坛”与其他花坛不同，它完全是由对称形的造型黄杨树构成，在这种花坛中丝毫不见草坪或刺绣图案的栽植。“柑橘花坛”与前述的“英国式花坛”有些相似，不同之处在于柑橘花坛中种满了橘树及其他灌木。“水花坛”是将环抱在草坪、林荫树、花圃之中的泉水集中起来构成的花坛。

丛林（bosco）　丛林通常是一种方形的造型树木种植区，它分为“滚木球戏场”“组合丛林”“星形丛林”和“五点形丛林”4 种。“滚木球戏场”是在树丛中央辟出一片草坪，在草坪正中设置喷泉等等，这个草坪的周围只有树木、栅栏、水盘，除此之外没有任何其他装饰物。“组合丛林”和“星形丛林”中都设有许多圆形小空地。“星形丛林”和“V 形丛林”虽然都附属在道路的两侧，但若道路也呈星形则称“星形丛林”，而“五点形丛林”则是在草坪上将树木按每组五棵的规律种植成 V 字形。

树篱　树篱是花坛与丛林的分界线，厚度常为 0.5~0.6 米，必须高而规则，且相互平行。高度从 1 米的矮树篱到 10 米左右的高树篱，应有尽有。树篱一般种得很密，使人们不得随意进出，另外再设出入口。树篱常用的树种有黄杨、紫杉、米心树、疏花鹅耳枥树等。

花格墙（图 6）　这种形式盛行于 17 世纪末期。花格墙设计虽然自古有之，但在法国才将古代中世纪时粗糙的木制花格墙改造成精巧的庭园建筑物并引用到庭园之中。最初只用作树墙的枝条，之后才用它来分隔丛林中的园路和菜园部分。在勒·诺特尔时代，花格墙成为最为盛行的一种庭园局部构成，并设有专职的工匠来负责制作。庭园中的凉亭、客厅、园门、走廊及其他所有的构筑物都用它来建造。它不仅价廉，而且极易制作，这是石材及灰泥所不可比的。

喷泉（图8）**与阶式瀑布** 布瓦索说："水之为造园所不可缺少，不仅是因为在严重干旱时要用它来浇灌庭园及凉爽环境，而且，水，尤其是流水还是一种十分行之有效的庭园装饰手段。流水的动态实乃生机勃勃的庭园之魂。"勒布隆在其著作《园艺的理论与实践》中，专辟一章来讨论水的处理手法，并图示出各种各样的设计方案。在倾斜地带，利用地下水泵将水从第一层水盘导向第三、第五层水盘，并造一排小喷水口。有时还在水盘底部铺上彩色的瓷砖和砾石。

在勒·诺特尔的作品中，就像上述要求那样大量地利用水，这从凡尔赛宫就可见一斑。在凡尔赛宫中，从"水花坛"开始，有"金字塔喷泉""拉托那喷泉""萨索利喷泉""阿波罗喷泉""尼普顿喷泉""水剧场"，等等，不胜枚举，它们制作得十分精致，充满了流水之美。在法国，阶式瀑布虽然不像在意大利那样盛行，但从古版画、照片及玛利园和圣·克洛德庭园中仍能见到它的佳作。

水渠 水渠是富有勒·诺特尔式造园特征的最重要的一种手段。孚·勒·维贡特府邸庭园中的水渠被当作横向的轴线；凡尔赛宫中的水渠呈十字相交。欲使庭园看起来显得更加宽阔的最有效的手段非水渠莫属；不仅如此，水渠还为当时的贵族们提供了游乐的场所。他们在其中一边乘船游玩，一边在船上演奏所谓的水上音乐；每当此时，流水往往使音乐之声更加婉转动听。此外，在游园会上时常燃放焰火，五彩缤纷的色彩映在水面上，使庭园更加绚丽多姿。在法国及荷兰的庭园中，水渠的利用是十分流行的。

雕塑（图10） 在意大利，罗马时期遗留下来的古玩性雕刻品十分丰富，它们往往被用来装饰庭园。在法国因极少这类雕刻物，所以很难像意大利那样将它们用于庭园之中，最初只能仿造古代雕刻，后来才在庭园中采用了蒂比、勒·鸿格雷、莱高丁（Thomas Regnaudin）、库塞乌厄、凯勒等当时的雕刻家的作品。姑且不论这些雕刻的艺术价值，仅就庭园装饰品而言，它们之中确实出现了不少与庭园氛围相吻合的作品。

1

2

1 “水花坛”和“南方花坛”（韦尼奥）

2 “北方花坛”（韦尼奥）

3

4

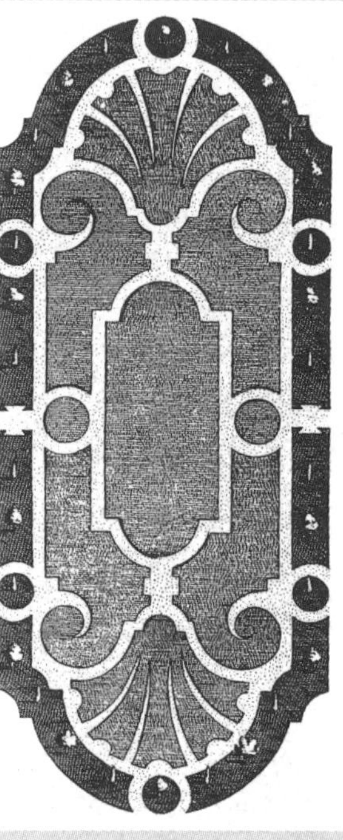

5

6

3 具有勒·诺特尔式特征的“刺绣花坛”
4 具有勒·诺特尔式特征的“组合花坛”
5 具有勒·诺特尔式特征的“英国式花坛”
6 花格墙（特里格斯）
7 台阶与花瓶（韦尼奥）
8 尼普顿喷泉（韦尼奥）

7

8

9

10

11

9 “拉托那水池”的喷泉（韦尼奥）
10 “酣睡中的阿里阿德涅”（韦尼奥）
11 勒·鸿格雷的作品“微风”（韦尼奥）

第三章　勒·诺特尔式造园对各国的影响

一、荷兰

凡尔赛宫与勒·诺特尔式造园的影响并没有立即在荷兰扩大。自凡尔赛宫的全盛时期以后又过了25年才问世的造园书籍中，仍没有介绍勒·诺特尔所采用的新样式，直至威廉三世营造宫苑之时，才开始小规模地模仿法国式庭园。原因很简单，当时荷兰人口稠密，土地都落入少数中产阶级手中。在富裕的阿姆斯特丹商人中，虽然为数不少的人都拥有多余的财力来建造大府邸，但他们的民主精神却阻碍了这种建设活动的开展。有人说勒·诺特尔曾设计过荷兰的黑特·罗的庭园；不过，却没有任何证据足以说明勒·诺特尔在此工作过。勒·诺特尔式造园难以在荷兰流行的另一个原因是，由于法国式造园之美主要取决于对丛林、森林等的处理方式，而在荷兰的大部分地方，树木的生长受到强风的妨碍。此外，树根只要稍微伸入土中少许就能吸收到水分，所以也难以长出根深叶茂的大树。

最有趣的佛兰德庭园之一是昂吉安公爵[1]的城堡庭园[2]。这个庭园位于距布鲁塞尔[3]18英里的地方，法国革命时被毁。从胡赫版画所描绘的情景可知，1739年，由于伏尔泰和查特雷特侯爵曾在此逗留之故，这个庭园便进入了它最辉煌的时期。从德·胡赫的设计图中可见到从城郭直通堡垒的林荫大道。这是建有7座棱堡的堡垒，从中可以眺望射击场。图中还有一座名为“巴尔纳斯”（Mont Parnas）的假山，高三层，用树篱围着的坡道将各层连在一起。鱼池在城郭的附近，一座巨大的喷泉耸立在被称为拉·莫托的方形岛中，树篱环抱着这个岛。庭园中还有林荫道（le Maillé）（图1）。这是一条长达300码（约274米）的林荫道，它的两边是高耸的树墙，道路尽端造有喷泉和园亭。林荫道上还有稍高一些的人行道，观众可以在那里观看比赛。迷园、柑橘园以及设有巧妙机械装置的岛都使这个庭园魅力无穷。

西蒙·谢伏埃特、丹尼尔·马洛特、杰克尤斯·罗曼是荷兰著名的造园家，他们三人都忠实地继承了勒·诺特尔的风格。谢伏埃特设计了索克伦的庭园，与宫廷也有联系，他还建造了海牙附近的主要庭园和阿姆斯特尔河与威赫特河沿岸的许多别墅。有人认为谢恩克在版画中所画的谢伏埃特肖像（图2）就是国王的肖像。丹尼尔·马洛特是勒·诺特尔的学生，年轻时从凡尔赛

▪1
Duc d' Enghien

▪2
该庭园现名昂吉安公园，位于现在的比利时境内。

▪3
布鲁塞尔在1815~1830年时，为荷兰的首都。1830年比利时独立。

荷兰造园简史表

公　元	通　　史
1568 年	尼德兰独立战争爆发 (~1648 年)
1576 年	“根特协会”在尼德兰成立：组成诸省的联合
1579 年	缔结乌得勒支同盟：尼德兰北方七省的联合形成
1581 年	尼德兰北方七省独立宣言：尼德兰联邦共和国 (荷兰) 成立 (1648 年始得到各国承认)
1584 年	奥兰治公爵威廉遇害，其子毛利斯继任总督
1602 年	东印度公司建立 (~1795 年)
1621 年	西印度公司建立
1652 年	建设开普殖民地
1668 年	签订亚琛和约：归还法国占领地
1677 年	威廉三世与英女王玛丽结婚

公　元	造 园 史
1527 年	德·威利斯诞生在吕旺德
1577 年	在莱登创建欧洲第一座植物园
1582 年	埃蒂安纳的“*Praedium Rusticum*”荷兰语本出版成为荷兰最早出版的造园著作
1583 年	德·威利斯的设计书在安特卫普出版
1614 年	克里斯宾·德·帕斯的“*Hortus Floridus*”在阿纳姆发行
1669 年	万·德·格罗恩的《荷兰造园家》(*De Nederlansche Hovenier*) 出版
1676 年	《宫廷造园家》(*De Koninglycke Hovenier*) 出版
1678 年	Gaspard 的“*Hortus Amstelodamus*”出版
1683 年	Jan Commelyn 的著作译成英文
1714 年	咖啡苗送往巴黎
1715 年	建筑师彼埃尔·波斯特的宫廷版画出版
1732 年	雷德马克的版画集“*Maison de Plaisance*”出版
1756 年	罗特尔的“*Histoire des Plantes*”出版
1757 年	德·坎迪龙的“*Les délices de Brabant*”出版
1770 年	德·坎迪龙的“*Vermakelykheden van Brabant*”出版

赴海牙，不久后任威廉三世的宫廷造园家，跟随国王到过英国，据说他还与汉普顿宫也有些关系。马洛特曾公开发表过许多关于花格墙、庭园装饰物等的设计和其他设计方案。除在海牙工作外，他还为国王筑造了休斯特·迪尔伦，又为阿尔贝马尔伯爵建造了兹特芬附近的伏尔斯特。杰克尤斯·罗曼也为威廉三世供职。他设计的最重要的作品就是黑德·罗的庭园。除上述三人外，约翰·万·科尔也是有名的造园家，他于1689年生于海牙，继海牙附近的克林根达尔庭园之后，他陆续设计筑造了许多庭园。

1669年出版了万·德·格罗恩的《荷兰造园家》(*De Nederlandsche Hovenier*)一书，该书还被译为法、德两种文字出版，直到18世纪中叶仍为最通俗的造园论读物。在古典绘画作品中描绘的海牙周围的里斯威克、鸿斯勒尔戴克、豪斯登堡[1]等，揭示出改造成为法国式之前的荷兰庭园的状况。在上述著作中，万·德·格罗恩论述了普通的地方生活，喷泉、花卉、树木、葡萄、橘树的栽培等；并介绍了简易花坛的设计、花格墙的构造；他还利用过去收集到的方尖碑、房门、回廊、园亭等珍贵的设计资料，对花格墙作了说明。最后，他向读者介绍了日晷，列举了一些用树木造指针、用造型黄杨作数字的罕见实例。

1676年，题为《宫廷造园家》(*De Koninglycke Hovenier*)的更豪华的著作问世，书中所记的花坛种类更为繁多。这本书在英国得到了极好的评价。英国的大部分优秀庭园一定都是根据它的设计来建造的。该书由两部分组成，上编论述了果树及花卉；下编介绍了庭园设计方面的内容。

荷兰的大部分别墅都位于阿姆斯特丹、海牙、哈勒姆、莱登、乌得勒支附近。陆上旅行或是不安全，或是比较困难，但阿姆斯特尔河和威赫特河上的快艇运输则十分便利；所以，在乌得勒支和阿姆斯特丹之间就形成了一大造园地带。

蒙塔吉在1763年作了如下记载："我们接连不断地穿过庭园，其中建有迷园、花坛及各种造型奇妙的树篱。庭园的分区有的利用小河渠，有的则利用狭窄的田地。过了一个多小时，直到夫伦凯尔姆，鳞次栉比的庭园令人目不暇接，后来又继续行进了数英里的路程，花了几个小时。"

在哈勒姆[2]和阿姆斯特丹之间，布满了数不胜数的小别墅；从阿尔克马尔到海牙，各种宅邸星罗棋布，宛如一幅连绵不断的画卷一般。在版画中所描绘的庭园可能也是庭园所有者们所梦寐以求的吧。这类版画既是示意低湿地带排水状况的测量图，同时又向我们展示了荷兰北部别墅的翔实景观。

1732年，雷德马克出版了一本精美的荷兰住宅版画集，题为"*Maison de*

▪1 Huis Ten Bosch 在荷兰语中是"林中之家"的意思。

▪2 哈勒姆(Haarlem)是荷兰北部的古城。

Plaisance"。画中的住宅都用河渠围着，河渠上架设着千姿百态的小桥，以大门柱为界。它们的前庭一般直通简朴肃穆的砖结构建筑物；如无前庭，则以椴木林荫道代之。宅内造有许多古雅的凉亭（gazebo），它们的屋顶形状各式各样。住宅四周的树篱修剪得很低矮，以便观赏风景。从装饰得五颜六色的平台上举目远眺，将并排在河渠两岸的别墅那漫无边际的全景尽收眼底，足以令人心旷神怡。

在哈勒姆北边有一个名叫 Kennemerland 的地方，18 世纪繁荣时期，这里曾建有阿姆斯特丹富商们的别墅。今天其中的大部分虽然还残留着，但它们的庭园免遭 19 世纪初的大掠夺之难者却寥寥无几。虽然这些庭园在规模上不得不受到极大的限制，但它们大体都是按照勒·诺特尔式来设计建造的。其设计图和精美的小版画集由亨德瑞克·德·勒什在阿姆斯特丹出版。Kennemerland 的别墅面积都较小，装饰典雅，是避暑之地，充满了安宁欢乐的气氛。别墅中随处可见林荫道遗址、前庭及尚未全部毁坏的园亭和柑橘园。在距哈勒姆一英里的芒嫩帕尔也有典型的小别墅。穿过两旁有五点形椴木栽植的短车道即可到达这里的别墅，车道两边还有一些分散的房屋；一边用作柑橘园，一边用作牲畜房。装饰性的小桥通向环抱在宽大壕沟中的方形宅邸，宅邸对面造着花坛。

黑德·罗宫内直至 18 世纪末还留有一些美丽的规则式庭园（图 3），如今它们却完全被风景式庭园所取代了。过去，这座宫殿是由带有翼屋的中央大建筑组成的，它的两侧各有一个方形小花坛，一个被称为"国王之园"（konings tuin），另一个被称为"王后之园"（koninginne tuin）。在"王后之园"中，有呈 S 形的树枝栅栏林荫道和绿色隧道，中央建着一个带铅制镀金喷泉的"绿色小屋"。低矮的黄杨树篱围绕着马戏场，附近还有迷园（doolhof）。威廉三世在这里建房时，这里曾有一个著名的植物园，为汉普顿宫提供了许多植物。从 1699 年哈瑞斯博士所写的有关路克斯园的详细记述中可以了解到以下情况："树篱以荷兰榆树为主，林荫树则采用小橡子树、榆树、椴木树。乔灌木大多被修剪成金字塔形。墙上的壁画将人引向树林中的各个场所。在通向'王后之园'凉亭的人行道上安放了凳子，透过对面的窗口可以看到庭园中的喷泉、雕塑及其他景观。'王后之园'内的花坛四周围着高约 4 英尺的荷兰榆树树篱。所有园亭内的凳子、支柱以及果园人行道旁的格构工艺品都涂上了绿色。沿砂砾人行道的两旁及中心喷泉的四周，都摆满了种着橘树、柠檬树的活动木箱，并在它们的周围放置了花盆。"

海牙最重要的庭园是皇宫的庭园（royal palace），它是在17世纪设计的，后来园内规则形状的鱼池被改成了“英国式”的湖，经改造后的庭园面目全非了。1730年，瑞米尔[1]在版画设计图上绘出了未受破坏前的庭园花坛，这是宫廷职员所设计的城市庭园的优秀实例。海牙附近的一些主要宫殿都拥有大规模的庭园，如里斯威克、鸿斯勒尔戴克、索格乌勒特及豪斯登堡（即林中之家）等。但是除了最后的“林中之家”外，其他的全都消失殆尽了。鸿斯勒尔戴克位于海牙与胡库之间，是荷兰最美的宅邸之一，也是威廉三世所钟爱的宫殿（图4）。威廉国王在古代庄园宅邸的基础上，将它重新建造得十分壮观。宫殿后面有一片种植得整齐有序的大丛林，它的对面是动物园，其中饲养着许多外国动物。在过去的《荷兰造园家》一书的版画中曾表现了17世纪时该园的景观，维斯切也描绘过这个庭园。

索格乌勒特的城堡位于通向谢维宁格的道路旁，是海牙附近的一座重要别墅。它的所有者是勃特兰德公爵。威廉及玛丽曾多次访问过这座别墅，18世纪初，还在这里举行过许多著名的庆典。别墅庭园中最为壮观的当推半圆形的大柑橘园，在它的中央和两端都建有凉亭，其中还有称为“帕尔纳索斯山”[2]的假山，内设景石组的洞窟、小瀑布、半圆形穹窿、鱼池、迷园及养鹤所等等，此外还有一组喷泉，这在荷兰是罕见之物。经过漫长的岁月后，这所有的一切都消失了，只残留下一些低矮的单层建筑。在1780年左右，才对它进行了改造，将英国式造园风格引入园中。

“林中之家”原是为奥兰治公爵弗雷德里克·亨利的遗孀索尔姆斯的亚美莉亚[3]建的遗孀之家（图5）。1645年，公爵的妃子不满意建于海牙和里斯威克的旧的遗孀之家，执意要在北面正对通向海牙入口处的美丽的森林中建造别墅。在建造过程中，王妃打算使它成为奥兰治家族的纪念建筑，因而格外关心它的进展。不言而喻，这是在玛丽·德·美第奇的卢森堡宫的启迪下产生的想法。插图所示的为当时建造的宫殿，它屹立在宽阔的基地上，四周围着壕沟，这道壕沟是今天残存着的唯一的古庭园部分，其他的一切都已面目全非了，过去的构图几乎没有留下一点儿痕迹。有不少版画记录了16至17世纪时宫殿的情形。1715年由建筑师彼埃尔·波斯特出版、后于1758年又由贝斯科特出版的设计图告诉了我们那时所出现的构思上的巨大变化。

里斯威克[4]属那索家族所有。这个庭园位于一片用壕沟围成的长方形区域中（图6）。1697年，因在此宫殿内签署了和平条约，而使这里成为闻名于世的地方。这个规则式庭园的设计使人立即联想到汉诺威附近的海恩豪森宫。

[1] 瑞米尔（1676~1762年），荷兰历史学家、法学家。

[2] Parnassus

[3] Amalia Van Solms-Braunfels（1620~1675年）

[4] 现为Rijswijk。

里斯威克内的宫殿已遭法国人破坏，但庭园部分至今尚存。

在荷兰北部的小城市中，由于房屋鳞次栉比，所以其庭园的规模往往也比较小；常常围着壕沟，以吊桥相通。荷兰人视自己是城堡的主人，这种意识比英国人更为强烈。连通这种小城堡的通道有时用固定桥，但在不少情况下也架设各式各样构思巧妙的悬臂桥或旋转桥，并将这些桥漆成绿色、黑色或白色，使这种乡村小路风景如画。小庭园中趣味无穷，就像为孩子们建造的那样。园路的宽窄只够步行，园亭的大小也从人的体量来考虑。这些房屋和庭园都环抱在树木之中，这些树木常常被修剪成想象力所及的任何形状；有时，风流倜傥的主人甚至还把树干染成蓝色和白色。

17 世纪末和 18 世纪的荷兰住宅与同时期的英国地方住宅相比，有着非常相似的性质。它们几乎都是坚固的古典风格的砖结构建筑，极少使用石材，并且外形上缺乏变化，而这种变化正是德国与佛兰德城堡的特征之所在。到 19 世纪初叶，宅邸四周需要用深深的壕沟包围起来，这种壕沟也兼作鱼池。庭园一般则沿袭马洛特初期的法国风格，采取对称规则的布局。但是，勒·诺特尔去世以后，勒·诺特尔式造园才在欧洲大陆流传，阿姆斯特丹的富商们建造的许多庭园中，都装饰了丛林、林荫道、河渠等，但其中却缺少作为法国式庭园的重要特征的雕刻品。通常所称的荷兰式庭园除了具有使用长长的水渠和用庭园包围等特征外，几乎与法国式庭园如出一辙。

空花墙（clairvoye） 完全是荷兰人的独创。这种空花墙往往设置在林荫道的端点处，它由嵌着装饰性铁格子的两根或更多的砖柱所构成。透过铁格子，可以看见庭园外面的田园风光、教堂的尖塔及其他配景物，从而扩大了庭园的观景范围。

夏季别墅（zomerhuis） 夏季别墅和凉亭是庭园中颇有特色的建筑物。其形状千姿百态，凉亭多以砖或石及护墙木板造成，也有的内设火炉。这种小型建筑物完全是荷兰所独有的。它们的门上书写着主人喜爱或表达平安的古雅名称或格言等。早期的荷兰庭园中尚无家庭的养鸟房，大约到 17 世纪，才有了这种装饰性的附属建筑。从 18 世纪初期开始，在威斯特霍夫出现了比较华丽的养鸟房，在下沉的方形庭院里设置了装着小鸟的八角形养鸟房。在风景式造园时代已有形形色色的养鸟房，它们的外形取材于古代的庙宇、中国式塔、哥特式废墟、土耳其式的寺庙等等，与 17 世纪流行的结构有所区别。

柑橘树 自 17 世纪到 18 世纪，在荷兰大量种植了柑橘树，在主要的庭园中都辟有柑橘园。据说在荷兰柑橘的栽培法也十分先进，其果实毫不逊色于西班牙出产的柑橘。

郁金香 其栽培常常作为荷兰的重要产业，据劳顿说，荷兰早在12世纪就已开始栽培郁金香。罗特尔在1756年著的《植物史》(*Histoire des Plantes*)一书的序言中记载，在十字军时期及巴冈迪公爵时代，对植物深有兴趣的荷兰人就将勒旺特地区（地中海东部、叙利亚、小亚细亚、埃及等沿海地区）及荷属东、西印度地区的植物引进国内；荷兰栽种的外国植物比其他任何国家都多。在16世纪的内战期间，荷兰庭园中的不少佳作都遭受了遗弃甚至毁坏的厄运，但却仍然比欧洲其他国家保存下更多的珍品。起初栽培风信子和郁金香只是为了用它们来装饰桌子和房屋；现在，在汉普顿宫内还能看到这样的范例。为了毫不遮掩地夸耀这些花卉之美，还特意设置了代尔夫特产的陶制花瓶；并且，在当时的纺织品和家具上，以花卉作为装饰设计主题的情况也屡见不鲜。这种对花卉的酷爱在英、法两国的庭园设计中起着很大的作用。而法国式的花坛并没有得到荷兰人的垂爱，比起刺绣花坛的华丽来，他们更喜欢单纯的方形花圃。

造型植物 尽管有人认为是荷兰人使古代的造型植物重新流行起来，但毫无疑问，造型植物的流行必定是从意大利波及法国的。帕里西于1564年、奥利维埃·德·塞尔于1604年都提出了造型植物的有关问题；麦利安还在1631年留下了不少造型植物的图，并在后来的报道中将法国和英国（特别提到汉普顿宫）推为造型树木盛行的国家。造型树木虽已不像过去那样不分场合地滥用一气，但在18世纪时，它们仍然十分流行。为了构成花坛的边缘，常常将黄杨及迷迭香的矮树篱修剪成各种充满奇思遐想的形状，并用金字塔形的造型植物来突出整个花坛。

林荫道 在哈勒姆附近的马尔库埃特还残存着不少古代林荫道，它的城堡则建在大壕沟围着的岛上。在门斯丁，宅邸大都用三道壕沟围起来。荷兰人普遍喜欢林荫道，一般要从大街穿过椴木林荫道才能进入他们的宅邸，还有的则像塔弗勒特那样将树木种植得很密，形成一条长长的绿色隧道。维尔森附近的沃塔兰德内几乎没有花坛，庭园的整体效果就集中体现在园中央开阔的水景部分，从那里伸出一排椴木的林荫道，直至凉亭或寺院。

庭园剧场 也属常见的庭园建筑物。韦斯特威克的庭园剧场是十分豪华的，它有带大拱券的鹅耳枥造的舞台(proscenium)，在舞台后且与之相连的下凹的椭圆形演奏场内，设有管弦乐团的座席。舞台两旁浓密的造型树篱成了一排铅制雕像的背景，而舞台的背景则是一些牢固的建筑结构。这些庭园剧场往往也采用格构结构来搭建，这种临时性的材料结构特别适合于庭园剧场；当然，今天它们全都已经荡然无存了。

树篱 一般用易于生长在荷兰轻质砂壤中的鹅耳枥树修剪而成。通常将树篱修剪得十分齐整，有时也将它们修剪成各种奇特的形状。果园都用砖墙围着，为了更有利于果树的生长，砖墙被设计成一排凹凸不平的曲线。据说温室这类建筑物也被引进了荷兰庭园，现在还残留着一些带暖房装置的早期建筑实例。

1

2

1 昂吉安庭园中的林荫道（特里格斯）
2 西蒙·谢伏埃特的肖像
3 威廉三世时期的黑德·罗宫（特里格斯）
4 鸿斯勒尔戴克宫（特里格斯）

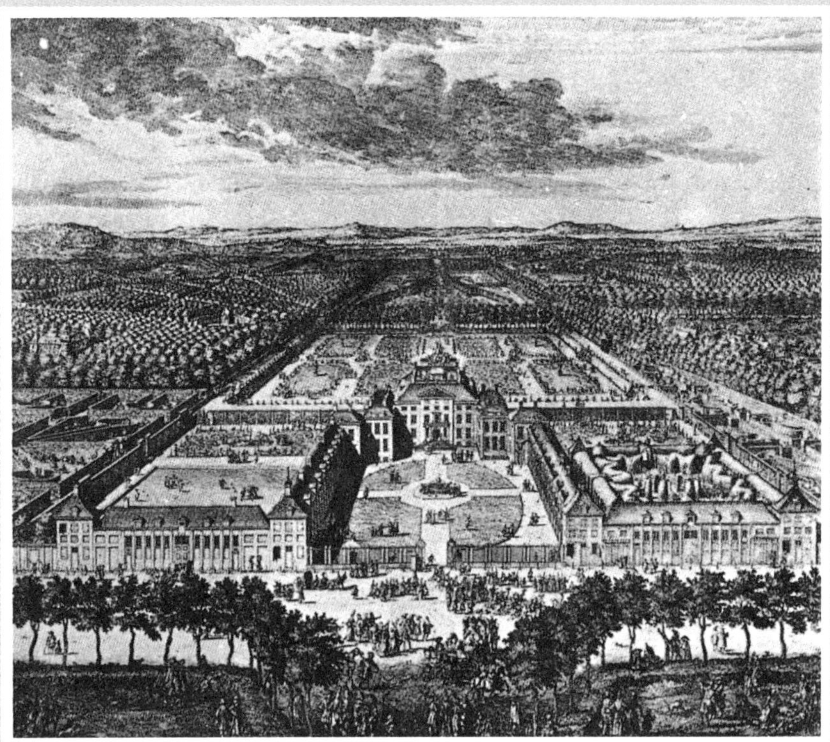

3

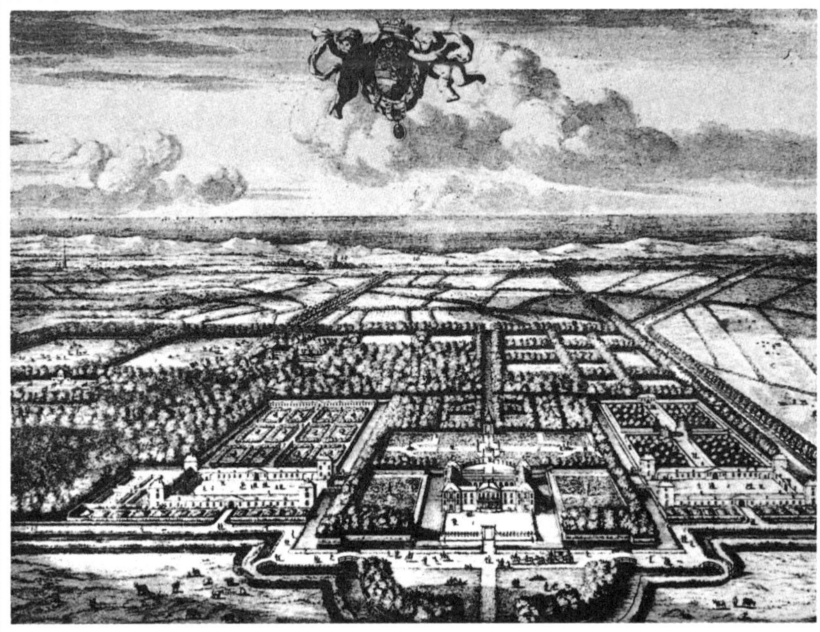

4

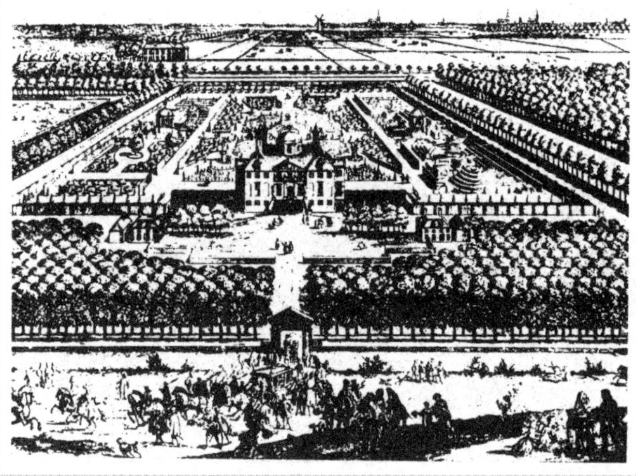

5

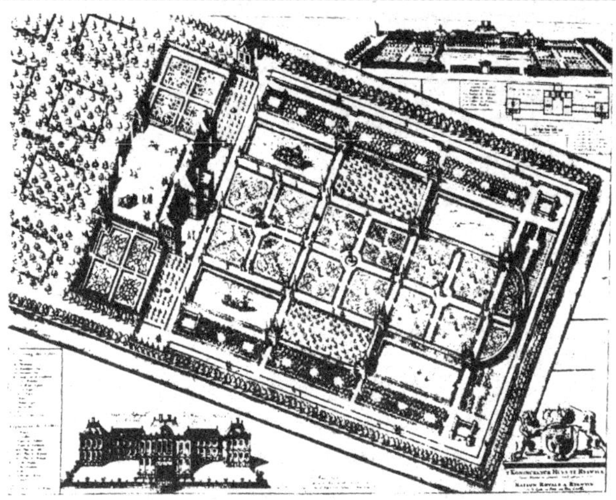

6

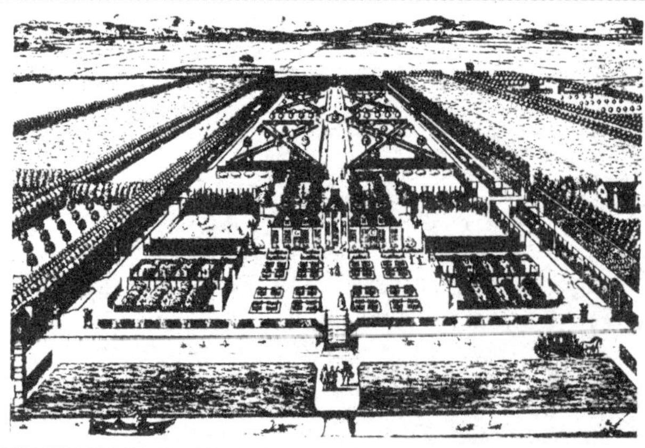

7

5 “林中之家”（特里格斯）

6 里斯威克宫（特里格斯）

7 哈勒姆附近的别墅（特里格斯）

二、德国

在18世纪后半期，德国的君主们竞相筑造大庭园，其中的苏维兹因根离宫的庭园幸运地残存下来，至今还保留着昔日的壮观。现存的该庭园为17世纪中叶以前所造，城堡曾是帕拉丁伯爵的宅邸。庭园在伯爵手中时，主要被用于果树和蔬菜的栽培。后来，在荷兰度过童年的法尔兹的嫡子卡尔・路德维希将庭园改成了荷兰式；1682年，其子又在蔬菜园中加筑了花坛，并从曼海姆的宫苑中移植来柠檬树和橘树。但这一切努力都付诸东流，苏维兹因根很快就成了战争的牺牲品。直至18世纪初叶，杜塞尔多夫的宫廷造园家约翰・贝灵才重建了这个庭园，1748年又由选举侯查理・西奥多扩建，历经沧桑，直到今日。

海恩豪森宫殿（图1） 距汉诺威1.5英里，与勒・诺特尔设计的美丽的榆树林荫大道——海恩豪森林荫道相连。1665年建造了这座汉诺威皇家避暑宫殿，它以意大利奎里尼为约翰・弗里德里希公爵设计的低层大建筑物为始，翌年又建造了由勒・诺特尔设计的恢宏的庭园。但实际上，勒・诺特尔只完成了图面设计，庭园的建造是由另一个法国人夏尔博尼埃和他的儿子完成的。这个庭园的设计与安德烈・莫莱在其著作《游乐园》（*Le Jardin de Plaisir*）中描绘和构思的庭园十分相似。1692年对该园进行了扩建，增加了一个矩形大花坛，这个花坛的三边被大壕沟环绕着，一边与城堡相接。在壕沟的端部并排着三行椴木林荫树，园内各处还点缀了罗马寺院风格的小园亭。在花坛各个重要的地方都安置了表现古代英雄的巨型砂岩雕塑及美丽的石花瓶，在另一端至今还残留着一座古代的庭园剧场。当时，海恩豪森以大规模的水景工程而闻名于世。残存着的一部分阶式瀑布布满了宫殿东侧翼屋的墙面，它由一排小水池组成，流水从各个水池一个接一个地往下流淌着。

尼姆芬堡宫殿 距慕尼黑3英里，是1663年为选举侯马克斯・埃马纽尔建造的。数年后建造了小规模的庭园，1701年荷兰造园家才将庭园重建得像现在这样壮观。深受荷兰式造园风格影响的造园家在宫殿两侧及庭园四周修筑了长长的水渠（图3）。1715年法国人吉拉尔（又名吉洛）担任了宫廷造园总工程师，他完成了杰出的水工和喷泉设计方案，尼姆芬堡宫殿因此而名声大振。喷泉的喷水高度达85英尺。1722年左右，全部工程结束，在宫廷内举办了盛大的宴会。以"阿玛琳堡"（Amalienburg）之名尽人皆知的优美的园亭至今还留存在宫廷左面的丛林之中，与它对峙着的草庵却在很久以前就已毁坏了。尼姆芬堡庭园中最美的地方当推来自慕尼黑方向的大道。两旁种着椴木树的一条长水渠从慕尼黑一直通向尼姆芬堡宫内的半圆形前庭，这个前庭

公　元	通　　史
1546 年	马丁·路德去世 (1483 年 ~)，土马尔卡登战争 (~1547 年)
1555 年	签订“奥格斯堡宗教和约”
1556 年	查理五世（即卡洛斯一世）退位，其弟斐迪南一世即位 (~1564 年)
1602 年	鲁道夫二世 (1576~1612 年) 开始迫害波希米亚、匈牙利的新教徒
1608 年	成立“新教同盟”(即“福音同盟”，法尔兹伯爵为盟主)
1609 年	成立“旧教同盟”(即“天主教同盟”，巴伐利亚侯爵为盟主)
1618 年	布拉格新教徒兴起，布朗登不鲁库侯爵吞并东普鲁士，三十年战争开始 (~1648 年)：第一阶段
1625 年	三十年战争：第二阶段 (丹麦战争)
1626 年	三十年战争：皇帝军队 (瓦伦斯坦为统帅) 击败丹麦王
1630 年	三十年战争：第三阶段，瑞典国王古斯塔夫入侵德国
1632 年	吕岑之战：古斯塔夫阵亡
1635 年	三十年战争：第四阶段，法国与瑞典联盟并参战
1648 年	威斯特伐利亚和约：三十年战争结束，承认瑞士、荷兰的独立
1683 年	土耳其军队围攻维也纳，德国诸侯们击溃土耳其军队，挽救了维也纳
1701 年	西班牙王位继承战 (~1714 年)，普鲁士王国成立：腓特烈一世即位 (~1713 年)
1713 年	腓特烈·威廉一世即位 (1740 年)
1740 年	腓特烈二世 (大帝) 即位 (~1786 年)，奥地利王位继承战 (~1748 年)、第一次西里西亚战争 (~1742 年) 爆发
1742 年	柏林和约：第一次西里西亚战争结束 (1740 年 ~)
	选举巴伐利亚公爵查理·阿尔伯特为皇帝，查理七世即位 (~1745 年)
1744 年	第二次西里西亚战争 (~1745 年)
1745 年	弗兰西斯一世即位 (~1765 年)(共和制)
	德累斯顿和约：第二次西里西亚战争结束 (1744 年 ~)

公 元	造 园 史
1576 年	萨尔蒙·德·考乌斯生于迪埃裴
1580 年	莱比锡创办第一座公立植物园
1613 年	巴西尔·贝斯雷出版“*Hortus Eystettensis*”
1615 年	德·考乌斯来到德国，在海德堡宫殿任职
1620 年	德·考乌斯出版“*Hortus Palatinus a Frederico Electore-Heidelbergae Exstructus*”
1641 年	Mattew Merican 出版“*Florilegium Renovatum et Anctum*”
1650 年	出版上述著作的增订版
1663 年	为选举侯马克斯·埃马纽尔建尼姆芬堡宫殿
1665 年	将海恩豪森宫建为汉诺威王族的夏宫
1682 年	卡尔·路德维希将苏维兹因根的蔬菜园改造成花坛
1692 年	扩建海恩豪森的庭园
1701 年	荷兰造园家重建尼姆芬堡的庭园
1715 年	法国人吉拉尔任尼姆芬堡的造园总工程师
	吉拉尔开始兴建苏雷斯海姆
1722 年	尼姆芬堡的水工工程完成
1724 年	用船运输杜塞尔多夫柑橘园的 700 棵树木
1726 年	扩大苏维兹因根庭园的场地
1745 年	腓特烈大帝建无忧宫
1748 年	查理·西奥多再度扩建苏维兹因根庭园

直径为 600 码（约 548.6 米），前庭周围林立着各级宫廷官员的白色建筑物。

在慕尼黑附近，除尼姆芬堡宫殿外，还有许多其他宫苑，纵横交织的水渠将它们相互连接。这些 18 世纪初叶最华丽的宫苑都是由吉拉尔和他的助手们设计的。

苏雷斯海姆[1]（图 6） 位于慕尼黑西北 30 公里处，宫殿造于马克斯·埃马纽尔任侯爵时，是巴伐利亚的一座离宫。1701 年，瑞士建筑师芝卡利[2]受命开始建造庭园，但随即爆发了西班牙王位继承战争（1701~1714 年），侯爵被迫逃亡巴黎。在巴黎期间，他偶尔参观了法国式庭园；回国后，即在苏雷斯海姆宫中采用了法国庭园样式。1715 年庭园破土动工，当时著名的法国宫廷造园家吉拉尔负责建造工程。他在水景工程设计方面技艺超群。他筑造的水渠是该园中的重要部分，突出表现了勒·诺特尔式造园的特征。站在建筑物楼上的大走廊凭栏眺望，不仅可以看到庭园中的喷泉、花坛，而且视野开阔，可将远方的路斯特海姆离宫尽收眼底。

▪1
Schloss Schleiβheim

▪2
芝卡利（Enrico Zuccalli，1642~1724 年），将意大利巴洛克风格引入德国。

苏雷斯海姆宫与路斯特海姆宫相距约一英里，两宫之间的空地上布满了花坛和丛林，构成了一种大型的设计。

路斯特海姆[3]（图 7） 位于一个圆形大岛上，造有刺绣花坛，与它相对的是一个长达 400 码的半圆形画廊，是展览绘画与雕刻作品的场所。

▪3
Schloss Lustheim

巴登的侯爵构想了一幅宏伟的蓝图，即在包括**卡尔斯鲁厄**[4]（图 8）全城的巨大的圆形区域内，将宫殿与庭园建造在一起。他设想用回廊来连接扇形的城市，并在其中建高塔，君王可在塔上俯瞰 32 条主要林荫道，纵贯林苑的 9 条林荫道和形成城市大街的 9 条林荫道。位于德累斯顿的选举侯宫殿在 17、18 世纪是十分著名的。

▪4
卡尔斯鲁厄是德国西南部城市，别名“卡鲁”。

柏林附近的主要古代庭园是**夏洛滕堡**和**波茨坦**。前者昔日的壮观被清晰地再现在沃尔夫的版画中，现在除柑橘园和大前庭之外，其他的一切都荡然无存了，大花坛变成了草地。静谧清雅的波茨坦位于距柏林 16 英里的哈雅尔河岸，现在古城内的庭园虽已现代化了，但腓特烈大帝在 1745 年建的白色洛可可式小宫殿**无忧宫**内，至今还保留着一些令人赏心悦目的露台园（图 9、图 10）。大帝期望“在此高枕无忧”，且安葬在一个露台上的福罗拉雕像之下。无忧宫就像一座小凡尔赛宫，是大帝所钟爱的隐居之所。1750 年 7 月 10 日，大帝在这里第一次会见了伏尔泰。在无忧宫的山冈上，建有檐口装饰着一排女像柱的单层园亭以及 6 个形状规则的露台，露台上筑有下沉式的圆形大喷水池，露台原是为栽培果树而建，但现在长长的柑橘树行和温室已无影无踪，而作样本的灌木却喧宾夺主，破坏了过去宫廷造园家所造露台的魅力。

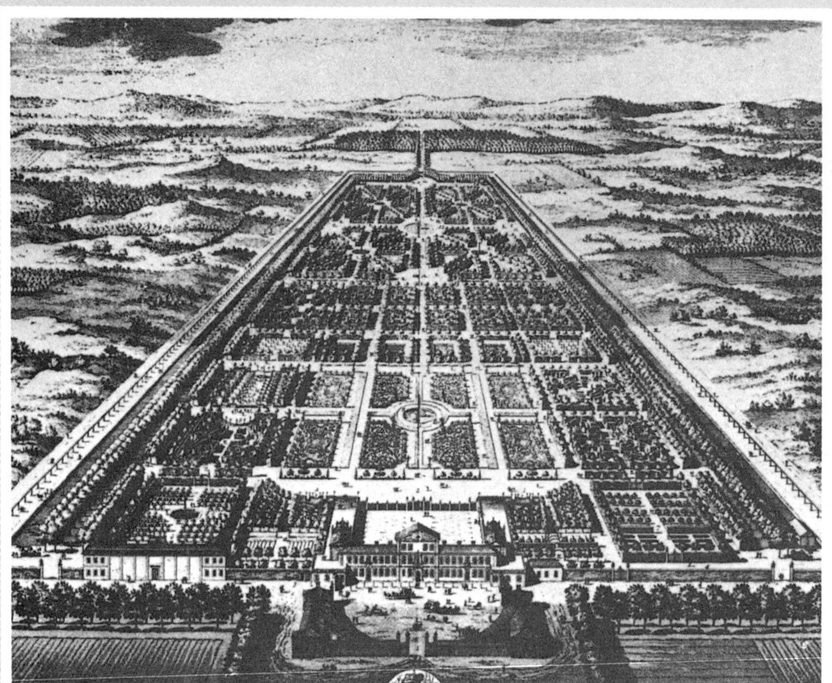

1

2

1　海恩豪森的庭园和宫殿（特里格斯）

2　海恩豪森（戈塞因）

3　尼姆芬堡宫的水渠（特里格斯）

4　尼姆芬堡宫的林荫道（特里格斯）

3

4

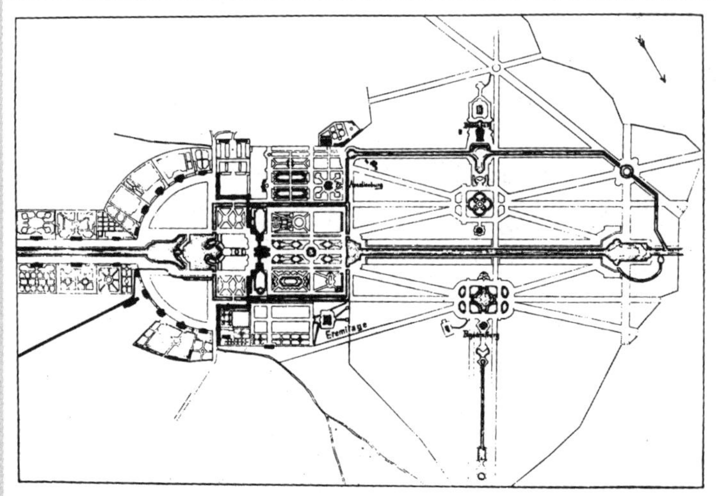

5

6

7

5　尼姆芬堡宫的平面图
6　苏雷斯海姆的平面图（戈塞因）
7　路斯特海姆的古版画（戈塞因）

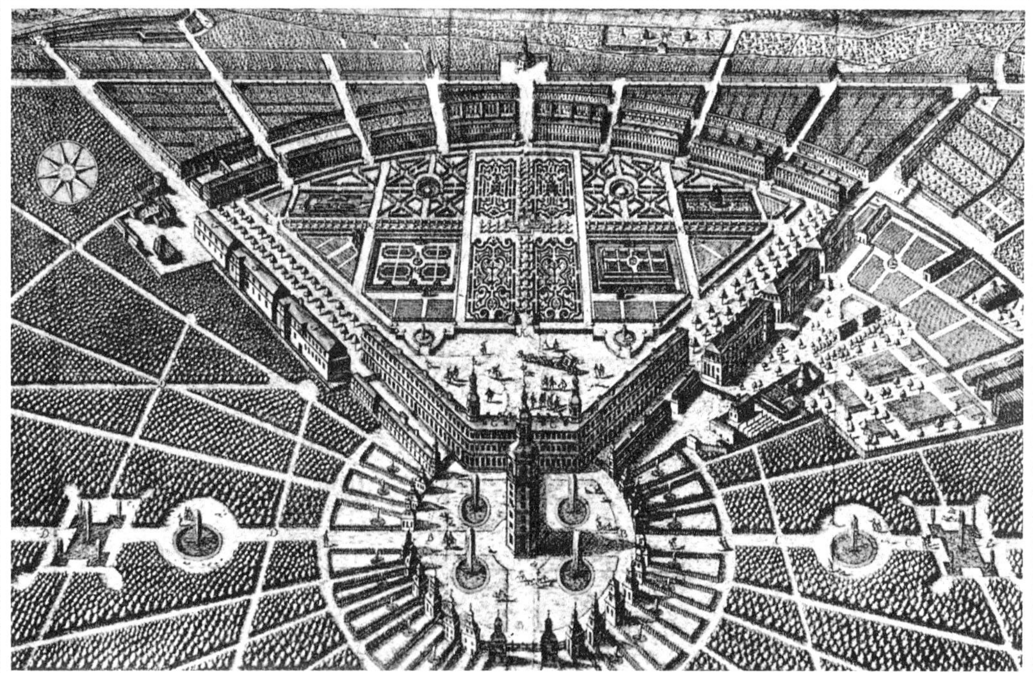

8

9

10

8 卡尔斯路埃的鸟瞰图（戈塞因）

9 无忧宫（布林库曼）

10 无忧宫（布林库曼）

三、奥地利

在奥地利，勒·诺特尔式最重要的代表作是宣布隆宫[1]。它自14世纪初以来，一直是靠近维也纳的克洛斯特新堡的寺庙领地，1529年土耳其军队入侵后，哈普斯布尔格家族的马克西米利安二世于1569年接管此宫，翌年始对宅邸进行改建。这座宫殿可能与凡尔赛宫相同，过去也是一个小猎舍。1605年鲁道夫二世执政期间，宣布隆宫遭到匈牙利波斯凯为首的一伙暴徒破坏后，1608年又移交给马提海斯大公，大公在这里营造了狩猎城。相传大公在此发现了美丽的泉水，并以此将宫殿命名为“宣布隆”（Schönbrunn）。后来，这座城堡由费迪兰多二世的第二个妃子埃列奥诺拉传给第三个妃子玛丽·埃列奥诺拉，再逐一往下移交。1683年宣布隆宫因受土耳其军队的攻击而夷为废墟。此后，利奥波德一世打算重新将它修复作为皇太子的避暑离宫，并委任宫廷造园家埃尔拉哈负责设计。埃尔拉哈设计的方案其规模可与凡尔赛宫相匹敌，但由于财力吃紧而未能实施。玛丽亚·特利莎在位的1750年才基本上根据规模较小的第二个设计方案进行建造，现在所见的就是当时由意大利建筑师帕卡西完成的。据说经常住在此宫的有玛丽亚·特利莎及弗兰西斯二世、弗兰西斯·约瑟夫；弗兰西斯·约瑟夫在晚年时更将此作为居所而常住这里。

宣布隆宫占地面积为130公顷，它的主轴线从城堡的正面一直延伸到尼普顿喷水池，再从那里经过曲折的园路直上格罗利埃特。这个格罗利埃特是1775年宫廷建筑师霍恩伯格建在丘陵上的一座建筑物，从这里既可观览整座宫殿又能遥望维也纳城。从尼普顿喷水池再往东，有罗马式遗迹和方尖碑（obelisk）。宫殿西南的丛林中有麦纳朱利，它是1752年由斯忒克霍芬设计的，它与翌年建造的植物园一起，清楚地说明了在当时的宫廷中动植物搜集热曾盛行一时。位于东西面的宽阔的丛林以高高的树篱为界，与主庭园泾渭分明，树篱中还造成一些龛，其中安放着拜尔[2]、哈杰劳尔[3]及波希[4]等制作的32尊雕像。大理石的洁白与枫树、菩提树、七叶树等树木的翠绿形成了鲜明的对比，山林水泽仙女泉池中的雕像也给人留下了十分美好的印象。

在维也纳，与宣布隆宫齐名的著名宫殿还有**贝尔维德雷宫**[5]。该宫殿是17世纪初由撒瓦尔家族的尤金公爵建设的巴洛克风格的美丽建筑，尤金公爵是一位因打败土耳其军队而尽人皆知的奥地利名将。这座宫殿的主庭园分为两部分。靠近建筑物的上部庭园的前面筑有大花坛和喷泉；另一部分比较低洼，中央是一个简易花坛，花坛中有壮观的阶式瀑布淙淙淌下，两旁筑有平缓的台阶，花坛的后面是丛林。巨大的水池和喷泉群将上、下两部分庭园分开，醋栗

▪1 又译为美泉宫。

▪2 拜尔（1725~1796年），奥地利雕塑家。

▪3 哈杰劳尔（1732~1810年）。

▪4 波希（1750~1831年）。

▪5 Belvedere Schlolssgarten 也被称为“贝尔维第宫”。

奥地利造园简史表

公 元	通 史
1564 年	神圣罗马皇帝马克西米利安二世即位 (~1576 年)
1576 年	神圣罗马皇帝鲁道夫二世即位 (~1612 年)
1612 年	神圣罗马皇帝马提海斯即位 (~1619 年)
1619 年	神圣罗马皇帝费迪南多二世即位 (~1627 年)
1658 年	神圣罗马皇帝利奥波德一世即位 (~1705 年)
1705 年	神圣罗马皇帝约瑟夫一世即位 (~1711 年)
1711 年	神圣罗马皇帝查理六世即位 (~1740 年)
1720 年	奥地利东印度公司成立
1740 年	查理六世之女玛丽亚・特利莎即位 (~1780 年)
1745 年	德累斯顿和约：第二次西里西亚战争结束 (1744 年 ~)
1765 年	约瑟夫二世任德国皇帝 (~1790 年)
1780 年	玛丽亚・特利莎去世，约瑟夫二世执政 (~1790 年)
1792 年	弗兰西斯二世即位 (~1806 年)

公 元	造园史
1570 年	马克西米利安二世改建宣布隆宫
1605 年	宣布隆宫被匈牙利的波斯凯所破坏
1608 年	马提海斯大公在宣布隆宫营造狩猎城
1683 年	宣布隆城受土耳其军队的攻击而荒废
1696 至 1705 年	利奥波德一世饬令埃尔拉哈规划宣布隆宫苑
1720 年	在吉拉尔的指导下建造施瓦森堡庭园
1721 至 1723 年	尤金公爵营建贝尔维德雷宫殿
1750 年	玛丽亚・特利莎根据埃尔拉哈的第二个方案饬令意大利建筑师帕卡西建造宣布隆宫苑
1752 年	斯忒克霍芬在宣布隆宫苑内建造麦纳朱利
1775 年	宫廷造园家霍恩伯格在宣布隆宫苑中建造格罗利埃特
1776 年	霍恩伯格在宣布隆宫中建造罗马风格的遗址
1777 年	霍恩伯格在宣布隆宫内建奥贝利斯克

树林荫道沿着挡土墙直达上部庭园，那里装饰着雕像的小瀑布水花飞迸。宽大而笔直的台阶连接着这两部分庭园，使它们交相生辉。宫殿的露台也不负“观景台”（belvedere）的盛名。这座宫殿可能不是尤金公爵的居所，而是一个祭祀场所，它的建造与维也纳的宫廷建筑师赫尔德布兰德也有些关联。

列克滕斯特恩和**施瓦森堡**的庭园所在的地方过去曾在维也纳城的城墙外侧，现在却完全位于城内了。施瓦森堡的庭园属于法国式，是1720年左右在吉拉尔指导下建造的，吉拉尔的才华因尼姆芬堡的设计而得到肯定。这片稍有倾斜的土地大大有助于喷泉设施的布置，吉拉尔对此加以充分灵活的利用。庭园中的园路均建为车道，在庭园台阶的两旁也有供车辆通行的马赛克铺砌的坡道。

在萨尔茨堡也有勒·诺特尔式庭园，**米拉贝尔城苑**即其中之一。萨尔茨堡环抱在连着瑞士与蒂罗尔州的阿尔卑斯群山之中，是一座风光明媚的城市；乐圣莫扎特也诞生在这里，因此它更加令人喜爱。它背依门希斯·贝尔克悬崖，清澈的撒尔斯哈河水纵贯全城，河右岸的山顶上，高耸着一座形若堡垒的古城苑，那就是米拉贝尔城苑。17世纪初，荷埃内家族的大主教马科斯·希提奇想扩建祖先遗留下来的米拉贝尔城堡，他请来造园家马提海斯·迪塞尔，建造了文艺复兴风格的城苑。城苑的庭园中设置了许多美丽动人的雕刻及喷泉，使它成为萨尔茨堡城中庭园的佼佼者。到18世纪，园中的花坛及其他各处都经改造，只有带古老林荫道的一部分庭园与城堡一起残留下来，从中可以清楚地看到法国式造园的特征，现在这座城苑已成为城市公园。

除米拉贝尔城苑外，大主教希提奇还在市南郊7公里处建造了避暑离宫**海尔布伦**[1]，这个地方原为狩猎场。最初建造的离宫为文艺复兴风格，后经迪塞尔改造成了法国式。庭园中皆珍稀之品，建在一个山冈上的“Monats-schlösschen”园亭与庭园剧场、水池等相互交织在一起，它们均在一个月内竣工，在那里常为大主教演出牧歌和歌剧。园内的喷泉巧夺天工，十分引人注目。

▪1
Hellbrunn位于奥地利萨尔茨堡南部。

1

2

1 宣布隆宫（布林库曼）

2 宣布隆宫（布林库曼）

3

4

3 贝尔维德雷宫（布林库曼）

4 贝尔维德雷宫（布林库曼）

四、英国

随着勒·诺特尔在法国国内名声大振，他的名字也逐渐为国外所知。勒·诺特尔本人曾亲赴英国及意大利，并在那些国家移植传播了勒·诺特尔式造园。在凡尔赛宫刚刚竣工的1678年，他就访问了英国。据说在那之前，英王查尔斯二世曾于1662年写信给路易十四，表达了聘请勒·诺特尔的愿望，路易十四犹犹豫豫地答应了他的请求。本来建筑师佩罗也应同行，但佩罗不喜欢英国的漫天浓雾和阴沉的气候，所以最后只有勒·诺特尔一人前往。在英国，勒·诺特尔完成的第一件工作就是对圣詹姆斯公园的改造，其实那不过是沿着庭园的北侧种上一些林荫树而已。接着，他又逐一改造了格林威治公园、布伦海姆公园、查兹沃思园等等。这些庭园都还保持着原貌，而布什·希尔公园、索斯盖特园、德哈姆园、布雷特比园等却都面目全非了。勒·诺特尔在英国逗留的时间很短。在那期间，他将那样多的庭园都改造成了自己所创造的样式，满足了英国贵族们的愿望。除他之外，在英国从事造园活动的还大有人在。以前应与勒·诺特尔同来的佩罗也于1718年赴英，在白厅宫、圣詹姆斯公园、汉普顿宫内工作。勒·诺特尔的外甥德戈兹也受雇于英国宫廷。后来，英国方面也积极派遣造园家去法国，创造了研究勒·诺特尔式造园的良机。在这些赴法造园家中，最著名的是伊塞克斯伯爵派遣的约翰·罗斯，他后来为查尔斯二世供职，成为英国的法国式造园的主要领袖，许多庭园都是在他的影响下建造的。

其次，有关的造园书籍也在英国传播了法国式造园的信息。当时的法国造园书籍在英国人中传阅甚广，这从英国人所著的有关书籍多引用法国书籍中的观点就可见一斑。法国著作的英译版本也相继问世，拉·坎塔尼的著作甚至还出了两种译本，即最初由伊夫林于1658年以“*Complete Gardener*”为题译出；1699年又由伦敦和怀斯翻译出版。1703年约翰·詹姆斯将勒·诺特尔的学生勒布隆的著作《园艺的理论与实践》（*La Theorie et la Pratique du Jardinage*）译为“*The Theory and Practice of Gardening*”出版。由于该书阐述了在易建造管理的普通庭园中如何应用耗资巨大的勒·诺特尔式造园法，而深受英国人欢迎，阅读者甚众。

在英国，自勒·诺特尔来访开始，到向法国派遣造园家及翻译出版造园著作等等，虽然一直利用各种手段来尝试传播、移植法国式造园，但却始终不见把握了勒·诺特尔式精神实质并加以表现的造园作品。造成这种状况的首要原因就在于当时的英国尚未摆脱清教徒思想的束缚，同时英国的国力仍然落后于法国；此外，当时英国人与荷兰人趣味相同，他们都酷爱造型树木及巧妙的水工设施。

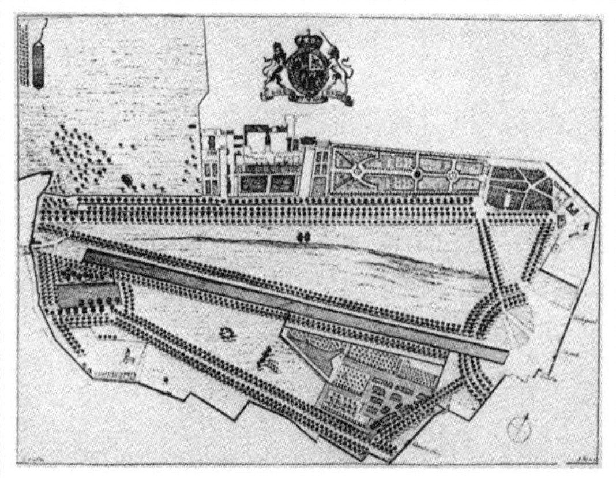

1

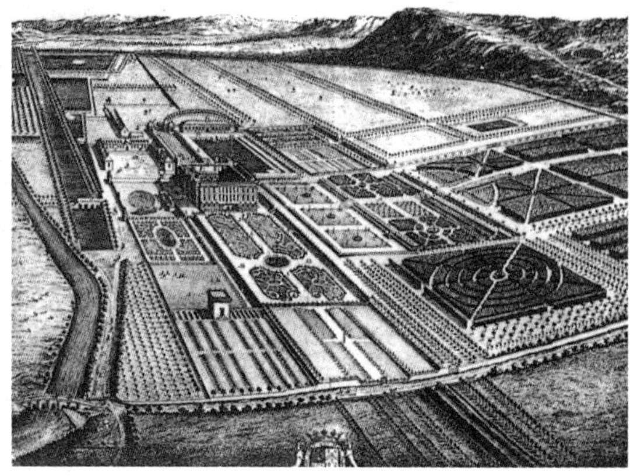

2

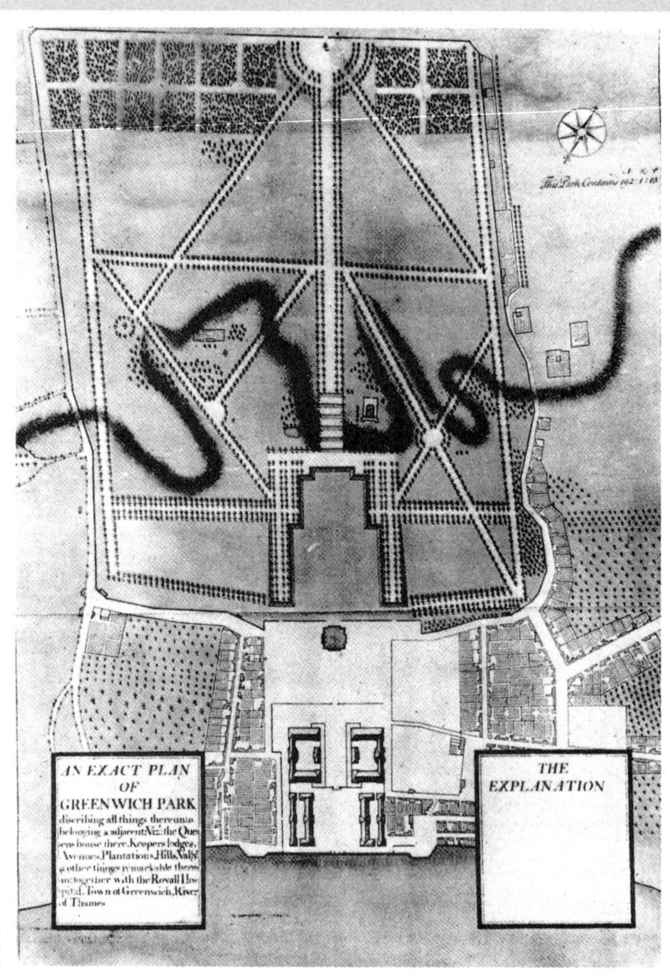

3

1 圣詹姆斯公园（戈塞因）

2 查兹沃思园（戈塞因）

3 格林威治公园（格林）

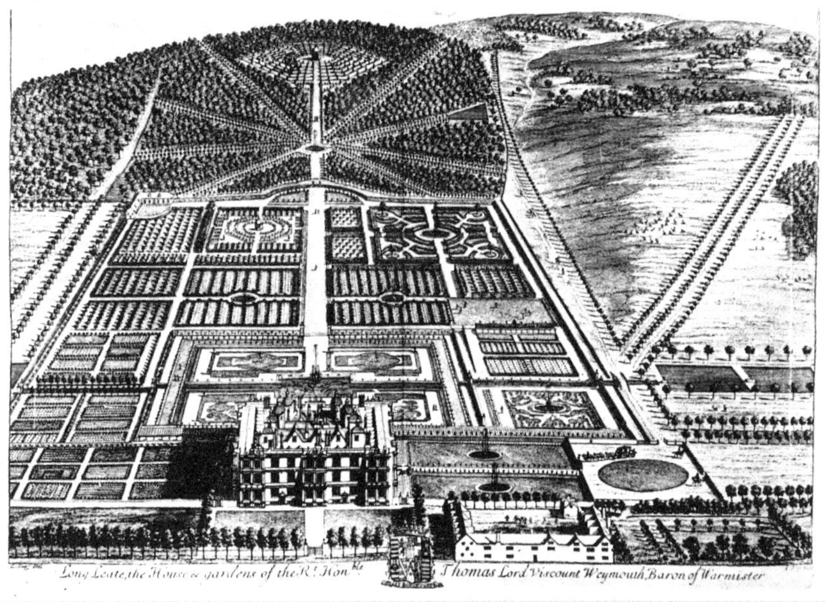

4

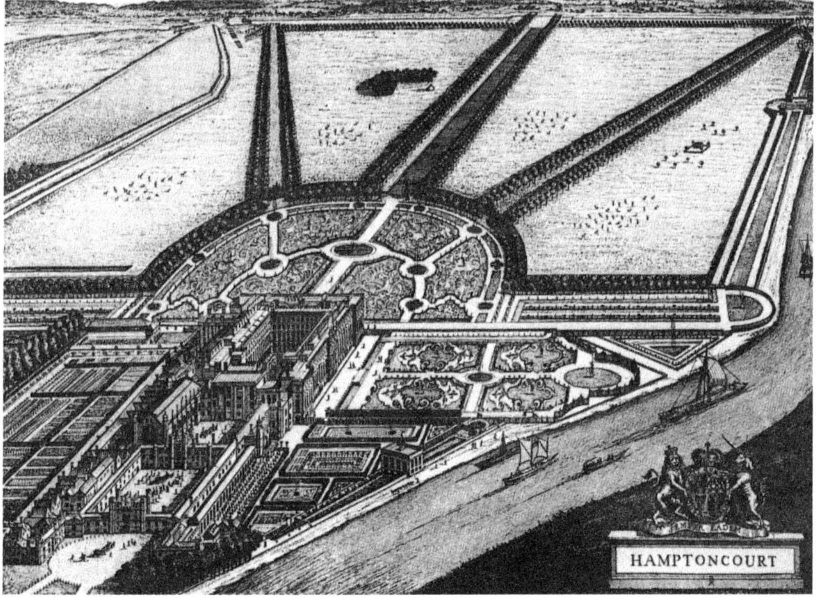

5

4 基普版画中的朗利特鸟瞰图（格林）
5 汉普顿宫鸟瞰图（戈塞因）

五、南欧各国

（一）意大利

勒·诺特尔曾先后两次到意大利旅行。第一次旅行的年代不详，但从勒·诺特尔式造园向意大利式造园学习了许多东西这一点来推测，他的那次旅行当在自己的样式形成之前。第二次旅行得到国王的恩准后在1679年启程，即在英国之旅的翌年。那时，由于他已经创立了一种造园样式，并有自己的独到见解，所以与第一次旅行的不同之处是他以一种评判的眼光来考察意大利庭园。在这次旅行中，他是否也像在英国时那样从事一些造园活动，关于这个问题尚无明确的记载。有人将潘菲利别墅、路德维希别墅及阿尔巴尼别墅等列为他当时的作品；但是，从年代上来看，只有潘菲利别墅建于那个时代，而路德维希别墅则建在勒·诺特尔时代之前，阿尔巴尼别墅是在他死后才建造的；因此这些别墅是否为他设计尚存疑问。在罗马逗留期间，勒·诺特尔谒见了教皇英诺森十一世，受到教皇的热烈欢迎。他向教皇出示了凡尔赛宫的设计图，教皇见后，被这座宫苑设计得如此华丽壮观所触动，对此赞不绝口；据说勒·诺特尔对教皇的赞誉，表露了心中无比欣喜之情。

勒·诺特尔式造园在意大利北部的伦巴第大区特别盛行，这无非是因为该地区平坦的地形恰好适合于这种构成的样式之故。此外，米兰、都灵、威尼斯的贵族们也热衷于法国式造园，其中的范例有米兰的卡斯特尔拉佐别墅、威尼斯的皮萨尼宫。它们大部分都沦为荒野或遭毁坏了，只有版画将它们的风貌保留下来。在意大利的法国式庭园中，有一个作品是值得一提的，那就是**卡塞塔宫**（图1）。它位于意大利南部、遥远的那不勒斯附近的卡塞塔小城中，据传是由建筑师万维特利[1]于1752年动工兴造的，最初计划要在其中建造世界上最大的宫殿以及可与凡尔赛宫相匹敌的庭园。从现在残存的部分中，人们仍然可以想象出其规模的恢宏。该宫中最引人注目的是小瀑布，它从山冈流下，穿过宫殿的主轴线，从50英尺高处飞落池中，池中装点着出现在狄安娜和阿克特翁[2]故事中的人物群像。水从池中溢出，沿台阶一级一级地跌落下来，飞溅的水花与装饰在每一级台阶上的华丽的白色雕像相映成趣，它一直流到大花坛附近的大水池中，水池里设有尼普顿雕像。

▪1 万维特利，1700~1773年。意大利建筑师，荷兰画家Gaspar van Wittel之子。

▪2 阿克特翁（Actaeon），希腊、罗马神话中的猎人。

（二）西班牙

西班牙王位继承战争（1701~1714年）的结果，使布鲁本家族登上了统治地位。这一时期的建筑与造园明显地表现出法国的影响。其典型的实例是马德里西北部圣伊尔德丰索的**拉格兰哈**。我们今天所见的庭园与宫殿都是路易十四之孙菲力浦五世时期设计的。国王的第二任王后是意大利法尔内塞家族的帕尔马公主伊丽莎白。国王虽然在政治上受她的左右，但他却没有选用意大利人来担任建造这个庭园的工作，他特意聘用了法国造园家卡尔提埃和布特勒特。这里自古代的亨利克四世开始就营造了宫殿，菲利浦五世非常喜欢这个优美的地方，这正是建造这个庭园的动机所在。国王设想的是一边凭想象描画出凡尔赛宫和埃斯科里亚尔这两个庭园的景观，一边建造拉格兰哈园。

拉格兰哈园面积为 146 公顷，远远小于凡尔赛宫，它是一个在 1000 米高处建造的所谓山岳庭园。虽然这种地形难以建造出凡尔赛宫中的那种平坦的露台，但它的水源充足，可以不吝使用，这正是这个庭园地形的优越性所在。庭园的地势为东南及西南面高高隆起，东北面则急剧降低。主要花园部分（图 2）设计得比较简单，在大理石的阶式瀑布上面有一个美丽的“两枚贝壳喷泉”；在瀑布的下面则有一个半圆形水池将两个花坛拦腰截断。除此之外庭园中还有“尼普顿喷泉”和“安德洛墨达[1]喷泉”，为这些喷泉配置的各种群雕，更为它们锦上添花。“狄安娜的浴池”被霍布或隆兹的雕塑作品装饰起来，从中流出的水形成喷泉和小瀑布，再落入大半圆形的水池中。从这些处理水景的手法中可以看出西班牙文艺复兴式造园的传统形式，各水景之间缺乏相互的联系，整体景观也缺乏必要的节奏感，部分服从整体这一法国式造园的特征在这里丝毫不见。

[1] 安德洛墨达（Andromeda），希腊神话中埃塞俄比亚公主。

与此大体同时，国王计划在马德里以南 50 英里的阿兰胡埃斯采用与上述相同的样式建造一个更大的庭园。庭园由“岛之庭”（Jardin de la Isla）和“王子之庭”（Jardin del Principe）组成；两个庭园虽以塔古斯河为界，但因架着石桥，仿佛连在一起似的。“岛之庭”中有围绕大花园的小瀑布；“王子之庭”中做了一长排喷泉，喷泉的尽端建了一个称为“萨普拉德尔之家”的凉亭，景色十分绮丽。

（三）葡萄牙

1750 年，成为佩德罗三世的东·佩德罗建设了一座城堡，并增建了林苑，当时人们称它为“葡萄牙的凡尔赛”。戈塞因认为，这座**库埃鲁兹城堡**虽为法国建筑师所建，但其中却很少见到法国式的风格，所以将它归类为文艺复兴式造园。然而，不论从庞德的分类表还是从冈崎文彬著的《欧洲的造园》来看，都应将它划分为勒·诺特尔式为妥。

库埃鲁兹城堡位于里斯本西北 2 英里，庭园入口在流经其旁的河岸上。河床和桥面都铺满了瓷砖，与南边的植物交相辉映。庭园位于建筑物的主轴线上，入口处筑有装点着骑士像的大花坛。水塔耸立在阶式瀑布的终点，花坛横轴线穿过河上的桥。在向河谷下方倾斜的河岸的一边，用城墙建成了钝角形的架空园式花坛。主要台阶一直通向位于低洼处的庭园部分。

1

2

1　卡塞塔宫中的阶式瀑布（布林库曼）

2　拉格兰哈（戈塞因）

3

4

3 拉格兰哈（戈塞因）

4 库埃鲁兹的避暑宫殿（贝拉尔）

瑞典·丹麦造园简史表

公 元	通 史
1632 年	克里斯蒂娜女王登基 (~1654 年) 宰相古森歇尔那辅佐朝政
1644 年	克里斯蒂娜女王亲理朝政
1654 年	女王让位给堂兄查理十世（~1666 年）
1657 年	丹麦与瑞典交战
1658 年	在 Roskilde 议和，Skane 等城成为瑞典领土
1668 年	创建隆德大学（Lund University）
1676 年	丹麦王国进攻 Skane，当地农民叛乱
1686 年	制定新教会法，形成人口统计的依据
1689 年	克里斯蒂娜女王逝世
1700 年	彼得大帝在北方战争中打败瑞典

公 元	造园史
1642~1644 年	创建雅可布斯达尔城
1651 年	安德烈·莫莱在斯德哥尔摩出版《观赏庭园》(*Le Jardin de Plaiser*)，献给克里斯蒂娜女王
1661 年	埃列奥诺拉动工兴建德罗亭格尔姆城堡[1]
1669 年	查理十世的遗孀领有雅可布斯达尔城，并加以改造
1682 年	完成德罗亭格尔姆城堡
1684 年	雅可布斯达尔改名为乌尔丽卡斯达尔
1720~1724 年	为纪念丹麦和瑞典缔结和约，建造弗里登斯堡

▪1 Drottningholms Slott，又译为卓宁霍姆宫。

六、北欧各国

（一）瑞典

克里斯蒂娜女王于 17 世纪中期在瑞典率先引用了法国式造园。在刚刚登基的显赫时期，为扩建壮丽的音乐殿堂，女王聘用了安德烈·莫勒。安德烈·莫莱是曾在法国为亨利四世工作过的莫莱之子。女王因过去的内乱离开英国来到瑞典。1651 年莫莱在斯德哥尔摩出版了《观赏庭园》一书，并将它奉献给女王。该书对造园理论产生过一定的影响。虽然莫莱在书中没有论述怎样在庭园中设置刺绣花坛、丛林等等，但其样式却被应用在瑞典最堂皇的离宫**雅可布斯达尔**[1]中。从 1642 年开始历时 44 年才建成这座城堡；1669 年，它的拥有者查理十世的遗孀埃列奥诺拉王后又对它进行了改造。

瑞典城堡的美与魅力是由许多水景来创造的，雅可布斯达尔完全突出了这一特点，城堡平台的三面都被峡湾的流水冲刷着。尽管它的庭园现已荡然无存，但从达尔贝尔克《1735 年瑞典的城市景观》一书的图中，却可以看到这里曾设置有莫莱式的分区花坛、喷泉、动物园、洞窟、柑橘园、小瀑布等，处处都表现出勒・诺特尔式的特征。埃列奥诺拉热心于庭园的设计与美化，她尤其喜欢**德罗亭格尔姆**的城堡。她发现了梅拉伦[2]湖一个岛上的这座中世纪城堡。并在 1661 年对它进行了改造。这座城堡也建在突出的露台上，它的正门设在临水的椭圆形码头上。庭园横置在城堡的南边，比瑞典的其他任何庭园都带有更明显的凡尔赛宫的影响。园中美丽的花坛是由造型植物的绿色和缀满鲜花的黄杨图案构成的。园中央的登山阶梯通过宽阔的园路一直上到设有赫拉克勒斯喷泉的水池处。水花坛与此相连，8 个圆形及椭圆形水池和喷泉布置在比水花坛低数层的地方。在尽端的法国风格的庭园中，有一个从意大利式庭园中借鉴来的小瀑布，这一部分以其左边的椭圆形水池为端点，另一侧则结束在挡住视线的小瀑布处。水花坛的对面有一片小丛林；它的西面筑有一个大水池，池中建有一平台。鹿园与它相连，园中纵贯着一条笔直的道路。在东南面是造成同心圆形式的动物园区，构思得十分巧妙。

18 世纪后半叶，腓特烈大帝[3]的妹妹路易莎・乌尔丽卡[4]使这个庭园再度兴盛起来。路易莎十分喜欢这个庭园并对它进行了修理，她与贝鲁斯兄妹相似，毕生最大的爱好就是研究文学艺术，她还从母亲那里接受了收藏物品和美化环境的癖好。她像埃列奥诺拉那样，选择德罗亭格尔姆为常居之所，并在城堡内装饰了收藏的陶器、中国及日本制的毛毯、家具、绘画作品等。在庭园和林苑的各个地方都设置了迎合那个时代兴趣的所有流行物品。在距

▪1 现为乌尔丽卡斯达尔城堡（Ulriksdal Slott）。

▪2 Mälaren

▪3 即弗雷德里克二世。

▪4 Louisa Ulrika

庭园一箭之遥的林苑中，路易莎·乌尔丽卡开辟出一块弹丸之地，并为它取了一个中国名字。在这个地方的四周，建有美丽的中国式建筑，在主要建筑中还装饰了木漆桌子和中国的雕刻品。在那里，附属于钟楼的还有中国的塔、陶制的中国花瓶及镀金雕像。枞树密密地将这个区域围在其中，使它变得十分灰暗。赫什费尔德评价这些女王所喜爱的中国建筑物时说，在其他地方“都将中国式的小建筑物布置在法国式庭园的尽端，并称之为 Canton[1]”。

瑞典最大的一座城堡是**卡尔斯堡**[2]。庭园的入口临水设置，但这种设计方式并不具备德罗亭格尔姆的那种个性。建筑的后面有一片半圆形区域，用花卉造成狭窄的边缘，它背依密林，周围筑有花坛的大水池紧靠其后。由于庭园横置在北部，所以在建筑四周种植了高大的树木以挡寒风。在建筑附近，布满了美丽的侧翼花坛，保留着文艺复兴式的景观，它的一部分形成了空中花园。其四周还有大林苑，透过星状布局的林荫道便能看到这片大林苑，它现在仍很宽大，保留了法国式造园的特征。

在法国式庭园中处于举足轻重地位的水渠在这个庭园里毫无用武之地，这可从这种城堡所在的位置来断定，因为从这种城堡中可以眺望湖水和大海，所以即使完全采取另一种形式，也能收到水渠所表现的那种效果。

（二）丹麦

丹麦与瑞典的庭园是在同一基础上发展起来的。文艺复兴时期筑造在美丽城市周围的庭园已所剩无几，体现当时庭园面貌的当推哥本哈根的**佛里德里克斯堡**的庭园（图 5）。它的前庭与城堡位于用小桥连在一起的平台上，平台上筑有小花园。主庭园向湖的右岸扩展，由于位置的关系，即使将建筑物建在中心轴线上；但在有关的平面图中，庭园的布局仍不能完全忠实于中心轴线。确属 17 世纪配置的有穿过水渠、纵贯丛林的花园。**赫耳什霍尔姆**城堡的设计与此相似，它也建造在平台上，平台由架在湖上的桥来连接。建筑物和花坛都处于平台的轴线上，并环抱在湖岸四周的小树林之中。

具有典型的法国风格的城堡是**弗里登斯堡**（图 4），它是为纪念瑞典与丹麦之间的和平而造的。其中的庭园与林苑处于丹麦的最高水平上。城堡高出埃索麦尔湖面，它沿东面建筑物的左侧扩展。庭园设计完全相似于汉普顿宫，其中的半圆形部分用最基本的形式与建筑物相连。在八角形中庭前的林苑中，筑有放射线状的 7 条林荫道，原来为给半圆形花园的扩建留有余地，其左右的两片丛林都用树篱围着，半圆形榆树林荫道环绕在它们的周围，成为一条边缘林荫道。与凡尔赛宫相同，沿中心园路种有四行树木，在装点着装饰品

▪1 瑞典语意为广州。

▪2 Carlsberg–Karlbergs Slott

的草坪上，使景观更为开阔。埃索麦尔湖水波光粼粼，代替了流经此处的水渠，发挥了添景的作用。这个湖是西面林荫道的终点，这条林荫道的走向正对水面。由于赫耳什霍尔姆业已毁坏，佛里德里克斯堡的庭园也已面目全非，所以，作为法国式庭园的作品，弗里登斯堡就具有了十分重要的价值。

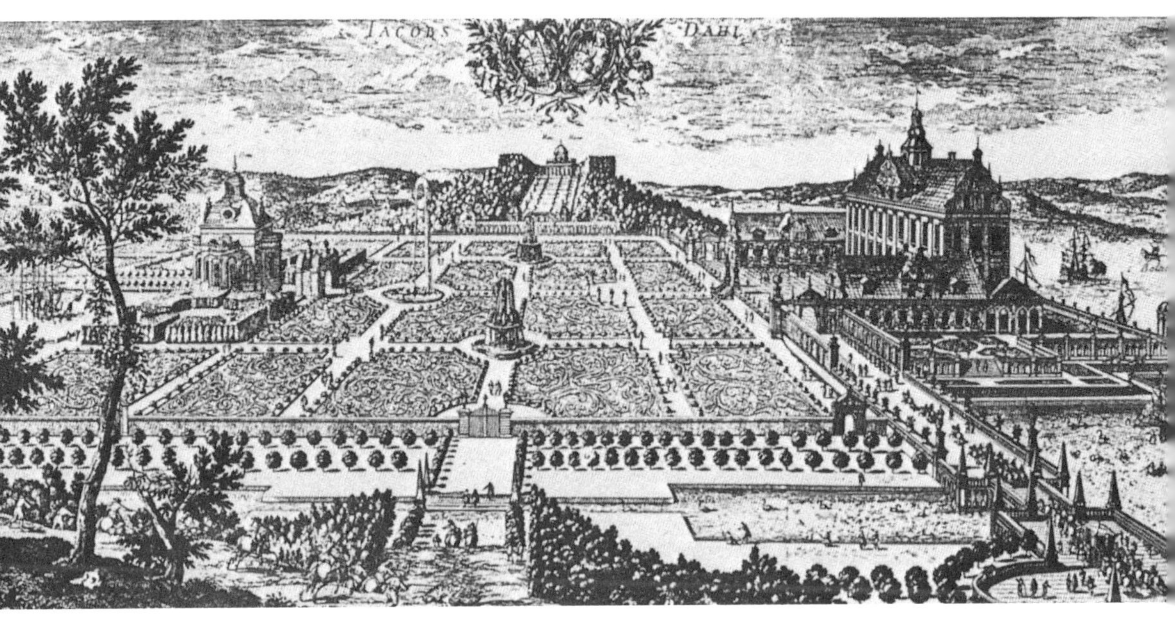

1

1　雅可布斯达尔（戈塞因）

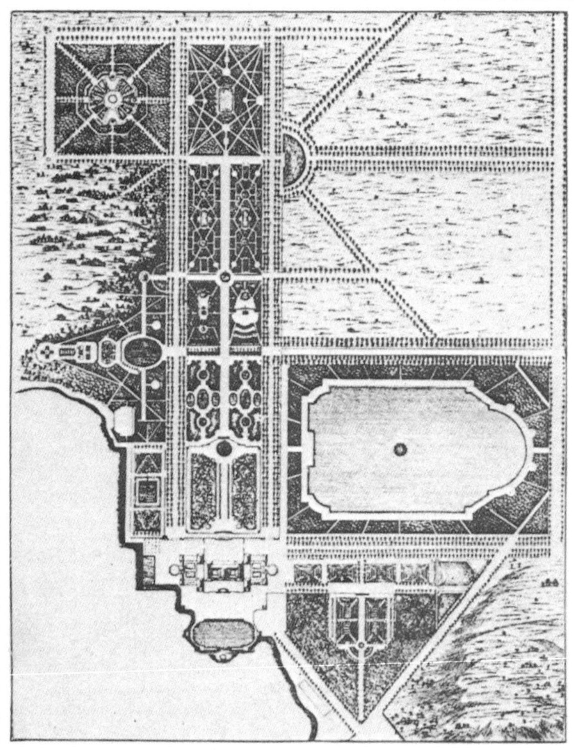

2

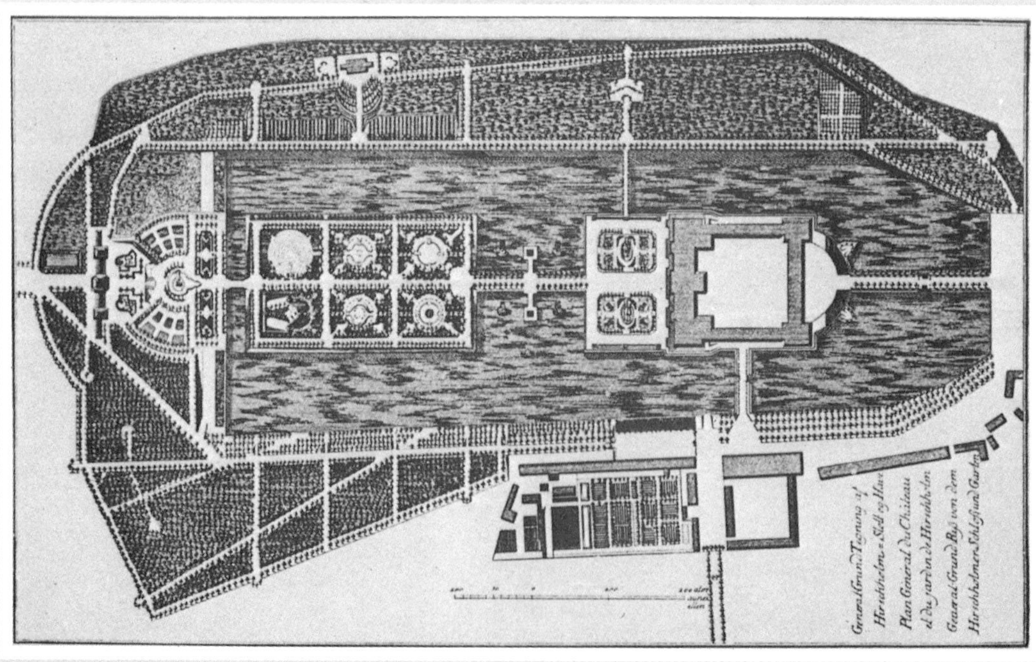
Plan General du Château
et du jardin de Hirschholm
General Grund Riß von dem
Hirschholmer Schloß und Garten

3

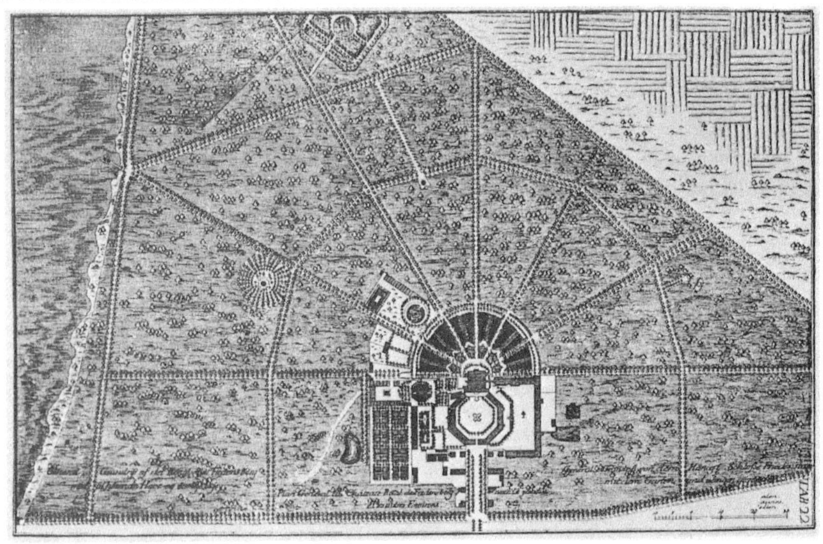

4

5

2　德罗亭格尔姆平面图（戈塞因）

3　赫耳什霍尔姆平面图（戈塞因）

4　弗里登斯堡平面图（戈塞因）

5　佛里德里克斯堡平面图（戈塞因）

七、俄国

从18世纪初期到彼得大帝诞生以前，俄国几乎没有产生值得一提的独特文化。自彼得堡建成以来，皇帝及贵族们对庭园的热情日益高涨。彼得大帝在即位之前，曾到荷兰、英国、德国等国旅行，接触了欧洲的文化，并努力研究和学习它们。1714年，彼得大帝在阿默勒尔蒂岛上、涅瓦河畔建设了避暑宫殿和其中的大庭园。据说其构思均以凡尔赛宫为样板，今天这座宫殿及庭园已不复存在了。担任此工程设计的是柏林建筑师休耳塔，不过，他在所有的一切尚未完成的第二年就在彼得堡辞世了。

彼得大帝于1715年在彼得堡以西30公里处营造了**彼得霍夫**[1]的宫殿。据说彼得大帝决定建设这座宫殿的原因不仅在于这个地方的景致美丽迷人，而且更是为了纪念俄国在北方战争（1700~1721年）[2]中战胜瑞典，夺得了波罗的海的出海口。后来宫殿规模逐渐扩大，总面积达到约三百英亩。宫殿建在12米高的天然平台上，建筑布置在上部平台的北端，可远眺芬兰湾。彼得大帝希望将宫中的庭园设计成法国式，故请来了巴黎的造园家，其中勒·诺特尔的高徒勒布隆深得彼得大帝的宠爱，得到很高的薪俸。这座宫殿所在的地形对地下工程十分有利，但因是沼泽地带，所以必须等庭园中的树木全部种植成活方能动工。为此从俄国内地移植来4万棵榆树、枫树、七叶树，又从西欧引进了西洋山毛榉、椴木、果树等树木，这些树木生机勃勃地度过了这个国家漫长的冬季，它们被分门别类地遍布在所有低洼地带和高高的平台上，形成了一片浓密的丛林。在这座庭园内的主要林荫道相交的十字路口，都耸立着引人注目、千姿百态的喷泉。

从"蒙·布勒吉尔"的小屋经过一个十字路口，彼得大帝在那里为岸上的这个小屋造了一个优美的荷兰式小庭园。它一直通向第二座小建筑物，出于对法国的怀念之情，彼得大帝将它命名为"玛丽"。在"玛丽"的后面，一条阶式瀑布逐级落下，闪闪发光；丛林中布满了水景装置，树木低垂着它们的枝条。彼得大帝还是一个充满幽默感和幻想的人[3]。在彼得霍夫宫的林苑中，城堡的中心轴被一条大水渠一分为二（图2），两条阶式瀑布从城堡的平台流向宽阔的水池，瀑布的两侧开凿了洞窟。这两条阶式瀑布是由彩色大理石镶嵌的7组台阶构成，瀑布上端设置了一组镀金雕刻品。水池中的岩石上耸立着大力士雕像，巨大的水柱从狮子口中腾起。静静的渠水从水池流向大海，码头建筑是供人们上下宫廷船用的。水渠两侧筑有带喷泉的园路。喷泉将银色的水花洒向高大而浓密的枞树上，各种形状的喷头则将水喷向水

▪1 彼得宫殿在俄语中写作"Peterodvorets"，但世界各国都将它称为"彼得霍夫"（Peterhof）。自其创建时起到1944年，由于在俄语中一直没有罗马文字中的"H"音，所以将它写作"G"，故也称为"Petergof"。本书则一概称之为"彼得霍夫"（Peterhof）。——原注

▪2 北方战争即1700~1721年俄国为夺取波罗的海出海口与瑞典进行的战争。最终俄国获得了波罗的海沿岸的广大地区和海口。

▪3 野野村一雄在所著的《苏维埃旅行记》中，对这个庭园充满奇思妙想的喷水做了如下记载："各种各样的喷水分布在公园内的各个地方。首先有'蘑菇喷水'和'青冈栎树喷水'。这是欧洲常见的一种特技喷水。当漫不经心的游客坐在蘑菇伞下的椅子上时，水便从伞边缘哗哗涌出，将他们淋得浑身透湿（蘑菇喷水）。宛如天生的青冈栎树般的'树木'挺立在一旁，当游客毫不注意时，金属制的树叶上会突然冒出水来（青冈栎树喷水）。"——原注

公　元	通　　史
1462 年	莫斯科大公伊万三世登基 (~1505 年)
1472 年	伊万三世与东罗马皇帝之女姪索菲娅结婚，成为东罗马帝国的继承人
1480 年	莫斯科大公国的伊万三世借助钦察汗国之力而独立 (~1524 年)
1502 年	钦察汗国灭亡 (1243 年 ~)
1533 年	伊万四世 (雷帝) 登基 (~1584 年)
1547 年	伊万四世采用“沙皇”称号
1589 年	在莫斯科新设基督教正教的总主教
1613 年	米哈伊尔·罗曼诺夫登基 (~1645 年)：建立罗曼诺夫王朝 (~1917 年)
1670 年	农民战争：爆发斯登卡拉辛叛乱 (~1671 年)
1682 年	伊万五世与弟弟彼得一世 (大帝) 共同理政 (~1689 年)，其姐索菲娅摄政
1700 年	彼得大帝向瑞典宣战 (北方战争　~1721 年)
1709 年	波尔塔瓦之战：彼得大帝打败瑞典军队 (北方战争)
1710 年	与土耳其交战 (~1711 年)
1711 年	与土耳其缔结“普鲁特条约”
1719 年	第一次农奴人口调查
1721 年	卢斯塔特和约：与瑞典议和，北方战争结束 (1700 年 ~)
1722 年	彼得大帝与波斯开战 (~1723 年)
1725 年	彼得大帝驾崩，叶卡特林娜一世登基 (~1727 年)
1726 年	设立枢密院
1727 年	彼得二世登基 (~1730 年)
1753 年	取消国内关税
1762 年	彼得三世即位 (1 月)，与波斯议和，叶卡特林娜二世即位 (~1796 年)
1768 年	与土耳其交战 (~1774 年)
1773 年	普加绍夫的农民叛乱 (~1775 年)
1774 年	库楚克－凯纳吉条约：土俄战争结束 (1768 年 ~)
1780 年	叶卡特林娜二世针对英国提出建立武装中立同盟：丹麦、瑞典加入

公　元	造园史
1475 年	伊万三世接受索菲娅的建议，决定聘用外国建筑师，技术娴熟的西欧建筑师一行始来俄国
1487~1491 年	意大利建筑师安东尼奥·索拉里建造格拉诺比塔亚宫
1552 年	伊万四世饬令建筑师帕尔马和波斯特尼克在红场建造瓦西里·勃拉仁内大教堂
1703 年	彼得大帝建设彼得堡
1709~1710 年	彼得大帝计划将宫殿建成皇室的离宫
1714 年	彼得在阿默勒尔蒂岛上建造避暑宫殿 (现已不存)
1715 年	彼得在彼得堡西面营造彼得霍夫城
1744 年	意大利建筑师 B·C·拉斯特雷利把彼得堡的避暑宫殿建成近代风格的大型砌块建筑
约 1755 年	拉斯特雷利为叶卡特林娜二世建造第四冬宫
约 1770 年	叶卡特林娜二世将彼得霍夫的刺绣花坛改造成草地

渠。阶式瀑布旁有充满欢乐而又宽阔的庭园，两侧平台的台阶装饰着灌木，在平坦的地方还筑有带花圃的水池。城堡前面优美的景致无与伦比；城堡后面的上部庭园中央设置了喷泉和尼普顿塑像。到这里参观的游客无不对彼得霍夫山冈喷出的无数道清澈的溪流赞不绝口。星形林荫大道由此引出，穿过上部的林苑，再汇集于山冈上的一点，从那里可以尽情饱览组合得天衣无缝的优美风光。法国造园家们对天然地形的利用确实得心应手，巧夺天工地创造了绮丽的画面。这个庭园不愧为彼得堡文化的象征，它显然也是正统的法国式造园的产物。

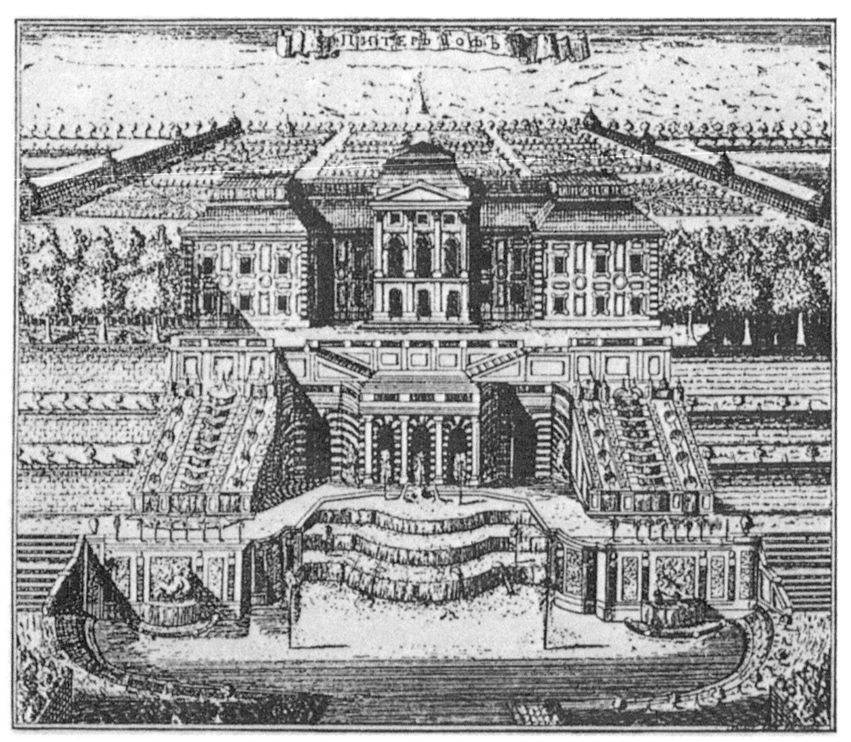

1

2

1　彼得霍夫的阶式瀑布和上部庭园（戈塞因）
2　彼得霍夫的水渠和喷泉（贝拉尔）

八、中国

最后值得注意的是，勒·诺特尔式造园除了在上述欧洲各国传播甚广外，还对遥远的东方也产生了影响。北京郊外万寿山东北面的**圆明园**就是这种影响的产物（图 1）。圆明园在清康熙四十八年（1709 年）为皇四子胤禛（即以后的雍正帝）的赐园。后来乾隆皇帝一直居住于此，他在执政的 60 年间，把这座园林经营得尽善尽美。这位强烈憧憬着西方文明的乾隆皇帝聘请了意大利、法国的基督教传教士，为他在园内建设了西方建筑，并设置了喷泉，还将园林的一部分建造成法国风格。可悲的是，咸丰十年（1860 年），这座东方的凡尔赛宫在英法联军入侵的炮火之下化成了灰烬。后来，虽然西太后企图将它重新修复，但因工程中意见不统一而中止，之后它便成了一座被废弃的荒园。

后藤末雄在《乾隆皇帝传》中，就圆明园内喷泉的构造作了十分有趣的记载，他写道：1747 年（乾隆十二年），乾隆皇帝偶然看到西欧喷泉的图，他感到十分好奇，听了基督教传教士郎世宁的介绍后，愈发激起了皇帝对西方喷泉的兴趣。法国基督教传教士伯努瓦被推为适于担任圆明园喷泉设计的人选。他学习过天文数学，又具有水力学知识。于是，他一边传教，一边着手喷泉设计这项艰难的工作。乾隆皇帝想到在中国式宫殿前设置喷泉很难取得协调，因此必须配合西方建筑来建造喷泉。伯努瓦克服了许多困难，第一个喷泉终于竣工了。乾隆皇帝对此十分满意，又计划在有东方凡尔赛之称的圆明园中，集天下建筑之精华，建造第二座硕大无比的西洋式建筑，并为它配置极其豪华罕见的喷泉。乾隆皇帝降旨做设计方案，并视察了所选定的场地。就在工程即将开始时，偶然发生的意外事故使这项大工程不得不减小规模，这是十分令人遗憾的。主要原因就是伯努瓦为第一个喷泉的建造积劳成疾，致使身心极度衰竭，再也无力承担这样一项巨大的工程建设。乾隆皇帝基于对伯努瓦健康状况的关心，决定尽量减少这种操劳。为了美化圆明园的风景，最后只建造了意大利式的西方建筑，在庭园内设置了喷泉。第二座西洋楼落成，喷泉也竣工了。喷泉的导管全部以铜制成，主体部分如人体尺度大小。美丽的流水装饰着这座西洋楼，园中遍布了清幽的泉水。最大的一个水池可与凡尔赛宫及圣克洛德内的水池相媲美。乾隆皇帝坐在御座上，左右可观瀑布高挂，听飞瀑声响；眼前及岩石上、池塘中可见“鸟兽混战”“犬鹿相逐”之类的喷泉场景。园中野趣横生，到处洋溢着粗犷之气。尤其是设在第二座西洋楼下的喷泉更是伯努瓦的匠心之作。他在瀑布的四周布置了一行 12 尊动物雕像，每隔一刻就从动物雕像的口中交替喷出水来，形成了一种时钟装置。

1745 年（乾隆十年），法国基督教传教士阿蒂雷特在寄给国内友人的信中，详尽描述了圆明园的布局结构。当然，因这些书信写于第二个喷泉建成之前，所以对此喷泉没加任何记叙。在西洋楼建成后不久，在北京制作的铜版画（图 1）中清楚地再现了当时喷泉的情况，在此收录其中之一幅，以供参考。

1

1　圆明园的古版画（戈塞因）

第六篇

英国规则式造园

公　元	通　史
1485 年	蔷薇战争结束，亨利・都铎登上王位，称亨利七世 (~1509 年)，建立都铎王朝 (~1603 年)
1491 年	哥伦布发现美洲大陆
1497 年	卡波特到北美东海岸探险
1509 年	亨利七世驾崩，亨利八世登基 (~1547 年)
1514 年	包围伦敦附近反动暴动
1527 年	亨利八世与王妃离婚，与教皇对立
1534 年	颁布国王至上权法 (即首长令)：成立英国国教会
1539 年	大修道院解散法
1547 年	爱德华六世即位 (~1553 年)
1549 年	制定第一次祈祷书
1553 年	玛丽女王登基 (~1558 年)
1555 年	恢复天主教
1558 年	伊丽莎白一世即位 (~1603 年)
1563 年	颁布英 39 条 (国教信条)：英国国教会设立
1566 年	格勒夏姆在伦敦设置交易所
1577 年	德累克开始环球航行 (~1580 年)
1586 年	德累克远征西印度
1587 年	前苏格兰女王玛利被处死刑
1588 年	歼灭西班牙无敌舰队
1592 年	在苏格兰成立长老教会
1598 年	汉萨商人离开伦敦
1600 年	东印度公司建立 (~1858 年)
1601 年	英颁布“救贫法”
1603 年	詹姆斯一世即位 (~1625 年)：建立斯图亚特王朝 (~1649 年)
1605 年	英火药阴谋事件 (火药起义)
1606 年	伦敦—普利茅斯公司成立
1625 年	查理一世即位 (~1649 年)
1628 年	英“权利请愿书”产生
1629 年	解散议会：无议会时代开始 (~1640 年)
1637 年	苏格兰人反对输入英国国教会制
1640 年	清教徒 (puritan) 革命 (~1646 年)
1649 年	查理一世被判死刑。共和制宣言
1651 年	克伦威尔颁布航海条令
1653 年	克伦威尔出任国务卿
1655 年	与西班牙交战 (~1659 年)
1658 年	克伦威尔逝世 (1599 年 ~)

公　元	通　　史
1660 年	王政复辟：查理二世回国
1666 年	伦敦大火，与法国交战 (~1669 年)
1670 年	多佛秘密条约签署：英法两国国王的约定
1673 年	制定审查律
1679 年	英国制定人身保护法律
1685 年	詹姆斯二世即位 (~1688 年)
1688 年	名誉革命爆发 (~1689 年)
1689 年	权利宣言（权利典章）：奥兰治亲王威廉（三世）即位。与玛丽共同执政
1690 年	对法殖民地争夺战争开始：称为“威廉国王战争”(~1697 年)
1692 年	拉奥格海战：英荷联合舰队打败法国舰队
1694 年	建立英格兰银行，威廉三世单独统治 (~1702 年)
1701 年	议会通过王位继承令
1702 年	安妮女王即位 (~1714 年)，英法殖民地战争：安妮女王战争 (~1713 年)
1704 年	占领西班牙领地直布罗陀（继承战争）
1707 年	大不列颠王国成立：英格兰与苏格兰的合并

公　元	造园史
1529 年	汉普顿宫为亨利八世所有
1533 年	国王在汉普顿宫内建造新庭园
1540 年	安德鲁·鲍德（Andrew Boorde）的《住宅建筑指南》（*The boke for to Lerne a man to be wyse in buhylding of his howse*）出版
1557 年	托马斯·图塞（Thomas Tusser）的《耕作百益》（*A hundreth good points of husbanderie*）出版
1563 年	托马斯·希尔（Thomas Hill）的《有益的园艺》（*The profitable Arte of Gardening*）出版
1577 年	托马斯·希尔（Thomas Hill）的《园艺家的迷宫》（*The Gardner's Labyrinth containing a discourse of the Gardener's life*）出版
1597 年	弗朗西斯·培根（F.Bacon）的《随笔集》（*The Essays*）出版
1616 年	马卡姆（Gervase Markam）重版《地方住宅》一书
1617 年	杰瓦斯·马卡姆（Gervase Markham）的《农妇的庭园》（*The Country Housewife's Garden*）出版
1618 年	劳森（Lawson）的《新型果园和庭园》（*A New orchard and Garden*）出版
1632 年	在牛津创建了由伊尼戈·琼斯设计的、英国最早的植物园
1667 年	弥尔顿（Milton）的《失乐园》（*Paradise Lost*）出版
1685 年	威廉·腾普尔（Willam Temple）的《论伊壁鸠鲁的花园，或论造园艺术》（*Upon the Gardens of Epicurus, or of Gardening*）出版
1704 年	按照亨利·怀斯的设计为托马斯·科克改建墨尔本庄园

第一章　都铎王朝时代

中世纪一结束，英国就进入了都铎王朝时代（1485~1603 年）。与之前的普兰达吉内特王朝相比，都铎王朝的经济财政实力均有所增强，生机勃勃。都铎王朝初期，由于接触了欧洲大陆的新知识，使英国的住宅建筑发生了很大变化。在玫瑰战争[1]中发迹的旧贵族阶层、宫廷的没落，以及修道院的瓦解，都大大刺激了构成这个时代特征的住宅建筑的飞跃发展。在上述三个原因之中，修道院的瓦解所产生的影响最为深刻。从 1536 年至 1539 年的三年中，几乎三分之一的国土更换了占有者，巨额财富迅速积累，大部分赐给宫廷宠臣的土地，在极其简便的条件下以比较低廉的价格作为商品出售。地方及都市的人们都不顾一切地抓住这个千载难逢的好时机，已成地主的地方人士，把其土地变成牧场以积累财富；而城市里的人则飞速地扩大贸易来创造财富。新的土地所有者产生了，于是，在占有土地的同时，建筑也成为他们的必需之物。满足僧侣们的农场已完全不适合于新兴土地所有者的需要，壁垒森严的中世纪城堡也终于被改建成令人心满意足的住宅，这种住宅又促进了造园的发展。前往意大利、法国旅行的英国造园家们，对意大利、法国庭园的迅猛发展瞠目结舌，他们决心回到国内仿造在外国所见到的庭园。

▪1
亦称“蔷薇战争”。1455~1485 年英国两大王族间的封建混战，因兰加斯特家族的族徽是红玫瑰，约克家族的族徽是白玫瑰，故而得名。

英国庭园与当时荷兰及德国的庭园相同，都被围在深壕高墙之中，其面积常常只够建造整齐的菜园和药草园，果园和葡萄园一般设在壕沟的外围。为增强安全感而必须将整个庭园设在壕沟的防御线之内的情况已属少见，所以为了庭园的扩大，应尽量预留下更宽裕的土地。都铎王朝的君主们毫不掩饰自己对花卉和庭园的喜爱，亨利八世也和法兰西斯一世一样，乐于在宫殿四周建造漂亮的庭园。在伊丽莎白女王的肖像画中，也常常可以看到女王用鲜花来装扮的情景，显然女王也继承了父王酷爱花卉的秉性。女王还鼓励贵族们住在乡村的府邸中，所以当时建造的优雅府邸与庭园，在追求情趣与美感方面毫无区别。

都铎王朝最著名的庭园是**汉普顿宫**的庭园。它位于伦敦以北 12 英里的泰晤士河畔，是枢机官沃尔西建造的；面积有 2000 英亩，园内有庭园和果园。1529 年枢机官下台，此园归亨利八世所有时，又将庭园进一步扩大至宫殿与泰晤士河之间。1533 年国王造了新庭园，原来的林苑即今天人们所知的“秘园”

(privy garden) 那个地方 (图 1)。该庭园的图保存在牛津大学的博德莱安图书馆里。这张图如实表现了小型结园、砾石分区园路、林荫树、园亭、宴会厅等。色彩斑斓的台座上的徽章中的动物雕像分布在庭园及果园的四周，或安放在围着花坛的柱子上、露台的边缘石上等处，庭园中还有带皇室徽章的风向标及黄铜制的钟。与“秘园”相连的是“池园”(pond garden)，这是庭园中最古老的部分 (图 2)。它是一片长方形区域，在砖围墙中筑有带低矮挡土墙和边缘石的三级露台。挡土墙的一角有亨利七世所建的宴会厅。露台中心有圆形喷泉，铺砌园路垂直相交，整个庭园包围在树篱之中。

除汉普顿宫之外，都铎王朝的重要宫殿还有亨利八世晚年建造的**农萨奇宫**。该宫位于特里郡的埃维尔附近。1591 年参观过这座宫殿的亨兹内说：“这里有群鹿飞奔的林苑；美丽迷人的庭园；用格子工艺装饰起来的丛林；绿色的小屋和园路等等；它还被视为有益身心的住宅地。庭园中有很多大理石圆柱和尖塔，有喷洒着圆形和金字塔形水柱的两座喷泉，喷泉上栖息着小鸟，水从鸟嘴中滴落下来。水管则被隐藏在其他大理石的尖塔旁边，人们一旦靠近它们，水管就会出人意料地喷出水来。”今天，宫殿和庭园全都被破坏了，我们甚至连这座著名的都铎王朝宫殿的轮廓也无从找寻。

塞西尔用于交换詹姆斯一世的哈特菲尔德府邸的**西奥博尔兹宫**也未能摆脱同样的厄运。在 1650 年的议院调查报告中，对这个大庭园做了如下记载：“9 个正方形或波形的花圃位于庭园中央的平地上，其中之一仿造了国王的徽章图案，边缘用黄杨树装饰；另一个花圃中种着花卉精品。其余 7 个波形花圃铺着美丽的草坪，形状修剪得十分优美的鹅耳枥属植物和蜡子树树篱分布在各处。”

都铎王朝后半期的**伊丽莎白时代** (1558~1603 年) 的庭园，集自古以来英国庭园佳作和地方绅士们从意大利、法国、荷兰移植来的新样式庭园之大成。不过，尽管模仿了上述国家的造园样式，但从事造园工作的却大部分是英国人，直到 17 世纪初仍无外国人受聘来英国的证据。这一时期英国庭园与欧洲大陆庭园的主要不同之处是英国人更热衷于花卉栽培。在英国阴郁气候的影响下，与采用彩色土、雕塑作品、花瓶等相比，英国造园家们更乐于用明丽的花坛来打造欢快的气氛。16、17 世纪英国上层阶级的深宅大院除在房间内各处栽种花卉外，可能还在地板上撒满花草，所以屋中香气袭人。此外，在庭园的细部处理方面也有很大变化，其构思大致类似于索马塞特郡的**蒙塔库特**庭园 (图 3)。即宅邸前设有用墙围着的前庭，与欧洲大陆的城堡不同的是，英国的宅邸极少用壕沟包围，宅内有时用石铺地，大多数则是设有喷水池的草坪。此外还常常设置第二个庭院，这个庭院与其说是为实用，莫如说是为表现某种威严而造的。庭院旁边还有外庭园，其四周有厨房、厕所及其他家务用房，另一侧造有装饰性庭园及花坛。露台常常与府邸相连，宽约 20 英尺，长 30 英尺，从露台上可眺望庭园。在都铎时代的庭园中，这类露台不仅提供了便于观赏庭园内景致的场所，而且还往往将它们置于与围墙相接之处，所以在那里还能够纵览附近的田园风光。汉普顿宫的秘园中至今还有这样的露台，它比围墙高出数英尺。花坛以花结（knot）和分格（compartment）为边缘，被划分为四方形区域。为了更加引人注意，花坛的边缘栽植可能还选用了薰衣草、绯衣草、迷迭香、马郁兰、百里香等香味浓烈的植物。位于中央的喷泉，通过水管和水渠将水源源不断地输送到庭园各处。格子结构的园亭设在便于使用之处或在角落。

关于都铎王朝和伊丽莎白王朝的造园情况，我们既无残留下来的实例可考，也无文献可查，故难免有失之偏颇之处。由于当时造园书籍的作者大部分是农学家或医学家，所以他们很少对造园产生实质性的作用。对庭园设计提出指导性意见的第一位英国作者是安德鲁・鲍德博士，他于 1540 年左右出版了《住宅建筑指南》（*The Boke for the Lerne a man to be wyse in buylding of his howse*）一书。尽管他注重联系实际，但书中大部分内容却借自意大利造园著作。继鲍德之后，又有托马斯・图塞所著的《耕作百益》（*A hundreth good pointes of husbanderie*），这是一部出类拔萃的诗篇，于 1557 年出版。图塞的观点既实际又简单。托马斯・希尔的两部著作《有益的园艺》（*The profitable Arte of Gardening*）（1563 年）及《园艺家的迷宫》（*The Gardener's Labyrinth: containing a discourse of the Gardener's life*）（1577 年），也向我们传达了当时庭园的情况。1580 年及 1588 年，雷利和卡文迪什的航海大大刺激了人们对植物学研究和探索的兴趣。因对雷利的归国和他的收集品发表了评论，并作为朵多埃乌斯的《植物志》（*History of Plants*）一书的译者而闻名的克鲁西乌斯，从欧洲大陆被拉进了本国的派系。1597 年出版的杰拉德的《植物志》（*The Herball or General Historie of Plantes*）简直就是朵多埃乌斯著作的翻版。杰拉德生于 1546 年，曾在霍尔本经营他的药草园，并在伯利大臣的庭园里当了 20 年的监督人。培根[1]的《庭园随想》（*Of Garden*）也非常有名，在此不作特别的讨论。我们虽然不知道他所记的庭园究竟是理想的产物还是幻想的结晶，抑或是对实际庭园的描写，但它却充分表现出伊丽莎白和詹姆斯一世时代贵族的理想，这是不容置疑的。

▪1 培根，1561~1626 年。英国唯物主义哲学家、思想家、作家。

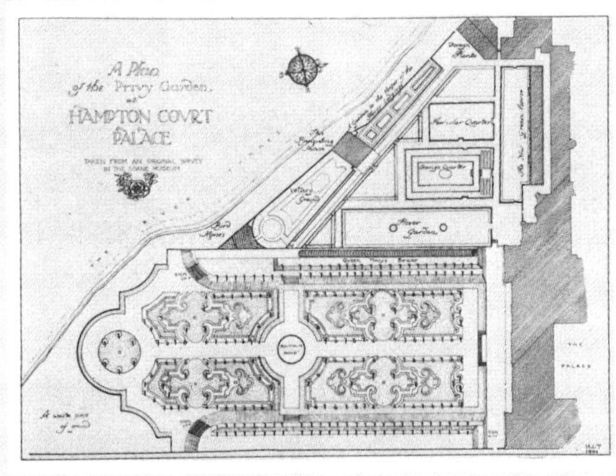

1

2

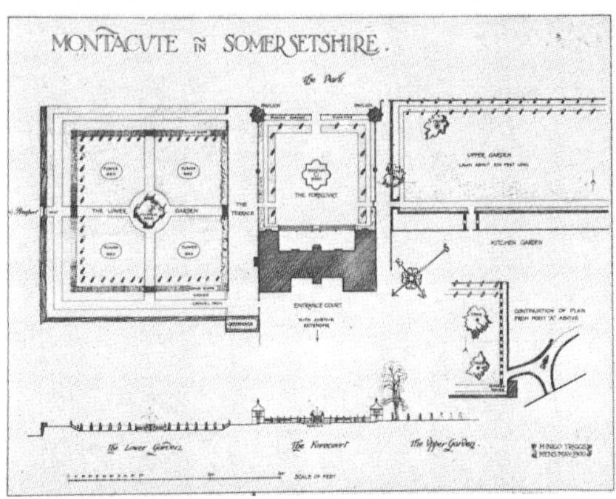

3

1　汉普顿宫内的秘园平面图（特里格斯）

2　汉普顿宫内的“池园”（特里格斯）

3　蒙塔库特府邸的平面图（特里格斯）

第二章　十七世纪

帕金森热衷于花卉栽培，之所以这样做并非单纯为了医药的目的，这使他成为第一位因此而受到奖励的英国造园家（图 2）。他被任命为詹姆斯一世的药剂师，在隆格·艾卡的庭园中，种植了许多他在旅行生活期间收集到的珍稀植物。他还将地方绅士的庭园分为花园、菜园、药草园、果园 4 部分。他是第一位认为要把花园作为游园加以关注的著作家，他还认为不仅要考虑药用植物的栽培，而且对于花坛的分区也要进行大量的构思。

詹姆斯一世（1603~1625 年）时代英国最早的植物园是由伊尼戈·琼斯[1]设计、1632 年在牛津建造的（图 1）。它恰好比帕德瓦植物园晚建一百年。牛津植物园是旦比的亨利伯爵创办的，他赠给学校 5 英亩土地，以建造温室来容纳那些弱不禁风的植物。该温室是同类建筑中最早的一个，庭园现在还保存着，它对促进长期的植物研究曾发挥过很大的作用。

▪1
伊尼戈·琼斯（1573~1652 年），英国建筑师，舞台美术家，曾两次旅意研究文艺复兴式建筑。1615 年任詹姆斯一世的皇家建筑监督长，早期作品多受意大利文艺复兴形式的影响，后期在英国留下了许多古典主义风格的作品。

17 世纪英国的庭园著作家几乎完全依赖于 16 世纪的法国作家，这是因为在 16 世纪末左右萨福利特出版了埃蒂安纳的《地方住宅》（*Maison Rustique*）一书的英译本，1616 年马卡姆又重版了这本书，所以更扩大了它的影响。马卡姆曾游历过欧洲大陆，在荷兰当过军人，他是一个实际的农业家，是从事与养马业及体育竞赛有关工作的杰出改革家，也是最早引进阿拉伯马的人，同时他还是一位诗人和剧作家。

在有关英国文艺复兴式庭园的最优秀的文献中，有马卡姆于 1617 年出版的《农妇的庭园》（*The Country Housewife's Garden*）和劳森的《新型果园和庭园》（*A new orchard and Garden*，1618 年）。劳森与马卡姆是朋友，有时也联名写作，他们都是根据自己的经验来写作的。劳森在上述著作的序言中说，他的著作是集他 48 年的经验之谈。马卡姆认为只甘于翻译外国著作的庭园作家们是最蹩脚的。他说："与其他所有作者不同，我从不拜倒在小普林尼、维吉尔、科鲁麦拉的脚下，而是将遵从朴实无华的英国风格作为自己追求的目标。"然而，在他《地方住宅》一书的扉页上，他又写道："本书根据萨福利特翻译的埃蒂安纳和利埃博尔特的著作中所作的解释，并据笔者所译的塞尔、威内及其他西班牙、意大利作者的著作作了适当的增补。"他的这部著作共 5 卷，在第二卷中论述了庭园。他提出，庭园位置的选择应以使主人能倚窗欣赏风景之地为宜，他认为："最好是比较平坦，或换句话说稍有一点坡度、水可以在山脚下欢快奔流的地方。"此外，庭园四周围以树篱，"如果经济条件允许的话"，采用围墙的方式则更佳。

从 17 世纪初开始，英国造园家们就致力于收集外国植物，特别是特雷德斯坎特家族的三代人，在表现这种热情和知识方面尤为突出。在他们的影响下，造园成了一门比以往任何时候都更精巧的艺术。特雷德斯坎特家族原籍荷兰，在詹姆斯一世时期来到英国。约翰·特雷德斯坎特被第一代索尔斯伯里勋爵聘用在**哈特菲尔德**工作，不久以后，这个庭园就因他从国外引进的许多新品种果树及其他植物而闻名遐迩。据说他曾去欧洲、巴伐利亚地区及弗吉尼亚等地旅游。尽管帕金森曾经喟然长叹："（伦敦）因煤的使用而致草木不生"，但奇妙的是，当时最著名的庭园却都集中在伦敦市内。南朗贝斯（伦敦的一个区）的德拉迪斯康特庭园是学者们寻求慰藉之所，国王及女王的莅临使它身价百倍。虽然当时它被看成是英国最美丽的庭园，但实际上具有很多古老的本草植物的特征。

查理一世时代（1625~1649 年）的造园虽然进展不大，但**共和制时代**（1649~1660 年）的园艺却得到了很大的改善。清教徒们不需要花坛这类儿戏般的东西，他们只从实用观点出发来研究庭园，如应该如何尽力栽培植物，如何进一步发挥庭园的实用功能，其结果是当时游园造得极少。在国内战争[1]期间（1642~1648 年），都铎王朝及伊丽莎白王朝建造的最美的庭园几乎全都毁于战火。农萨奇和温布尔登遭出售；汉普顿宫虽然也危在旦夕，但总算大难不死，保留了原来的面貌。

17 世纪的庭园佳作是后来遭蒲柏[2]无情嘲笑的哈特福德城的**摩尔公园**内的庭园。威廉·腾普尔爵士对这个庭园留下了十分愉快的记忆，他认为，在过去所见到的所有国内外的庭园中，这座庭园具有"最为完美无缺的形态"。

查理二世（1660~1685 年）在旅行外国的途中，对风靡整个法国及荷兰的勒·诺特尔及其门徒的恢宏的庭园样式深感兴趣。他说："英国对庭园和建筑物的改善远远落后于其他国家。"查理二世即位后的第一个计划就是改造**汉普顿宫**，他为此将造园家派遣到凡尔赛。在国王所进行的改造中，最重要的就是将**霍姆公园**建造成如今所见的模样，即培植了半圆形林荫道的巨大的椴木林荫树，一个面积为 9 英亩半的大花坛被围在林荫道之中，还开凿了一条长四分之三英里的大水渠。这种放射状林荫道可能首开引进法国风格的先河，后来各国曾竞相模仿法国样式。因为，虽然早在伊丽莎白女王时代就已盛行

[1] 国内战争系指英国资产阶级革命时期的第一次内战，也即查理一世与议会的战争。

[2] 蒲柏（1688~1744 年），英国启蒙运动时期的古典主义诗人。著有许多诗体论文、哲理诗，还翻译过荷马的史诗。

在庭园入口处设置独立的林荫栽植，但却始终还没有尝试过将林荫栽植作为庭园的一部分。

▪1
克里斯多夫·雷恩（1632~1723年），英国建筑师、科学家。

威廉和玛丽按照克里斯多夫·雷恩爵士[1]的设计对宫殿进行了改造，完成了查理二世未竟的事业。乔治·伦敦被他们任命为宫殿造园师，他与同事们一起，建造了在基普的版画中所见到的那种庭园（图6）。庭园的实际设计无疑大部分来自雷恩的方案。**威廉三世时代**（1689~1702年），环绕大花坛的林荫道被截断，大花坛本身的设计也多有改变。宫殿归安妮女王所有时，又重新修建了庭园，改造了喷水园，完全取缔了威廉、玛丽时代的黄杨涡形工艺品，更换了平坦的草地。1736年左右，在风景式庭园运动开始之际，霍姆园又在威廉·肯特[2]的指导下进行了改建。

▪2
威廉·肯特，英国画家、造园家、建筑师，著名的自然式造园的创始人。

威廉与玛丽即位的同时，庭园样式也发生了变化，在鸿斯勒尔戴克、海格、路克斯等大型庭园中采用的荷兰样式与宏大的勒·诺特尔式相结合。设计**利文斯大厅**中的传统式荷兰庭园的虽然是法国人，但它却是英国保存得最完整的、在荷兰式影响下设计的庭园的一个实例，且因这个庭园的主要部分至今仍保留着设计时的原状，所以价值颇高。该园所在的场地原属**詹姆斯二世**（1685~1688年）的财政大臣格雷厄姆上校所有；不久以后，国王掌管了这块地皮，他委托曾在汉普顿宫工作过的勒·诺特尔的学生博蒙在此设计庭园。庭园建于1700年左右，幸运的是1720年的造园设计图还保存在府邸内。从图上来看，除有少数改变外，庭园中的园路、树篱都按设计的原貌遗留下来，这在英国大概也属少见。

为了在勒·诺特尔指导下进行研究，一大批英国造园家被派往法国，在他们中间，约翰·罗斯有“当代第一家”之称。他自凡尔赛返回英国后，就在**圣詹姆斯公园**内担任查理二世的造园师官职。他交际广泛，为地方上的大宅邸建造了为数众多的庭园。著名的《日记》一书的作者约翰·伊夫林是通过著书立说而对庭园事业有所贡献的人。除了关于森林树木的巨著之外，他本应写出其他有关庭园设计方面的书籍，但不幸的是他只写了这些书籍的目录就停下了。据说他曾建造了萨里郡的**乌东**及吉尔福德附近的**阿尔伯里**的庭园，还有肯特郡的库尔姆布里吉府邸中舒适宜人的小庭园，该府邸被壕沟包围着。

18世纪初叶，出现了许多庭园作品，它们主要是在伦敦和怀斯的指导下完成的。1706年，伦敦和怀斯合著出版了《退隐的园艺师》（*The Retired Gardener*），但该书却译自奥克塞尔的里格尔所著的“*Le Jardinier Solitaire*”一书。伦敦逝世于1713年。他的商会曾独立或与其他商会合作建造过许多庭园，但小型的，尤其是现在仍存在的庭园却很少。达比西亚的**墨尔本庄园**被视为流传在英国的小型勒·诺特尔式庭园的佳作（图 7）。这个庭园是按照亨利·怀斯的设计，为**乔治一世**（1714~1727 年）的代理内务大臣托马斯·科克改建的;从 1704 年动工，历时 11 年始成。自那时以来，该庭园虽然有所变化，但仍留下了大部分林荫道和大鱼池。

格尔斯塔夏的**威斯特伯里庭园**中优雅而规整的池庭堪称当时小庭园的上乘之作，它保存得十分完好。这个小庭园略带几分荷兰风格，舒适宜人，细长的水渠贯穿园中。在水渠的对面，透过空花墙或开敞的铁格栏杆，可将周围的田园景色一览无余。这类铁格栏杆是为了使视线越过庭园的栅栏，把外景纳入园中，因此深受人们的喜爱而风靡一时。宅邸的南侧有球场和花坛，其对面则是用编枝林荫道分隔出来的蔬菜园，菜园四周围着呈五点形种植的果树。场地的绝大部分是池庭。

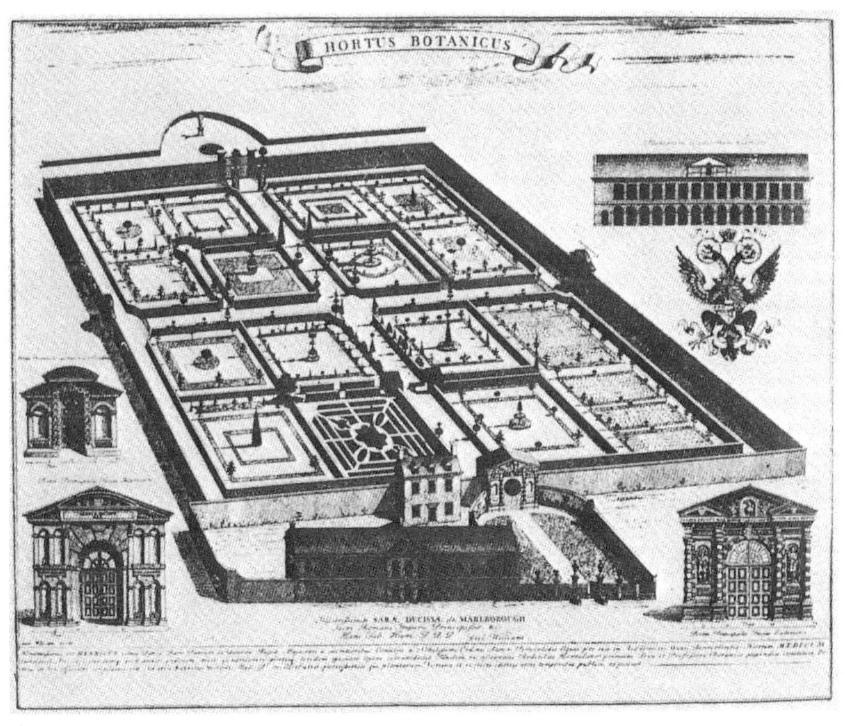

1

1　牛津的植物园（特里格斯）

2

3

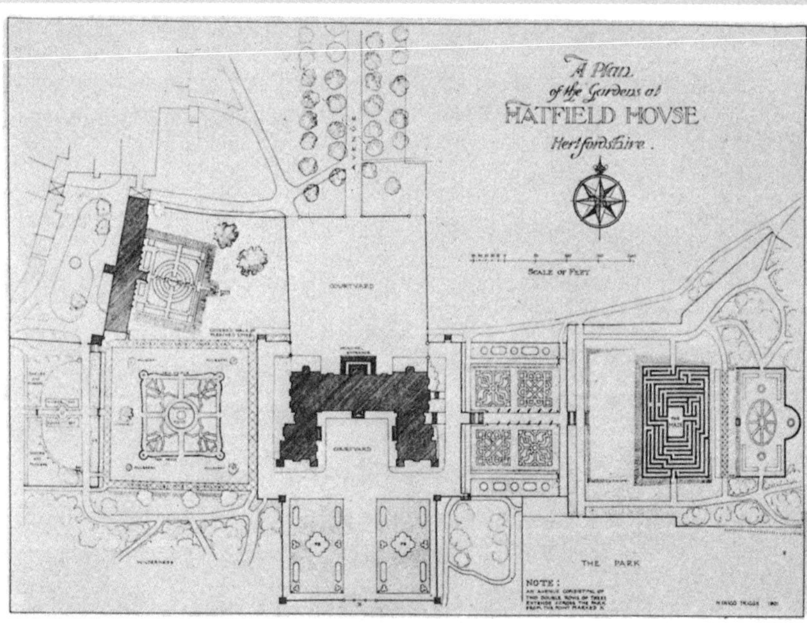

4

2　约翰·帕金森（特里格斯）

3　约翰·特雷德斯坎特（特里格斯）

4　哈特菲尔德府邸的平面图（特里格斯）

5　哈特菲尔德府邸的花坛（特里格斯）

6　汉普顿宫的大花坛（特里格斯）

5

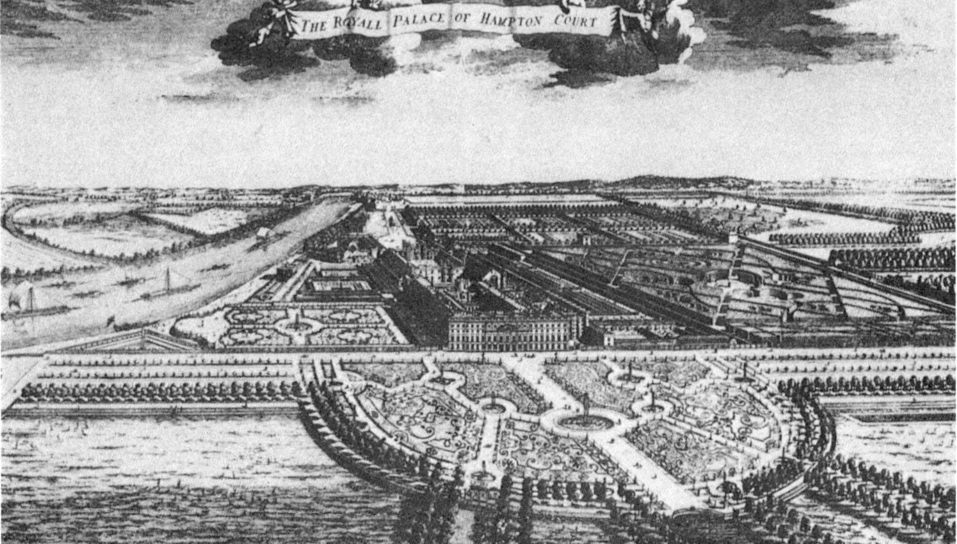

6

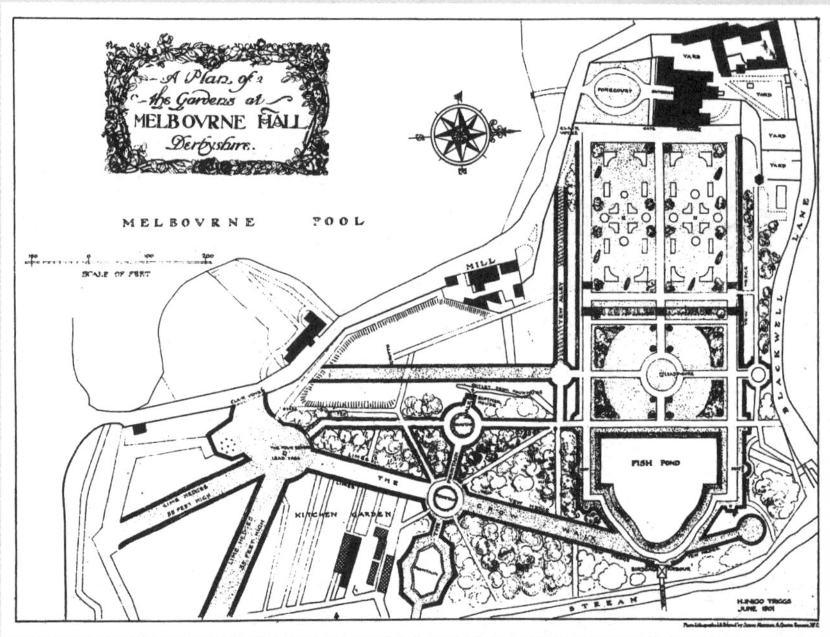

7

8

7 墨尔本庄园平面图（特里格斯）

8 亨利·怀斯的肖像

第三章　英国规则式造园的特征

庭园设计的新方式之一是**花床**，它是用格构栅栏在庭园内部分区围成，造在高于地面的低矮的砖墙或石墙上。另一个重要的特点就是造型植物的利用。英国造园家们以朴实无华的风格抵制了欧洲大陆奢侈华丽的情趣，都铎时代的绅士们也不嗜好惊愕喷水、水技巧等。

在都铎王朝的庭园中常可见到**假山**。假山可能起源甚早，主要建造在平坦的地方，是一种使观者的视线越过围着高墙的庭园、眺望风景的绝妙手段。到 17 世纪，开始用漏空围墙、暗墙来代替实墙体，这种假山便风靡一时。据劳森 1618 年的记载，这类假山可能设置在养鱼池附近，人们坐在阴凉的园亭中就能自由自在地钓鳟鱼、鳗鱼。许多古代的假山至今还遗留在英国庭园中。在北安普顿的罗金加姆，露台状的大假山连接着环绕庭园的高墙。

除此之外，都铎时代始创的是结园或称“花结花床”，它相当于法国的花坛。但都铎王朝庭园中最富特色的独创之作是**回廊**（gallery）。这种回廊是一种十分坚固的构筑物，它们大多围在庭园四周，构成通向其他各种建筑物的通道，出主屋即可穿此遮蔽物而行。汉普顿宫的“池园”就是按这种样式建造的。

园亭　18 世纪的地方绅士非常喜欢在园内各处建既美观又坚固的园亭（garden house）。它在成为装饰物的同时，还必须能防御变化无常的气候。这些园亭一般位于漫长的园路的尽头处。它有两种类型，一种用来挡住观看庭园的视线；另一种则是设置在球场或中庭的一隅。园亭比它所在的露台高出二三级，露台向下方的球场倾斜。在索马塞特郡的克利普顿·马乌邦克就有这种类型的范例，在肯特郡奥克森霍什的古代风景画中还描绘了带华美壁柱的山墙式园亭（图 1）。为适应 18 世纪后半期人们的兴趣爱好，才用基督教教堂、中国塔等取代了这种坚固的园亭。

在古代英国的庭园中，宴会厅、观景楼（gazebo）、园亭同为一物。如我们所知，“gazebo”一词源于荷兰语。特别是凉亭式的望楼，建在露台的一隅或设在壕沟包围中的庭园一角，从望楼上可以眺望四方辽阔的风景。这种园亭还经常被用作四轮马车的候车室，有时还为此而在园亭内设置壁炉。在索马塞特郡贝金顿的小村庄中，有带角石和漂亮的山墙形房门的方形小砖房，从其中一个窗口可瞭望公路，从其他窗口则可观赏球场和庭园。在约克郡的农·蒙克顿，有用桃形铅板盖顶的望楼，它位于园路的终点，园路两旁并排着一些铅制雕像和经修剪造型的紫杉树。从望楼的一个窗口能清楚地看到球场，从另一个窗口则可看到如画一般弯曲绵延的奥则河。园亭很少被用作隐居处，但乔治·莱奇梅尔于1661年建在赛万·恩德的两层园亭却掩映在花丛之中，成为他隐居和闭目养神的场所。

柑橘园 威廉三世时代以后，地方大府邸中的常见之物是柑橘园。在基普的版画中就有不少例子，其中最大的柑橘园在温泽及查兹瓦斯。奇思威克府邸的小柑橘园中，还残留着一片能瞭望草坪露台上的圆形小剧场的地方，夏季在草坪露台上种满了树木。达比西亚的布雷特比的柑橘园遥瞰着带一排露台的半圆形水池，苏塞克斯郡的施万斯特德的柑橘园设在完全处于围墙中的草坪中庭的一侧。林苑中配置一个个柑橘园，仅仅是为了在夏季用这些柑橘树装点水池四周和露台。

球场与射箭场 这两者在大部分庭园中都能见到。马卡姆将球场分为三类，即“林荫道球场”“倾斜球场”和“平地球场”。球场一般布置在从府邸建筑的窗口就可看到的地方；如不能满足这一要求，则将它建于园内其他方便之处。它的位置既有查兹沃思那样的中心球场，也有像莱斯塔夏内的斯塔温顿·哈罗尔德、格利姆·李普那样置于花坛一隅的球场。其形状既有肯特郡诺尔庭园中的那种长方形，也有椭圆形。有时将球场布置在稍稍远离府邸的地方，就像约克郡的吉斯波罗和萨里郡的艾夏普勒斯庭园那样，而卡西欧巴利的圆形球场则位于丛林正中，从府邸经林荫道方可到达。

园门 英国庭园中最有特征的东西之一是门柱（gate pier），在它的顶部饰有族徽上的动物雕刻或石球。铁花格门的使用直到17世纪末仍未普及。在风景式造园时代，这类铁花格门的许多最优秀实例也都毁坏了。在18世纪的风景画中还可以看到庭园常常设有美丽的铁栏杆围墙，残存的实例有贝尔顿府邸。斯塔克·加德纳认为，英国的铁花格门具有朴素典雅的风格和适应能力，与自然性质相互协调一致；而且，它的优美线条彼此结合得天衣无缝。

铅制装饰品 在构成18世纪庭园魅力的众多赏心悦目的装饰品中，最完美无缺的当推雕像、花瓶及其他铅制装饰品。铅本身的适应性及优美的色泽，使这种材料完全适用于这种装饰目的，在古老紫杉树篱的深绿色背景上，铅制雕塑柔和的银灰色产生了迷人的效果，我们可以立即想到许多这样的实例。在整个18世纪，无论是贵族的大庭园还是小住宅的庭园内都大量使用铅制工艺品。从保存了为数不少的完好作品这一点上来看，就足以说明这些铅制工艺品曾怎样广泛地用于庭园之中，以及相应于英国的气候，它们又是如何具有耐久性的。铅制雕塑的制作主要由切雷和荷兰造型家凡·诺斯特承担。18 世纪中叶，切雷在圣马丁大街上造了住宅，他的工作大概十分繁忙。其雕塑题材主要取自古典的主题，即全都是表现福罗拉、巴克斯、维纳斯、朱诺[1]、尼普顿、密涅瓦[2]的作品。他还塑造了铅制小雕像阿摩里尼（图 4），就像以“庞布罗克夫人的孩子们”而闻名于世的威尔顿府邸内的雕像那样。此外还制作了墨尔本庄园中美丽的群雕等等。铅制肖像雕塑也不胜枚举，例如，威尔顿府邸、赖斯特公园的肖像雕塑、兰开夏郡霍东中庭内威廉三世的肖像雕塑等等。这类雕塑有时施以色彩，有时则模仿石料的颜色施以色彩。如果要仿照得更为逼真，则将砂子撒在湿的绘画颜料中。

[1] 朱诺，Juno，罗马神话中主神朱庇特的妻子，天后。

[2] 密涅瓦，Minerva，罗马神话中的智慧女神。

日晷　除了花瓶与雕塑之外，日晷在 18 世纪庭园的配景物之中位居其首。日晷在英国比在欧洲大陆更为多见，这有些令人百思不得其解。在荷兰，日晷虽然也时有所见，但在意大利、法国及西班牙就极其稀有了。有人认为日晷在展示庭园的中心主题方面，还取代了温暖气候下的喷泉。当然，日晷最早的流行完全是以实用为目的的；但不久以后，却开始侧重于它的形体设计和制作技巧了。因此，即便庭园中所有其他遗物都消失殆尽，日晷却往往残存下来。18 世纪中叶左右，林肯郡的贝尔顿府邸内带有日期的日晷（图 6）尤其令人赏心悦目。这个日晷支承在丘比特的“时”雕像上。在苏格兰有很多比英格兰更华丽的纪念性日晷。荷里鲁德宫中的日晷（图 7）立在高大的台基上，铸模制造，由镶着镜板的三层台阶构成。其上的日晷呈六角形，精工雕刻，镶嵌成型。它属于“顶部多面体日晷”型，大约有 20 个不同的雕刻面；有的面为下凹的心形，有的面上刻出指针，还有的面上则采用了彩色的皇族徽章图案或蓟草徽章图案。

花结与花坛　庭园建造在很大程度上取决于花坛形状及其配置，或者草坪中苑路的设置。图 8 所示的是收藏在大英博物馆的抄本中的一些花结与花坛的珍贵例子，它们成了那时造园家们的设计资料，其中包括了许多优秀的设计。它们大多被采用在草坪上，图案十分简洁，且适合于正方形；不过，略加变动后也适用于长方形、八角形及圆形等各种形状的空地。此外蔷薇园及狭窄圈地的设计方案是极其相似于中央设日晷或喷泉的庭园设计方案的。

花结是都铎时代庭园的主要装饰品，在汉普顿宫等庭园中可以看到它的代表作。其早期的形状通常是最为出色的，但后来勒·诺特尔及其他法国造园家的影响占了上风，花结的这种简洁无华的特征也被华丽繁复的图案所取代了，比多彩的铺砂苑路、花园更接近于花边图案的结园开始盛行起来。在引入风景式庭园之时，这种过分低级庸俗的花坛形式和其登峰造极的风格剧变有很大的关系。

造型植物　在英国，造型植物在庭园中的使用始于都铎王朝初期，不久便风靡一时，从那以后的两个世纪期间，造型植物变成了庭园的主要组成因素。虽然将乔灌木修剪造型的方法在最后被滥用无度，但茂密树叶的艳丽色调抑制了庭园中过多的阴暗，如果使用恰当，它将使庭园更加充满魅力甚至妙趣横生。在适于用来修剪造型的众多树木中，紫杉当推最理想的树种；它的浓绿色调和柔嫩的手感简直妙不可言。留存至今的大部分造型树木实例都是用紫杉做成的，因为它生长缓慢，一次修剪成形便极少变形。虽然也有用蜡子树、黄杨、迷迭香等做成的造型树，但这类实物却所剩无几。造型树木最多采用的形状是孔雀，这在英国各地都十分流行。

喷泉　在构成庭园的装饰物中，喷泉堪称是最悦目的。它为造园家带来了随心所欲地发挥想象力和技术的机会。在欧洲，特别是在意大利和法国的庭园设计中，喷泉及其他水工装置比在英国更显重要。不过，在 16、17 世纪的英国庭园中也不乏有趣的实例。1598 年亨兹内记载了汉普顿宫中的几个喷泉，从中可见该宫内还设有惊愕喷水。从隐蔽的喷水口喷射出来的水捉弄了毫无防备的游客，也使旁观者觉得十分有趣。白厅宫的庭园中有带日晷的喷泉，当参观者入迷地观看时，远处的园丁就合上开关，喷泉便突如其来地喷出水来，将那些专心致志的人们淋成落汤鸡。不过在英国庭园中，这类娱乐性装置远远少于法国和意大利。在德・考乌斯设计的威尔顿古庭园中至今还残留着一些美丽的喷泉，不过它们已不再具备原来的功能了。图 12 所示的喷泉耸立在意大利式庭园的中心，喷泉顶上是一尊正在拧着浓密长发的亭亭玉立的少女雕像，其原作在佛罗伦萨附近的佩特拉亚别墅内。当喷泉的开关打开时，水流就从少女的发间滴落进大理石的小水盘中，然后再落入下面的一个大水盘，最后流进喷泉底部的圆水池中。喷泉在水面以上的高度超过了 12 英尺，水池直径为 16 英尺。右图是南肯辛顿的维多利亚和阿尔伯特博物馆内的喷泉，是从佛罗伦萨的帕拉兹・斯托法运来的意大利制品。喷泉的顶部是巴克斯雕像，水从雕像手中的小杯里溢出，落入白色大理石水盘中，再从那里流出支承着狮子雕像和方形台座的阿摩里尼。

石栏杆　在石栏杆的设置中，最重要的是扶手柱的布置。它们不可设得过密，中到中的距离最好大致等于从柱础（plinth）到柱顶的高度。隔开扶手柱的方柱也不要相隔太远，根据扶手柱的比例约以 10~15 英尺为妥。图 13 所示的例子很好地说明了这一点。最佳作品是那扎姆顿夏的德赖顿府邸的栏杆。它围着建筑东侧的庭园，在两座庭园建筑之间延伸了 175 英尺。栏杆的全高为 4 英尺 9 英寸，扶手柱高 2 英尺 7 英寸，中到中相距 2 英尺，方柱间距离为 14 英尺。位于其下方的布林顿·马那府邸的栏杆上的扶手柱设得比前者密，目的在于将它同时用作隔开前庭和公路的隔墙。墙高 6 英尺，扶手柱间距为 12 英寸，高度为 2 英尺 6 英寸。

最下面的两个栏杆是威斯特莫兰特的贝尔威克大厅的栏杆及多塞特夏的克伦伯·马那的栏杆。前者为方形扶手柱，间隔 2 英尺 2 英寸，分隔柱是将两根二分之一的扶手柱合在一起，其间距为 11 英尺 9 英寸。克伦伯的露台与霍维克大厅的露台相似，都是 17 世纪初期的产物，由伊尼戈·琼斯设计。其台阶的底部比上部稍宽，栏杆上的装饰球的上、下面也变成平的，而不再是完整的圆形；这两个变化是特别值得一提的。露台高出庭园的水平面 5 英尺，其栏杆的扶手柱间距 18 英寸，高为 2 英尺 8 英寸，方柱间距为 12 英尺。

据培根记载，在他所处的那个时代的庭园中就已经可以见到游泳池了，其面积以 30 英尺 ×40 英尺为宜。庭园中大多还设有养鱼池。肯特郡的彭夏斯特·普勒斯和 16 世纪末左右建造的萨塞克斯郡美丽的布里克奥尔府邸中就有很好的例子（图 14）。图中所示的养鱼池长 75 英尺，宽 25 英尺，设在花园附近。

迷园在文艺复兴时期的庭园中几乎是不可缺少的附属物。迷园中的树篱就像今天常见的那样，其高度不单是为遮住纵横交织的园路。迷园的边缘种着薰衣草、迷迭香及其他矮性植物，十分简洁。迷园的中心景物一般是园亭或奇形怪状的造型树木。绵延的有顶园路和椴木、鹅耳枥属植物形成的林荫道也成为庭园的重要组成因素，它是由上述植物的树枝编织而成的，将庭园完全包围起来。有时，这种编枝林荫道还用坚固的成组木柱和缠满藤蔓的格架做成。

1 奥克森霍什的凉亭（特里格斯）
2 蒙塔库特府邸的庭园建筑和园亭（特里格斯）
3 卡农斯·阿什比的庭园园门（特里格斯）
4 威尔顿府邸的铅制雕塑（特里格斯）

1

2

CANONS ASHBY.
Northamptonshire
Plan
The Green Court.
Piers at the Angles
The Height of all the Gatepiers is about 11 feet to the Cap
Park Gates
Entrance to Flower Garden

3

4

5

6

7

KNOTS AND PARTERRES *from old Designs*

8

5 奇思威克府邸的铅制花瓶（特里格斯）

6 贝尔顿府邸的日晷（特里格斯）

7 荷里鲁德宫的日晷（特里格斯）

8 花结与花坛（特里格斯）

9 卡农斯·阿什比的庭园（特里格斯）

10 用紫杉修剪而成的十二使徒（特里格斯）

9

10

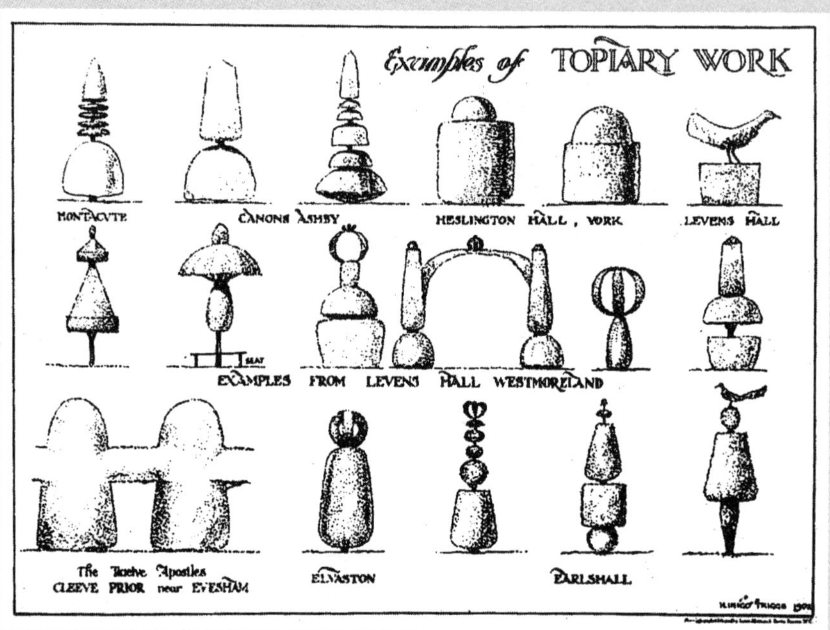
Examples of TOPIARY WORK
MONTACUTE
CANONS ASHBY
HESLINGTON HALL, YORK
LEVENS HALL
SEAT
EXAMPLES FROM LEVENS HALL WESTMORELAND
The Twelve Apostles
CLEEVE PRIOR near EVESHAM
ELVASTON
EARLSHALL

11

FOUNTAINS
I Wilton House
II Victoria & Albert Museum
I
II
BRONZE
MARBLE
BRONZE
BLACK MARBLE
WHITE MARBLE BASIN
SQUARE
ROUND
KERB
WATER LEVEL
SCALE OF FEET
H. INIGO TRIGGS
DELT MAY 1902

12

11 造型植物诸例（特里格斯）
12 喷泉二例（特里格斯）
13 石栏杆（特里格斯）
14 布里克奥尔府邸的养鱼池（特里格斯）

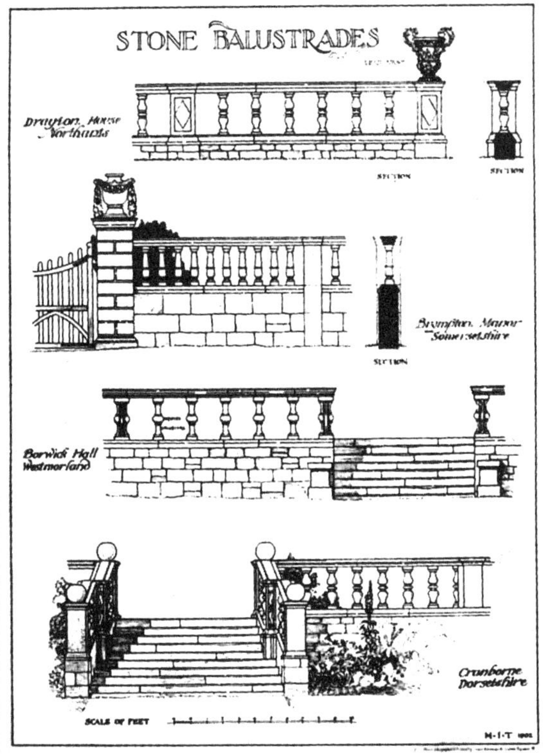

13

14

第七篇

英国风景式造园

公 元	通 史
1707 年	大不列颠王国成立，英格兰与苏格兰合并
1713 年	安妮女王战争结束：从法国夺回纽芬兰、阿卡迪亚、赫德森湾
1714 年	乔治一世即位 (~1727 年)：汉诺威王朝成立 (~1917 年)
1715 年	沃尔波尔内阁成立，责任内阁制度，法国路易十五即位
1721 年	第二届沃尔波尔内阁 (~1742 年)
1727 年	乔治二世继位 (~1760 年)：与西班牙交战 (~1729 年)
1729 年	缔结塞维利亚条约，与法国、西班牙联合，占领直布罗陀
1734 年	与俄罗斯缔结通商条约：在波兰王位继承战争中保持中立
1740 年	腓特烈二世（大王）即位 (~1786 年) 玛丽亚·特利莎即位 (~1780 年)
1744 年	第二次西里西亚战争 (~1745 年)
1754 年	英法殖民地争夺战争：弗伦奇·印第安战争 (~1763 年)
1756 年	普鲁士与奥地利七年战争（第三次西里西亚战争）开始 (~1763 年)
1757 年	庇特建立纽卡斯尔联合内阁
1760 年	乔治三世即位 (~1820 年)
1764 年	法国禁止耶稣会
1768 年	产业革命从此开始
1770 年	法国解散东印度公司
1773 年	法国，教皇宣布取消耶稣会
1774 年	法国，路易十六即位 (~1792 年)：任命杜尔果为财政大臣，开始财政改革 (~1776 年)
1778 年	法国与美国联盟向英国宣战 (~1783 年)
1780 年	玛丽亚·特利莎逝世。约瑟夫二世亲自执政 (~1790 年)
1783 年	小庇特第一次组阁 (~1801 年) 法国夫鲁里任财政大臣 (~1787 年)
1787 年	法国“名人会议”开幕不久即被解散
1788 年	法国，内克重新担任财政大臣
1789 年	法国，法兰西革命 (~1795 年)：召开三级会议，国民议会成立等
1791 年	国王、王后们欲逃国外未遂，立法议会成立 (~1792 年)
1792 年	国民公会成立 (~1795 年)：废除王政，发表共和国宣言（第一共和政权）
1793 年	法国国王及王后被处死刑。第一次反法大同盟 (~1795 年)
1794 年	法国，“热月政变”：罗伯斯庇尔被处死
1795 年	法国，解散国民公会，第一任总督政府成立
1796 年	拿破仑远征意大利 (~1797 年)
1798 年	第二次反法大同盟
1799 年	法国，拿破仑建立执政政府 (~1804 年)，拿破仑战争 (~1815 年)
1801 年	英国兼并爱尔兰，庇特内阁辞职
1802 年	拿破仑成为终身首席执政
1804 年	拿破仑公布《法国民法典》，拿破仑称帝 (~1814 年)
1805 年	第三次反法大同盟：特拉法加海战

公 元	通 史
1806 年	神圣罗马帝国灭亡 (962 年 ~)：颁布大陆封锁令
1812 年	拿破仑的俄国远征失败
1813 年	第四次反法大同盟，解放战争 (~1814 年)
1815 年	拿破仑重返巴黎：建立“百日政权”，滑铁卢战役
1819 年	英国，彼得卢大屠杀，镇压废除工人谷物法运动
1822 年	英国，坎宁任外相，支援自由运动
1828 年	英国，废除审查法，威灵顿内阁 (~1830 年)
1830 年	曼彻斯特与利物浦之间的铁路通车
1866 年	普鲁士－奥地利战争
1867 年	建立北德意志联邦 (普鲁士盟主)
1871 年	威廉一世继任德意志皇帝 (~1888 年)：德意志帝国成立 (~1918 年)

公 元	造园史
1710 年	威廉·肯特在意大利学习绘画
1712 年	“*Spectator* (*No.477*)”上登载了艾迪生的《庭园的快乐》
1713 年	“*The Guardian* (*No.173*)”上登载了蒲柏的《论植物雕刻》
1714 年	布里奇曼为科伯姆勋爵造斯陀园
1715 年	布朗生于诺森伯兰郡，斯威特则著“*The Nobleman's Gentleman's and Gardener's Recreation*”
1718 年	斯威特则对上述著作做了增补，并将书名改为“*Iconographia Rustica*”
1719 年	蒲柏迁居泰晤士河畔的特威克南，建自然式庭园。肯特自意大利回国并与蒲柏相识
1720 年	艾迪生的《庭园的快乐》被译成法文
1724 年	珀西瓦尔勋爵的《斯陀园访问记》出版
1726 年	戴尔著“*Gronger Hill*”
1728 年	兰利著“*The New Principles of Gardening or The Layingout and Planting Parterres*”
1730 年	汤姆森著“*Seasons*”
1743 年	中国宫廷画家阿奇勒的书信中有关于圆明园的记事
1745 年	申斯通在利索兹建自然式庭园
1750 年	史凯尔诞生
1753 年	威廉·霍加斯著“*Analysis of Beauty*” 劳吉尔所著的“*Essai sur 1'Architecture*”出版
1753~1773 年	路易十五饬命加布里埃尔造小特里亚农宫
1757 年	威廉·钱伯斯著“*Design of Chinese Buildings, Furnitures, Dresses, Machines and Utensils*”
1758~1759 年	钱伯斯成为邱园的建筑官员
1760 年	汤姆森的“*Seasons*”法译本出版
1761 年	卢梭著“*La Nouvelle Héloise*”
1763 年	欧麦农维尔为吉拉丁侯爵所有

公　元	造园史
1764 年	申斯通著“*Unconnected Thoughts on Gardening*”
1767 年	乔治·梅森著“*Essay on Design in Gardening*”
1769~1793 年	弗兰西斯公爵建沃尔利兹园
1770 年	惠特利的“*Observation on Modern Gardening*”出版
1771 年	布拉蒙将惠特利的上述著作译成法文，渥尔波的“*Essay on Modern Gardening*”出版
1772 年	钱伯斯的“*Dissertation on Oriental Gardening*”出版
	威廉·梅森的“*The English Garden*”出版
1773 年	赫什费尔德的“*Ammerkungen über Landhäuser und Gartenkunst*”出版
1774 年	奥尔良大公菲利浦命卡蒙泰尔造蒙梭园
	克劳德·理查德在英国设计小特里亚农宫
	勒·鲁热著“*Jardins anglo-chinois*”
1775 年	赫什费尔德的“*Theorie der Gartenkunst*”出版
1776 年	查理·奥古斯特公爵在魏玛城堡中建凉亭赠送给歌德
1777 年	吉拉丁侯爵著“*La Composition des Paysages*”
1779 年	卡蒙泰尔著“*Le Jardin de Monceau*”
	赫什费尔德著“*Historie und Theorie der Gartenkunst*”
1782 年	德利尔著“*Le Jardin*”
1784 年	小特里亚农宫内的水车小屋、宅邸、谷仓等建成
1785 年	尼维诺公爵将渥尔波的《近代造园论》译成法文
	马歇尔著“*Rural Ornament*”
	庞乌克勒生于穆斯考城
1789 年	史凯尔为设计英国花园而赶赴慕尼黑
1794 年	普赖斯爵士的“*On the Picturesque as compared with the Sublime and Beautiful*”出版
	奈特的“*The Landscape*”出版
1795 年	席勒的“*Garten Kalender*”出版
	马歇尔的“*A Review of the Landscape*”出版
	雷普顿的“*Sketches and Hints on Landscape Gardening*”出版
1798 年	拿破仑一世购买马尔梅森府邸
1803 年	雷普顿的“*The Theory and Practice of Landscape Gardening*”出版
1806 年	拿破仑一世购买巴加泰勒庄园
1816 年	庞乌克勒着手改造穆斯考
1817 年	史凯尔著“*Beiträgen zur bildenden Gartenkunst*”
1823 年	史凯尔逝世
1828 年	沃尔特·司各特著“*On Ornamental Plantation and Landscape Gardening*”
1832 年	吉尔平的“*Practical Hints up on Landscape Gardening*”出版
1834 年	庞乌克勒出版“*Undeutungen über Landschaftsgärtnerei*”
1845 年	穆斯考完成
1871 年	庞乌克勒逝世

第一章　风景式造园的兴起

文艺复兴时期的意大利画家喜欢选择希腊神话作为他们作品的题材，为了以写实的手法来描绘这些神话，他们还常常在画中配上山水作为人物的背景，始开描画山水风景之风气，并以此为契机，自文艺复兴末期以来，在欧洲普遍引起了对风景的兴趣。在17世纪的法国，涌现出一批纯风景画家，如普桑[1]、洛兰[2]等。稍后，在18世纪的英国，以兰伯特为始相继出现了威尔逊、盖恩斯巴勒等风景画家，英国风景画界呈现出一派生机勃勃的景象。拉斯金评论当时的风景画说："中世纪的人们常常关闭在城堡之中，精心绘制那些藏在壕沟后面的砖房和花坛；与此相反，近代画家喜欢空旷的原野沼泽，厌恶树篱壕沟，他们描画的是自由自在生长的树木，随心所欲流淌的河水。"其次，在文学方面，英国从伊丽莎白时代以来，从对自然美的憧憬萌生了田园文学，17世纪后半叶，出现了以描写地方自然景色为主的诗人赫里克、弥尔顿、邓哈姆[3]等。18世纪后，又涌现出一大批田园诗人，如蒲柏、汤姆森、戴尔、申斯通、渥尔波、葛雷、哥尔斯密等，其结果是讴歌自然美之声在当时的英国公民中广为流传。这样，绘画与文学这两种艺术中热衷自然的倾向为18世纪英国自然式造园的产生奠定了基础；并且，自然式造园运动不是从造园家中间发起的，而是以当时文学家们的文学著作为媒介开始的，应该说这是一个饶有趣味的事实。首先被视为自然式造园预言家的是培根。他在1625年所著的《随笔集》(*The Essays*)"关于庭园"条目中论述了他理想中的庭园，那就是在伊丽莎白王朝的贵族庭园中表现出来的东西，虽然它们仍然固守着相当规整有序的手法，但另一方面却又竭力排斥非自然物，在庭园的一部分中表现出自然原野的情趣。后来被称为自然式造园先驱的人是弥尔顿。他在《失乐园》(*Paradise Lost*)的第四卷中，描写了充满自然情调的伊甸园景观。不过，文人们虽然曾经幻想过自然式庭园，却无人将它付诸实施。然而，到18世纪，艾迪生[4]和蒲柏这两个文人却成了自然式造园运动的斗士，他们否定了拘泥于形式的传统庭园，其中的一人还对自然式庭园做出了具体的示范。

艾迪生（Joseph Addison）　1712年他在自己主编和发行的《旁观者（第477期）》(*Spectator No.477*)中，发表了以《庭园的快乐》为题的随笔，其中论述了自然与造园对人类心理产生的不同作用，他认为在自然中有着造园

▪1 普桑，1594~1665年。法国杰出画家和古典主义绘画的奠基人，他的风景画对欧洲浪漫主义风景画有过重大影响。

▪2 洛兰，1600~1682年。法国古典主义代表画家，其作品对欧洲风景画的发展影响很大。

▪3 邓哈姆(1615~1669年)，英国诗人，建筑师。

▪4 艾迪生(1672~1719年)，英国散文作家，担任过国务大臣助理和爱尔兰总督秘书等职。

所无法企及的恢宏与壮观。庭园有类似于自然的那种美，它通过与自然的同化，就会取得最佳的效果。他还慨叹英国造园家们非但没有使自己与自然相融合，而且还在拼命地离自然愈来愈远，他不喜欢几何状的造型树木，推崇自然而然生长的树木。他长期在欧洲大陆各地旅行；有时，在当时业已废弃了的意大利庭园中，那些枝繁叶茂的南国植物在他看腻了规则式北国庭园的眼中，留下了如诗如画的印象。他详细记下英国庭园与意大利、法国庭园的相悖之处，并从后者的庭园中悟出了更有价值的艺术真谛。艾迪生因发表这种庭园思想而引起世人的瞩目，他自己也预料到这种观念将会立即传播开去，果然在他之后不久就出现了蒲柏。

蒲柏（Alexander Pope） 1713 年，即在艾迪生《庭园的快乐》发表后的第二年，蒲柏在《卫报（第 173 期）》（*The Guardian No.173*）上发表了《论植物雕刻》的随笔,他用比艾迪生更加热情的笔调赞美了风景式造园。在英国，植物雕刻，即把常青树木修剪成动物、人物等不自然形状的造型树木，虽然自都铎王朝以来就一直盛行不衰，但蒲柏与艾迪生同样对此深恶痛绝。他的文笔轻松而富有讽刺性。在这篇随笔中，他列出了要拍卖的造型树木的目录，不失为一篇机智与讽刺互相交织的文章。在随笔的开头，蒲柏翻译引用了荷马在《奥德赛》中对阿尔喀诺俄斯王那座充满自然风味的庭园的描写，对英国造园如何一反这座庭园的质朴发出了由衷的感叹。蒲柏想方设法为实现他理想中的庭园而不懈努力，另一方面他又于之后的 1719 年在泰晤士河畔的特威克南建造住宅，在那里尝试着仿造自然风景。虽然这个庭园与他所赞美的朴实无华的样式还相距甚远，但其中既无造型树木，也无对称轴线，展现着自然风景般的绮丽。他还在朋友巴塞斯特勋爵的帮助下，进行了希伦塞斯塔辽阔的森林地带的配景工作。不言而喻，蒲柏尚缺乏实干能力，但当时的人们赞美崭新的造园思想；并且，在缺乏可资引为规范的实物的年代，从率先作出示范这个意义上来说，特威克南的庭园具有十分可贵的价值。

从那以后，艾迪生与蒲柏的造园思想逐渐在专业造园家中间传播。首先与蒲柏的庭园思想产生共鸣，并作为风景式造园家的鼻祖而出现的是斯威特则。

斯威特则（Stephen Switzer） 他在 1715 年写出了“*The Nobleman's Gentlemen's and Gardener's Recreation*”一书，该书在 1718 年易名为“*Iconographia Rustica*”增订发行。就“按照森林原野的风格来建造地方住宅区”而言，该书名的意思即是“Rural Gardening”。在这本书的序言中，他写道：“喜欢造园的人，就是喜欢眺望辽阔风光更甚于观赏郁金香的色彩的人吧。他们所观赏的风景就是协调一致的或充满野趣的树丛，平缓蜿蜒的河水、急流、瀑布，以及四周的山峦、海角等等。拥有这种思想的天才的文章启发了我”。无须赘言，这里所指的天才即蒲柏。斯威特则的设计虽然还没有触及专业领域，但他设计的庭园，将围栏一扫而空，庭园空间扩展延伸到林苑及四周的田园之中。继斯威特则之后，兰利也同样在自己所有的著作中提倡风景式造园思想。

兰利（Batty Langley） 兰利于 1728 年写出“*The New Principles of Gardening or The Layingout and Planting Parterres*”，将造园方针归纳为 28 条，我们从中摘录几条如下：

· 建筑物前要留有余地来种植美丽的草坪，用雕像装点，四周种植成排的树木；

· 不能取得透视图景的苑路的端点要设在森林、奇岩、断崖、废墟或大型建筑物处；

· 开阔的平地、花坛中决不可规则整齐地种植常青树；

· 在草坪或花坛中不要采用花边式或涡形图案；

· 所有庭园都要表现恢宏而自然之美；

· 对过去未经人工改造的天然小山、山谷施以造园技术；

· 在苑路相交的地方装饰雕像。

除此之外，他还在著作中就小溪、养鱼场、洞室、小瀑布、岩石、废墟、壁龛、水渠、鱼池等的建造提出了与上述观点相同的各种处理方法。在列出这些法则的同时，还配有如图 4 那样的插图，这是在规则式庭园中以不规则手法来设计的最早的作品。此后，又出现了继承艾迪生和蒲柏造园思想的造园家——布里奇曼。

布里奇曼（Charles Bridgeman） 他不是著书立说之人，所以我们只能通过实际的观察来了解他的业绩。作为宫廷庭园的管理人，他是伦敦、怀斯的后继者；用渥尔波的话来说，他比伦敦、怀斯更时髦。他为扩大设计而努力，摒弃与此相悖的细小分区。虽然他还十分迷恋高大的造型树篱的直线形苑路，但这仅限于大苑路而言，其余部分则改为风格粗犷的小橡树林。里士满的宫廷庭园，将田园也纳入其中，使人看到森林一般的外观。从他为科伯姆勋爵设计的著名的白金汉郡斯陀园，我们就能看出他的造园手法。这个庭园由布里奇曼创建，后又经当时的风景式造园家们参与建设，被视为如实再现了蒲柏观点的庭园。当时人们将斯陀园作为理想的风景园，竞相模仿，并出版了许多有关这个庭园的记载。珀西瓦尔勋爵在 1724 年的《斯陀园访问记》中写道：“这个庭园的苑路匠心独运，它看起来比实际宽度宽三倍，全园面积虽然只有 28 英亩，但却需 2 个小时才能游遍全园。这是一座全新样式的庭园，11 年前就开始建造，至今才初告完成。”值得一提的是，该园四周没有围墙，只用所谓“暗墙”（Ha-hah）围着，从而将美丽的森林原野风光引进庭园。渥尔波说：“造园家所做的一切努力，都旨在废除围墙，设置由布里奇曼始创的水渠。这种设计方案可能令当时的人们大吃一惊，因为他们对这种水渠的存在毫无觉察，当这种隔断出乎意料地横亘于眼前时，他们便情不自禁地‘Ha-hah’惊叫起来，于是这种水渠就得名为‘Ha-hah’了。”当时这种水渠也是罕见之物，主要布置在苑路的端点，直到布里奇曼之后的肯特才充分地利用了它。

肯特（William Kent） 他具备了 18 世纪后半叶风景式造园鼎盛期的先锋的风貌。他原来只是一个造马车的徒工，1710 年在朋友的资助下赴意大利学习绘画，但作为画家他却没有取得预期的成绩。1719 年回国，偶与蒲柏相识，听了蒲柏的观点后，他立即接受了风景式造园思想。因为他是布里奇曼的后继人，所以最初只是因袭着后者的造园技艺，不过却从此开始完全脱离了规则式造园而进入了非规则式造园的轨道。正如渥尔波所说，肯特生来就有从不完善的造园理论中创造大体系的天才。他超越了树篱，发现整个大自然都是庭园。由于他原来是画家，所以他的特点就是像绘画那样来描绘出英国的风景。霍姆也在“*Elements of Criticism*”（1762 年）中评论道：“肯特的造园就像画家在画布上构成的那样，配置着旖旎无比的自然物和人造物。”不论是从他的座右铭“自然讨厌直线”（Nature abhors a straight line）这句话来看，还是从庭园细部来看，人们都能体会到他是怎样突破传统样式的。他的庭园将直线形苑路、林荫道、喷泉、树篱等一概拒之门外，只留下具有不规则形池岸的水池及弯曲的河流。他过于忠实地描绘自然，甚至还在肯辛顿花园里种植了枯树，此事至今还传为逸闻。他的成名之作是为其支持者伯林顿勋爵建造的奇思威克别墅园（图 9），接着他又对布里奇曼和万布尔的斯陀园设计做了增补，这使他的地位更为牢固。实际上他设计过很多庭园，除上述庭园之外，还有埃谢尔园、克拉尔蒙特园、威尔顿府邸、卡尔顿府邸、罗沙姆园以及冈内斯伯里等。

布朗（Lancelot Brown）（图 13） 继肯特之后成为风景派的一代宗师的是布朗，他是肯特的学生和合作者。他面对所要改造的土地总爱说：“这里有很大的可能性”（It had great capabilities）这句口头禅，所以雅号就叫“Capability Brown”。1715 年他生于诺森伯兰郡，初为蔬菜园艺家，后来成为格拉福顿公爵的造园总管，因完成韦克菲尔德·洛奇的水池设计而一鸣惊人。在科伯姆勋爵的帮助下，他担任了汉普顿宫的宫廷造园家，后又受聘于布伦海姆。他在那里建造的水池使他名声大振，凡打算设计改造土地的人都争相聘请他。他设计改造了克鲁姆、卢顿、特伦沙姆城堡、南哈姆、伯利等大部分国内庭园。布朗成了那个时代的宠儿，他在造园方面的影响是不可低估的。他的拿手好戏是对水的处理，其佳作是建于阿什比城中的水池；此外，对伯利的改造也是他的设计手法的典型产物。首先，他拆毁了围墙，在建筑物附近的斜坡上一概不建露台、菜园，而种了树木。在那座树木葱茏的山冈旁、昔日的规则园前方建造了水池。当然，对他决心进行的改造加以非难的也大有人在。他们指责布朗无视历史与心理情绪，使过去的景观面目全非，对林荫道破坏太甚；他们还诋毁他的造园单调呆板。那些谴责他的人说他甚至连设计图也不会画，缺乏对欲加改良的风景的历史价值的了解和自然美方面的艺术修养。他的抨击者中以普赖斯、吉尔平最有名。普赖斯竭力反对布朗对林荫树大动干戈，认为他是用以改革家自诩的偏见来破坏所有者酷爱的林荫树的。吉尔平则指责布朗对前面提及的伯利所进行的改造："布朗将此地古代建筑物的四周整治成时髦的布局，这与规则划一的建筑及古典式附属物是极不协调的，我这样说决不言过其实。林荫树和花坛这类传统的装饰方式与历史悠久的建筑物是相映生辉的。"他甚至还极端地说："布朗的改造如果再进一步，就是拆毁遗址，以建设辉煌壮丽的府邸，只有这样做他才能善罢甘休吧！"尽管布朗遭此二人的猛烈攻击，但却有许多诗人对他赞不绝口，如渥尔波、梅森、怀特黑德等。沃顿甚至说："布朗由于将洛兰、罗扎[1]、普桑画中所绘的景致变成了现实，所以当之无愧地堪称大画家。"不过，与这些人相比，我们在后面将要介绍的雷普顿[2]（Humphry Repton）既是布朗的崇拜者，又是他的支持者。

一方面是这些著名的造园家们在进行着改造的事业，另一方面，则有许多榜上无名的业余造园家在步其后尘，模仿着他们的作品。其中有两个颇具魅力的作品。一个是威尔顿（为佩姆布罗克侯爵所有），另一个是斯托海德（图16）。两者都在维多米亚，全年对外开放。威尔顿的大德考斯庭园在18世纪经主任建筑师佩姆布罗克（Henry Pembroke）改造。架设着仿古式桥梁的弯曲的河流、一望无际的草地、参天的大树，在经历了两个世纪的风霜雨雪之后，仍然充溢着田园牧歌般理想境界的气氛。钱伯斯[3]设计的庄严雄伟的凯旋门构成远山上的一个重要焦点，如今已将这座凯旋门移至府邸入口处。

许多美术评论家称赞斯托海德还保留着最完美动人的丰姿，是如诗似画的风景式庭园的佳作，它的确是历史最悠久的风景式庭园之一。唯一的缺陷可能就是以分散独立的仿古式府邸作为该园的构成单元。拥有该庭园的Henry

▪1
萨尔瓦多·罗扎（1615~1673年），意大利画家，那不勒斯画派的代表人物之一。

▪2
雷普顿（1752~1818年），英国造园家，风景式庭园的创始人之一。

▪3
钱伯斯（1723~1796年），英国建筑师、造园家。

Hoare 堵截河流，将几个小水池连在一起，构成一个蜿蜒曲折的大水池，并在水池的一端建了一个小岛。在山腰地带，山毛榉、枞树等珍稀树木种植得很稀疏，但却生长得十分茂盛；沿着池岸边的道路，耸立着万神殿、花神殿、太阳神殿三座古老的小建筑。除此之外，还有田园风格的小屋及用石灰华、坚固的石料建造的洞室，还可看到水池中奔涌的喷泉和横立在树荫之中的大理石仙女雕像，全景十分优美动人。尤其是在 18 世纪，采用了杂交石楠花和其他硅化的开花灌木，使该园的魅力得到进一步强化。在春天，森林地带满山遍野都盛开着蒲公英。

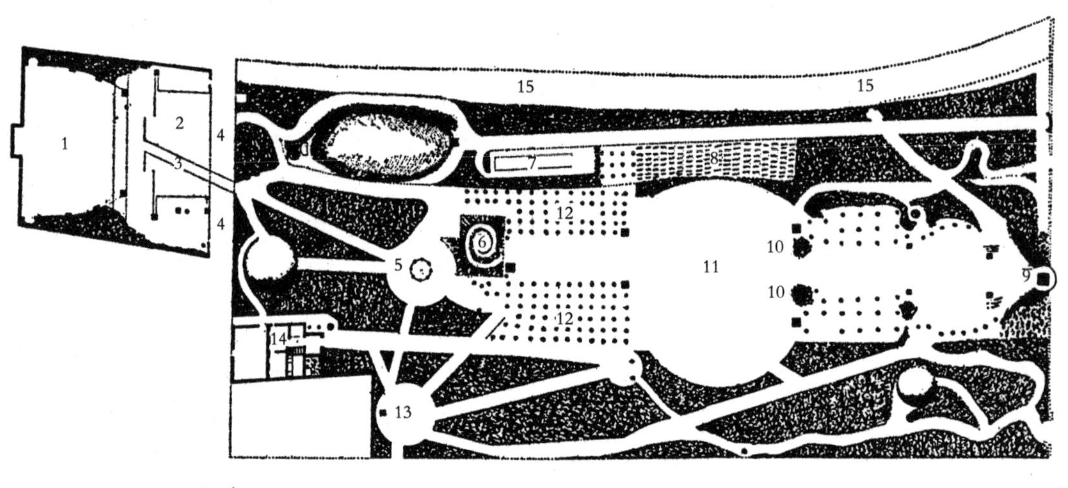

1

1. 建筑与河之间的草地；2. 建筑；3. 连接草地（1）与庭园的地下通道；4.Hampton 路；5. 肯特增建的贝壳神庙；6. 大土丘；7. 火炉；8. 葡萄园；9. 方尖碑；10. 小土丘；11. 草地保龄球场；12. 小树林；13. 柑橘园；14. 园亭；15. 菜园

1 蒲柏在特威克南的庭园的平面图（休则）
2 肯特所绘蒲柏庭园中用贝壳建造的凉亭（休则）
3 巴塞斯特勋爵的希伦塞斯塔园的平面图（休则）
4 兰利著作中的插图（唐纳德）

2

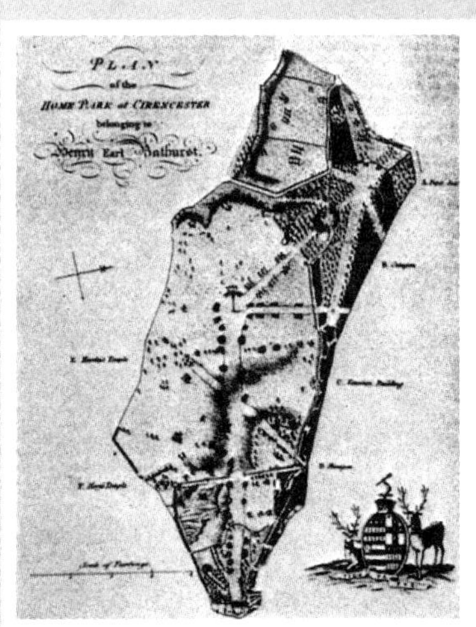

3

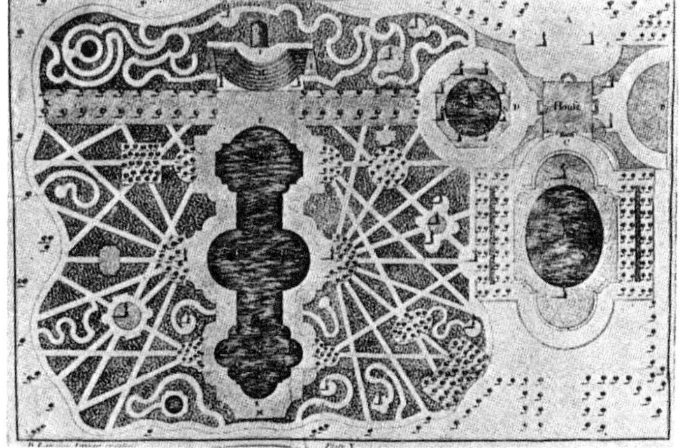

4

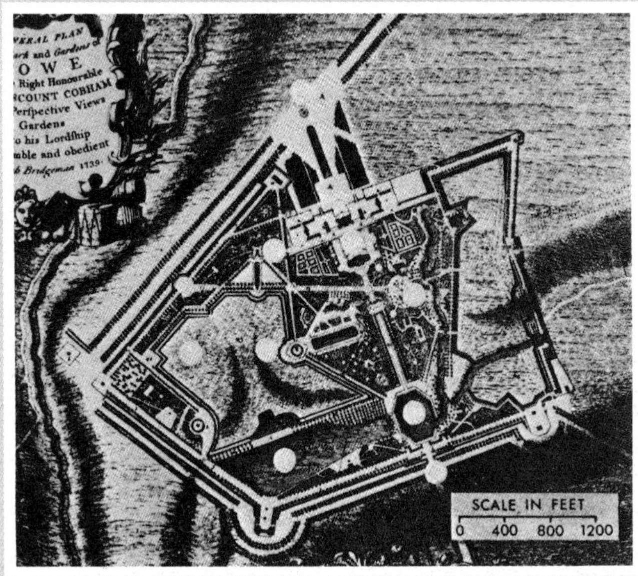

NERAL PLAN
ark and Gardens of
OWE
Right Honourable
SCOUNT COBHAM
Perspective Views
Gardens
o his Lordship
mble and obedient
h Bridgeman 1739
SCALE IN FEET
0 400 800 1200

5

6

7

8

5　1739 年斯陀园的平面图（休则）
6　斯陀园的鸟瞰图（戈塞因）
7　罗兰桑笔下的斯陀园景观（特里格斯）
8　肯特的肖像（唐纳德）
9　奇思威克的平面图（戈塞因）

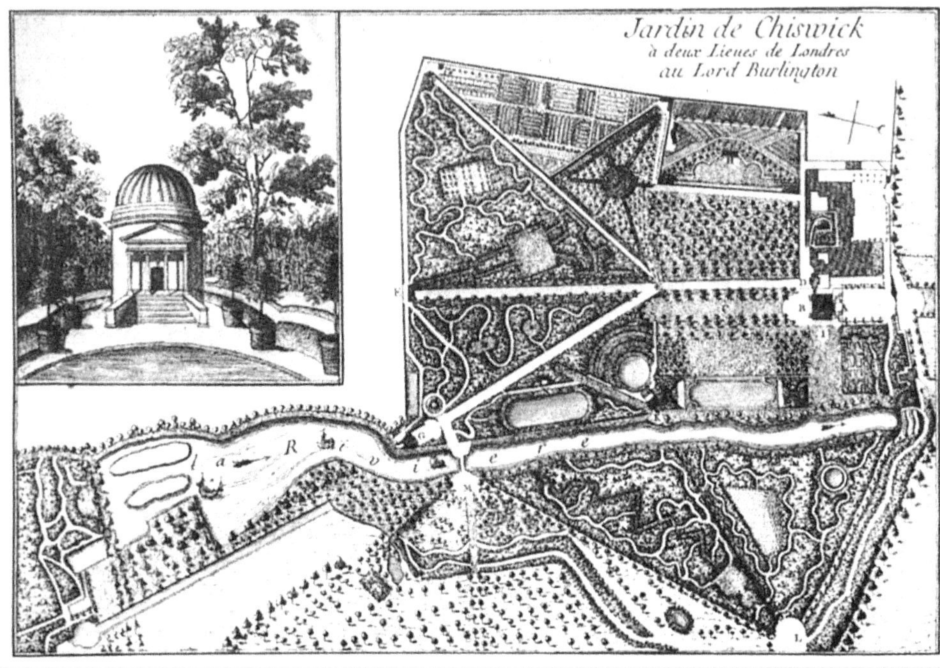

9

10

12

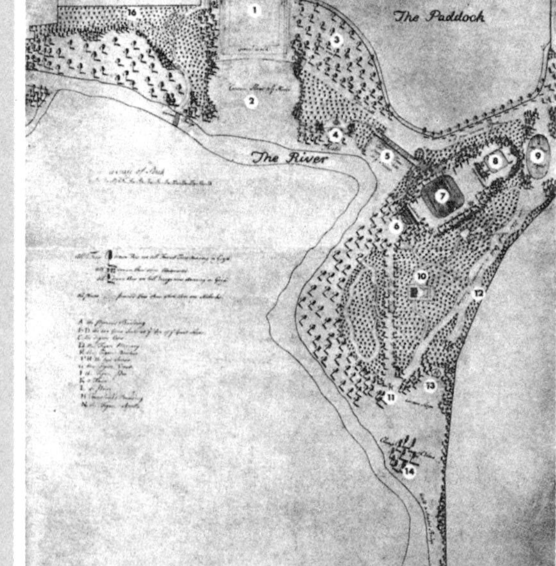

11

13

10 沙勒的克拉尔蒙特园（休则）
11 肯特绘制的罗沙姆园（休则）
12 罗沙姆园内的维纳斯之谷（休则）
13 布朗的肖像（特里格斯）
14 伯利园（塞西尔）

15

16

15 布伦海姆园的桥和池（海姆斯）

16 斯托海德宫的水池（休则）

第二章　风景式造园中的自然主义与浪漫主义

英国的风景式造园自它萌芽之始就通过作家们的文学作品这一媒介而得以传播，继这些文学家之后，又有众多的诗人参与完成了这个运动。戴尔于1726年写的“*Gronger Hill*”、汤姆森于1730年左右写成的《四季》（*Seasons*），都以诗的方式描写了当时自然式造园家们所致力于模仿的风景。从风景式造园盛行的18世纪后半叶以来，就出现了关于庭园的诗文。在《世界》（*The World*）（1753~1756年）杂志上，科文特利、肯不里奇、渥尔波等人的庭园随笔使杂志锦上添花。庭园诗人的先驱达克的《恺撒的野营》（*Caesar's Camp*，1755年）就表现了一种绘画般自然的造园思想。在当时的英国，萌生了反叛18世纪前半叶古典主义文学的浪漫主义文学，它摒弃冷酷的理智和形式，是一种崇尚热烈的情感和奔放的思想的抒情主义文学，因而当时的诗人所描述的庭园也带有浓厚的浪漫主义色彩。著名的田园诗人申斯通记述和建造的理想庭园，就是富于那种情绪的优秀例子。申斯通于1764年写了《造园偶感》（*Unconnected Thoughts on Gardening*），他在诗中将庭园美分为壮美（sublime）、优美（beautiful）及忧郁伤感之美（melancholy or pensive）三类，这些感情要素在庭园中盛极一时。1745年，申斯通在一个名叫“利索兹”的乡村里造了自己的庭园（图1），这个庭园在当时的造园家中间也获得了好评。园内有水池、小河、小瀑布，在山谷间及弯弯曲曲的园路旁等意想不到的地方，出现了凳子、洞室、废墟、坟墓等。另外，还有一些碑，上面刻着献给朋友的文字和讴歌自然美的诗歌。申斯通还是第一个赋予造园家“Landscape-Gardener”这个名称的人，因为优秀的风景画家就是造园家。这与后来雷普顿称风景式造园为“Landscape-Gardening”一样，承认了造园家与画家之间的密切关系。

此后，1767年乔治·梅森的《庭园设计论》（*Essay on Design in Gardening*）、1770年惠特利的《近代造园论》（*Observation on Modern Gardening*）、1771年渥尔波的《近代造园论》（*Essay on Modern Gardening*）等有关庭园的论著相继问世。惠特利的著作还在出版后的第二年被译成法文，成为英国及法国造园的优秀指导书。渥尔波的著作虽然很简单，却是一份不可多得的庭园历史记录。接着在1772年，钱伯斯的名著《东方造园论》（*Dissertation on Oriental Gardening*）（图2）问世。他在这本著作中将中国的庭园介绍到英国，同时还提议在风景式造园中吸收中国庭园的风格。最早把中国庭园介绍到英国的人是威廉·腾普尔。他于1685年在《伊壁鸠鲁的庭园》(*Upon the Garden of Epicurus*)中，比较评论了欧洲的规则式庭园和中国的不规则式庭园。艾迪生也承认这种模糊不清的信息促进了反对规则式造园的运动，但却没有人打算更多地模仿中国式庭园，因而在肯特、布朗等人设计建造的自然主义庭园中，丝毫不见中国式建筑的踪影。不过，钱伯斯著作的出版，恰恰迎合了那个时代的浪漫主义潮流，激起了人们对风景式造园的极大反响。钱伯斯年轻时曾在中国的瑞典东印度公司任职，描绘过千姿百态的东方建筑和服饰等的素描，并于1757年出版了《中国的建筑、家具、服装、机械、器具的意匠》(*Design of Chinese Buildings*、*Furnitures*、*Dresses*、*Machines*、*and Utensils*)一书。返回欧洲以后，作为经营建筑业前的准备，他到意大利各地做了一次短期旅行，参观了这些地方的庭园。他也像艾迪生、肯特那样，被这些庭园的美深深感动了。他这个英国人醉心于新的造园思想，坚决反对传统样式，他还将曾亲眼目睹过的中国及意大利庭园中充分展示的绘画似的美加以比较，认识到不能满足于让英国的自然式庭园局限在个人惯用的表现手法(mannerism)之中。当时的英国正处于布朗式造园的全盛时期，由于这种庭园与建有大量建筑物的中国庭园大相径庭；所以，钱伯斯在《东方造园论》中感慨于本国庭园的空洞无物。他指责英国的造园家和评论家过度强调了粗犷的自然，结果成了缺少教养之人并陷于贫乏无味的语言之中；布朗及其同伙的庭园不过是一种平庸无奇的田园风光而已。与此相反，中国式庭园同样效法大自然，却获得了成功，主要原因就在于，中国造园家被要求具备渊博的知识，他们的趣味效果在庭园整体上得到了充分的反映。但在欧洲大陆，造园仅仅是建筑的副产品。在英国，造园都委托给蔬菜园艺家(指布朗)来进行，这与中国人不惜钱财地美化庭园，且仍然忠实于自然的做法有着天壤之别。从1758至1759年，他担任了邱园的建筑官员，在那里建了许多中国式建筑，其中以中国式塔(pagoda)最为有名。它们至今还残留着，成为诉说当时中国热的极好的纪念物(图5)。除此之外，园中还有许多各式各样的庭园小品，如希腊式庙宇、罗马废墟等，它们打破了单调的气氛，为庭园增添了活力(图6)。后来这个庭园被指建筑物过多而备受责难，但与欧洲大陆的庭园相比，它仍是无与伦比的。从建成开始，这个庭园中就栽种了为数不少的外国植物，尤其是美国产的蔓生类植物、松柏等，在19世纪远近闻名，现在已成为欧洲首屈一指的植物园。

钱伯斯的观点为英国的造园带来了浪漫主义色彩。他的著作问世之际，欧洲大陆的中国热正在逐渐降温，这或许是因为这两个国家人民的喜好完全不同的缘故吧。英国人从来就喜欢在园内漫游，经过尽可能崎岖连绵的道路来观看一个接一个的景致，而中国人则习惯于足不出户，欣赏小景。不久以后，对钱伯斯的反对之声沸沸扬扬，站在这个反对运动前列的是威廉・梅森。他与钱伯斯同在 1772 年写成了《英国庭园》(*The English Garden*) 的庭园诗。他认为，钱伯斯提倡的在庭园中极尽复杂地设置雕像、建筑及其他装饰品的做法完全是徒劳的矫饰，它们将会有损自然的理想，因而应该加以取缔。另外，布朗所坚持的直线及平行线之类也都应改成柔和的曲线和动人的 S 形曲线，它们才是真正表现自然的线条。他与渥尔波一起将蒲柏等人讥讽交加的书信送给钱伯斯，并对此进行了谴责，钱伯斯也以讽刺笔调的书信以牙还牙。蒲柏与钱伯斯的书信引起了争议。出人意料的是，它后来导致了对模仿自然持不同态度的布朗派 (brownist) 和绘画派 (picturesque school) 两大派别之间的一场论战。布朗派的造园家是坚持布朗式造园的雷普顿和马歇尔。与布朗派针锋相对的绘画派当推绘画评论家普赖斯、奈特及森林美学家吉尔平为主要论客。奈特在 1794 年首先公开发表了题为《风景》(*The Landscape*) 的诗作，点燃了向布朗派进攻的战火。他的观点极为尖锐，并以辛辣的笔调批评了职业造园家。他提倡在自己的绘画作品的前景中，描绘出仪态万千的各种树群，来代替布朗派所酷爱的独立树木。普赖斯也在同年起草了《论绘画》(*Essays on the Picturesque*) 的著名论文，指出布朗派除了主要的团状林、带状林及人工池等单调呆板之物外，再无值得一看的东西。他阐述了“美的” (beautiful) 与“绘画的” (picturesque) 两者间的不同，批评布朗派将此二者混为一谈而不加以深刻理解。他还赞赏洛兰、罗扎这些画家的构思，认为要努力将洛兰画中所见的意匠再现于庭园之中；尤其是为了形成对比，无论是粗野之物，还是丑陋无比之物，都不妨吸收到庭园风景之中来。

当时已活跃于造园界的雷普顿立即对这些攻击奋起应战。1795 年他出版了名著《造园绘画入门》(*Sketches and Hints on Landscape Gardening*)。他摆脱了强调绘画与造园类似的普赖斯等人的思想的束缚，冷静考察了绘画与造园间存在的不同之处，并认识到自然风景与绘画在各个方面都有很大的区别。例如：(1) 自然风景比绘画的视野更为开阔；(2) 从高处俯瞰险峻的山峦景色往往是大自然中最理想的风景，但绘画却难于将它们表现出来；(3) 在构成风景之际，对画家而言必不可少的前景在大自然中却总是不尽如人意的，且为描绘风景而可供画家刻意挑选的前景也很少见。与雷普顿的这种观察相反，普赖斯认为，在构成、配置、色彩的协调，形态的统一，明暗效果等各方面，造园与绘画的基本原则是完全一致的。他认真对比了布朗派和克罗德的手法，考察了他们究竟将洛兰绘画的意匠表现到了何种程度。他还阐明，在为数不多的学习提香、洛兰、普桑绘画的人们中间，对布朗描绘的孤树、赤裸的水渠、毫无装饰的建筑等与自己所学的艺术和自然的形式背道而驰而深感迷惑，他还认为对自然风景谋求大众化的改善是风景画家的责任。对于前述的观点，曾经著有《田园装饰》（*Rural Ornament*，1785 年）一书，被称为“田园装饰家”的马歇尔，在 1795 年出版的《风景评论》（*A Review of the Landscape*）一书中挑战了普赖斯的观点，同时也卷入了论战的旋涡之中。他用比雷普顿更强硬的笔触写道：“在田园装饰的实际方针方面更看重洛兰而非布朗，普赖斯就是这样一位狂人。不过，如果把洛兰所画的风景作为造园的样本，那就确实成为乏味之物了。”马歇尔还说，“洛兰的大部分绘画作品与罗扎的作品在风格上有所不同，与时下流行的田园装饰风格相比则相去更远。”他认为即使不是学画的人，大概也不会异想天开地在活生生的风景中栽种枯树吧，为此他批评了身为画家的肯特。

雷普顿在上述的《造园绘画入门》中，提出了以下关于造园的四条法则：（1）庭园在展示自然美的同时还要掩盖自然的缺陷；（2）将边界伪装或隐蔽起来，赋予庭园广阔和自由的外观；（3）除了能改善风景，并为整体造成自然作品外观的东西之外，一切有碍艺术之物——无论它们多昂贵——都必须被尽力隐蔽起来；（4）凡不具有装饰作用或不能构成整个风景的一部分的东西——不论其多么舒适宜人——都应被隐蔽起来。从上述法则中可见，雷普顿是将自然美作为造园方针的基准的。一方面重视这样的自然美，另一方面又注重实用。关于这个美与实用的问题，布朗派与绘画派之间也达不成相互一致的意见。普赖斯说：“在住宅附近，绘画的美在大部分场合下要付出代价。不过，即使以此来满足要求，也不可过分地削弱绘画美。”雷普顿则针锋相对地主张：“实用往往比美更应受到重视。在人们的住宅附近，需要的不是绘画效果而是方便。”他反对不适应于人类生活需要的设计，他费尽心血，就是为了使实用、人造的特征与艺术的目的浑然一体，相互和谐。他致力于在使业主享受到自然的静谧感的同时，还能为他们提供充分的实用性。因此，在“自然讨厌直线”这样的前提下，他力戒在庭园中滥用曲线，而颇具匠心地通过在建筑物周围建造平台或其他建筑物的手法，使其随着距离的增加逐渐融入自然风景之中。雷普顿确实可称为风景式造园的集大成者，作为造园家，他的工作在造园界取得了最辉煌的成就。他亲自创设及改造的庭园多达 200 个以上，业主遍及全英国，几乎包罗了各个阶层的人士。但如诺伦所述，雷普顿在造园界创下的功绩，与其说是那些庭园作品，莫如说是他的著作。他的著作的问世是前所未有的；可以说，他的著述提高了造园的水平。每当有人向他征求关于某地改造设计的意见，他总是以画有设计图或草图的书信作答，并将此命名为这片土地的"Red Book";后来，这些"Red Book"被汇编起来，并加上有关造园的意见，便成了前述的书籍，以《造园的理论与实践》（*The Theory and Practice of Landscape Gardening*）为题，于1803年出版。为便于理解设计，单靠地图或平面图是难以一目了然的；为了弥补这个缺陷，雷普顿还发明了所谓的"Slide 法"（图9）。这是一种叠合图法，即将经改造后的风景图与现状图贴在一起，这样就可以直接比较改造前后的状况了。

雷普顿虽然对绘画派持有上述那些反对意见，但十分有趣的事实是，常常可以看到他在模仿洛兰，这显然是受其时代的浪漫主义思潮的影响之故。例如，他在《造园的理论与实践》的第十一章中提出，在可以眺望四面八方的风景的光秃秃的山顶上，最好建造那种圆顶的圆形寺院之类的建筑，就像在民间及迪波里寺院中常见的那样。这种风景式造园一方面表明了与批评家的对立态度，另一方面又可以看到风景式造园倾向的明显发展。雷普顿强调建筑环境的实用性，这可视为19世纪折中式造园手法的肇端。稍晚于雷普顿的劳顿等人认为，在面积狭小的庭园中以灌木、密林等造景是不合情理的；他们建议在这种区域中，自然要采用伊丽莎白时代以前的几何式设计方法，并进行了实际的对比尝试。结果，花园又一次被作为重要的对象，比过去更多地将树木配植成几何图案形，并改善了花园外的植树。1828年，沃尔特·司各特[1]的《论装饰性栽植和造园》（*On Ornamental Plantation and Landscape Gardening*）和斯图尔特的《栽植者指南》（*The Planters Guide*）出版，详尽说明了图案式植树法。与布朗派推崇的带状植树相比，斯图尔特则更进了一步，他提倡圆形或椭圆形植树法。森林美学家吉尔平在1832年写成的《造园施工法》（*Practical Hints upon Landscape Gardening*）中，从绘画派的观点出发，对斯图尔特的上述主张展开了猛烈的抨击。这样布朗派和绘画派围绕不同的植树法又彼此大动干戈。直到最后，关于这种规则形的植树法，德国风景式造园大师庇乌克勒·穆斯考著有《造园指南》（*Undeutungen über Landschaftsgärtnerei*），从而解决了布朗派造园过分粗糙的问题。这样，两派之间所进行的论战方使人们采取认真的态度来对待造园，结果确实使英国的造园在各方面都获得了长足的进步。

▪1
沃尔特·司各特（1771~1832年），英国诗人，历史小说家。

1

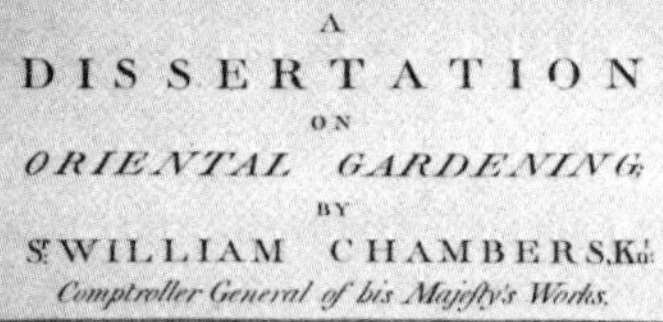

A

DISSERTATION

ON

ORIENTAL GARDENING;

BY

S^r. WILLIAM CHAMBERS, K^t.

Comptroller General of his Majesty's Works.

LONDON:

Printed by W. GRIFFIN, Printer to the ROYAL ACADEMY; fold by Him in *Catharine ftreet*; and by T. DAVIES, Bookfeller to the ROYAL ACADEMY, in *Ruffel ftreet, Covent Garden*: alfo by J. DODSLEY, *Pall Mall*; WILSON and NICOLL, *Strand*; J. WALTER, *Charing-Crofs*; and P. ELMSLEY, *Strand*, 1772.

2

3

1 利索兹的庭园（唐纳德）

2 《东方造园论》的扉页

3 钱伯斯的肖像（唐纳德）

4 皇家植物园——邱园平面图

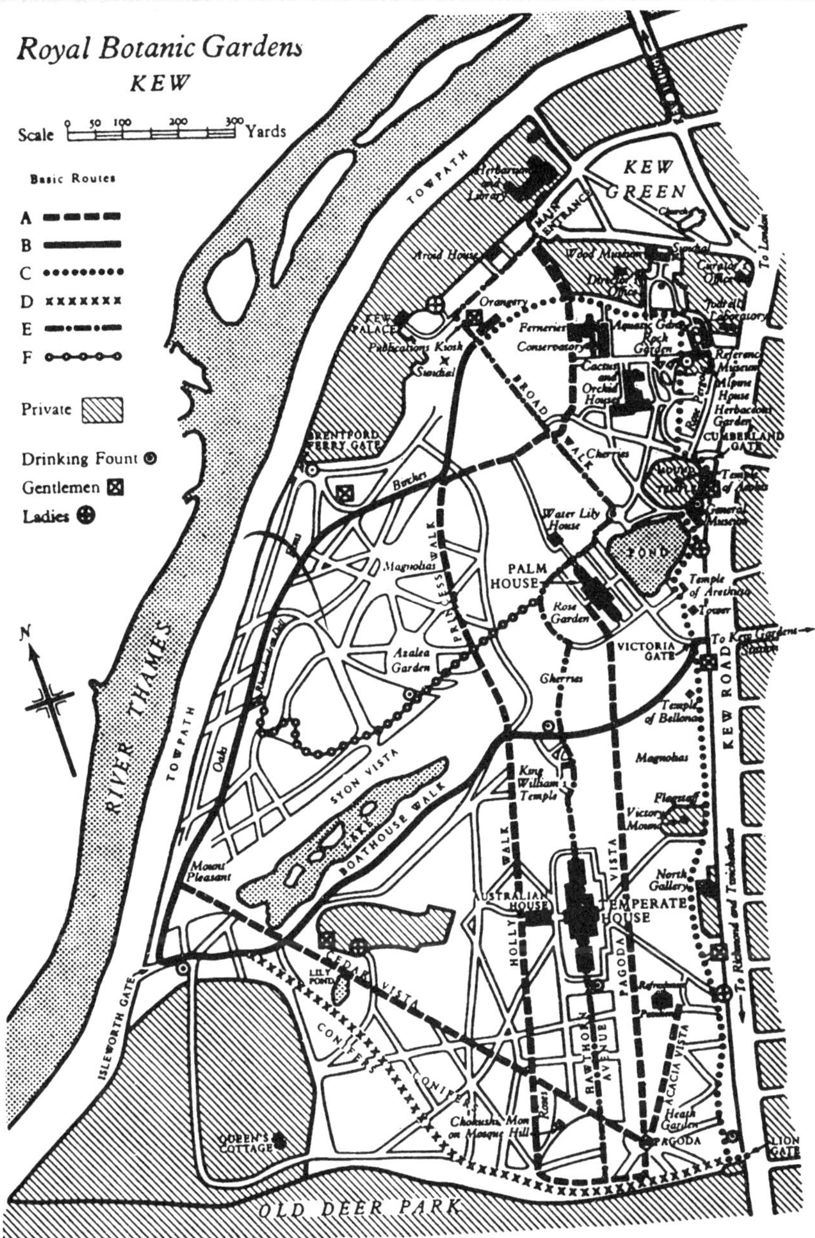
Royal Botanic Gardens
KEW
Scale 0 50 100 200 300 Yards
Basic Routes
A
B
C
D
E
F
Private
Drinking Fount
Gentlemen
Ladies
N
RIVER THAMES
TOWPATH
KEW GREEN
MAIN ENTRANCE
Herbarium and Library
Aroid House
Wood Museum
KEW PALACE
Orangery
Publications Kiosk
Sundial
Ferneries
Conservatory
Aquatic Gdn
Rock Garden
Jodrell Laboratory
Cactus and Orchid House
BROAD WALK
Reference Museum
Alpine House
Herbaceous Garden
CUMBERLAND GATE
BRENTFORD FERRY GATE
Cherries
Temple of Aeolus
Birches
PRINCESS WALK
Water Lily House
General Museum
POND
Magnolias
PALM HOUSE
Rose Garden
Temple of Arethusa
Azalea Garden
VICTORIA GATE
To Kew Gardens Station
Cherries
Temple of Bellona
KEW ROAD
To London
SYON VISTA
King William's Temple
Magnolias
Oaks
LAKE
BOATHOUSE WALK
Flagstaff
Victory Mound
Mount Pleasant
WALK
VISTA
North Gallery
AUSTRALIAN HOUSE
TEMPERATE HOUSE
To Richmond and Twickenham
LILY POND
CEDAR VISTA
HOLLY
PAGODA
Refreshments
Pavilion
ISLEWORTH GATE
CONIFERS
HAWTHORN AVENUE
ACACIA VISTA
Roses
Heath Garden
QUEEN'S COTTAGE
PAGODA
LION GATE
OLD DEER PARK

5

6

7

5　邱园的塔和清真寺（戈塞因）
6　邱园的废墟（戈塞因）
7　雷普顿的肖像（劳顿）
8　贝哈姆的平面图（诺伦）

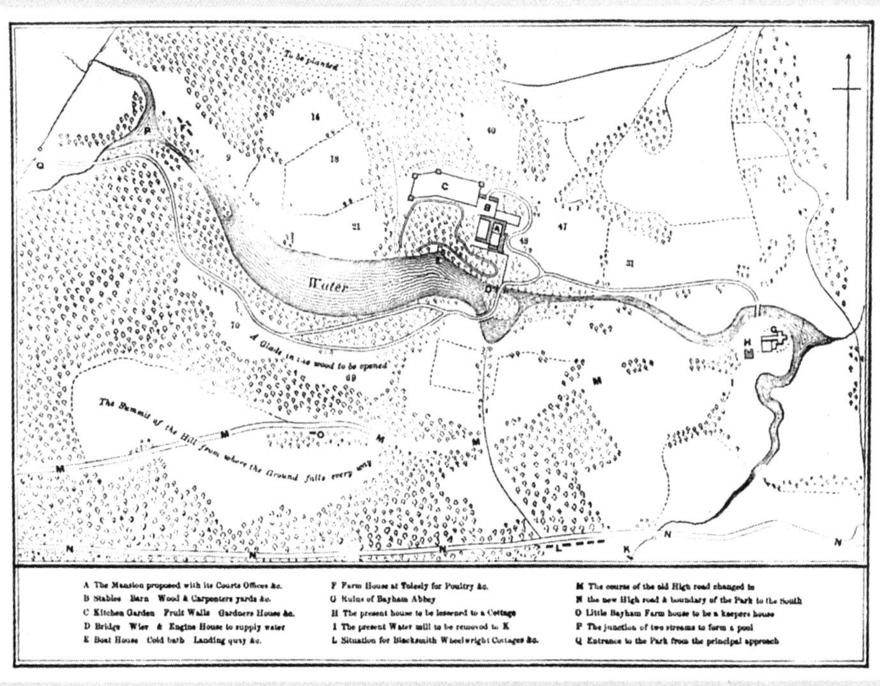

8

9

9　贝哈姆改造前（上）与改造后（下）的情况（诺伦）

10

10 文特沃斯庄园改造前（上）与改造后（下）的情况（诺伦）

第三章 风景式造园对各国的影响

一、法国

18 世纪末到 19 世纪初，当英国风景式造园家们唇枪舌剑地论战不休时，风景式造园却辗转传入了欧洲大陆。其中第一个张开双臂迎接它的是法国。自七年战争[1]（1756~1763 年）结束以来，英国式庭园之名就已四处传扬了。在前一个时代，法国的勒·诺特尔式指导了从意大利开始及至英国的造园；但到了这个时代，情况却发生了根本的变化。人们认为风景式造园传入法国早于其他国家，并十分流行，其原因虽然多样，但风靡当时法国思想界的启蒙主义思潮却是造成这种状况的一个外因。18 世纪初，这种启蒙思想就在英国萌芽；到 18 世纪中叶，以孟德斯鸠、伏尔泰为首发起的启蒙主义运动波及整个法国。这两位启蒙主义思想家都到过英国，研究英国的制度和文物，同时还将它们介绍到法国。他们宣传英国的宗教、政治、文学等的自由精神，结果使法国到处洋溢着革新的气息。这样，由于法国的启蒙主义运动以英国的启蒙思想为基础，所以，在当时的法国人中普遍存在着一种凡事皆以英国为上的风气。此风愈演愈烈，以致形成了所谓"英国狂"（Anglomania）的倾向。在这种社会形势的促进下，英国的风景式造园通过各种书刊率先被介绍到法国。1720 年，艾迪生的《旁观者》（*Spectater*）的报道首先被译成法文，1753 年，出版了基督教传教士劳吉尔的《建筑论》（*Essai sur l'Architecture*），汤姆森的《四季》于 1760 年被译成法文，接着 1771 年布拉蒙翻译了惠特利的《近代造园论》，1785 年尼维诺公爵用法文翻译了渥尔波的《近代造园论》等，这些都极其有效地向法国灌输了风景式造园思想。卢梭发出了"回归大自然"呐喊，使风景式造园思想更加深入人心。这声呐喊使肯特大吃一惊，使歌德拍手称快，使当时的人们感动至深，从此在政治方面促成了法兰西大革命。在文艺方面则从古典主义（classicism）走向了浪漫主义（romanticism）。卢梭的复归自然的思想将人心导向了大自然，在造园方面也自然而然地发挥了倡导自然式造园的作用。而卢梭本人也十分关心自然式造园的发展。卢梭在 1761 年所著的《新爱洛绮丝》（*La Nouvelle Héloise*）中，构思了日内瓦湖畔自然风格的庭园，并对此做了翔实的描写。据说后来在他的朋友吉拉丁侯爵的府邸欧麦农维尔中设计的自然式庭园，就是这种幻想的实施。有趣的是，17 世纪后半叶，曾

[1] 又称英法七年战争，欧洲两大军事集团中英国、普鲁士、汉诺威、葡萄牙为一方，法国、奥地利、俄国、萨克森、瑞典、西班牙为另一方。这是双方为争夺殖民地和霸权而进行的一场大规模战争。

经在法国设计过自然式庭园的还有一位名叫迪弗雷尼的造园家。他于1648年出生在巴黎。据达勒孔说，路易十四计划建造凡尔赛宫时，迪弗雷尼曾提出了两个非规则式庭园的设计方案，但因经费的原因，这两个方案都未被采纳。特里格斯说，1731年曾发表过这两个设计方案，但凡尔赛宫显然不是按它们设计的形状来建造的。迪弗雷尼还按照自然式设计了普瓦西附近的米格诺庭园和位于福布尔·桑·安特阿努的自宅庭园。

关于法国第一个建造的风景式庭园，众说纷纭。有人说蒙莫伦西公爵夫人在布洛涅庭园中建造的中国式假山庭园历史最为悠久，也有人认为瓦特勒在巴黎附近塞纳河畔建造的穆朗·朱利庭园（图1）是法国最早的风景式庭园。此外，德利尔在1782年著的诗集《庭园》（*Le Jardin*）中，还列举了两个法国最早的英国式庭园，即布乌登在巴黎附近造的提沃利庭园和布弗莱斯公爵夫人的庭园。总而言之，这些庭园中谁居第一并不重要，事实是这种样式立即传遍法国，就连巴黎市内的城市庭园也不例外，都建成了风景式。这里试选出6个著名的庭园，对它们作一概要的介绍。

欧麦农维尔 最初它只是亨利四世城堡周围的几户人家和一片荒凉的土地，1763年为吉拉丁侯爵所有，他耗费巨资在这里建造了风景式庭园。侯爵支持当时的新思想，他去过英国，认识了申斯通、惠特利、钱伯斯、亨利·霍姆等，自己对造园也持有一家之见。欧麦农维尔庭园由大林苑、小林苑及僻壤三部分组成。大林苑从“玛丽·安托瓦利特的休息所”开始，有洞室、瀑布、河流、水池等设施。水池中央是“白杨之岛”，岛上建着卢梭墓。1778年卢梭应邀来到这个庭园，在此仅安度了两个月便在园中与世长辞了。除此外，园内各处立着纪念碑，碑上记载了蒙泰尼、牛顿、笛卡尔、伏尔泰、孟德斯鸠等人的生平事迹。僻壤部分有荒地、带刺灌木的丛林、砂地、岩石、湖水、丘陵、森林等，还建有卢梭的小屋，遗留着纪念亨利四世的情人卡布里埃尔的塔及纪念梅优利的碑等其他纪念物。由此来看，庭园小品众多是这个庭园的特征，赫什费尔德称赞它是感伤主义庭园的杰作。但吉拉丁侯爵自己在1777年所著的《风景构成论》（*La Composition des Paysages*）中，却指出本园所实施的造园方针是不正确的。该园的建造曾得到素有“法国的肯特”之称的莫莱的帮助；如前所述，卢梭也与此园有关。形形色色的技巧被采纳进这个庭园之中，以使它充满动人的情趣。相传，吉拉丁专为这个庭园组织了乐团，使忧郁的田园乐曲连绵不绝地回荡在森林之中、湖水之畔，他还特意让夫人及孩子们身着百姓的服装，使这座庭园洋溢着浓郁的田园情趣。

莫尔泰丰坦　欧麦农维尔附近的莫尔泰丰坦是勒·佩尔蒂埃于1770年建造的庭园，19世纪初属约瑟夫·波拿巴所有。这里还因是法国与美国签署条约之地而闻名于世。据说该园与欧麦农维尔十分相似，在法国风景式庭园中也当属上乘之作。园内有水池，池中造着一个巨大的岛；还有近似于枫丹白露的岩石和布列塔尼草原那样布满荆棘的荒芜之地；园中挺立着法国珍稀的参天大树，松鼠在树下跳跃，不计其数的鸟儿在树上筑巢；在湖沼之畔，天鹅、野鸭、鹭鸶振翅飞翔，蜥蜴、蛇等在岩石间爬行；长尾林鸮在闭目养神，群鹿在飞奔，这是一个野趣横生的庭园。湖上之舟、狩猎聚会所及高耸崖上的古塔与这种朴实无华的风景交相辉映，毫无尘世的喧闹，宛如一个远离都会的世外桃源。

小特里亚农宫　路易十五饬令建筑师加布里埃尔[1]模仿路易十四的大特里亚农宫建造，1753年开工，1776年始成。宫殿是意大利式自然活泼的建筑，庭园分别建成规则式与不规则式两部分。经爱好植物的近卫队长德·埃恩公爵的推荐，英国园艺家克劳德·理查德受国王之命收集移栽了美丽的外国树种，建造了温室和花坛，这个庭园恰如一座植物园，由著名植物学家贝尔纳·德·朱西厄担任管理，这些都表现出路易十五对自然科学的热爱。到路易十六时期，国王将此宫赐予王妃玛丽·安托瓦利特。王妃对自然科学毫无兴趣，只喜欢闲寂与美；所以，这个植物园似的庭园及法国式庭园都不能赢得她的欢心，她念念不忘的是当时流行的英国式庭园。一俟这个庭园归她所有，这里的一切就面目全非了。她先请来对造园一窍不通的侯爵卡拉曼担任指导，又令建筑师米克进行设计，克劳德·理查德的儿子安托尼·理查德负责施工。

▪1
加布里埃尔（1698~1782年），法国建筑师，后期作品有古典主义倾向，因设计巴黎的协和广场而著名。

这个庭园中有大量的庭园小品，它们都带有浓厚的田园色彩。其中的小村落是全园的中心所在，尤其引人注目（图7）。当时在这两片小村舍中，确曾住着一些老百姓，从事农耕劳作。与其他建筑物相距不远的地方有农场，其中饲养了瑞士羊，还有美丽的挤奶棚，据说王妃曾在朋友和农妇的陪伴下，参观过黄油和干酪的制作。水车小屋、宅邸、公馆、谷仓、闺房等，构成了自由活泼的村景。这个庭园于1784年完成，并进入了它的鼎盛时期。米克打算做进一步的扩大设计，提出了增加“缪斯[2]殿堂”的方案，但因王妃不同意，故代之而建了“马尔波罗之塔”。这座庭园虽然不是法国最早的风景式庭园，但却成了法国风景式庭园的杰作。它不惜代价地广罗一切美丽而珍稀之物来装点。作为革命的悲剧性女主人公，王妃与几个密友在这里过着简朴的生活，有时邀来国王和朝臣们一聚，聊以解愁。

▪2
缪斯（Muses），希腊神话中九位文艺和科学女神的通称。

巴加泰勒庄园　它与布劳涅林苑毗邻。这个庭园确实命运多舛。在路易十五摄政时代，德斯特里元帅在国王赐给他的地方创建了巴加泰勒庄园，并将它送给妻子。夫人死后，这个府邸移交给高等法院的律师威克·德·格拉维尔（1745~1747 年）。后孟孔莎侯爵夫人将它买下，最后归阿尔图瓦斯伯爵（查理十世——路易十六最小的弟弟）所有。伯爵是位大狩猎家，见府邸位于布劳涅林苑附近，便打算将它建成猎舍，建筑师贝朗杰[1]担任设计师，建成了如今所见的那些建筑。由于伯爵还是一位十足的“英国狂”，所以特意请来英国造园家布莱克协助贝朗杰建造该园。布莱克将场地进一步扩大为 10 公顷，还在塞纳河畔安装了大水泵，以造成园内的喷泉、流水、水池。但在 1789 年，布莱克因与法兰西大革命有一些间接的关系，故离开了法国；在此期间，巴加泰勒庄园被国民议会没收。从 1789 至 1792 年，由于允许人们自由出入府邸，所以该园遭到了严重的破坏。1792 年整个庭园被关闭，政府还将园中所有珍稀植物移栽到巴黎植物园。随后该园就变成了一处游乐场所，用来举办比赛、舞蹈、音乐会等活动。1806 年的一天，拿破仑一世在去伯沃州打猎的途中，偶然入园参观后即决定将它买下，1814 年对宫殿进行了全面的修理；为了将它建成其子罗马王的游乐处，又计划将布劳涅林苑设为大狩猎苑，巴加泰勒庄园设为猎舍；但这个工程尚未动工，拿破仑皇帝就下台了。1815 年该园重返阿尔图瓦斯伯爵之手，此后它又几易其主；到 1905 年归属巴黎市后，对庭园的局部做了一些改造。

蒙梭园　最初属于圣多里参议员夏龙家族，1774 年归奥尔良公爵菲利浦（当时夏尔特尔的公爵）所有，由卡蒙泰尔[2]设计庭园。蒙梭之名来源于巴黎南面的一个小村庄。卡蒙泰尔既是剧作家又是画家，他在 1779 年著的《蒙梭庭园》（*Le Jardin de Monceau*）中对该园作了记述。在这片荒芜的土地上，他巧妙地设计了起伏的地形，引来大量的水造成了小河、水池及瀑布等，并配以殿堂、方尖碑、陵墓、洞室、亭、废墟等（图 12）。庭园如今已所剩无几，其中围着一部分水池、被称为“水战戏场”的半圆形柱廊，还保留着它昔日优美的风姿。除此之外，在庭园中还可以看到意大利风格的葡萄园、中心设蔷薇园的六角形区域、农舍、荷兰式的风车及鞑靼的帐篷等，异国情调与田园风光相互交织在一起。菲利浦死后，国民议会决定将这个庭园收归公有，并通过公民们来保护它。据说，从前与巴加泰勒庄园有关系的布莱克，也在此时参与了改造蒙梭园的工作，庭园的现状也与这位造园家有千丝万缕的联系。其后蒙梭园几经变迁，最后被不动产公司买下，并将其中一部分转让给了巴黎市。

马尔梅森府邸　因是拿破仑一世的皇后约瑟芬晚年的府邸而闻名于世。

▪1 贝朗杰（1744~1818 年），法国建筑师、造园家，以设计英国式庭园或带中国情调的庭园著称。

▪2 Louis Carrogis Carmontelle（1717~1806 年）。

1804年成了皇后的约瑟芬极尽富贵荣华，但由于无嗣而在1809年与拿破仑一世解除婚约，以后她就闲居在这个府邸之中，她最后在拿破仑被流放圣赫勒拿岛期间死于这里。虽然传说该园是在约瑟芬与拿破仑结婚后的第二年建造的，即1798年买下的，但人们普遍认为庭园的落成却是在皇后到此隐居之后。在贝尔特奥特设计的林苑中，点缀着各种优雅别致的建筑物，其中的一些建筑物时常唤起在幸福与不幸中度日的皇后的记忆。由于她特别钟爱园艺，所以园中种满了千姿百态的奇葩异草，建造了规模壮观的温室，收集了许多舶来植物。在经历了数次变迁之后，这个庭园归西班牙的克里斯蒂娜所有。后又为拿破仑三世买下，德国军队的入侵使它遭受了一场大劫难。1882年战争结束后，它再次被作为住宅出售，被某资本家的公司买下，不久这家公司又开始将它分片出卖，所以现在这个庭园已经支离破碎了。

除上述已介绍过的庭园外，法国的风景式庭园还有梅勒维尔、吉斯卡尔、圣鲁、阿尔金森、朗布伊埃、贡比涅、尚蒂伊等。

法国风景式庭园流行的根本原因就在于人们对大自然的强烈向往，不言而喻，这种崇尚自然的特征在这些庭园的每一个地方都得到了充分的展示，但就其表现方法而言，可以认为法国的风景式庭园比英国的更为丰富多彩。英国的风景式庭园最初只是为了展现英国的牧场风光，所以它们全都带有浓郁的田园特征，而法国的风景式庭园实际上是在英国进入风景式庭园的第二个发展阶段时产生的；因此，即使同样可以在两者的庭园中体味到田园情趣，但其表现手法却大相径庭。申斯通富有强烈的审美意识，而钱伯斯却受到那个时代吸收的中国风格的影响，常常用建筑来增加庭园的生气；他在庭园中表现田园风光时，也主要采用乡野常见的各种建筑物，从农舍、小仓库、谷仓、水车、风车之类到挤奶场、农场应有尽有，一部分庭园外观宛如一个小村落。在小特里亚农宫及尚蒂伊府邸这两座庭园中，这种倾向尤为显著。规则式庭园内的庭园建筑以实用为主；与此相反，风景式庭园中的建筑则是以增加庭园美为目的的庭园小品，同时还是造成各种气氛或情绪的要素；这就是把充斥着这些感情要素的庭园统称为浪漫主义或感伤主义庭园的原因。除上述的田园情调外，这种庭园还与异国情调结下了不解之缘；即在庭园中引入各种外国建筑，其中尤以中国式建筑为多，所以在法国又将风景式庭园称为“英中式庭园”，这无疑成为法国风景式庭园的一大特色。

本来，中国情调或中国式的流行，是17世纪初叶以来洛可可艺术特征的一种表现，东方的影响以各种各样的形式波及了法国的艺术品乃至生活。在

17世纪后半叶，中国式开始在法国流行，一直到18世纪末，持续了一百多年之久。在路易十四时代的宫廷中已带有中国的情调，凡尔赛宫中的各式家具、日用器具及工艺装饰品等有不少来自梦想中的中国。用中国式装点起来的大特里亚农宫，也体现了路易国王对东方的神往。在促成这股时代潮流的法国，这种中国情调的浓烈远为其他国家所不及，因此伴随着感伤主义庭园的流行，在法国国内还建造了为数众多的中国式庭园建筑物。冯·埃德伯格在《欧洲庭园中的中国情调》一书的卷末，列举了建有中国建筑物的庭园，现将其中的法国庭园选录如下。

园名	位置	建筑物	备注
阿尔门维尔烈	巴黎附近	中国凉亭两座，中国桥	荡然无存
阿狄奇	贡比涅附近	中国桥、鸽子棚	法兰西大革命时庭园与建筑均遭破坏
巴加泰勒庄园	巴黎	中国的桥、园亭及秋千	中国建筑现已无存
贝尔维尔	巴黎	中国式台球室	现已不存
贝兹	巴黎附近	亭、中国桥	亭与桥均毁于法国革命
奔内尔	巴黎附近	中国园亭	园亭桥已毁
卡农	诺曼底	中国亭	现存
香特罗普	阿波阿兹附近	塔	现存
尚蒂伊府邸花园	巴黎北面	亭	毁于革命时期
康默希	洛林	亭	现不存
蒙维尔	巴黎附近	中国房屋、庭门	庭园与建筑物现存
福兰孔维尔·拉·加伦尼	蒙莫兰治山谷	亭	现已不存
赫尔米塔吉	贡德附近	亭	现已不存
梅勒维尔	巴黎南部	中国桥	建于革命前
伊希	巴黎附近	中国鸟舍	现已不存
吕内维尔	洛林	亭、土耳其建筑鲁多勒福尔、中国建筑	两者均被拆毁
蒙梭园	巴黎	旋转木马、中国桥	中国建筑均已不存
蒙佩利亚尔	蒙佩利亚尔附近	塔、中国庙宇、中国旋转桥、鸟舍	中国建筑均已不存
拉·佛利·圣詹姆斯	巴黎的努伊	下建有冷冻仓的中国凉亭、中国水上凉亭、中国桥、中国渡船、中国花瓶	今天庭园已成为布劳涅林苑的一部分，建筑物已拆毁
蒙特莫伦希	巴黎的布鲁维尔·蒙马鲁特尔	中国园亭	园亭于十九世纪初被拆毁
鲁多特·奇诺斯	巴黎	旋转木马、秋千	均已不存
朗布伊埃	巴黎西南	凉亭、栅栏	园亭已毁
罗梅维尔	巴黎东部	中国凉亭	现已毁
桑特尼	巴黎东南	中国浴场的凉亭	现已毁
小特里亚农宫	凡尔赛宫内	旋转木马	此设施现已毁

从上表的“备注”栏可知，即使庭园遗存下来，其内的建筑物大部分也都毁坏了，很难看到它们的实物，我们只能根据现存的英国和德国庭园来想象它们的大概情况，或从记载有关中国风格的庭园的著作中获得更详细的知识。这类著作有：1774 年勒·鲁热所著《英中庭园》（*Jardins anglo-chinois*）和 1808 年拉博德写的《法国的新庭园和古城堡》（*Description des nouveaux jardins de la France et de ses anciens Châteaux*），近年出版的著名的法国东方学者科尔迪埃写的《十八世纪的中国与法国》（*La Chines en France all* XⅧ *ciècle*），及 1910 年克拉夫特的版画《坎帕尼府邸》（*Maisons de compagne*）等。其中还有上述勒·鲁热著作中的版画所描绘的巴加泰勒庄园、尚特尔·德则尔、德·蒙维尔、赫尔米塔吉、蒙梭园、蒙佩利亚尔、拉·佛利·圣詹姆斯、蒙特莫伦希府邸、鲁多特·奇诺斯、朗布伊埃、罗梅维尔等。在这些优美的自然式庭园中，到处点缀着许多中国式的凉亭、桥、塔等。但值得注意的是当时所谓的“中国建筑”只是 18 世纪人们感觉中的“中国风格”的建筑，其中包括了人们所普遍想象的从印度到日本的所有亚洲国家的建筑，故“中国建筑”一词具有相当的灵活性。因而，香特罗普庭园中的塔之类的“中国式建筑”，在今天看来也是与真正的中国塔相去甚远之物。除了中国建筑之外，埃及、古希腊、古罗马、土耳其、印度等国的建筑样式也被吸收到法国风景式庭园中；不过，与前者相比，它们就显得微乎其微了。

如上所述，虽然中国情调已深深渗透到法国风景式庭园中，但这个特征主要见于用作庭园小品的建筑物，对庭园的整体设计却没有产生什么影响。即使从前面列举的欧麦农维尔、小特里亚农宫、巴加泰勒庄园、蒙梭园这四个庭园中的任何一个的平面图来看，都会发现一个为中国庭园所不具备的特征，即在这些庭园中引人入胜的园路蜿蜒连绵，或沿着池边河岸，或穿过树林、草地，支配着整个庭园的构思。在英国式庭园中，虽然也建有这种曲线形园路，但它们并不引人注目。法国风景式庭园内的这种园路，不仅是将游客引导向一个又一个不同风景点的简单的“游览线”，而且其本身就产生了一种优美动人的图案效果。

德国造园史家杰盖尔所说的下面一段话也许道出了另一种观点吧，他说：“法国风景式庭园既不像英国风景式庭园那样表现出对大自然的热爱和高雅的趣味，也缺乏像德国风景式庭园那样对大自然的深刻观察和理解，它只不过是一种徒劳无益地效法中国的光怪陆离的东西而已。归根结底，它表明了法国国民性的一个方面，是追求无穷变幻的贵族趣味的产物。”

最后，用表现田园趣味、中国趣味的建筑装饰起来的感伤主义庭园，将各国、各时代的建筑置于拥挤杂乱之中，终于堕入了矫揉造作、俗恶不堪的泥潭，从而遭到一些有识之士的抨击。据信这个结果与始于英国的布朗派与绘画派的论战不无关系；而与法国相比，德国对此加以非难的呼声就更高了。但是，就在富于浪漫色彩的感伤主义庭园在法国盛行不衰之时，人们也没有放弃建造一些与前者完全不同的、充满天然野趣的庭园，它们的出现未必就是作为对感伤主义庭园的反动，早在凡尔赛的庭园中就已建造了命名为“僻壤”（desert）的部分。“desert”就是未开垦的处女地之意，巨岩、大树点缀于深渊溪谷，形成气象万千的景观，这与明快恬静的田园风光是迥然异趣的。如前所述的莫尔泰丰坦就是这样一个野趣横生的庭园。

1

1　穆朗·朱利庭园（特里格斯）

2

4

2 欧麦农维尔庭园中的卡布里埃尔塔（戈塞因）

4 莫尔泰丰坦庭园中刻有德利尔诗的大山岩（利阿）

3

5

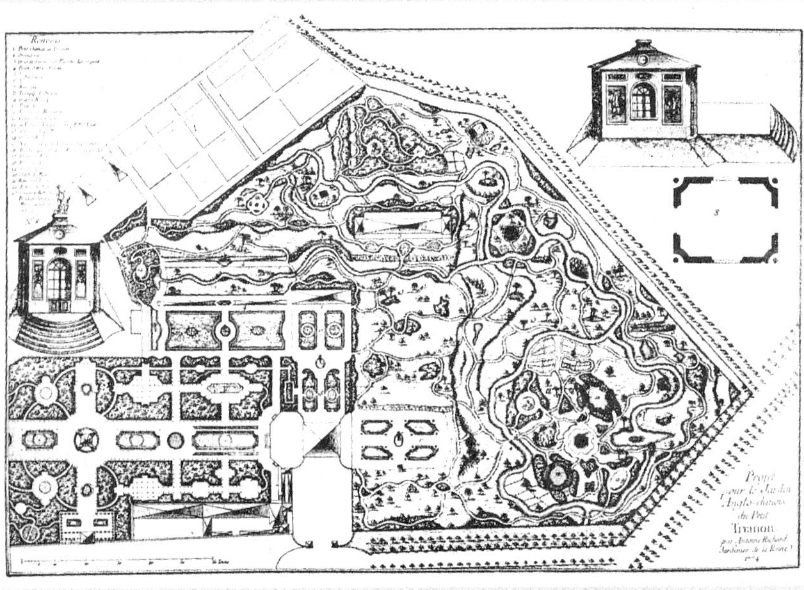

6

3　欧麦农维尔庭园中建有卢梭墓的“白杨之岛”（戈塞因）

5　莫尔泰丰坦内小林苑的殿堂（利阿）

6　小特里亚农宫平面图（戈塞因）

7

8

9

7 小特里亚农宫的小村落（戈塞因）

8 小特里亚农宫内王妃的小隐居所和台球室（韦尼奥）

9 小特里亚农宫内的水车小屋

10

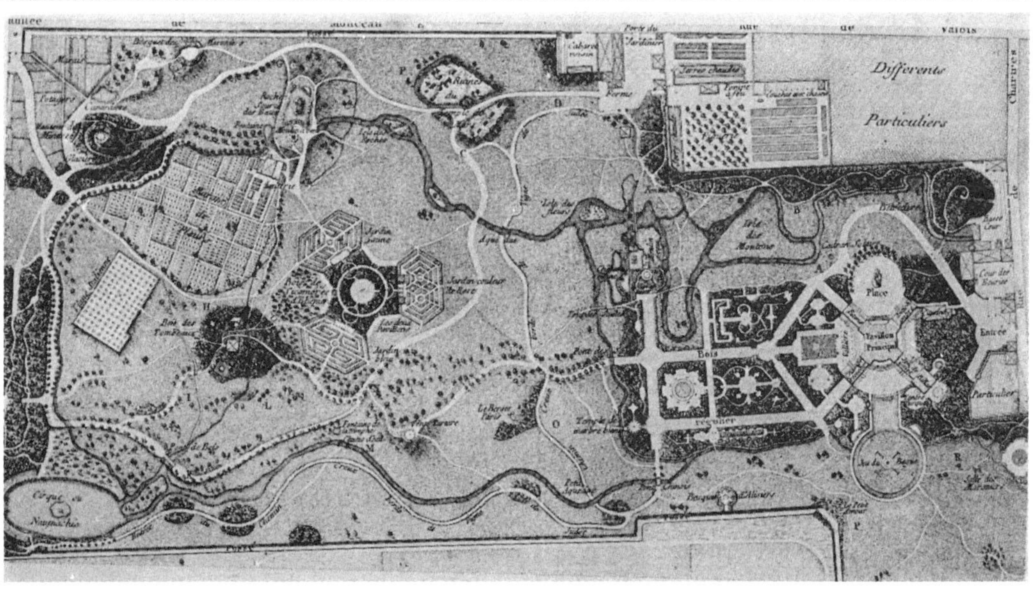

11

10 巴加泰勒庄园的小瀑布（特里格斯）

11 蒙梭园平面图（戈塞因）

12

13

14

15

17

16

12 蒙梭园的废墟（戈塞因）
13 马尔梅森府邸的庭园建筑（特里格斯）
14 梅勒维尔庭园内的桥和废墟（特里格斯）
15 梅勒维尔的加普顿·科克纪念堂（特里格斯）
16 勒·鲁热所绘奔内尔庭园中的中国式桥和园亭（埃尔德巴克）
17 拉博德绘蒙维尔庭园中狄色尔内的中国式园亭（埃尔德巴克）

二、德国

英国式造园传入德国的时间稍晚于法国，但它给德国造园界带来的影响却是巨大的。英国式造园在这个从未有过传统庭园样式的国度，自然而然地被德国同化，从而在造园史上形成了一种较法国风景式造园更为特殊的样式。为了探索德国风景式造园的发展过程，我们只能像研究英国与法国风景式造园的发展那样，先来找出它之所以产生的原因。一个十分有趣的现象就是，德国风景式造园的产生仍与该国当时的文艺思潮有着不可分割的关系，诗人与哲学家都充当了它的倡导者。瑞士诗人波德默推崇艾迪生和弥尔顿,后来他还翻译了弥尔顿的《失乐园》。为了振兴德国文学，他竭力主张要以英国文学为榜样，从此开始，布罗克斯一心崇拜汤姆森，并翻译了他的《四季》。与布罗克斯训诫哲学化的自然诗作相反，以写作隽秀平和、如画一般的田园诗见长的克雷斯特，在 1749 年模仿《四季》创作了写景诗《春》(*Der Frühling*)。这两位诗人向德国人灌输了崇尚自然美的观念。接着,直接评论庭园的诗人们也出现了。大声疾呼“尊重自然，远离人工”的哈格德隆是德国风景式庭园的第一个倡导人，杰斯纳是风景式庭园的歌颂者，他说：“比起用绿色墙壁造成的迷路和规则齐整、等距种植的紫杉方尖碑来，田园般的牧场和充满野趣的森林更加动人心弦。”他们发挥了有如英国的艾迪生和蒲柏的作用。紧随其后,以下哲学家也持有风景式庭园观点。

启蒙时期的哲学家苏尔则在其《美术概论》(*Allgemeine Theorie der shönen Künste*，1771~1774 年）中指出：“造园是从大自然中直接派生出来的东西，大自然本身就是最完美无缺的造园家。”他还主张：“正如绘画描绘大自然之美那样，庭园也应该模仿自然美，将自然美汇聚到庭园之中。”据说英国的梅森首开这种思想的先河。另外，虽然此时钱伯斯已将中国风格吸收进英国风景式庭园中，但苏尔却厌恶中国风格，自然与钱伯斯大唱反调。此后不久，在这个国家出现了著名的森林美学家**赫什费尔德**，他虽然身为基尔大学的美学教授，却十分爱好造园，并潜心研究它。他通过庭园研究和英国、法国的造园文献，获得了独特的理解和认识。1773 年他首先写出了《别墅与庭园艺术的考察》(*Ammerkungenüber Landhäuser und Gartenkunst*）一书，接着又在 1775 年出版了短篇论文《庭园艺术论》(*Theorie der Gartenkunst*)。在此书中，他基于自己的独到见解，阐述了风景式造园的原理，后来在 1777 至 1782 年间，又出版了由 5 卷本构成的同名巨著，更明确地创立了他的理论。他在上述著作中已经囊括了风景式造园的所有重要因素，即理论的、美学的、历史的因素。他还向艺术家、业余造园家们展示了大量的风景式造园实例。针对那些素不相识的人的来函，他出版了庭园年鉴，并通过评论和具体教授来传播造园思想。他撰写庭园论时，在英国继艾迪生和蒲柏之后，又有大批有关风景式庭园的书籍问世，他对此加以充分利用。尽管我们无从知道他利用了其中的哪些著作以及利用它们的具体情况，但有一点是毫无疑问的，那就是他曾热心地研究过它们，并受到这些造园思想的极大影响。赫什费尔德是否见到过英国的风景式庭园，对我们来说也是一个谜；但他在德国所见的诸庭园中，没有一个是他理想中的庭园，由此我们可以认为他的大部分理论是以外国的造园理论为基础的。这些著作使他成为德国造园界首屈一指的权威人士。下面就让我们来概览一下他的庭园理论吧。

按照他的理论，庭园应该激发起观者的所有情感，即它是旨在使人得到或愉快或忧愁，或惊奇或敬畏，以及安静平和之感受的一种设施。随着它所激起的感情的不同，风景式庭园又分为田园型、庄严型、协调型、沉思型、明快型、阴郁型、雄壮型等类型，他还通过举例对此逐一加以说明。赫什费尔德继承了申斯通和蒲柏的思想，主张所谓“感伤的庭园”。此外，他仅以庭园小品为依据，将庭园分为规则式和风景式两类。虽然如此，由于风景式庭园仍然包括了很大的范围，甚至连一些难以成为艺术对象的风景也一概纳入其中，所以赫什费尔德也认为在德国要仿造英国式的大林苑是完全不可能的。尽管如前面所说的那样，赫什费尔德设想出情感化的庭园；但另一方面他却不完全排斥传统的规则式庭园，甚至还提出要保留林荫道及水工设施，要对实用性庭园加以更充分的关注。他的不足之处就是脱离了实际施工，这导致他的理论大多无法被实施，据说在记载树木名称方面他也漏洞百出。但是，这些缺陷仍无碍于他成为德国造园界的权威，在当时艺术界的有关人士中间具有相当的号召力。

德国哲学家**康德**也是一位关注风景式庭园发展的人。在他的三大批判著作的最后一部《判断力批判》（*Kritik der Urteilskraft*，1790 年）的“艺术的分类”一节中，对庭园作出了如下敏锐的考察：

> “绘画艺术，作为造型艺术的第二类，把感性的假象技巧地与诸观念结合在一起来表现，我欲分为自然的美的描绘和自然产物的美的集合。第一种将是真正的绘画艺术，第二种是造园术。因第一种只表现形体扩张的假象，第二种固然按照真实来表现形体的扩张，但也只给予了利用的和用于其他目的的假象，作为在单纯观照它们的诸形式时想象力的游戏。后者（造园术）只是用同样的多样性，像大自然在我们的直观里所呈现的，来

> 装点园地（草、花卉、灌木、乔木，以至水池、山坡、幽谷），与自然庭园不同的是它是按照一定的观念布置起来的。”[1]

康德之所以这样看待造园正是自然式造园风靡德国的结果。不过根据康德的考察，就可以认为赫什费尔德的“感伤的庭园”与庭园艺术的本质相去甚远。针对康德将造园作为绘画的一个分支的观点，赫尔德[2]却希望造园要与建筑相结合而又不屈从于建筑法则。他还在“*Kalligone*”（1800 年）的第二部中批评了康德的《判断力批判》，认为应该重视造园的艺术性，他说：

> “区分协调与不协调；了解各种场合的固有特性并加以利用；抱着增强自然之美的积极愿望——如果造园不是艺术的话，那么改造它们之类的活动也就毫无意义了。”

诗圣**歌德**也诞生于德国风景式造园不断发展的年代，他碰巧受到赫什费尔德的著作及沃尔利兹园的启迪，开始对风景式庭园产生了兴趣。不久以后，他的成果就变成了魏玛林苑的营造，后来又为小说《亲和力》（*Die Affinität*）的庭园描写所表现。以往风景式庭园的领导者和评论者都只是纸上谈兵，歌德却与他们不同，他像英国的蒲柏和申斯通那样，是一位实际的造园家。由此而言，魏玛林苑就有着特别深刻的意义。林苑从伊鲁姆河左岸树木苍翠葱茏的陡峭岩石地带开始，一部分越过台地直抵贝尔维德雷城的林荫道，其余部分穿过河右岸的草原，一直延伸到建有坡度很大的木瓦屋顶的著名“花园房”（Gartenhaus）。18 世纪初这里还是一片荒芜之地，其中建有中世纪风格的贝尔维德雷城堡，“星形苑路”以这座城堡为中心放射出来，沿路的乔灌木被密密地种成一条直线。这里还有通往城堡的螺旋形园路“施内肯贝格”（图 1）。1776 年查理・奥古斯特公爵在这附近建造了附属于露台园的凉亭，并将它送给歌德。此后城堡被焚毁，庭园也遭破坏，夷为一片废墟。自 1778 年以来，园内开始建造被称为“鲁易森克罗易斯特”（Luisenkloister）的小庵（图 2）、哥特式的“教堂骑士之家”“罗马式建筑”，以及前述的“花园房”等各种建筑，并逐渐以废墟、寺院、铭刻碑文的纪念碑等装扮起来。由此使人想起歌德沉醉于当时感伤的庭园情调之中的情景，这正是韦兰德也赞成将这个林苑称为“歌德似的诗”的原因。用庭园小品构成的每个局部风景都通过用乔灌木界定范围的大林苑、架着桥的小河、消失在远方的园路、远处教堂的塔尖等统一成为一个整体。这样，魏玛林苑一

[1] 转录自宗白华译《判断力批判》。

[2] 赫尔德（1744~1803 年），德国哲学家、历史学家和文艺批评家。

方面受到实际地形的制约，另一方面又表露出小说《亲和力》中的思想观念都是从此处学到的。但是，歌德对风景式庭园的态度在后来发生了变化。最初在设计魏玛林苑时，曾经吸引过歌德的沃尔利兹园被当作了模仿的对象，但在《感情的胜利》(*Triumph der Empfindsamkeit*)中，歌德却反过来对这个庭园进行了责难和嘲笑。原因就在于这时的歌德已经克服并否定了感伤主义。稍早于歌德的史学家莫塞尔也在《爱国者的幻想》(*Patriotische Phantasien*, 1774~1786年)中称赞了歌德对这种感伤倾向的反叛。如此看来，歌德在晚年不仅厌恶感伤主义，而且还失去了对英国式造园的酷爱之心，就连他自己建造在都市里的住宅庭园也不再取风景式而采用古典样式了。

紧接着，与歌德齐名的**席勒**也以风景式庭园批判者的姿态登上舞台。他在《1795年迪尤宾根的庭园年鉴》的评论中，对霍恩海姆庭园进行了一番风景式造园的美学与哲学的论证。这篇评论收进了他的著作中，其论点清晰，值得所有造园家予以极大的重视。席勒痛斥了当时庭园中许多风景区混乱不堪的现象，他说："以绘画作为造园的摹本是完全错误的。"他还说，在树木上悬挂注有标志的小匾额虽然被视为不自然的感伤主义，但在英国庭园中见到的自然已非外部的自然，它是经艺术改造提高了的自然，它在教会所有的人——有教养的抑或没有教养的人——怎样去思考的同时，也教给他们如何去感受。这种思想揭示出席勒对风景式庭园存有的全部疑惑。他强烈地感到，在这个特殊的领域(造园)，自然可以为它提供模仿的材料，但单靠模仿自然是不可能获得艺术样式的。最后，闻名德国及法国的造园大师是奥地利将军利内公爵。对欧洲中部的著名庭园来说，他的文章虽然显得很肤浅，但却恰如其分、一针见血。

德国最早的风景式庭园是明希豪森的奥斯多男爵的苏沃伯园，它建于1750年，位于威悉河畔的哈默尔恩附近。这个庭园虽不太大，但因它的主人熟谙外国树种，所以园内种有许多珍稀树木，它们至今还生意盎然。与它相同的小庭园还有汉诺威休－瓦埃尔的英国式庭园，及同一地方的马利安威尔德尔庭园。比这些更重要的庭园是韦特海姆的霍夫里奇特男爵的庭园，它位于不伦瑞克(Braunschweig)州黑尔姆施泰特(Helmstedt)附近的哈尔普克。这个庭园内收集了为数众多的外国树木，尤其是北美洲产的树木，迄今为止仍享有盛誉。在古老的庭园里，当年种下的许多树木都成了老态龙钟的参天大树。霍夫里奇特男爵在韦特海姆的另一个庭园是德斯特德庭园，它的设计年代较前一个庭园晚两三年，其中也种植着美丽的外国树木。这个庭园的有趣之处是经过科学的考虑，以林苑的一部分来展示地理学方面的植物生态，又划分了北美洲的树林和原始森林。1760 年在斯塔狄翁伯爵的领地符腾堡的瓦尔特豪森也建造了英国式庭园。不过，在这些早期庭园中，最精彩动人的当推下面介绍的沃尔利兹园。

沃尔利兹园（图 3） 德绍（Dessau）的领主弗兰西斯公爵从 1769 至 1773 年间建设了这幢避暑府邸，庭园至今保存完好。这个庭园是由公爵的私人造园家休荷与纽马克及建筑师赫塞奇尔按照英国式设计建造的。据说后来爱则尔贝克也参加过这项工程，直到 1808 年始由休荷之子初步完成。这个庭园在沼泽地基上成功地建造了大型水池，庭园的大部分为这个水池所覆盖，其中有峡湾，也有纵横交织的水渠，还有岛屿，变化无穷。围绕在林苑周围的堤岸构成了丘陵、岩壁。奥地利的利内公爵曾对沃尔利兹园作过记载。他将整个庭园分为 5 个部分，其中有 7 种形形色色的景观。第一部分称“极乐净土”，是位于城西北面的一个岛，常青树树篱围在四周，构成冬庭。岛中央有迷园，装饰着瑞士诗人拉维特和德国诗人杰勒特的半身像。庭园的一侧面对宽阔的池面。池中有两个岛，其中之一模仿欧麦农维尔的“白杨之岛”，上面竖立着卢梭的纪念墓碑和胸像（图 5）。在宽阔的水池对面是建有哥特式建筑的庭园，从城里向这儿眺望风景格外优美迷人。过去这里只有一个小小的园丁房，之后逐步扩建，如今成了一座美术馆。除此之外，这里到处充满着感伤庭园的特征，有寺庙和洞室，还有造成寂寞恐怖感的地道设施等。池的东面还有“路易莎之岩”，它给人一种肃穆庄严之感。池上架设着无数桥梁，既为庭园之美锦上添花，又可以让人们从这些桥梁上眺望不同的建筑景观，甚至还可以将牧场及田野尽收眼底，林苑与田园风光逐渐融为一体。其次，在称为新庭园的地方，有利内公爵命名为“伏尔甘”（Vulcan，希腊的火神）的人造火山。它的外形似平窑，内侧则用彩色玻璃造成，十分明亮。不过，这只是变幻莫测的儿戏似的构筑物而已。

除了完全新建的部分之外，现存的早期风景式庭园大部分是从规则式庭园改造而来的，例如德绍附近的**路易斯乌姆**，据说就是从早于沃尔利兹园的法国式改造而成的；此外，卡塞尔附近的**威廉施亥**和**威廉施塔尔**这两个庭园也是在传统的规则式中加入了风景式的成分，将原有庭园的一部分改造成了风景式的。18 世纪末的德国人对带有废墟、富有浪漫色彩的感伤主义庭园念念不忘，特别是热衷于骑士气氛这种所谓的中世纪情趣，其结果加剧了将废弃的荒城作为庭园一部分之风的流行。其中最突出的例子就是威廉施亥内的“山岩上的城堡”（图 6），后称“狮城”的荒城，建造了附属于城堡的吊桥、堡垒、门塔、壕沟等，甚至还别出心裁地在城内设了哨兵和戴着熊皮帽子的卫兵。在与勒文贝格毗连的地方造了“骑马比枪场”，不过不久以后它就被毁坏了。维也纳附近的拉克森堡的林苑中现在还有这种“比枪场”。

霍恩海姆 德国南部最早的大林苑就是斯图加特（Stuttgart）附近的霍恩海姆（图 7）。如前所述，席勒在 1795 年的《庭园年鉴》中曾赞美过这个庭园。翌年歌德也对此园颇有感慨，他认为，查理・奥古斯特公爵的带有侧房的巨大城堡，以及充斥着令人骚动不安和浮想联翩之物的庭园，都会使人心满意足。但在第二年，即 1797 年去瑞典旅行途中，歌德参观了这个庭园，对其将许多小品组合在一起，但却始终没有形成一个大整体的结果深感遗憾，这可能正体现了歌德已改变了喜爱风景式庭园的初衷吧。我们在前面已介绍过，歌德是在沃尔利兹园的启发下才建造了魏玛林苑的。

在德国风景式造园的发展初期，就出现了许多指导者和评论家，其中既有赫什费尔德这样的著名美学家，也有歌德这种有独特癖好的实干家，但就是没有职业的风景式造园家，直到 18 世纪末史凯尔的出现。他在德国建造了许多风景式庭园，同时还将过去仅是工匠从事的造园工作上升为艺术性的创作。此后，史凯尔成为受人景仰的德国风景式造园的创始人，由此才真正开启了风景式造园的时代。

史凯尔 自 17 世纪中叶以来，史凯尔家族就祖祖辈辈以造园为业。史凯尔的祖父约翰・乔奥格・威廉是莱宁（Lehnin）的布罗西亚王的宫廷庭园师，父亲约翰・威廉是纳绍・威尔堡的领主的园艺师。1750 年 9 月 13 日史凯尔出生在纳绍・威尔堡。领主死后，史凯尔全家迁居苏维兹因根。史凯尔直到 20 岁才开始学习苏维兹因根的法国式庭园及建筑、数学、制图及语言学等。1770 年他赴布鲁赫萨尔等地学习。1773 年他在法国一边研究植物学、植物栽培、外国树木种植学、温室建筑学等，一边在凡尔赛宫及丢勒里宫苑工作，同年被官费派往英国学习风景式造园。在那里他结识了布朗及钱伯斯等，还参观了邱园、切尔西及其他一些贵族庭园，这使他的造园观念发生了剧变。1776 年末，史凯尔从英国回国后，便在父亲供职的普法尔兹选举侯查理・西奥多处任宫廷庭园师助理。选举侯为检验他的造园技术，命他在**苏维兹因根**庭园的西北隅设计英国式林苑，史凯尔于翌年春开始此项工程，很快就完成了（图 9）。

1789 年 8 月 7 日，为规划朗佛德伯爵的新府邸“**英国花园**”，史凯尔应邀前往慕尼黑。1792 年其父逝世后，史凯尔担任了宫廷庭园师的职务。那时由于他的造园技术和声望已大大提高，所以凡与选举侯交往过密的人们、贵族直至君主都希望得到他的指导，结果从 1780 年到 18 世纪末，他设计督造了许多庭园。下面列举出其中的一些大林苑。

园名	位置	业主
卡尔斯堡园	霍姆堡	查理二世奥古斯都
赫尔佐格斯花园	朗兹佛特	威廉·冯·拜伦
奥拉尼恩斯坦城堡	迪兹	威廉五世
特利普休塔特	普法尔兹	
歇恩塔尔	阿沙芬堡	
歇恩布什	阿沙芬堡	

此外如加上曼海姆附近的普法尔兹、威尔登堡等地的小林苑，其数量就更多了。上述史凯尔的作品都属于早期“普法尔兹供职时代”设计的庭园。由于1789年法兰西革命的爆发，这些位于莱茵河畔的庭园都成了战争的牺牲品，大部分被夷为废墟，唯有苏维兹因根幸免于难，成为遗留下来的揭示史凯尔感伤主义倾向的早期作品。

从普法尔兹选举侯到巴伐利亚选举侯的查理·西奥多于1799年在慕尼黑逝世，他的继承人马克西米利安·约瑟夫在同年任命史凯尔为莱茵、普法尔兹和巴伐利亚全州的庭园建筑监督。1802年末，史凯尔又受巴伐利亚选举侯之命到巴伐利亚工作。尽管巴登的选举侯使他暂时不能离开他一直工作的环境，但1804年他再次受聘到慕尼黑，被提拔担任了新创办的隶属于宫廷监督局的宫廷庭园指导，薪俸为2000盾（florin），另外还有一个盾津贴。从此开始了他的“巴伐利亚供职时代”。在这个成熟时期的作品中，首先值得注意的是1789年动工兴建的朗佛德伯爵的英国花园。伯爵隐退后，将这个庭园的管理和改造委托给韦尔内克男爵。史凯尔虽然继续担任庭园美化的指导，但他与韦尔内克各持己见。法兰西革命时期，这座庭园也成了一片无人看管的荒芜之地。1807年史凯尔完成了庭园的设计详图并定出了控制线，后来他的设计方案被采纳。史凯尔的第二件主要任务是将尼姆芬堡庭园改建成风景式庭园。史凯尔之弟马提亚斯也是宫廷园艺师，他们当即着手尼姆芬堡庭园的改造准备工作，史凯尔为完成这项庞大的计划而呕心沥血。慕尼黑的英国花园和尼姆芬堡庭园不仅是史凯尔的作品，而且还是德国风景式造园全盛时期的代表作品，除此之外的众多小庭园都不过是它们的附属品而已。如达哈、兰茨胡特、弗尤尔施腾里德、苏雷斯海姆等庭园，都是为满足慕尼黑的新设计需要而改为树木园的。

史凯尔晚期的作品有：拉克森堡（维也纳）、巴登·巴登、瓦雷斯腾（内德林根）、彼布里奇（莱茵河畔）等。其中的彼布里奇庭园堪称上乘之作，它是为纳绍・威尔堡的领主威廉建造的，采用了法国风景式庭园的形式。从1817年以来，史凯尔的造园事业到此告一段落，他将40年来造园的实际经验汇集起来，于翌年以《寄语造型化的造园术》(*Beiträgen zur bildenden Gartenkunst*)为题出版。该书没有严谨的理论，而是为实际参与造园的人们写的指导书。他的这些成就博得了外界的一致好评。1808年，国王授予他巴伐利亚名誉市民勋章，1815年又授权他免费邮寄国内外公私信函，特别是为慕尼黑植物园及尼姆芬堡的温室寄送交流珍稀植物。他还常伴国王旅行。在前往特格恩湖的随从旅行时，他突然患病，于1823年2月24日在慕尼黑逝世。他的遗体被埋葬在史凯尔家族的墓地休德弗里德霍夫中。

庞乌克勒 庞乌克勒于1785年10月30日生于穆斯考城，其父是萨克索尼国王的顾问，是一位伯爵。他的祖先在罗马人占领前的1000年间，一直统治着穆斯考城，是一个历史悠久的门第。1800年庞乌克勒进入莱比锡大学学习普通课程，同时还主攻法律。在大学时代他过着放荡不羁、挥金如土的生活，不久后就放弃了法律的学习，富于进取精神的他选择了适合自己的戎马生活。1803年他当了德累斯顿的近卫骑兵联队的少尉副官。他喜欢无拘无束的生活，于是借了大量钱财，开始了浪漫、冒险又艰苦的军官生活，不久后他就成了一名最勇敢熟练的骑手和鼎鼎大名的手枪射手。1804年，由于他过于鲁莽，被免去了骑兵大尉的职务。与此同时，庞乌克勒迈出了漫长的游历生涯的第一步。

庞乌克勒时常身无分文地去意大利和法国游览。他在罗马渡过了一个冬天，结识了威廉・冯・洪堡[1]。虽然经常处于经济拮据的窘境，但他仍然与密友度过了一段有意义的时光。1811年由于父亲病重，庞乌克勒决定返回穆斯考；同年，父亲逝世后，他继承了对穆斯考的所有权而成为男爵。1813年至1814年，在与拿破仑交战期间，他成为魏玛的查理・奥古斯特大公的副官，他们两人的艺术家气质彼此影响很大。这一时期，庞乌克勒交友甚广，亚历山大·冯·洪堡（地理学家，前述威廉·冯·洪堡之弟）、万哈根（著作家）、亨利克·劳贝（戏曲家）、贝迪娜・阿尼姆（女诗人）、欣盖尔等有名望的人，都成了他长期密切往来的朋友。这些学者和艺术家们与庞乌克勒相互影响，特别是欣盖尔更成了他设计林苑建筑的顾问。

1816年，庞乌克勒打算改造他久住的城堡，于是拆除了城墙，清理了坟墓，为扩大狭窄的场地，还必须买下并拆掉许多民宅。原来就一直对造园感兴趣的他，此时顿感有必要进行造园的基础研究，这样才有望顺利完成他的工程。因此他前往风景式庭园的发祥地英国，潜心研究了布朗和雷普顿的作品。尽管当

▪1
威廉・冯・洪堡（1767~1835年），德国近代著名的自由主义政治思想家、语言学者、著名的教育改革者，德国柏林大学的奠基人。

时的德国正值浪漫色彩浓厚的感伤主义庭园的全盛时期，但他对此却不屑一顾。

1817年，庞乌克勒与当时德国的大政治家哈尔登布尔格公爵之女、帕奔哈姆伯爵的遗孀路姬结了婚，享受着奢华的社交生活，也有机会出入于外交场合。但没过多久，他就从这样的生活中完全解脱出来，全力以赴地在父亲遗留下来的土地上从事他的创造活动。就在这时普鲁士政府赐予他公爵爵位以及巨额费用。据说为了建造这个他毕生的巨作——穆斯考林苑，他开始收购城堡周围的民宅。花费相当长的时间后，直到1822年才终于达成购买或交换土地的协议，一切都准备就绪，可以着手林苑建设计划了。从那时开始到林苑建成，尚需要数年时间。庞乌克勒反对在穆斯考周围种植太多的针叶树林，而仅将它们用于点缀，林苑植物以阔叶树为主。舶来树种尽量只用在城堡附近。他在访问美国时，引进了他所喜欢的美国树种。但到1828年左右，终因资金耗尽，工程暂时停工。庞乌克勒再次到他酷爱的英国旅行，企望重振家道。他的这次旅行从英格兰到爱尔兰，收获就是在斯图加特发行的训诫信体的《死者的信》（*Briefe eines Gestorbens*）；这本书在英国被译为"*Tour of a German Prince*"。该书一举成名，甚至被歌德写入了当时的《贝尔丽娜·布普》之中，将它作为长期以来所有的造园理论的楷模，还说它"属于最高层次的文学作品"。这或许是因为庞乌克勒排斥感伤主义的造园观点恰好迎合了歌德晚年的主张吧。这样，庞乌克勒英国之行的收获不是资产而是文学方面的名望。后来，他便致力于领地的发展以及笔记和图画的整理推敲。尔后，他将这些笔记和图画汇集在一起，出版了《造园指南》（*Undeutungen über Landschaftsgärtnerei*）一书。

1845年，当穆斯考林苑大致建到我们今天所见的这种程度时，庞乌克勒已囊空如洗，最后不得不将这片心爱的领地转让给尼德兰的弗里德里奇，他自己则隐居到离此不太远的布拉尼兹。与穆斯考的诀别是他最为痛心的事情，以后虽然在布拉尼兹居住了30多年，他却没有再访故居。然而，尽管遭逢如此不幸的挫折，庞乌克勒的创作热情仍丝毫未减，欧洲各地也时常就领地改善计划征求他的意见。例如他参与了普鲁士的威廉（后来的威廉一世）在波茨坦附近的巴贝尔斯堡林苑的计划，对拿破仑三世的布劳涅林苑也提出过自己的意见。他晚年（迁居30多年后）的巨作是对布拉尼兹林苑的改造。当然，他不是专职的造园家，除了写作和旅行，他还基本上参与了当时重要的国事。1863年他当选为普鲁士上院议员；1866年，在对奥地利的战争中，81岁高龄的庞乌克勒还参与了普鲁士参谋本部的策划。1871年，庞乌克勒在经历了许多失败与挫折之后，在崇高声望的包围之中与世长辞，结束了他有意义的伟大一生。

1

2

1　1794年魏玛林苑中的螺旋形山丘（戈塞因）

2　1788年魏玛林苑中的小庵（戈塞因）

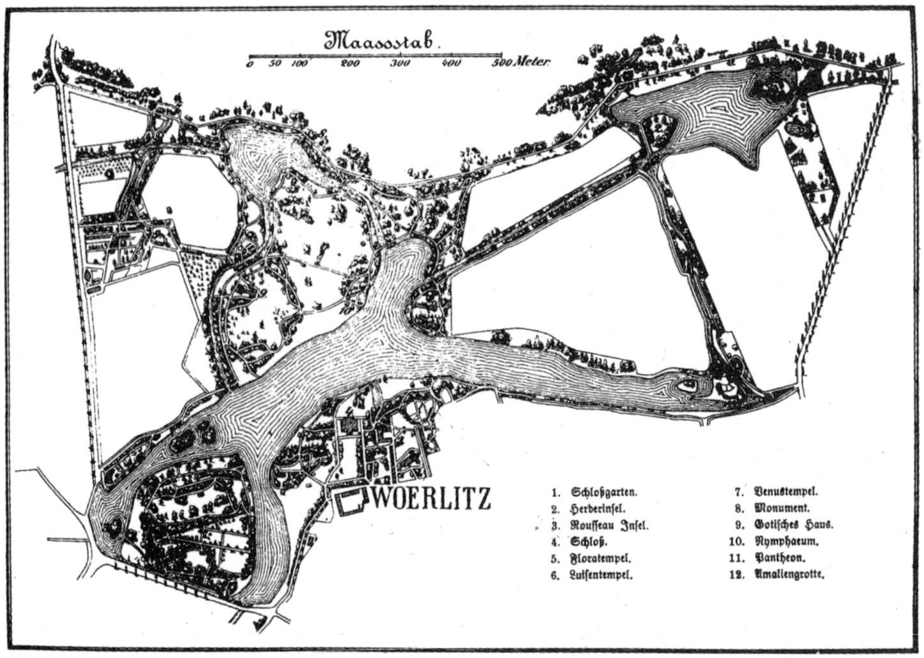
Maassstab.
0 50 100 200 300 400 500 Meter
WOERLITZ
1. Schloßgarten.
2. Herderinsel.
3. Rousseau Insel.
4. Schloß.
5. Floratempel.
6. Luisentempel.
7. Venustempel.
8. Monument.
9. Gotisches Haus.
10. Nymphaeum.
11. Pantheon.
12. Amaliengrotte.

3

4

5

6

3　沃尔利兹园的平面图（杰盖尔）

4　沃尔利兹园内哥特式建筑远眺（戈塞因）

5　沃尔利兹园内的“卢梭岛”（罗迪）

6　威廉施亥的“山岩上的城堡”（戈塞因）

7　霍恩海姆的平面图（戈塞因）

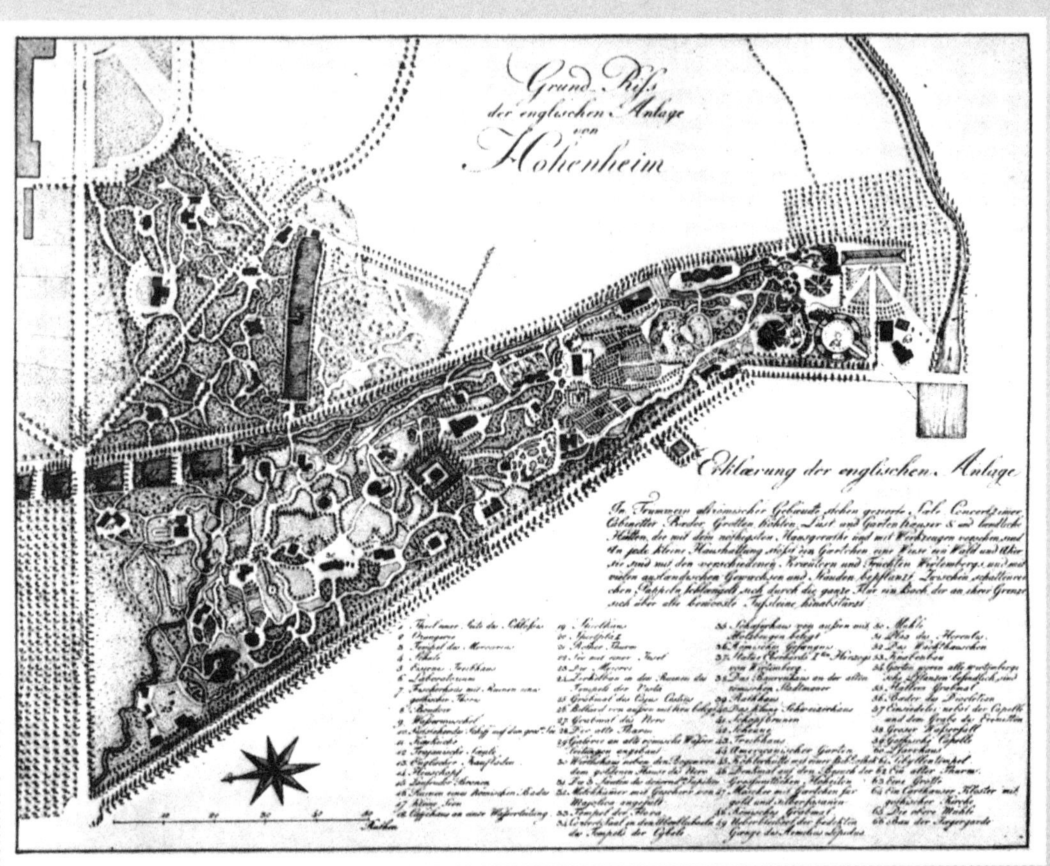

7

8

11

9

8 史凯尔的肖像（哈尔巴姆）
9 苏维兹因根内的清真寺（戈塞因）
10 苏维兹因根的平面图（戈塞因）
11 庇乌克勒·穆斯考的肖像（帕森）
12 英国花园的平面图（哈尔巴姆）

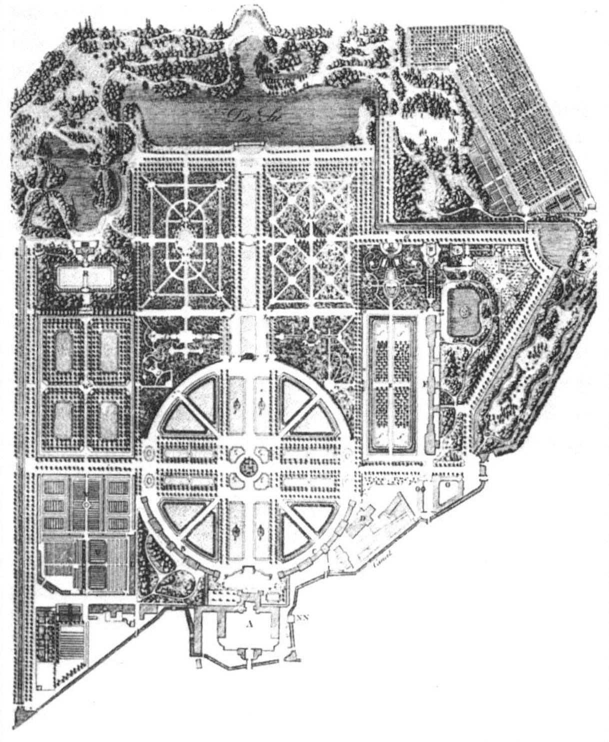

10

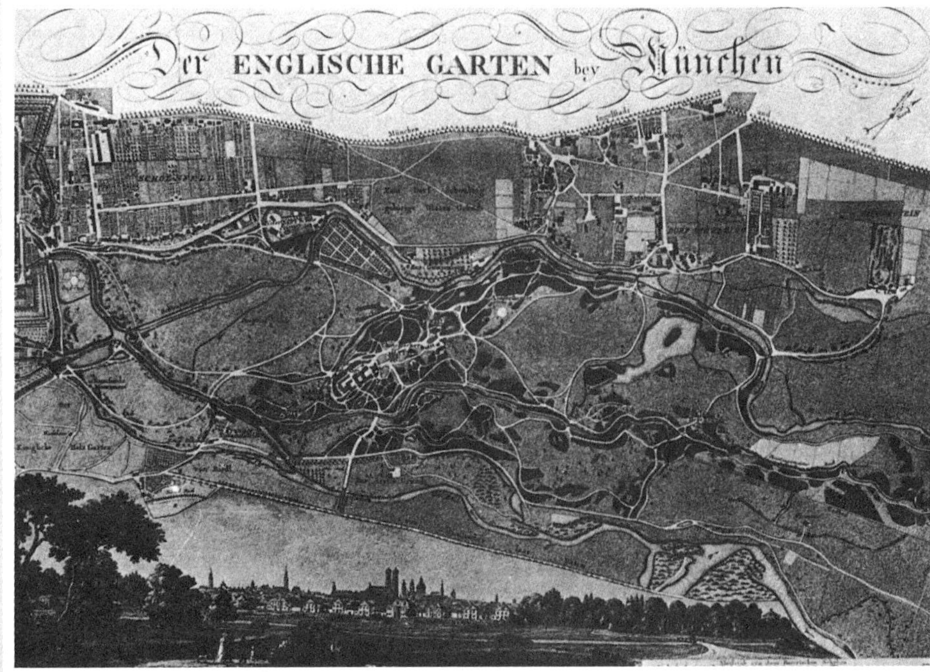

12

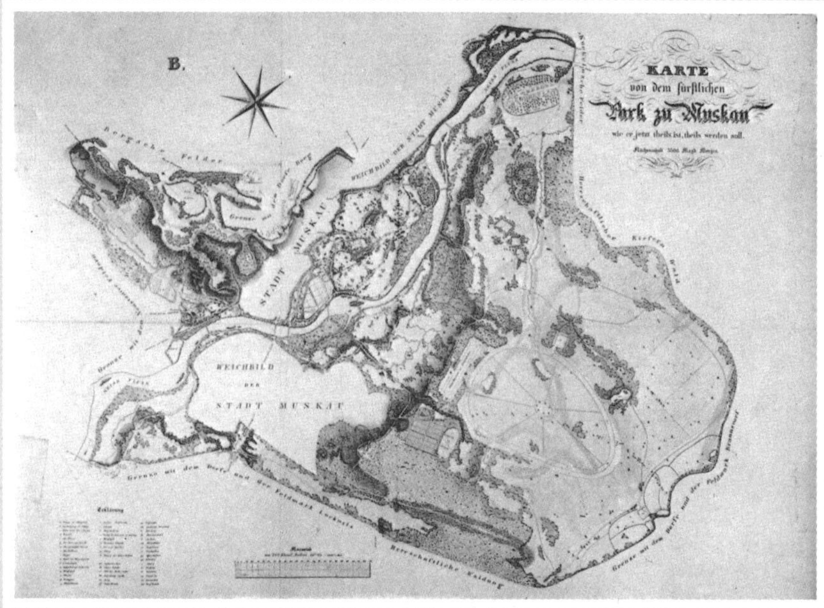
B.
KARTE
von dem fürstlichen
Park zu Muskau
wie er jetzt theils ist, theils werden soll.
STADT MUSKAU
WEICHBILD
DER
STADT MUSKAU

13

14

15

16

13 穆斯考的平面图（帕森）
14 穆斯考林苑全景（戈塞因）
15 穆斯考林苑中的城堡（兹安与卡尔瓦）
16 穆斯考林苑的一部分（兹安与卡尔瓦）

第八篇

美国的造园

公 元	通 史
1561 年	新教徒胡格诺派（又称雨格诺派）向南卡罗来纳殖民
1572 年	西班牙的耶稣会到北美大陆最早的传教活动
1583 年	英国人吉尔伯特到达纽芬兰
1603 年	法国人尚普兰到圣劳伦斯湾探险，开始开拓加拿大
1607 年	英国在弗吉尼亚建设詹姆斯敦（Jamestown）
1608 年	尚普兰建设魁北克城
1619 年	在詹姆斯敦成立美国第一个议会（殖民地议会）
1620 年	新教徒移民团：英国清教徒乘“五月花号”在马萨诸塞州的普利茅斯登陆
1630 年	英国人大批移居马萨诸塞州
1634 年	英国建设马里兰殖民地
1635 年	英国建设康涅狄格殖民地
1664 年	新阿姆斯特丹成为英国领土，改名为新约克镇（即纽约）
1673 年	马尔克特和朱利埃德发现密西西比河
1681 年	威廉·潘恩通过特许状，开拓宾夕法尼亚
1682 年	法国人拉萨尔从密西西比河出发，到达墨西哥湾，宣布密西西比河流域为法国领土，命名为路易斯安那
1689~1697 年	威廉王战争，英法在美国殖民地的交战
1701 年	西班牙王位继承战争，英法在加拿大交战
1710 年	德国人开始移民
1729 年	本杰明·富兰克林发行《宾夕法尼亚报》
1732 年	佐治亚接受特许状，成为第十三个殖民地
1741 年	Andrew Bradford 在费城发行美国最早的杂志“*The American Magazine*”
1751 年	英国禁止新英格兰殖民地发行纸币
1759 年	英军占领魁北克
1760 年	蒙特利尔开城投降（英国夺得加拿大）
1763 年	巴黎和约，法国在美国的所有领土割让给英国
1770 年	波士顿惨案
1773 年	波士顿倾茶事件
1775 年	美国独立战争（~1783 年）
1776 年	《美国独立宣言》(7月4日)：托马斯·杰斐逊起草宣言书
1777 年	萨拉托加之战独立军获胜（10 月），制定国号为美利坚合众国，制定星条旗为国旗
1778 年	美国与法国建立军事同盟，缔结通商条约
1781 年	约克敦沦陷；英国将领康沃利斯向华盛顿投降
1787 年	在费城召开宪法修改会议
1788 年	到会各州承认宪法
1789 年	联邦政府成立：华盛顿任首届总统（~1797 年）
1801 年	杰斐逊任第三届总统（~1809 年）
1803 年	从法国购回路易斯安那
1808 年	禁止输入非洲奴隶
1817 年	密西西比州加入联邦（第二十个州）
1819 年	从西班牙购回佛罗里达
1823 年	签署《门罗宣言》（门罗主义）：美国的不干涉政策
1829 年	杰克逊就任第七届总统（~1837 年）
1833 年	成立美国废奴协会
1845 年	得克萨斯州并入美国
1846 年	美国—墨西哥战争（~1848 年），英美签署《俄勒冈条约》：以北纬 49° 为加拿大与美国间的分界线
1849 年	与夏威夷缔结友好条约
1850 年	加利福尼亚加入美国联邦
1857 年	判决德雷德·斯科特案：否决黑人奴隶的公民权，宣布《密苏里妥协案》违反宪法
1861 年	林肯就任第十六任总统（~1865 年），南北战争爆发（~1865 年）
1863 年	林肯发表《解放黑人奴隶宣言》
1864 年	林肯再次当选总统
1865 年	里士满沦陷：南北战争结束。林肯遇刺
1866 年	成立全国劳工同盟
1867 年	英属加拿大联邦成立；签订购买俄罗斯和阿拉斯加的条约

公　元	通　史
1877 年	海斯当选为第十九任总统 (~1881 年)
1881 年	加菲尔德总统 (第二十任) 遭暗杀，阿瑟就任第二十一任总统 (~1885 年)
1885 年	克利夫兰当选为第二十二任总统 (~1889 年)
1889 年	第一次泛美会议，哈里森当选第二十三任总统 (~1893 年)
1892 年	人民党 (平民党) 成立 (~1896 年)，爆发夏威夷革命
1893 年	克利夫兰再次当选总统 (~1897 年)
1897 年	麦金莱当选第二十五任总统 (~1901 年)
1898 年	缅因号被炸沉事件，美西战争爆发，通过《巴黎条约》，合并菲律宾、夏威夷，承认古巴独立

公　元	造园史
1636 年	马萨诸塞州剑桥市创办哈佛大学
1650 年	筑造芒特埃里
1671 年	建造南卡罗来纳州阿什利的马哥诺利亚
1682 年	威廉・潘恩做费拉德尔菲亚 (费城) 的城市规划
1700 年	建塔卡霍园
1701 年	创办耶鲁大学
1725 年	建斯特拉特福大厅
1726 年	建造伯德上校的府邸韦斯特欧瓦
1728 年	创建费城的约翰・巴尔特拉姆植物园
1730 年	建造雪利
1740 年	建造皇宫 (马萨诸塞州的梅德福)
1743 年	建造赫特琴森官邸的庭园 (马萨诸塞州米尔顿)
1744 年	建造西尔威斯特庄园 (纽约州长岛)
1745 年	建造贝尔蒙特 (宾夕法尼亚州费城) 和布兰顿
1749 年	创办宾夕法尼亚大学
1750 年	建造里维尔
1754 年	创办 King's College(现哥伦比亚大学)
1758~1759 年	建造冈斯顿大厅
1782 年	建造尼科尔斯庭园
1783 年	建造汉普顿 (马里兰州)
1785 年	第二次设计维尔农山庄 (第一次设计在 1743 年)
1810 年	建造皮尔斯・佩里庭园 (马萨诸塞州纽伯里波特)
1815 年	道宁生于纽约州的纽堡
1822 年	奥姆斯特德生于康涅狄格州的哈特福德
1831 年	在芒特奥本出现最早的公园陵墓
1832 年	建成阿肯色的灵泉公园
1840 年	建造莫斯利庭园 (马萨诸塞州的纽伯里波特)
1841 年	道宁著“*Landscape Gardening*”
1850 年	道宁前往英国，奥姆斯特德从 4 月到 10 月在欧洲和英国旅行
1851 年	奥姆斯特德到纽约州的纽堡拜访道宁，参与国会大厦和白宫的造园设计
1852 年	在 7 月的意外事件中道宁身亡
1857 年	奥姆斯特德被任命为中央公园的负责人
1858 年	奥姆斯特德与沃克斯的 Greenward 设计中奖
1865 年	奥姆斯特德和沃克斯被任命为中央公园委员会的造园家
1866 年	奥姆斯特德开始普罗斯勃克特公园的建造
1869 年	奥姆斯特德进行布鲁克林公园和利瓦赛德的造园
1872 年	10 月奥姆斯特德和沃克斯根据双方情况解除合作 怀俄明州的黄石被指定为国家公园
1874 年	奥姆斯特德进行芒特罗亚尔公园的造园
1881 年	奥姆斯特德建造波士顿公园的庭园
1882 年	奥姆斯特德出版关于中央公园管理政策的意见书“*Spoils of the Park*”
1886 年	奥姆斯特德写出“*Notes on the Plan of Franklin Park (Boston)*”的报告书
1892 年	4 月奥姆斯特德因休养去欧洲旅行，10 月进行芝加哥世界博览会的造园
1903 年	8 月 28 日奥姆斯特德逝世

第一章　殖民时期

英国人于1607年在弗吉尼亚州、1620年在马萨诸塞州建立了他们在美国的最早的殖民地，之后其他殖民地也相继建立起来，其中最著名的是新阿姆斯特丹（今纽约）殖民地、马里兰州、费拉德尔菲亚（即费城）的裴恩部落、卡罗来纳州的殖民地等。早期的移民们知道当地北美印第安原住民已进行过简单的造园活动，移民们还发现了许多有用的野生果树和草本植物，并想方设法地使这些天造之物为自己的生存服务。他们就这样在习惯和迫不得已的情况下当上了园艺师，并很快掌握了栽培所有实用植物的技术。他们在住房的四周造起了小圈地，在其中筑造了实用性庭园；接着在更高的精神需求的支配下，这些移民们让昔日英国家庭所喜爱的花卉在这里放出了异彩。

将这样一些早期庭园加以适当的扩建之后，不仅便于使用，而且还有明显的实际收益。关于塞勒姆（Salem）的恩迪科特官员的庭园、普利茅斯的温思罗普官员的庭园、查尔斯顿庭园等都有不少记载。但在最初的一百年中，并没有出现规模壮观的大庭园，而只建造了一些小型的住宅庭院。在这一时期中，规模较大、装饰优雅的庭园也很少见，典型的形式就是一些连接着简陋住宅的狭窄庭园，其中种着卷心菜、蚕豆、谷物，以供食用，在窗户周围和前院中还栽培了蜀葵、迷迭香、薄荷、胡荽、蒺槐等。殖民时期虽然没有留下特别优美而有名的庭园作品，但值得一提的庭园有：建造于1650年的芒特埃里、1700年的塔卡霍、1725年的斯特拉特福大厅、1726年的伯德上校的府邸韦斯特欧瓦（图1）、1671年南卡罗来纳州阿什利的马哥诺利亚、1728年费城的约翰·巴尔特拉姆的著名植物园（图2）等。

在这些殖民时期的庭园中，只有乔治·华盛顿的故居维尔农山庄（图3）热情表达了普遍存在的幻想。该山庄建于殖民时期革命战争结束之时，它现在还基本保持着当年的原貌。无论从哪方面来说，这座山庄都算不上是华丽的宅第，仅是极朴素的地方住宅而已。今天的许多市民住宅都比它面积大而且具有比较高的艺术性，然而在当时它却是首屈一指的宅第之一。这是一件设计巧妙的作品，直到现在还作为“开国之父”的故居而受到十分精心的保护。尽管维尔农山庄的建筑屡屡成为其他许多建筑效法的模式，但它对美国的造园却没有产生显著的影响。值得一提的是，“殖民时代的样式”驰名于后世，并对许多艺术领域产生了巨大的影响，殖民式建筑、殖民式家具、殖民式庭园等都归属于这种样式；不过，如要再现革命前期这类朴素典雅的宅第的风采则要付出惊人的努力。

不言而喻，美国人的理想是每一个家庭都拥有一座独立的住宅，它由分散在自己的场地内的房屋所构成，场地内还要适当地种植一些乔木、灌木、鲜花、草坪。这也正是当年移民们的初衷。如果广泛查阅美国的造园文献，我们就会发现住宅场地的构思设计问题始终是讨论的关键所在；并且，还可以认为这个问题几乎都是从小住宅庭园引发出来的；实际上，美国的所有住宅场地都可以划归在这种类型之中。

在最初及后来的岁月中，美国的大部分住宅都建有围墙。最早的围墙只是简陋的栅栏，不久后就普遍代之以整齐的木栅栏，这种围墙形式延续了很长一段时间。后因木材资源丰富，木匠成为一种普通的职业，技艺也更为娴熟，所以栅栏的柱子造得十分精巧，而且还带有木雕的柱头。为使材料的处理方式为人们喜爱，匠人们倾注了不少心血。大部分栅栏的色彩都很朴素，通常是传统的白色再加上一些淡雅的色彩。人们还对木栅栏上的门的处理煞费苦心，使之成了一种真正的艺术品。

这些围着栅栏的早期殖民式庭园的构成十分简单，它们大部分由果树园、蔬菜园及药草园组成，园内各处点缀着花草。在靠近房屋的地方和前院种满了鲜花和装饰性灌木。就像玫瑰、蔟槐、蜀葵、柠檬、百合、菖蒲等那样，紫丁香也是这类早期庭园中的宠儿。住宅的前院都很狭窄，即便是设在大宅第后面的庭园，其宽度也极少有六英尺到十英尺以上者。概言之，相对于低矮的收分式建筑，近代美国风格的建筑样式在南北战争以前并没有得到普及。原来的那种小院是为保护自由自在、活蹦乱跳的家畜而造的；但临近拓荒时代末期，就不再需要这种小院；接着连木栅栏也被拆除了。之所以发生这种变化，是因为那时出现了一种住宅的临街部分设为店铺的新样式，它的前院四通八达。这种样式在后来风行一时。与此相应，住宅则从街道一直往后退，而前院也变得既开敞又宽大了。

这种前院至今仍被视为住宅的主要部分，对这种宽阔开敞的前院稍加一点华丽的装饰，就会使它的性质十分突出。但从另一方面来说，在英国及德国流行的那种在庭园中生活的习惯则荡然无存，对前庭或庭园其他任何部分的内涵性要求也随之减少或完全消失了。美国的造园家和业余造园家们对住宅庭园长期缺乏内涵性的状况深感担忧。对于这种远离街道、勒脚部分暴露无遗的住宅，人们采取了相应的弥补措施。他们将灌木丛、藤蔓等种植在这类住宅的勒脚部分和停车廊的四周。这种“基础栽植”（图 4）的方式至今仍很盛行，它既成了房屋与草坪之间的一个过渡地带，又遮掩了暴露在外的勒脚，同时还明显改善了缺少装饰的弊端。

从独立战争到南北战争期间（1776~1861 年），加拿大与美国除了向各自领土的西部发展之外，在其他方面几乎没有发生什么变化。这一时期的建筑和造园虽然仍以殖民式为样板，但却并非一成不变地模仿。在这个时代的后期，南北战争结束后，出现了一个对建筑样式发展更为有利的时机。从 1861 年开始到 1865 年结束的南北战争，使所有美国人处于一种疲惫不堪的状态，最后整个国家也动荡不定，几乎濒临绝境。战争结束后，一个新时代开始了，然而不幸的是它仍是一个艺术的低潮时期，建筑、雕刻、文学及造园都遭到了灵感（inspiration）的否定，趣味低级到无以复加的水平。不过就在这芸芸众生中间，美国的造园巨匠道宁（图 5）却如一颗光芒四射的彗星一闪即逝。

1815 年道宁生于纽约州赫德森河畔一个叫纽堡（Newburgh）的小城，是树苗商的儿子。由于家境贫寒，他几乎没有受过什么正规教育。道宁在 23 岁（1838 年）时就独立经营树苗生意。1841 年，26 岁的道宁因写出造园界的不朽名著《造园论》（*Landscape Gardening*）而一跃成为造园界的权威。从 1846 年起，他作为“Horticulturist”的主要成员，致力于城市卫生、田园美化方面的事业。

1850 年道宁东渡英国，那时恰值英国自然式造园的全盛时期，他从继承布朗思想的雷普顿的作品中得到了各种各样的启迪，并研究了当时英国的先进植树技法。回国后，作为自然风景的欣赏家和美的崇拜者，道宁对美国的乡土风光作出了高度的评价。他提倡从每一个家庭的庭院开始，人人都有美化周围环境的义务，他还鼓励人们在庭院中利用树木、果树进行栽种。据说，由于他过分强调了后者，所以反过来又忽视了庭园的大小和质量。还因他千方百计地将各种树木一棵棵地点缀在庭园各处，使每一棵树都表现出自身的美，故他设计的庭园总是呈现出宛如树木园似的景观。他的得意门生斯科特也犯了同样的错误。1851 年他曾参加华盛顿国会大厦、白宫、史密索尼安学会的环境装饰设计。

道宁亲自设计的实例只有设计图（图 7），而且现在几乎也残存无几了；但是，他的著作却在美国首开造园学的先河，与其他杰出的造园论著相比也是出类拔萃的。1852 年 7 月 28 日，道宁在赫德森河乘船前往纽堡的新港，准备参加在友人家中举办的聚会，不料途中轮船失火，道宁不幸溺死，年仅 36 岁。

虽然道宁在南北战争以前就开始向国民灌输其杰出的造园思想，但直到南北战争中期以后，这种思想才结出了丰硕的成果，至南北战争后期又在奥姆斯特德（Olmsted, Frederick Law）的倡导下发扬光大，并得以继承。1822 年奥姆斯特德出生在康涅狄格州的哈特福德，1903 年在马萨诸塞州的布鲁克林逝世。奥姆斯特德在南北战争期间就已闻名于世；1857 年被任命为当时建造中的纽约市新中央公园的负责人后，他才真正开始了造园家的生涯。战争结束后，中央公园的建造计划在他的指导下继续进行。与此同时，他还着手设计了纽约州的布鲁克林、康涅狄格州的新不列颠、加利福尼亚州的圣弗朗西斯科（旧金山）、伊利诺伊州的芝加哥以及其他城市的重要公园。奥姆斯特德是一位接受过英式教育、才华横溢的建筑师，与卡尔弗特·沃克斯（1824~1895 年）交往甚笃，后者过去曾是道宁事业上的合作者。

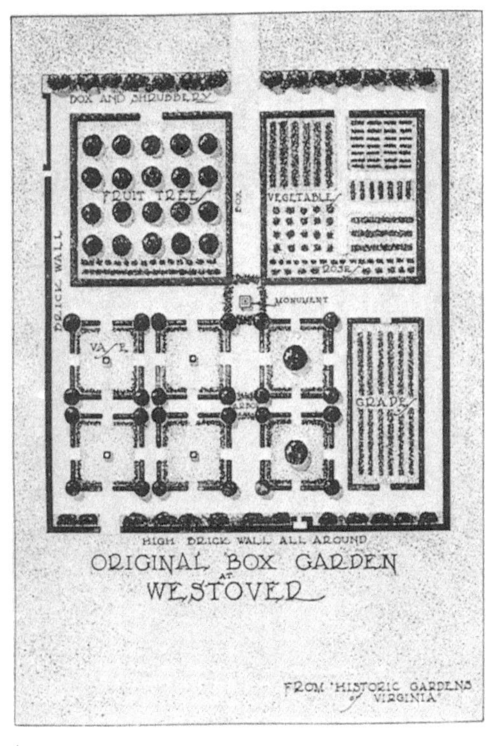

1

1　韦斯特欧瓦的黄杨园（戈塞因）

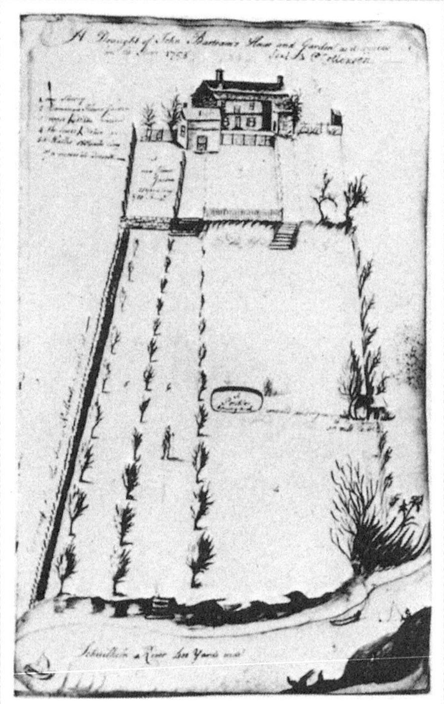

2

4

5

2 费城附近的约翰·巴尔特拉姆植物园（1728年）（爱德华·赫姆斯）

3 弗吉尼亚维尔农山庄的花园平面图（赫姆斯）

4 典型木结构住宅周围的基础栽植（戈塞因）

5 道宁的肖像（沃）

6 道宁的作品之一（沃）

7 道宁的作品之二（沃）

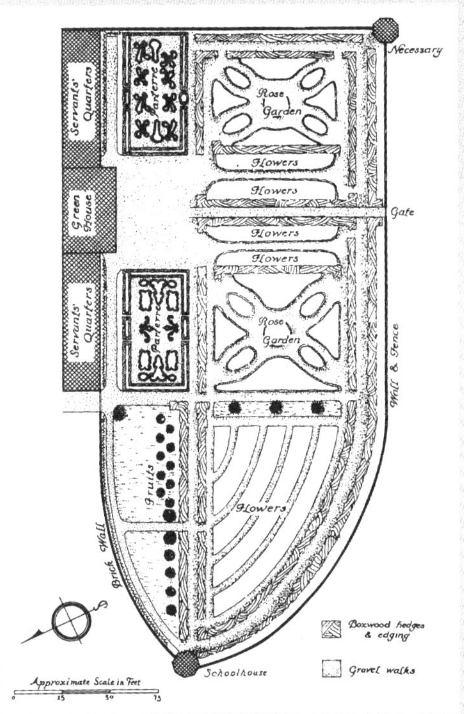

3

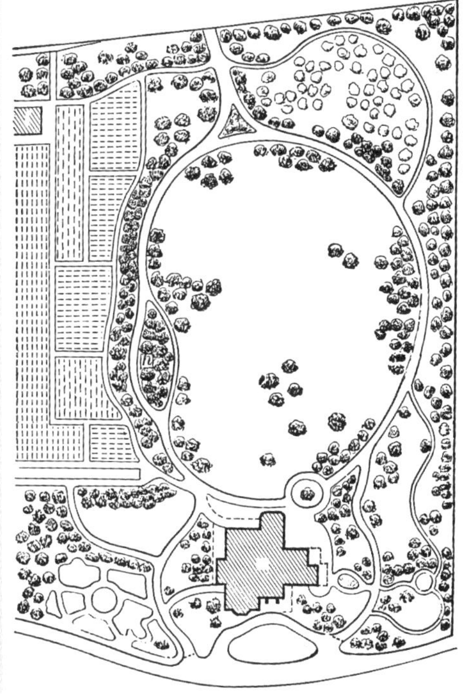

6

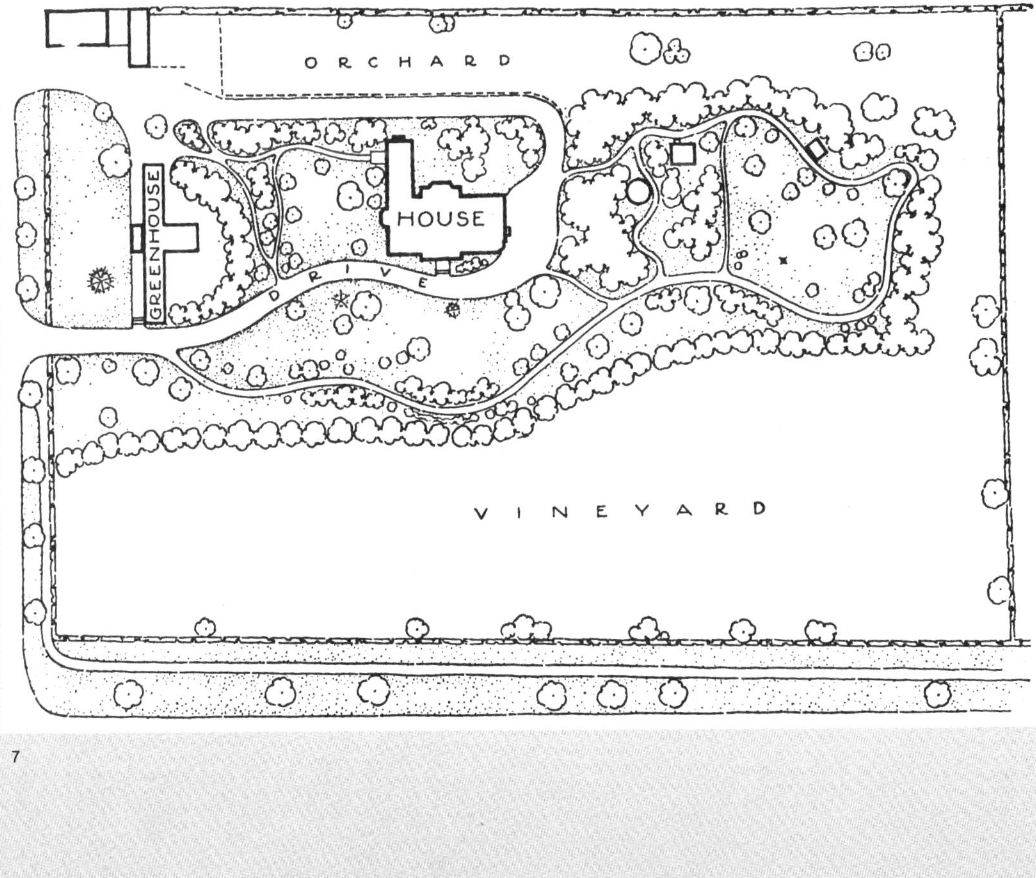

ORCHARD
GREENHOUSE
HOUSE
DRIVE
VINEYARD

7

第二章　城市公园时期

奥姆斯特德（图 1）继承了道宁的事业，他非常推崇英国式或称风景式造园。奥姆斯特德在美国创办了第一个大型的造园家职业组织。他长期与查尔斯·埃利奥特（1859~1897 年）（图 2）共事，又与继子约翰·奥姆斯特德及儿子小奥姆斯特德合作。从 1870 年到 1890 年间，许多曾在奥姆斯特德事务所工作过的年轻人后来都自立门户，使奥姆斯特德的影响更加广泛。奥姆斯特德对"造园家"这一称呼早就存有疑问，并以"landscape architect"取代了它。更重要的是，他率先在美国采用"landscape architect"和"landscape architecture"分别取代了过去一直沿用的英国术语"landscape gardener"和"landscape gardening"。尽管他极少著书立说，但其影响却通过他的学生和作品而广为传播。这些作品遍布美国和加拿大各地及更大的范围，代表了这个时代造园发展的主流；所以，即使将这个时代称为城市公园时代也是不无道理的。

1840 年，城市日益兴旺繁荣的结果突然促进了公园的新发展，而美国最先完成了这一重要的进程。美国在内战之后，城市居民开始在郊区建造住宅，用作一年中度假和周末休养的居所。美国的建筑与造园也紧随欧洲的发展脚步，逐渐发达起来，并继承了先进的英国样式。早在 1682 年，威廉·潘恩就按照规则有序的规划来建设费城，其中建造了方形的装饰区。此外，在 18 世纪末，法国建筑师朗方也应华盛顿将军的要求，全面规划了以将军名字命名的华盛顿市（图 3）。但这个规划在当时只是纸上谈兵，一百年以后，随着公园建设新运动的兴起。这个规划才得到大规模的实现。由于移民蜂拥而入，人口剧增，美国政府不得不整顿纽约市，并制定了在城市中心建造约 850 英亩的大型公园的规划项目，这是个值得称道的项目，生于美国的最伟大的造园家弗雷德里奇·劳·奥姆斯特德在 1854 年就按当时盛行的绘画式建造了中央公园。这座公园围着围墙，环境十分优美，与大城市的恶劣境况形成了强烈对比（图 4~ 图 7）。美国的公园使市民们从原来令人疲惫不堪的大城市生活中解脱出来，满足了他们寻求慰藉与欢乐的愿望，它对于推动人们不断高涨的重返大自然怀抱的潮流有着极其深远的意义。纽约中央公园的建造（这是道宁生前曾经倡导过的）传播了城市公园的理念，并使造园家一举成名。在移民迅速增加及近代产业制度的刺激之下，美国各个城市不断扩大，上述公园理念正好与这一时代潮流相适应。除前已提到的公园之外，奥姆斯特德与他的合作者们还设计过许多公园。其中被认为最优秀的作品有：蒙特利尔的芒特罗亚尔公园和波士顿的富兰克林公园（1886 年）（图 8）。此外还有布鲁克林的普罗斯勃克特公园（1876 年）、芝加哥的哥伦布纪念博览会（1893 年）、新泽西的公园系统（1895 年）等。

概括而言，奥姆斯特德派的观点有如下几条：（1）保护自然风景，并根据需要进行适当的增补和夸张；（2）除非建筑周围的环境十分有限，否则要力戒一切规则、呆板的设计；（3）开阔的草坪区要设在公园的中央地带；（4）采用当地的乔灌木形成特别浓郁的边界栽植；（5）穿越较大区域的园路及其他道路要设计成曲线形的洄游路；（6）所设计的主要园路要基本上能穿过整个庭园。这些观点我们至今仍能在他们设计的各种公园中找到实证。

美国城市公园的发展取得了惊人的成就。美国城市人口的剧增给人们造成了威胁，为了摆脱这种窘境，就有必要建造更为开敞的公园。首先，近代商业城市芝加哥市耗资 4200 万美元，在较短的时间内就建造了大约 24 个运动公园，从市内任何一座建筑出发只需要几分钟时间就能到达这些公园。这些公园中，规模小者建有园路环绕着的足球场、体育场（gymnasium），以及中央建有浅水池的儿童乐园、带浴场的游泳场；比较大型的公园则有划船设备以及带有中央大厅和私人聚会室的俱乐部。除芝加哥市之外，其他各个城市也通过各种方式来建造这类公园。波士顿市建造的大型带状公园式公路从城郊一直延伸到城内。在华盛顿、圣路易斯及费城各城市内也都建造了宽阔的大街。在美国的大城市行政团体中设有公园协会，它的主要义务就是提供公园和庭园用地和培养城市问题专家。

在公园中运动用地逐渐成为必不可少的场地。美国人的主要兴趣就是野外运动和竞技活动，从英国引进的民主观念又进一步助长了这种兴趣。人们需要宽阔而平坦的场地来举行祭祀活动和聚会，同时还进行各类运动和比赛。而过去的公园只是迈耶所指的那种“特别理想的散步场地”。但是，毕竟只有部分好静的散步者才喜欢去寻找那种步移景易的画一般的风景，而大部分人却都希望为聚会、比赛集中在一起。最理想的规则形状的运动场，应该使运动员和观众都能清楚地观看；为举行祭祀活动而设计的场地，则必须使人不会在树林中迷失方向,走在弯曲迂回的道路上不至弄错距离。在这样的准则下，公园中的水路一反过去弯弯曲曲、只为划船而设的设计手法，其形状完全服从于游泳场、溜冰场的新设计方案，这些变化使公园逐渐倾向于规则式设计。

但是，到那时为止，公园设计仍然受到传统形式的禁锢，除非借助于另一方面的运动，否则就难以找到真正的出路。

随着城市公园运动而兴起的是建造陵园的运动，这显然是造园带给美国人的一件赠品。这是因为其他国家虽然也大兴土木建造了陵园，但在这方面率先获得成功的却是美国和加拿大。美国最早建造的陵园是1831年波士顿附近的芒特奥本陵园，它引起世人的广泛注意，比它晚建20年左右的辛辛那提的斯普林·格罗夫陵园也受到人们的喜爱，不过影响最大的当推后来建造的芝加哥格莱斯兰陵园。格莱斯兰的设计者西蒙兹因设计陵园而一举成名，翌年由他设计的陵园就多达数百个。促成美国陵园形式流行的原因是形形色色的，即土地价格低廉，民众对自然主义的庭园设计颇感兴趣，城市公园运动的方兴未艾等。除此之外，还有一个事实就是人们要借陵园来表达对逝去者的哀思，这是人之常情。现在，陵园毫无例外地一概采取规则的形状，它们的建造者都是股份有限公司、宗教团体、市议会以及联邦政府。

为了比较全面地讨论美国的公园设计理论，让我们再附带考察一下后来的公园形式。在奥姆斯特德逝世后不久，两种新情况的出现导致了公园形式的变化。一是美国的城市膨胀和产业制度的建立要求新型的“近邻式”体育场；二是新的旅客交通工具的投入使用，如电车及运输能力更强的汽车等。因此，城市内的体育场必须占地不多且具备很高的综合性。这个要求显然是与公园思想互不相容的，后者要求公园的风景开阔而优美。所以，体育场是美国造园的一种新的发展形式。在美国建造了许多体育场，其中评价最高的是由奥姆斯特德的继承人设计的。

密布在城市住宅区内的这些小体育场，经由交通机构的改良，有的已建成了规模巨大的公园。其最初的成果就是在查尔斯·埃利奥特的指导下建立起来的波士顿大城市公园系统（park system）。其他许多城市则采取了与纽约市相同的方式，如明尼阿波利斯借助沃什的力量获得了优雅的城郊公园地带；芝加哥的库库州立防护林则是在詹森的指导下创办的。这个公园运动改变了以后对州立及国立公园、森林及其他乡村体育场的要求，即这是一个在各方指导下、影响面较广的重要运动。

1

2

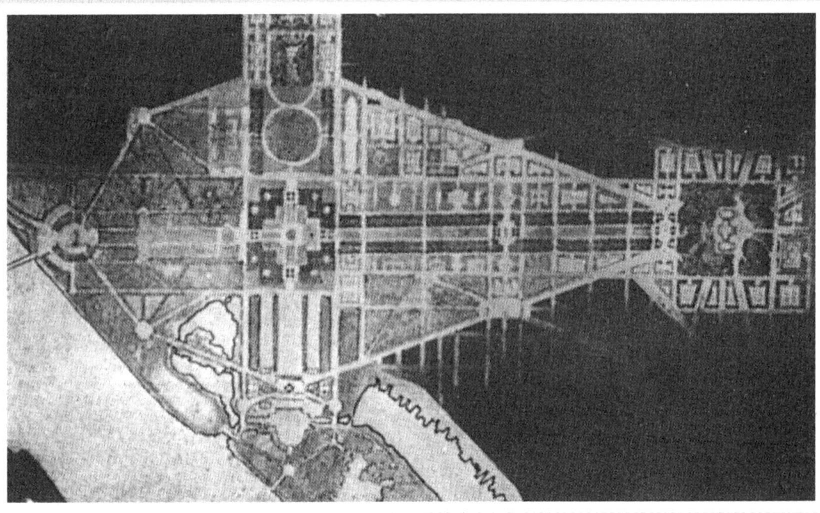

3

1　奥姆斯特德（迈德）

2　查尔斯·埃利奥特（牛顿）

3　朗方的华盛顿市城市规划方案（戈塞因）

4

5

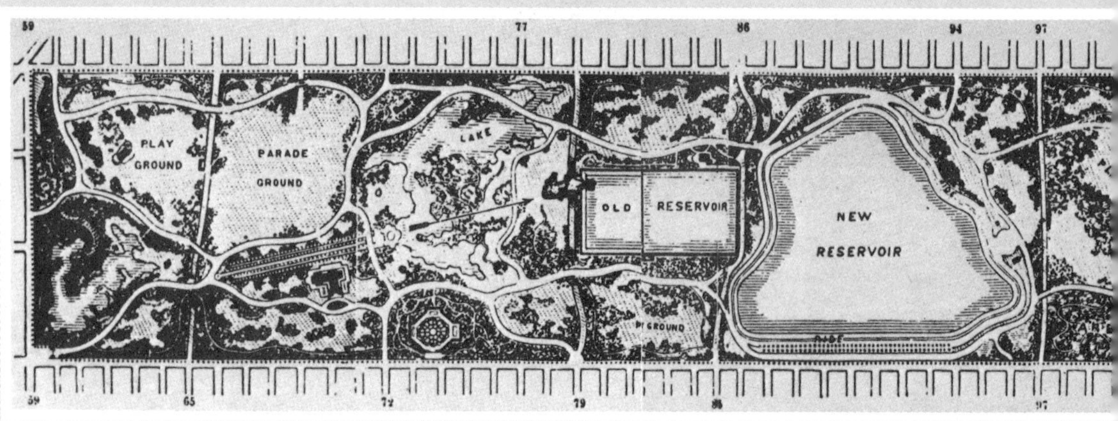

59
77
86
94
97
PLAY GROUND
PARADE GROUND
LAKE
OLD
RESERVOIR
NEW RESERVOIR
65
72
79

6

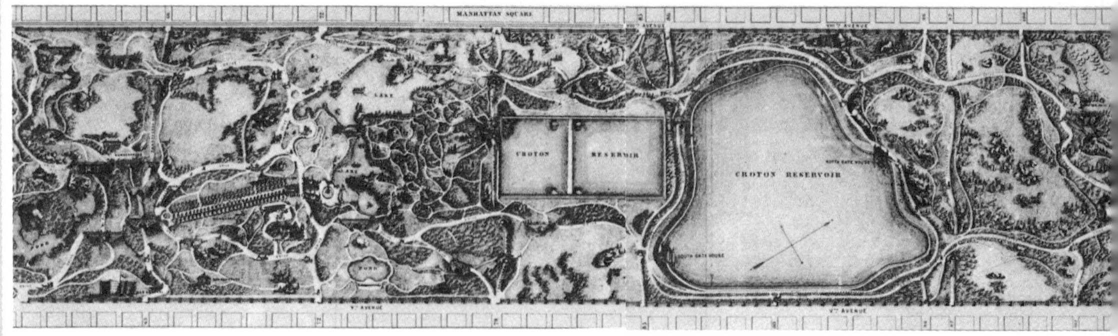

MANHATTAN SQUARE
CROTON
RESERVOIR
CROTON RESERVOIR

7

4 中央公园鸟瞰图

5 中央公园（1865 年）内的平台和喷泉（迈德、韦恩梅亚）

6 1858 年的中央公园平面图（迈德、韦恩梅亚）

7 1870 年的中央公园平面图（迈德、韦恩梅亚）

8 富兰克林公园（迈德）

GENERAL PLAN OF FRANKLIN PARK

第三章　天然公园时期

在美国，人们对自然式造园的真正兴趣表现在两个不同的方面，即一方面倾向于建造自然的不规则式的私人住宅区及城市公园，另一方面因教育、保健、休养的需要而保存广大的乡土风景的运动方兴未艾。自然风景因其功用包罗万象而得以保存，保护区的发展对美国的造园产生着举足轻重的影响。这类自然风景保护区的大部分被私人购买，用作内设狩猎、渔猎场所的私人俱乐部，或建成地方俱乐部，向人们提供一般的休养场所；包容面最大且最重要的区域则属公共所有和使用。保护区的类型主要为：(1)国家公园；(2)国有森林；(3)国家纪念物；(4)州立公园；(5)州有森林；(6)史迹名胜地。

美国国家公园（图1）的出现完全始于偶然。1832年堪萨斯州的灵泉、温泉区作为公园受到保护。1872年在陆战部的监督下，保存了怀俄明州西北部令人称奇的间歇泉池，并将该区域确定为国家公园。1890年国会接管了加利福尼亚州的财产，创办了约塞米蒂国家公园（图2）；同年为保护该州的红杉巨树而建立了红杉国家公园和杰内拉尔·格兰特。与此同时还建成了华盛顿州的雷尼尔山国家公园。

在1916年8月的议会上通过了建立国家公园局的法律草案，为了管理各公园，还成立了国家公园行政机构作为内政部的一个分枝机构。到1947年，政府当局指定下表所列的28个公园为国家公园。

年份	公园名	州名	面积（平方英里）	备注
1872年	黄石国家公园	怀俄明州西北	3472	拥有占全世界半数以上的间歇泉，此外，还有温泉、泥火山、化石林、以色彩艳丽著称的黄石、大峡谷、大湖、数条大河与瀑布、一望无垠的荒原，还是世界上首屈一指的野生动物园，设有专门的大马哈鱼钓鱼场
1890年	红杉树国家公园	加利福尼亚州北部	604	园内巨树参天，有数百株直径十英尺以上的红杉树，有的直径达25~36英尺，这里还有高耸的山峰、陡峭的绝壁，以及惠特尼山和克隆·利巴峡谷

续表

年 份	公园名	州 名	面积（平方英里）	备 注
1890 年	约塞米蒂国家公园	加利福尼亚中偏东部	1189	有世界上第一流的美丽溪谷、悬崖峭壁，色彩浪漫的远景，大瀑布众多，群山巍峨，还有三个巨大的林区，及水车瀑布，是绝妙的鳟鱼钓场
1899 年	雷尼尔山国家公园	华盛顿州中偏西部	377	巨峰独秀、冰川遍布，28 条冰川中大者方圆 48 平方英里，深 50~5000 英尺，还有惊人的亚高山野生花圃，是值得探胜觅奇之地
1902 年	火山口湖国家公园	俄勒冈州西南部	250	有趣的熔岩在死火山的喷火口处形成一个纵深 1000 英尺的湖，湖中荡漾着碧蓝色的湖水，是良好的钓鱼场
1903 年	风穴国家公园	达科他州南部	44	有结构奇特、绵亘数英里的回廊和为数众多的洞窟房间
1906 年	普拉特国家公园	俄克拉荷马州西部	1.3	有许多富含硫磺及其他物质的温泉，具备医疗的功效
1906 年	梅萨维德国家公园	科罗拉多州西南部	80	有美国国内最著名的、为数不多但保存完好的史前穴居遗址
1910 年	冰川国家公园	蒙大拿州西北部	1583	是举世无双的险峻的高山性山岳地带，250 个冰川涵养湖景致优美，富有诗情画意，此外还有 60 条小冰河、数千英尺的峭壁，大部分风景个性鲜明，还是极佳的鳟鱼钓鱼场
1915 年	落基山国家公园	科罗拉多北部中央	405	是落基山脉的中心部分，高度达 11000~14255 英尺及雪线以上的山峰，记录了冰川时代的奇观
1916 年	夏威夷国家公园	夏威夷	270	分为夏威夷岛的基拉韦厄、冒纳罗亚及毛伊岛的哈莱亚卡拉三个独立的区域
1916 年	拉森火山国家公园	加利福尼亚北部	163	美国本土唯一的一座活火山，有 10460 英尺高的拉森山峰，6907 英尺高的火山岩灰的山丘、温泉及泥泉
1917 年	麦金莱山国家公园（图 4）	阿拉斯加的中偏南部	3030	北美最高的山峰，拔地而起，举世无双
1919 年	大峡谷国家公园	亚利桑那州北部中央	1009	最大的侵蚀峡谷实例，世界上最雄奇的景观之一
1919 年	阿卡迪亚国家公园	缅因州大西洋沿岸	42	是芒特迪扎德岛上的花岗岩山脉
1919 年	锡安山国家公园	犹他州西南部	148	绝壁陡立的大峡谷（锡安峡谷）高为 800~2000 英尺，风光迷人

续表

年 份	公园名	州 名	面积（平方英里）	备 注
1921 年	温泉国家公园	阿肯色州中部	1.5	疗养胜地，有 46 个温泉，众多的旅馆房舍及 19 家公营浴场
1928 年	布莱斯峡谷国家公园	犹他州南部	56	断崖上有被风霜雨露剥蚀而成的、色彩斑斓的石柱
1929 年	大提顿国家公园	怀俄明州西北	150	国内最高峰大提顿海拔为 13766 英尺，有 37 座山峰、5 个大湖泊，还有数个高山湖泊
1930 年	卡尔斯巴德洞窟国家公园	新墨西哥州东南隅	67	主要洞窟延伸 23 英里，末端的 3 英里已对游客开放
1935 年	谢南多厄国家公园	弗吉尼亚的蓝岭山脉	302	平缓的蓝岭山脉上盖满了阔叶树林的浓荫
1938 年	奥林匹克国家公园	华盛顿州的奥林匹克半岛	1321	园内最大的树木是西部红雪松，地面以上 4 英尺处的直径达 20 英尺
1940 年	国王峡谷（金斯峡谷）国家公园	加利福尼亚州的塞科华亚以南	710	从塞拉山顶向西绵延，包含了美国风景中令人叹为观止的特西帕诺特在内的众多峡谷风光
1940 年	罗亚尔岛国家公园	密歇根州的苏必利尔湖之北	210	岛长 45 英里，宽 9 英里，其上有许多湖泊，通向内陆狭窄的内海
1940 年	大雾山（大烟山）国家公园	卡罗来纳州西北与田纳西州东部接壤之处	720	是美国东部山林中最优美的风景区，毫无人工雕琢痕迹，落叶树林生长繁茂
1941 年	猛犸洞穴国家公园	肯塔基州西南部	78	猛犸洞穴的石灰岩结构十分美丽，生长着很茂盛的带刺及羊毛状花卉
1944 年	大转弯国家公园	得克萨斯州西部	1106	溪谷的岩石是沉积了数万年的石灰岩，当时这里是大洋的底部
1947 年	大沼泽国家公园	佛罗里达半岛南端	1892	是美国唯一一个与热带圈相接的国家公园

到 1966 年，国家公园由上述的 28 个增加到 32 个。

与国家公园有关的意义深远的公共设施是美国的国家纪念地。它们占地面积较小，尽管阿拉斯加州有两个国家纪念地的面积多达 1000 平方英里，但另有一些的面积只有数英亩。这些国家纪念地是按总统的命令而设置的，因而不同于按国会法令指定的国家公园。它们由各联邦的官员们管理，作为普遍的历史纪念地、史前遗址，或有科学价值的东西而被保存下来。下面从 1927 年公布的 56 所纪念地目录中选出有代表性的几例来加以说明。

国家纪念地的名称	州 名	面 积（英亩）	备 注（只通过实例来说明这些国家纪念地的本质特征）
蒙特祖玛城堡	亚利桑那	160	峭壁上的壁龛中，有大型史前穴居民族的遗址
化石林国家公园	亚利桑那	25625	常绿乔木科的化石林群，其中之一形成一座天然小桥，具有很深的科学意义
查科峡谷	新墨西哥	20629	条件良好，在几个遗址上发掘出了价值极高的许多大型公共住宅
穆尔伍兹	加利福尼亚	426	加利福尼亚最著名的红杉林之一，由威廉・肯特赠
图马卡科里	亚利桑那	10	是17世纪佛朗西斯科教团的传教地遗址，由国家公园局修复
格兰・奇维拉	新墨西哥	560	美国西南部最早且最重要的西班牙人传教地
狄诺索尔	犹他	80	遗留有极富科学价值的史前动物生活化石的堆积物
卡萨・格兰德	亚利桑那	472	美国国内最有价值的史前坟墓遗址之一，1694年发现时它正处于荒废状态
卡特迈	阿拉斯加	1087990	是具有极高的科学价值的大规模火山现象的实例，其中包括奇妙的“Valley of Ten Thousand Smokes”
奥林匹斯山	华盛顿	299370	有许多具有广泛科学意义的事物，有冰河、奥林匹克・埃尔克的夏季牧场和饲养场
班德利尔	新墨西哥	22075	有人造洞穴、石雕，还有史前生活遗址及众多穴居民族遗址
布莱斯峡谷	犹他	7440	有无数侵蚀性高峰并列的峡谷，表现出土壤材料最鲜明的色彩

以上的国家纪念地中有的既有深刻的科学意义，同时又很优美。如布莱斯峡谷是侵蚀岩石峡谷的最突出实例，它因其岩石色彩艳丽夺目而驰名于世。据说有些小规模的国家纪念地甚至胜过了大峡谷国家公园的风光（图3）。亚利桑那州的化石林国家公园也有极高的科学价值。

从1850至1890年间，自然式造园的大规模运动由于道宁的指导而颇具影响力，并且导致了人们对规则式造园的偏见。人们对自然式造园的热爱不仅在当时的公园设计中体现得淋漓尽致，而且在大住宅区的设计中也显而易见。有时毫无理由地将园路和公路造得曲曲弯弯，将乔灌木不对称地种成分散的团状，人们煞费苦心地要造成或平坦，或时缓时急的地势。道宁虽然第一个引进奇妙的外国乔灌木作为自然的栽植，但直到他晚年仍以美国这片土地只适合自然式造园为由将规则式造园拒之门外。

大约在这个时期结束之时和奥姆斯特德时代末期（1890~1910 年），建设了不少新的地方住宅，其形式都受到外国的影响，当然它们都是为富人们建造的。这些人曾到过欧洲，自然也喜欢且接受了法国和意大利的庭园构成，他们还公开模仿小型的法国及意大利的造园作品；不过一般来说，他们模仿的庭园以拉丁式公园及规则式庭园为主。这些模仿的作品大多是尝试性的，有一些并没有完全被采纳在美国的环境中，而另一些则与低级趣味相投。但最终的结果是令人振奋的，那就是陈旧的偏见被打破，普遍奠定了非常有利于近代造园发展的基础。

摒弃了偏见和先入为主的观念、热衷于美国庭园的大众，在家庭造园方面取得了实质性的进步。他们均将私密性视为理想住宅的特征，追求住宅的简朴性以及舒适亲切等感受。人们越来越喜欢在庭园中居住，并进一步发展了新式住宅的设计构想。这种构想虽与英国、德国的小规模住宅区的实际设计形式十分相似，即以同种方式满足愿望相同的人们的同样的要求，但它又确实是专属美国家庭的设计样式。就这些近代住宅庭园而言，它们的前庭狭窄且构成十分简单，公共区域与住宅的服务性房间及个人生活区之间泾渭分明，原因就在于人们普遍重视了私人庭园的私密性要求。此外，这类庭园的面积往往比较小，这不单是出于经济方面的考虑，而且还旨在造成一种亲近感。欲与这种庭园的规模相适应，最简单的办法自然就是将它们设计成规则式、矩形平面，且与住宅紧密相接。在这种庭园中，一条简洁的轴线通过各种方式被暗示出来，并以鸟浴台、凳子之类不显眼的地方为其端点。庭园中极少使用造型植物和雕刻。围栏通常采用树篱或缠满常春藤的花格墙或不规则的树丛来造成。门廊及爬满常春藤的砖墙也很盛行，但灰泥围墙则十分少见。在简单的规则式古典庭园及保留下来的庭园中还栽培着花卉。

最后，将活跃在 19 世纪末 20 世纪初的美国造园家列举如下，他们是克利夫兰（1814~1900 年）、塞缪尔·帕森（1844~1923 年）、西蒙兹（1855~1931 年）、詹姆斯·L·格林利夫（1857~1933 年）、珀西瓦尔·加拉赫（1874~1934 年）、弗鲁西奥·维特尔（1875~1933 年）、沃伦·H·曼宁等。他们的代表作品详见下表。

年份	作品名称	位置	设计人
1904 年	约翰·霍普金斯大学	马里兰州巴尔的摩市	沃伦·亨利·曼宁及托马斯·杰斐逊
1909 年	阿拉斯加—尤康—太平洋博览会	华盛顿州西雅图	奥姆斯特德事务所
1915 年	巴拿马—太平洋万国博览会	加利福尼亚州圣地亚哥	格德夫埃
1918 年	约克西布村	新泽西州坎登	运输部方案
1922 年	纽约公园系统	西切斯特卡温迪	克拉克
1927~1935 年	威廉斯堡	弗吉尼亚州	贾克利夫斐利，琼及黑普邦
1928 年	克利夫兰博物馆庭园	俄亥俄州克利夫兰市	奥姆斯特德事务所
1929 年	琼斯·彼奇	纽约州	科姆斯及波基斯
1929 年	雷德朋新城[1]	新泽西州	克拉伦斯·斯坦[2]、亨利·赖特[3]
1932 年	堪萨斯城博物馆	密苏里州	黑尔与黑尔景观事务所[4]
1934 年	纽约市立公园（重建）		

▪1 Radburn

▪2 Clarence Stein

▪3 Henry Wright

▪4 Hare & Hare 景观事务所是由一对父子组合——Sidney J.Hare 和 S.Herbert Hare，于 1910 年在密苏里州的堪萨斯城成立。

1

1 美国国家公园分布图（布查）

2

2 约塞米蒂溪谷（布查）

3 大峡谷国家公园（布查）

4 麦金莱山国家公园（布查）

3

4

第九篇

近代的造园

公 元	通 史
1804年	制定拿破仑法典，拿破仑继续称帝
1805年	第三次反法同盟，特拉法加海战
1806年	神圣罗马帝国灭亡（962年~）
1807年	普鲁士的施泰因改革
1812年	拿破仑的俄罗斯远征失败
1814年	拿破仑退位，流放厄尔巴岛，维也纳会议开始（~1815年）
1815年	滑铁卢战役失败，拿破仑再次退位，被流放到圣赫勒拿岛；四国同盟成立（英、俄、奥、普）
1818年	成立五国同盟（英、俄、奥、普、法）
1820年	那不勒斯掀起烧炭党的共和主义运动
1821年	希腊独立战争开始
1823年	《门罗宣言》发表
1825年	十二月党人在彼得堡发动起义
1829年	承认希腊独立
1830年	法国七月革命
1831年	承认比利时独立
1832年	英国通过第一次选举法改革法案
1834年	组成德意志关税同盟
1837年	英国维多利亚女王继位（~1901年）
1838年	英国宪章运动开始
1840年	鸦片战争（~1842年）
1848年	法国二月革命，建立法兰西第二共和国；柏林爆发三月革命
1851年	路易・拿破仑政变
1852年	拿破仑三世即位，(~1870年)，建立法兰西第二帝国
1853年	克里米亚战争爆发
1855年	巴黎万国博览会举行
1858年	英国通过印度统治法案，莫卧儿帝国灭亡 (1526年~)
1860年	林肯当选为美国总统 (~1865年)
1861年	意大利王国成立 (~1946年)
1864年	第一国际成立 (~1876年)
1866年	普奥战争
1867年	北德意志邦联 (普鲁士为盟主) 成立
1869年	苏伊士运河竣工
1870年	普法战争 (~1871年)
1871年	德意志帝国成立 (~1918年)；巴黎公社成立
1873年	德国开始文化斗争
1877年	第十次俄土战争 (~1878年)；维多利亚女王兼任印度女王
1878年	柏林会议
1879年	德奥同盟建立
1882年	德、奥、意三国同盟成立
1888年	威廉二世即位 (~1918年)
1889年	第二国际成立 (~1945年)。巴黎举办万国博览会
1891年	俄法同盟成立
1896年	在雅典举行首届奥林匹克运动会
1898年	苏丹发生法绍达冲突
1899年	第二次布尔战争 (~1902年)
1901年	维多利亚女王逝世
1902年	缔结日英同盟
1904年	日俄战争 (~1905年)；缔结英法协约
1905年	第一次摩洛哥危机
1907年	缔结英、法、俄三国协约
1908年	在伦敦召开国际海军会议 (~1909年)
1910年	英国乔治五世即位 (~1936年)
1911年	重建日英同盟。意大利王国向土耳其宣战：意土战争 (~1912年)
1912年	第一次巴尔干战争 (~1913年)
1913年	第二次巴尔干战争
1914年	第一次世界大战爆发

公　元	造园史
1804~1832 年	史凯尔为卡尔鲁特欧德造英国花园
1807~1811 年	查伊拉拆除法兰克福城墙，建造了公园
1811 年	约翰·纳什开始建造玛利尔本公园（Marylebone Park，即今摄政公园）
1816 年	伦尼应科布伦茨邀请成为波茨坦的王家庭园园长
	伦尼在波茨坦王家庭园内造新庭园（Neue Garten）
1819 年	伦尼采用英国式来建造柏林的夏洛滕堡庭园
1824 年	伦尼受命建造马格德堡市的公园
1826 年	帕克斯顿受命担任查兹沃思的庭园主管
1828 年	纳什改造圣詹姆斯公园
1830 年	爱德华·迪维思设计巴斯的维多利亚公园
1832 年	伦尼完成对腓特烈海恩公园西面的蒂尔加滕公园的改造
1835 年	韦尼奥著《庭园筑造法》(*L'art de Créer Les Jardins*)
约 1835 年	查理一世将海德公园对公众开放
1836~1840 年	帕克斯顿造热带植物大温室
1837 年	古斯塔夫·迈耶尔任贝尔桑城市公园监督
1843 年	在邱园内造松林
约 1844 年	帕克斯顿造伯肯海德公园
1846 年	彭松设计维多利亚公园
1850 年	奥姆斯特德参观伯肯海德公园并写成访问记
约 1850 年	徐雷伯在莱比锡造徐雷伯公园
1852 年	帕克斯顿造克鲁温·格罗瓦公园（Kelvingrove Park）；巴黎接管布劳涅林苑
1853 年	布劳涅林苑工程动工
1857 年	将被拿破仑破坏的维也纳城墙改造成绿化圈，在其中心设置街心花园
1858 年	帕克斯顿造格拉斯哥·格林（Glasgow Green）公园；完成布劳涅林苑
1859 年	帕克斯顿造奎恩公园
1860 年	古斯塔夫·迈耶尔著"*Lehrbuch der schoñen Gartenkunst*"
1861 年	在维也纳中心建都市公园（Stadt Park）奥斯曼男爵将莫森改为公园
1865 年	在科隆植物园（Flora）内举办造园展览
1867 年	阿尔芳建成肖蒙山丘公园，阿尔芳的学生爱德华·安德烈的利物浦市瑟东公园设计方案中奖
1869 年	在汉堡举办国际造园展览
1874 年	德国政府建立土地收买基金制（Grunderwerbsford），增加公有地，公园作为公有地保留在住宅区中
1883 年	鲁宾逊著"*English Flower Garden*"
1887 年	在德累斯顿举办造园展览
1890 年	在柏林举办造园展览
1892 年	布鲁姆菲尔德著"*The Formal Garden in England*"
1897 年	在汉堡举办全国庭园展览会
1904 年	穆特修斯发表建筑与庭园相协调的讲演
	福勒斯狄埃著"*Grandes Villes et Systemes des Parcs*"
	杜塞尔多夫举办庭园展览会
1905 年	达姆施塔特举办庭园展览会
	福勒斯狄埃改建巴加泰勒庄园
1907 年	在不来梅及曼海姆举办庭园展览会
1908 年	杰基尔著"*Colour in the Flower Garden*"
1911 年	福勒斯狄埃设计塞维利亚的玛丽亚·路易则公园
1913 年	在布雷斯劳和莱比锡举办造园展
1914 年	阿尔托纳举办造园展
1919 年	福勒斯狄埃设计巴塞罗那的蒙特惠奇 (Montjuic) 公园

第一章　折中式与复古式造园

一、英国

18世纪是造园样式发生变革的时代，而造园对文学领域的渗透程度也没有任何时代堪与此时相比。除了与造园直接有关的造园家、庭园主之外，这场造园样式的革新运动还波及所有其他的人。在18世纪后半叶，这种革新的主要目的之一就是以造园为媒介，开展对普通艺术性质的研究。这种对过去造园样式的反叛是大势所趋、不可避免的。绘画派理论始终没有取得决定性的胜利，反对派的势力在各个领域——时而在理论领域，时而在实践领域——蓬勃兴起。他们经常公开发表评论，将他们的观点灌输到大众的意识之中。因此，人们不仅对在古典的规则式庭园中进行样式的比较缺乏热情，而且对注重小景物和感情因素的浪漫式庭园也兴味索然了。

我认为，最初在18世纪掀起的对植物知识趋之若鹜的潮流，由绘画派导向了最后的胜利。对以往的法国式造园来说，每棵树木的栽培都要循规蹈矩、整齐划一；不能采用色彩、种类各不相同的灌木群。所以在那种庭园中，只能看到那些可以为建筑服务的植物，灌木丛则极为少见；此外，对外来植物品种的引进也是以能否与这种样式相适应为考虑因素；外来植物的归化几乎不在规则式庭园中，而在植物园中进行。对于花坛中花卉的栽培也同样如此。但是，由于人们开始欣赏和重视乔灌木的个性美和自然生长形态，所以一些外国的珍稀植物才被逐渐移植到庭园中。1683年，在英国药种协会主办的切尔西药草园中进行了归化黎巴嫩杉的试验；到19世纪，这种树木就成了英国庭园的主要材料。此外还引进了美国产的美国栎树、枞树、白杨、木兰属植物、刺槐等。1804年在伦敦成立了园艺协会，植物收集家们被派往世界各地，他们将在国外发现的植物带回英国进行试验，并将试验记录发表在该协会的会刊上。1759年，由威尔士宫的遗孀兴建的邱园突然一鸣惊人，驰名整个欧洲。1789年，该园内只有5000~6000种植物；到1810年，植物品种成倍增加。这种植物材料种类猛增的趋势，促进了植物学的发展，同时也使人们从中了解到植物地理分布的有关知识。

感伤主义的庭园时代终于结束了，造园家们逐渐被现实中的植物所吸引，他们和植物学家一起受托来管理庭园。人们全力以赴地研究植物，尤其是乔、灌木所需的生长环境。有人认为这个环境以山顶为宜，有人认为以峡谷为佳，也有人认为应在背阴之地，还有人认为当为向阳之处；总而言之，这个环境应使植物能够自然而然地生长。这样，就出现了像庇乌克勒在布拉尼兹庭园中设计的那种将独立树木种在风景中心的方式（图 1）。英国人喜欢种松树，1843 年在邱园中造了最早的松树林；虽然在某种意义上来说，这是受意大利影响的产物，但两者的处理手法却迥然相异。在意大利文艺复兴式庭园中是将松树浓密地成行种植，宛如支撑着绿色屋顶的一排排柱子。巴里和帕克斯顿从不同的角度出发进行了庭园改造的首次尝试，其目的也都是要在庭园中创造更适合于多种外国植物生长的场所。

巴里（Barry. Sir Charles） 建筑师巴里年轻时曾到南方各国，尤其是意大利旅行，将许多符合传统观念的意大利艺术知识带回英国，并在各地将它们付诸实施；有时采用了全新的、改造过的方式。他设计的建筑与博尔盖塞、潘菲利之类的罗马近郊别墅十分相似。巴里的大部分作品造于 1840~1860 年间。他的作品一般与风景园分开而与建筑物连在一起，并总是只建在建筑的一侧，因而大多为下沉式庭园。庭园内花坛的边缘种着黄杨，为了适应四季的变化，温室内的植物要多次移植到花台上。花坛内全都以低矮树木来分区，整个花坛中禁用高大树木，以免产生树荫。在地形允许的情况下，庭园的花坛用意大利式栏杆来装饰，建成平坦的露台形状，借以加强重要的或唯一的建筑性特征。在不能建造露台的地方，则采用下沉式庭园的设计手法，以便能在花坛上观赏风景。特伦沙姆城堡（图 2）就是当时的一座著名府邸。它是巴里为萨瑟兰德公爵改建的，其设计构思是造成一片非常开阔的带栏杆的低矮露台，庭园中的其他装饰物还有透空的小凉亭。府邸尽端处的大湖泊与花坛相连，形成一条笔直的轮廓线，曲曲弯弯的湖岸一直延伸到风景式庭园之中。当时主要的英国风景式庭园大概都与这个庭园相似，具有半规则式的特征。例如约克郡的哈乌德府邸、伦敦市的荷兰府邸、威尔德西亚的朗弗德城堡等。在苏格兰还复兴了历史最悠久的露台式结构，德拉蒙德城堡（图 3）即属此类。在这个城堡中，昔日的露台设计因新的栽植样式而改变了性质。巴里还与内斯菲尔德一起为索迈尔兹男爵建造了靠近伊普斯威奇的施拉布兰德公园（图 4），如果不借助于相同的传统实例，恐怕他们是很难完成它的露台建筑的。在这个公园中，5 个坡度很大的露台设在意大利式花坛之间，在它们的外缘都有造型优美的带栏杆的台阶，在花坛的上部和下部还分别以意大利式透空的凉亭来强调。

当时英国最大的规则式庭园是德比郡（Derbyshire）的查兹沃思庭园（图 6）。那时，园艺协会会长德翁歇尔公爵打算造一个新庭园，他十分赏识年轻的约瑟夫·帕克斯顿的天赋才干。

帕克斯顿（Paxton，Sir Joseph）（图 5） 1826 年德翁歇尔公爵任命帕克斯顿为庭园主管，负责建造查兹沃思庭园。虽然我们无法知道帕克斯顿承担此任时原有的庭园属于哪种风格，但其保存得完好的部分过去却无疑是按风景式建造的。总之，不管庭园中还留有什么，帕克斯顿关心的只是那些仍残留着的古代规则式主园路。这个庭园的一部分是意大利式，另一部分则是法国式，后者与其名称比较相符。原因是在过去的柑橘园前面造有刺绣花坛，花坛尽端的高大的柱子上还立着雕塑，它们确实造成了一些法国式庭园的效果。帕克斯顿将水渠状的水池移到花坛前面，即建筑物南面的尽端处，并利用通向这个水池的轴线再现了勒·诺特尔时代恢宏壮观的庭园构思。尽管如此，这个庭园中宽广的砾石园路和草地却与法国式庭园明显不同。帕克斯顿很重视残留在庭园中的旧时的水渠，并对它们进行了改造。他还尽可能地修复了水工设施，在种有垂柳的地方就保留了一些这样的设施。改造后的查兹沃思园在某种程度上还保留有法国式庭园的影响，但也有某些地方与英国风景式庭园相同。

帕克斯顿才华横溢，他以敏捷而现实的态度去实现他的理想。他个人的品质还表现在对待庭园内的工作上。1836 年动工、1840 年竣工的热带植物大温室，令全球园艺界为之叹服，也使帕克斯顿的才干得到了最充分的发挥。这座铁与玻璃的造物，使在北方栽培棕榈、桫椤及其他高大的热带植物成为可能，而且即使在隆冬时节也能造出热带的庭园。这个大温室长 300 英尺，宽 123 英尺，高 67 英尺。这座建筑物成了其他许多建筑的楷模。但真正使帕克斯顿一举成名的是锡德纳姆（Sydenham）的水晶宫（Crystal Palace）（图 7、图 8）。这是他所设计的众多建筑与庭园中的一个，是将规则式庭园与不规则式庭园合为一体的范例。鉴于他的成就，帕克斯顿被授予爵士爵位，成为德翁歇尔公爵的挚友。在公爵的帮助下，起初他担任了园艺师的助手，德高望重直至与世长辞。

1

2

1　布拉尼兹内的独立大树（戈塞因）
2　特伦沙姆城堡（戈塞因）

3

6

4

7

5

3　德拉蒙德城堡（戈塞因）

4　施拉布兰德公园（戈塞因）

5　约瑟夫·帕克斯顿爵士（科兹）

6　查兹沃思（戈塞因）

7　水晶宫鸟瞰图（L·A·法）

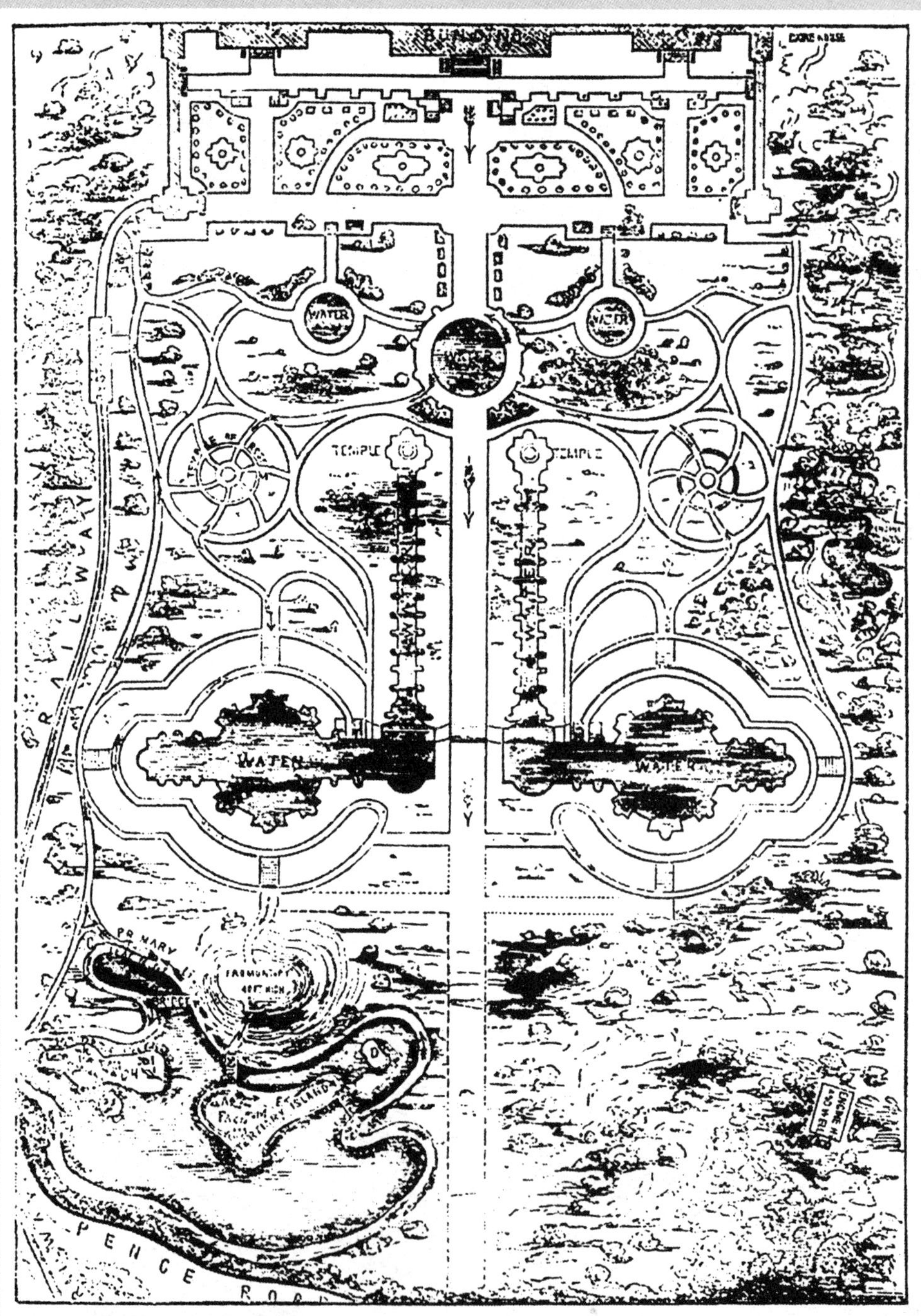

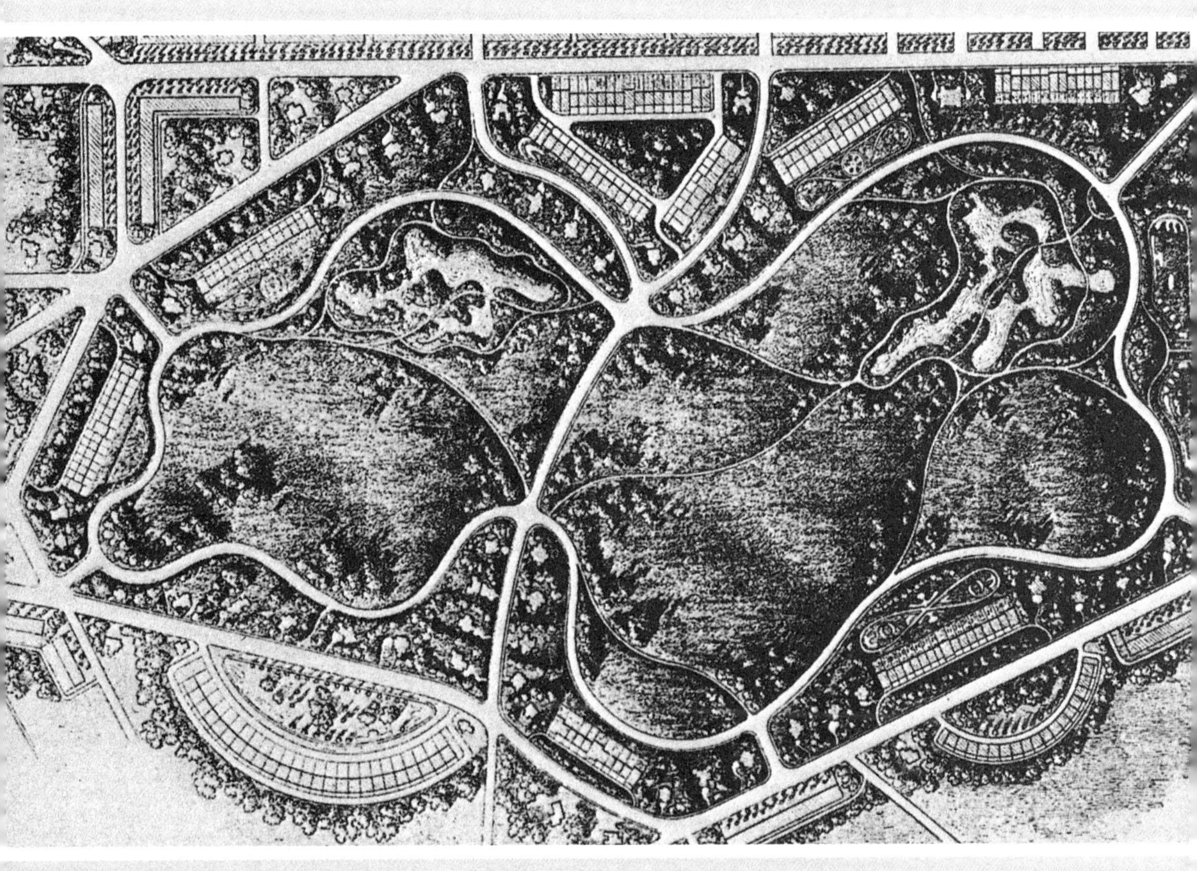

9

8　水晶宫平面图（L·A·法）

9　伯肯海德公园（纽乌顿）

二、法国

到19世纪，英国人虽然最早热衷于寻找和栽培新植物，但法国人也不甘落后，他们理智而全面地做过同样的努力。法国大革命（1789年）使古代庭园几乎全被夷为废墟，残留下来的庭园也得不到应有的重视。18世纪的作品一败涂地了，崭新的庭园样式适合于人类的诉求和回归自然的全新观念，它们将感伤情调的小景物一概拒之门外，除了土壤和植物的天然性质，人们将其他的一切抛诸脑后。就这样，在拿破仑帝国时代，绘画式造园达到了它登峰造极的全盛时期。旧贵族们回到他们的住宅，看到的只是一片荒芜苍凉的景象，但他们并没有打算再沿袭古代的样式来修复这些庭园。有些人是因为财力不济，而另一些人则是因为对英国庭园的新构思心领神会。不过，尽管如此，在一些地方，人们对古老的法国庭园中看到的那种形式仍然眷念不舍，所以在拿破仑时代，才有可能在埃帕内建造尚东·德·布里埃尔庭园（图1）。这个庭园位于英吉利海峡对岸，取传统的规则式庭园布局方式，建造年代不详。全园由分成三部分的下沉式花坛组成，四周装点着稍高的造型树木，中央部分为大水池、草地与花圃形成一片绿色的大斜坡。后面的柑橘房前有一个半圆形花坛，花坛两旁还有另外两个带花圃的花坛。

到19世纪中期，这种类型的庭园已所剩无几，向风景式庭园的胜利回归实际上已成定局。1835年韦尼奥的《庭园筑造法》（*L'Art de Créer Les Jardins*）向人们暗示了这种庭园样式的发展已达其顶峰。他以一个建筑师的身份阐述了自己的观点，并针对庭园落入园艺师之手这种状况向人们提出了警告。此外，他认为即使在房屋附近也不应该建造规则式庭园。他在记述优美的英国式林苑之际，表现出对查兹沃思庭园的那种规则性的深深忧虑。不久以后，不论是英国还是法国，庭园已成为植物本身的一统天下，与绘画式庭园相比，乔灌木在庭园中占有绝对优势，而那些花卉却只能在有限的空间里炫耀它们五彩缤纷的色彩。

在第二帝国时代（1852~1870年），规则式花坛盛行于法国与英国，法语称它为“Jardin fleuriste”。19世纪中叶法国造园界的领袖是阿尔芳的学生爱德华·安德烈，他将“Jardin fleuriste”定义为“为配置和栽培美丽的叶状植物的装饰性目的而存在的土地”。在仿效历史样式的哥特式及意大利式庭园中，都能看到这种规则式花坛。但这两种庭园内的栏杆和雕塑却有着明显的区别。波阿·科尼尔这座哥特式城堡中的规则式花坛，就被认为是按哥特式建造的。

1

1 尚东·德·布里埃尔（戈塞因）

三、德国

前面我们已经介绍了 19 世纪前半叶德国的庇乌克勒公爵的功绩，他认为对房屋附近的环境无需做任何设计，这种观点与他所处时代的局限性有较大关系。但尽管如此，他在极为热心地激发人们对庭园的兴趣方面所具有的重要性却是不容忽视的。虽然我们已无法知道他是如何处理蓝色及黄色，来构成他所谓的色彩庭园的，但有人认为他的这种构思受惠于巴黎的蒙梭园。在这种庭园中，花团锦簇的地毯式花坛往往成为不可缺少之物。

无忧宫的主人怀有强烈的恋旧情结，也许正因为如此才使整个无忧宫庭园没有变成连主轴线也看不见的风景式林苑吧。作为波茨坦的庭园监督而闻名于北德意志的伦尼，完成了改造无忧宫的设计。令他感到欣慰的是，在这个场地的四周幸好还布满了丛林；但是，庭园的大部分当时已面目全非了。随着年龄的增长，伦尼的设计手法日臻成熟，他不仅得到了欣盖尔的协助，而且还有腓特烈·威廉四世为其后盾。威廉四世酷爱艺术，他大力支持在无忧宫中建造意大利文艺复兴时期的代表作品。这位国王在任期间，无忧宫成了波茨坦及其周围地区最美丽的王宫之一。1825 年，王子接受了父王赐予的无忧宫西南面的一小片领地，翌年开始在那里建造当时被视为意大利式的宫殿，并称之为夏洛滕霍夫。那时欣盖尔在柏林当建筑师，他在这个宫殿的模型中注入了娴熟的个人风格;经过他的处理，这座建筑具有了许多独特的个性。他在夏洛滕霍夫的四周设计了用柱子支承的大型通廊和带意大利式装饰花坛的庭园（图 1）。最终或许因王子的资金有限，所以才无力建造大宫殿吧。人们认为欣盖尔设想了阿尔巴尼别墅那样的方案。他还建造了以藤蔓盘结的凉亭为终点的平台，凉亭内设有罗马式坐凳和贝壳喷水。

腓特烈·威廉四世在其执政期间，曾经构想过不仅包括无忧宫而且还包括波茨坦整体规划在内的宏伟蓝图。威廉四世的父王在位时，在波茨坦附近雄伟壮观的城堡四周扩建了王子们的特殊宫殿，并把巴贝尔斯堡传给了威廉王子。威廉王子的兴趣与兄弟们截然不同，他在纯风景式庭园的中央建起新哥特式建筑（Neo-Gothic）。查理王子与长兄的志趣相同，他采用模仿古代样式的众多狭窄小区以及货真价实且十分优雅的古代美术品来装饰格里尼克。腓特烈·威廉曾经想把西北部许多美丽的庭园连在一起，也构想过在芬斯特堡中利用露台构造将建有大理石宫的新庭园连接起来，新庭园中建有父王的小茶室。

腓特烈·威廉四世虽然设想了扩大无忧宫的方案，但真正付诸实施的却只有其中的一部分。国王主要建造了新柑橘园，它表达出当时统治着北欧的意大利人的理想。就建筑方面而言，虽然腓特烈·威廉在无忧宫中建成的一切，使其他国家的意大利式庭园中的所有建筑相形见绌，但是在德国残留下来的却只有国王自己的幻想。另外就艺术方面来说，伦尼滥用了国王巨大的影响力和欣盖尔鲜明的个性特征。伦尼在设计波茨坦郊外的庭园时，常常固守“花园”（Jardin fleuriste）这一形式。他的高徒古斯塔夫·迈耶尔在1860年出版的指导书中，就采纳了当时被引以为据的伦尼的观点来讨论了对庭园规则部分的处理手法。伦尼发自内心地支持自然式庭园的自由发展，并在波茨坦、巴贝尔斯堡、格里尼克的林苑及大理石宫的庭园中，发现了获得一定成功的良机。

巴伐利亚的路德维希二世宫殿早就表现出对规则式造园的爱好。路德维希二世利用古代留下来的图纸，呕心沥血地复原了被路德维希一世长期闲置着的苏雷斯海姆园和尼姆芬堡庭园的花坛。路德维希二世还在林德霍夫（图2）中建造了大型的巴洛克式露台园，该庭园的主轴线恰好横穿山谷，庭园中央规则地种着一排排菩提树，由于城堡建在最底层的露台上，所以才被称为林德霍夫。在该园的后部有小瀑布，一连串下沉式花床和三个大露台位于庭园的另一侧，直达礼拜堂；沿椭圆形台阶拾级而上，两个露台的尺度逐渐变化。全园中最完美的部分当推小秘园，它十分醒目地设置在建筑物的旁边，此外还有以花格墙园路为界的花坛。小瀑布两侧的斜坡上是半圆形铺满树叶的道路，与庭园的规则部分相接。但这一部分尚未建成，并且保护得极差。这个庭园的建筑构思使人看到了这位国王性格的变化无常。他模仿凡尔赛宫建造的赫尔伦基姆泽，毋庸置疑是令人遗憾的。过去这里是一个长约2公里的小岛，狭小得几乎无法利用，与凡尔赛毫无共同之处。为了表现出水渠的景观，路德维希二世在湖上筑起堤坝，并将树篱种成圆形。从拉托那花坛到阿波罗花坛，虽然都仿造得惟妙惟肖，但因对设计意图缺乏理性的把握，所以丛林的面积被限制到了不能再小的程度。总而言之，这个庭园至今还残存着，成为充分表现路德维希二世性格的纪念物。

1

2

1 无忧宫的夏洛滕霍夫（戈塞因）
2 林德霍夫（戈塞因）

第二章　城市公园的兴起

一、英国

19 世纪以来，昔日的贵族庭园对人们的吸引力日趋减弱，而作为公共庭园的公园却日益引起大众的普遍关注。这种城市的公共庭园即城市公园的沿革，或许可以一直上溯到遥远的古代吧。早自希腊时代起，野外生活、社交活动、体育运动就盛行不衰，其结果与今天的公园多少有些特殊的关系。城市里的广场、运动场、竞技场，在雕刻、绿荫、花卉等的装点下变得更加优美迷人。为进行体育锻炼而设置的体育场、祭祀各类神灵的林苑等，都可视为公园之一种。在古罗马的庞贝等遗址中可以看到，在鳞次栉比的住宅的四周，保留着一些带形空地，以供人们开展各类娱乐活动，这些星罗棋布的空地与今天的广场或小公园十分相似。中世纪以后，情况发生了变化，各种类型的造园都发展缓慢。城门前虽有行会（guild）的庭园，但因田园近在眼前，所以无需什么公共庭园，只在城内设置庭园广场、娱乐场，或练武用的一种竞技场。到意大利文艺复兴时期，上层社会的人们大兴土木，建造优雅的私人庭园，当时还盛行将私人庭园向公众开放以光宗耀祖的风气。意大利人具有强烈的、为其他任何人所无法企及的文艺复兴的情感。意大利富豪们的慷慨行为，更令私有观念根深蒂固的北方各国的旅行者们大惊失色。然而没过多久，后者也被风靡 17、18 世纪的这种新精神所感染，小贵族们想方设法将自己的住宅建在田园型城市之中，他们的猎苑也向仆人们敞开了大门。但是，人们在这样的环境里未必感到舒适自在，更谈不上成为真正的拥有者了。

在 18 世纪的伦敦（图 1），人人都可以进入皇家大猎苑游玩打猎。乔治二世的王妃卡罗琳女王非常喜欢贯穿伦敦城、形成一条宽阔绿化带的林苑，肯辛顿花园更赢得了她的欢心，其美丽的林荫道及中心大水池等，都留下了女王的心血。无论在伦敦还是在巴黎，林苑都是 18 世纪上流社会不可缺少的活动舞台；但 19 世纪以后，尤其是在英国，这种林苑只是充当了俱乐部的角色，为大众集会提供合适的场地。19 世纪上半叶，向大众开放的林苑——如单就造园方面而言——已不再处于举足轻重的地位，人们对贵族们的林苑的兴趣也愈发淡薄，对这些林苑的管理也无暇顾及了。

在建筑师约翰・纳什[1]（John Nash）的监督下，改造了伦敦的几条主要街

▪1
约翰・纳什（1752~1835 年），英国建筑师、城市规划师。1796 年开始在伦敦从事建筑、城市规划设计工作。其作品以古典主义为基调，有时采用一些哥特、印度、中国的建筑样式。

道，还准备对摄政大街大动干戈，美化带形林苑。圣詹姆斯公园内的长水渠被改造成有着波形池岸线的自然式水池，其他的一切也都变成了与独立大树、森林地带的牧场风光等相协调的样式。1811 年，通过了将已荒废的玛利尔本林苑划归王室的法律草案；依照该草案，位于伦敦北部的公园就成了后来以乔治四世摄政王（Regent）之名命名的摄政公园（图 2）。该公园的设计体现了当时所有公园的固定设计构思，即在公园中既有为划船而设的美丽如画的大水池，也有沿弯弯曲曲的池岸步移景异、绿树成荫的园路，还有用来举行比赛、集会的宽阔草地，这些千变万化的配置几乎布满整个公园。在这个公园中丝毫没有建筑师们的染指之地。园内树木铺天盖地，将四周的建筑及狭小的休息场地掩映在一片绿荫之中。直到 19 世纪中期，就规模和优美程度而言，伦敦城内没有任何一个公园能与这个公园相媲美，肯辛顿花园（图 3）、海德公园（图 4）、格林公园、圣詹姆斯公园（图 5）、摄政公园的总占地面积多达 1200 英亩。

在伦敦，巨大的皇家林苑被纳入公园之中，并开始考虑在一直闲置的泰晤士河以东和以南的地区，逐渐建造规模不等的公园。其中最大的是维多利亚公园和巴特希公园（Battersea Park），其次是许多小型公园。1889 年，除皇家林苑外，伦敦城市公园的总面积只有 2656 英亩；但到 1898 年，已增加到 3665 英亩。由此可见，伦敦市民们已经认识到了公园的重要性。

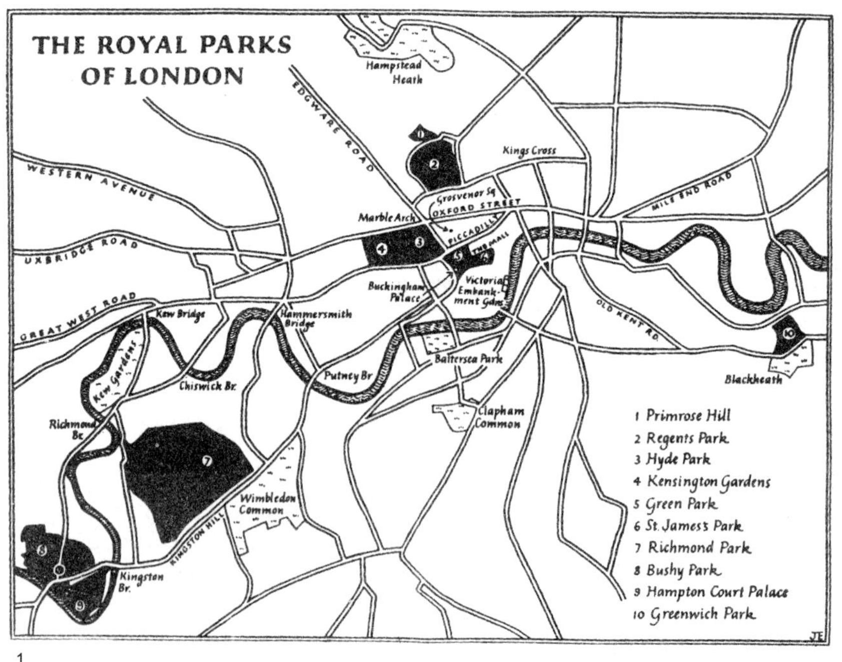

1

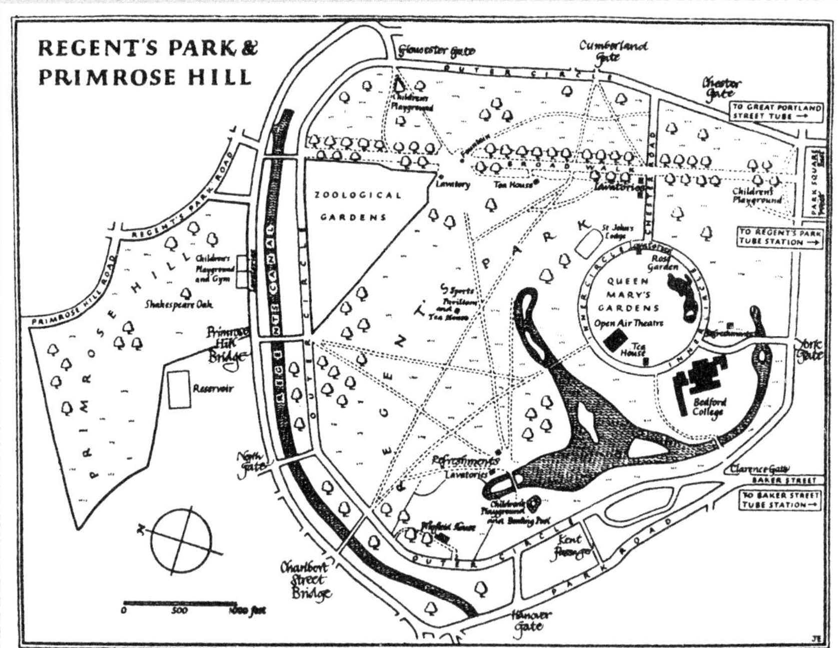

2

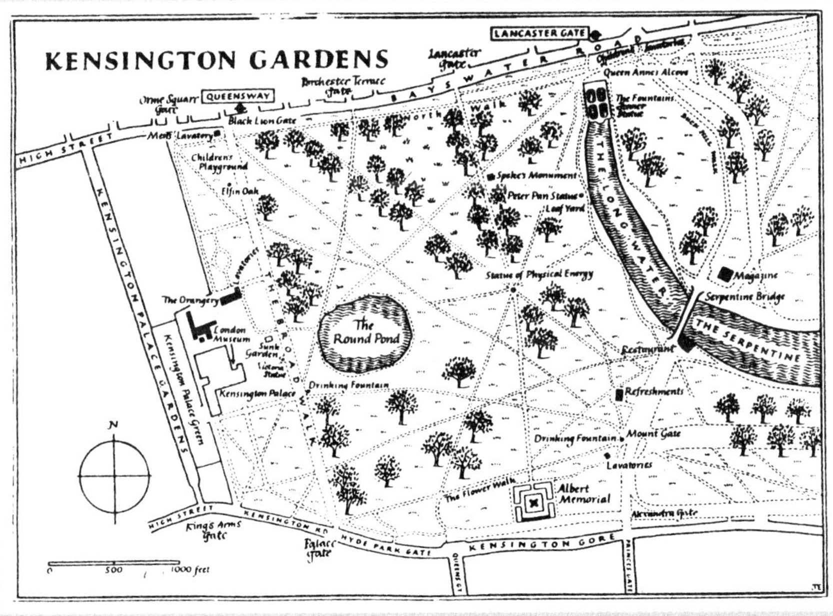

3

1　伦敦市内的皇家公园（理查德·丘奇）

2　摄政公园和布里姆罗斯山（丘奇）

3　肯辛顿花园（丘奇）

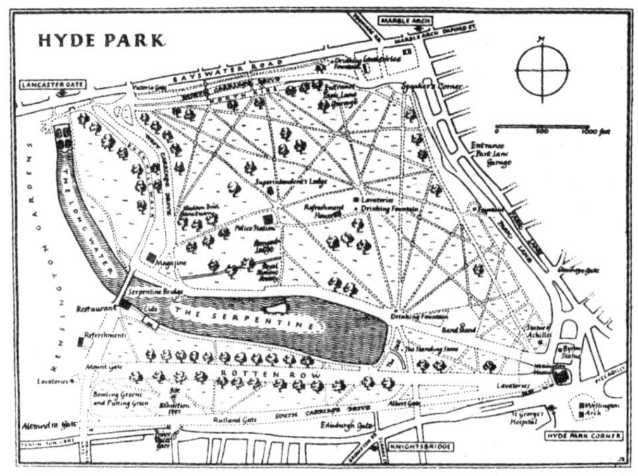

4

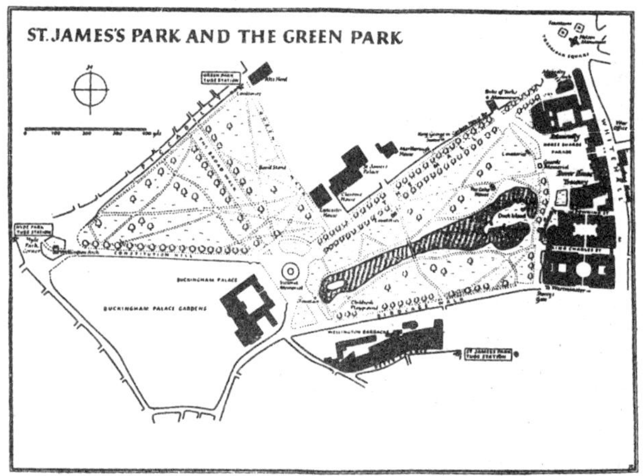

5

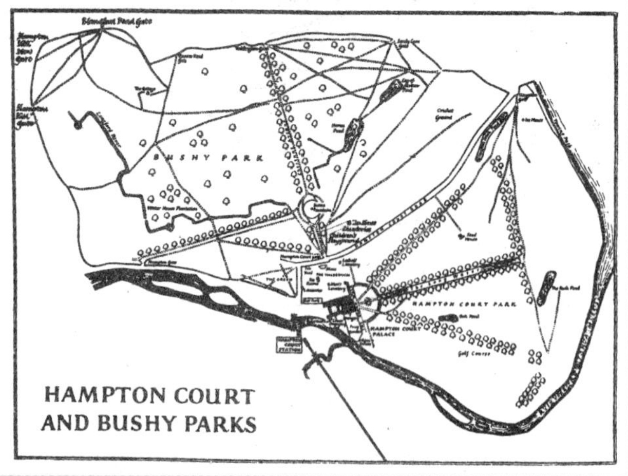

6

4　海德公园（丘奇）

5　圣詹姆斯公园和格林公园（丘奇）

6　汉普顿宫和布希公园（Bushy Park）（丘奇）

二、法国

关于1830年左右巴黎的林苑，我们所听到的大多是令人气馁的话语，诸如，林苑中的装饰部分已消失殆尽，绘画的痕迹也所剩无几等等。在这以后的1835年，韦尼奥哀叹道，法国必须使向公众开放的林苑成为规则式的庭园，他还提出，从整个丢勒里宫苑到布劳涅林苑（图1），都应千方百计地建成一个像英国那样的相互有联系的林苑。

在巴黎以及塞纳河左岸，除了丢勒里宫苑之外，还有香榭丽舍大街、皇宫、蒙梭园；塞纳河右岸上的普兰特庭园和卢森堡都变得十分壮观。在伦敦和巴黎，这些公园都属于王室的领地。

与此同时，一向畅行无阻的欧洲人也在准备进行同样的努力。1852年有2万法郎被用作巴黎四年规划中的改造经费，并接管了原属王室的布劳涅林苑。1525年法兰西斯一世在森林中建设了巨大的布劳涅城，亨利二世为建造猎苑，在其四周筑起围墙；此后，该城又几经变迁。路易十四用宽阔的十字形林荫大道来划分森林；拿破仑在特罗卡迪洛建造了大理石的宫殿，还计划要将庭园一直扩大到宫殿处；香普·德·马尔则在宫殿的另一侧筑了一条人行大道。佩西埃[1]和方丹这两位经验丰富的建筑师奉命实施该项计划。他们花费了数月时间才铲平小山，筑成了露台。1814年波阿经常成为军队的作战指挥部，屡遭破坏和遗弃。最后值得一提的是，建筑师伊托夫和造园家瓦尔明显模仿了英国海德公园内水池的形状。新公园的创建与旧公园的修复都与阿尔芳有密切的关系，所以我们不妨认为阿尔芳才是真正的设计人。不久后建造了肖蒙山丘公园，它被视为当时造园的一大杰作（图2）。过去这里曾是断头台、皮革工厂，19世纪60年代初被设计成美丽的风景式公园。园中的一部分是削平了险峻的白垩峭壁而成，一部分则高高耸立，整个公园呈现出一种丘陵似的外观，富有浓郁的浪漫色彩（图3）。

除上述之外，巴黎市内还有许多公园，城南新建了蒙斯利，还修复了万森纳林苑。

▪1 佩西埃（1764~1838年），法国建筑师。

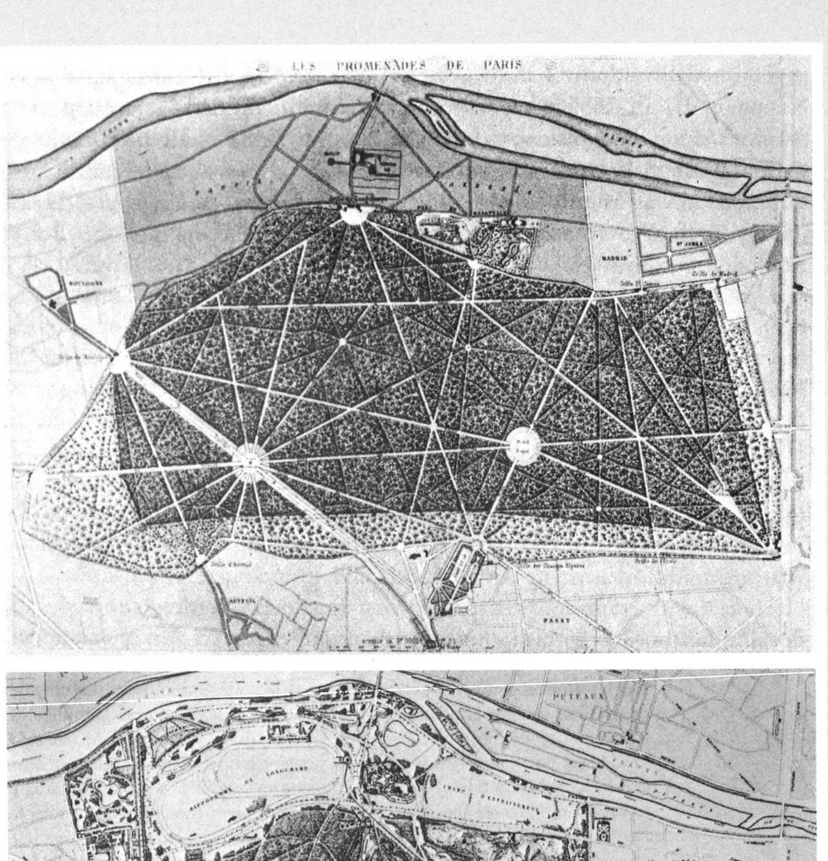

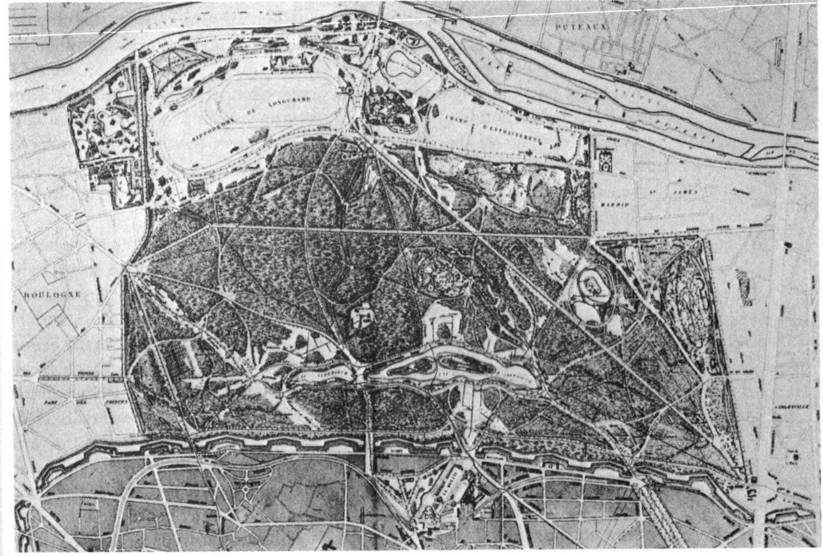

1

1　布劳涅林苑（牛顿）
（上图）改造前；（下图）改造后

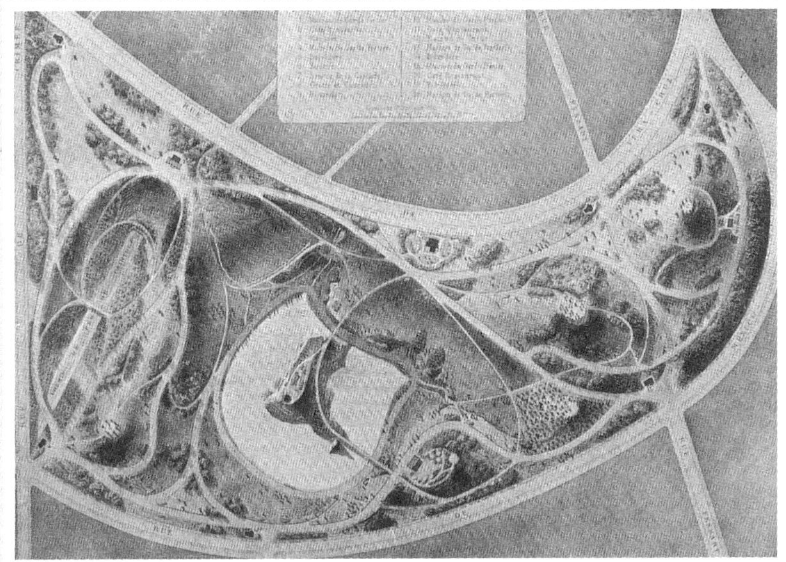

2

3

2　肖蒙山丘公园平面图（戈塞因）

3　肖蒙山丘公园的悬崖峭壁（戈塞因）

三、德国

德国也没有超然于城市公园兴建运动之外。1824 年，只是一个小城的马格德堡获得了第一个建造城市公园的殊荣，伦尼受命负责建造。不久柏林也不甘落后，柏林市议会决定借腓特烈二世登基一百周年纪念之机，在城市东部创建一座命名为“腓特烈海恩”的公园，这无疑是向无忧宫的创始人表达尊敬与祝福的一种好方式，而且还证明当时城市的管理已从王室移交给公民。与此同时，王室公开表示将动物园作为公园转让给市民。自 16 世纪以来，这片约六百英亩的森林区一直是为布兰登堡公爵的领地，腓特烈大帝将它变成了游园，并建造了星形林荫道，其两旁配置了水池、雕像、绿色小屋、迷路等。后来，又将星形大道以南的一部分区域改造成英国式，星形大道北侧的贝勒维城内也有风景园。1840 年，伦尼受委托进行腓特烈海恩公园和蒂尔加滕公园[1]的近代化建设。但是因为它们当初是按照英国式林苑的设计来建造的，所以伦尼保留了蒂尔加滕公园中旧的林荫道和苑路，仅仅改造了公园的南部，并在该区域内筑造了风景如画的湖（图 1）。1837 年伦尼的学生、指导书的作者古斯塔夫·迈耶尔被指定为柏林城市公园的首任监督，为这个事业奋斗了一生，他亲自设计了包括希拉公园在内的柏林的公园，其他城市也时常向他征求城市公园建设的意见。

▪1 Tiergarten，德文原意为动物园。这里以前曾是皇家狩猎场，1527 年被辟为动物园，同时也成为御用大花园，专供选帝侯们打猎游玩。

城市公园运动最初阶段的首要任务就是美化城市。人们按照前面所述的英国式不断地建造公园，并对此心满意足。但随着时间的推移，这种公园变得越来越平淡无奇且缺乏活力。今天，大众民主观念的深化受到了来自各个领域的强烈影响，公园设计也朝着一个崭新的方向前进。

在德国，城市公园的扩大可能还触及私有财产。名为徐雷伯公园的小区充分体现了它的重要性。19 世纪中叶，莱比锡的徐雷伯医生提供了巨额资金，为市民购买或租借了约 200 平方米的小庭园区域；“徐雷伯协会”（Schreber Vereine）这样一个私人组织在此设计了公园，扩大了场地，后来又增建了体育馆和大厅。为了便于与小庭园区相连，体育场设在公园的中央，为人们提供了锻炼的场所。设置徐雷伯公园的目的，就是要给占地极少的穷人们带来欢乐，它的设计效法了比利时、法国、瑞典、奥地利等国的众多城市公园。1901 年在布雷斯劳建成这种小公园，第一次世界大战后它被称为小菜园（kleingarten）、连续小菜园（dauer kleingarten）等，现在统称为分区园（kleingarten，allotment garden）。第二次世界大战中，城市公园十分流行，这是因为纳粹党对此大加奖励，以图借此缓解其粮食危机之故。

1

1　蒂尔加滕公园内新造的湖（戈塞因）

第十篇

现代的造园

第一章　现代造园的趋向

一、英国

1870年底，英国人对工艺美术产生了强烈的兴趣，他们开始潜心于居室内外空间的处理，其结果也刺激了造园。对复兴各种美术作出巨大贡献的威廉·莫里斯[1]（1834~1896年）认为，庭园无论大小都必须从整体上来进行设计，外观必须壮观。另外，庭园必须跳脱于自然界之外，决不可一成不变地照搬自然的变化无常和粗糙不精。这样做无疑是想把自己居室的环境装点成独一无二的风景。其他人有时也随心所欲地提出类似的观点。早在1839年，建筑师詹姆斯就指出，如果庭园需要规整划一的形状，就须以修剪过的暗绿色紫杉绿篱为背景，并且表现出优秀的传统手法，如阳光灿烂、花团锦簇的华丽而古雅的露台，以及垂直相交的园路。詹姆斯之所以酷爱造型树木，就是因为它直截了当地表现了它的人工性。乔、灌木雕刻体现了大自然之美从建筑向牧场及森林的演进，建筑式庭园取得了新的胜利。但是，这种建筑式庭园既不始于公园，也不始于贵族们的私家庭园，而是以民主城市的小住宅和庭园为肇端而普及推广开来的。如同由艺术家带来的风景式庭园样式的渗入一样，建筑式庭园运动也是一种从外部发起的运动，它的发起人是建筑师。长期以来身居人后的建筑师们今天终于领悟到了自己的权力，不失时机地登上了竞争的舞台。1892年，出版了建筑师布鲁姆菲尔德（R. Blomfield）的题为《英国的规则式庭园》（*The Formal Garden in England*）的小书。他首次毫不客气地指出，风景式庭园纯属低级趣味、不合理的庭园样式。布鲁姆菲尔德提出了这样的疑问：建造庭园时，应使它与建筑物相互联系在一起？抑或完全独立于建筑物？他还抨击了造园家们关于非组织性方法的主要格言，尤其是关于模仿自然的基本信条。他对什么样的自然才堪称真实，与庭园相关的"自然"又意指什么这类问题深感疑惑。按照他的观点，风景式庭园也是人工所为，曲线也好、直线也罢，与自然本身毫不相干。如就自然的真实性与我们所投入的力量而言，造型树木与森林树木同为自然之物，它们并不像修剪的草坪那样不自然。风景式造园家为了展现自然风景却将建筑即房屋置之度外。布鲁姆菲尔德认为，自然样式的不自然程度在小庭园中比在其他任何地方都要严重。这是因为庭园与房屋的结合无疑是最引人注目的，场地越狭窄造园家的低级趣味就越暴露无遗，因为他们在这类场地中造出了心形草地、

[1] 威廉·莫里斯（William Morris），英国工艺美术家，工艺美术运动的创始人。

弯曲的苑路、乔灌木围起来的假山、中心植一排外国植物的地毯花坛。布鲁姆菲尔德的观点显然得到了证实，在丧失了建筑感的小庭园中，类似的设计不计其数。布鲁姆菲尔德的上述著作在英国引起了极大的反响，而事实也证明了他的结论；这并不是作者有意识地鼓动了人们，而是一种自然而然产生的结果。

1890 年爆发了论战，造园家们结成一体对布鲁姆菲尔德展开了猛烈的攻击。同年，布鲁姆菲尔德在《英国的规则式庭园》一书的第二版中增加了评论性序言，阐述了他对艺术的见解，其论点的出发点不再是样式（fashion）问题而是原理（principle）问题。这种观点遭到了鲁宾逊（William Robinson）的猛烈抨击。鲁宾逊是布鲁姆菲尔德的反对派中最杰出的代表人物和主要造园家。他写了两篇关于庭园设计和建筑式庭园的论文，谴责对树木加以造型修剪以求与建筑相协调的野蛮做法。8 年以后，布鲁姆菲尔德又准备出上述著作的第三版，为了不再非难已有的人工设计，也没有必要再对人们提出警告，这一版省略了第二版中过激的序言。

新造园运动导致的结果是开展了对残留至今的古典样式庭园的研究，考察过去的住宅庭园，记录下它们的形状，并作为模式来运用。古典式的日晷、铅制雕塑都被安放在适当的场所，并被仿制和铸造。造型乔灌木也重新流行起来，为了造成舒适的遗世独立之感，绿篱又成为不可缺少的东西。对于造型树木来说，虽然可以被一概视为优柔寡断、胆小怯懦的象征，但这种装饰却给庭园带来了古典式的魅力。我为此走访了威斯特摩兰的利文斯大厅（图 1）和德比郡的埃尔维斯顿城堡的庭园，这两个庭园都因有古典式的树木雕刻而驰名天下。

这个时代最突出的特点是恢复了许多小庭园，这种情况是容易理解的，因为总的来说该运动是从小庭园开始兴起的，并与分小区设计大场地的英国文艺复兴传统，尤其是与树篱的使用有关。以汉普顿宫的小池庭为普通的范例。由于在意大利式花坛时代有单靠植物来装点庭园的倾向，因此过去已不太时兴的绿廊又重新占据了显赫的位置。但是，人们在热衷于建筑式庭园设计的同时，也没有放弃对植物学的兴趣；不仅如此，人们还将上述两个方面的爱好合二为一，其中就产生了吸引长期反目的造园师和植物学家的艺术魅力。很久以来，在人们的眼中，色彩艳丽而单调、价格高昂的温室产品及过于呆板、毫无意义的地毯式植坛，与建筑式庭园格调明快、焕然一新的美格格不入，它们无益于自然式庭园，同样也无益于建筑式庭园样式。

《英国的庭园》（*The English Pleasure Garden*）一书的作者尼科尔斯说："最优秀的英国庭园是由古典风格的雕刻品、文艺复兴式的喷泉、法国式的透视线、荷兰式的植物雕刻，以及来自世界各地的花卉等组合而成的。"英国庭园普遍都如此优雅的原因就在于，绝大多数人虽然不是专门的造园家，但却具备造园和植物的有关知识。19 世纪末的最后 10 年，庭园管理这一职业只为少数人所热爱，而今却为大部分人所渴求。更有甚者，英国最有教养的女士们，或为了耕耘自己的土地，或为了选择职业的缘故，都十分重视园艺工作，这是另一个重要的情况。

19 世纪末，有两位新样式造园的倡导者同时对当时流行的造园样式表示了强烈的不满。其中之一的园艺专家威廉·鲁宾逊讨厌"建筑师的庭园"，他与建筑师布鲁姆菲尔德针锋相对，展开了激烈的论战。在这场论战中，交战双方都无视对方的立场；但在近代人看来，鲁宾逊方面显然是言之有理的。另一个业余园艺家杰基尔（G. Jekyll）对花坛的色彩很感兴趣，她既是植物爱好者，又是对 19 世纪的园艺情况作出最实际评价的杰出作家。鲁宾逊和杰基尔[1]都反对在花坛中滥用外国的奇花异草，他们推崇的是以适应英国气候、枝繁叶茂的植物为基础的毫无装饰味的园艺法；赞美小型的住宅庭园，并且都喜欢那些生长在"天然花园"（wild garden）中的野生植物和归化植物[2]。

上述两位作家除旧布新的影响是极其深远的，欧洲大部分最优美的近代庭园都留有这种影响的印记。例如，今天生长在斯德哥尔摩公园中的植物几乎都是杰基尔和鲁宾逊所喜爱的植物。但是，尽管他们的影响力十分强大，英国庭园的发展还是与他们指出的方向背道而驰。杰基尔女士特别醉心于墙上花园（wall garden）和水花园（water garden），并有着丰富的想象力和感受力。她写出了优秀的论著，该著作还收入了使诸法则一目了然的照片。虽然这是一本很好的著作，然而其中所阐述的观点却并不适合于今天的公园和私家庭园；并且，它对各种庭园设计手段——如枯燥乏味的干砌墙壁、连片的疯狂的铺地、设置不当的睡莲池——的采用无疑还负有一定的责任。从某种角度而言，这种弊端或许是不可避免的吧，因为连杰基尔那样的人也没有对 18 世纪伟大造园家的任何庭园设计理论加以比较研究以获得自己独到的见解。尽管杰基尔女士具备优秀的感受能力和完美高雅的兴趣，但如所有维多利亚时期的人们那样，她也认为庭园设计要考虑其各个局部，即水花园、蔷薇园、分区花坛等的组合。她对自然的深刻理解，尤其是对植物知识的了解，使她有可能把协调这些局部的设计构思结合起来，特别是对她而言尚属特殊领域的私家大庭园更是如此。但是，对陈旧的技巧深恶痛绝的同时代的人们却在步雷金纳德·法勒的后尘，对岩石园（rock garden）进行了一番改造的同时，也接受了她的新手法，将墙上花园、水花园、天然花园等作为她所创造的组合类型中的新品种而取代了地毯式花坛和温室。

▪1 格特鲁德·杰基尔（1843~1932 年），英国造园家，工艺美术造园的核心人物。

▪2 归化植物系指依靠人工，使外地的植物适应本地条件而繁殖生长的植物。

与上述倾向相呼应，在20世纪初问世的造园书籍中，都将这些庭园局部列为庭园的特殊内容来加以论述，并出版了大量与此有关的单行本。如在迈耶和里斯合著的《造园技术与造园艺术》(*Gartentechnick und Gartenkunst*)一书的第五章中，就列出了"公园与庭园中的特殊区域"一项内容，并分门别类地记为"蔷薇园""灌木园""一年生花卉园""岩石园""下沉式庭园""水花园""室内园""树木园"等。此外，在雨果·科奇所著的《庭园》(*Der Garten*)的第三章中也提到了特殊庭园，分别记为"果树园与实用园""蔷薇园""灌木园""岩石园与自然园""屋顶花园"等。W·P·赖特在戈塞因著作的增订版中也记述了这类庭园。后来出版的单行本有上述鲁宾逊著作中的《天然庭园》(*Wild Garden*)、杰基尔的《墙上花园与水花园》(*Wall and Water Garden*)、法勒的《英国岩石园》(*The English Rock Garden*)。继之又出版了许多论述各类局部庭园的著作。

1

2

1　利文斯大厅中的植物雕刻（戈塞因）

2　杰基尔女士设计的庭园（唐纳德）

二、法国

英国不容置疑地被视为近代造园运动的先锋，但另一方面，其他各国也不甘落后。法国首先加入了新样式造园运动的行列，但它的新运动是从复兴本国的传统庭园开始的。近代造园之父迪歇纳毕生致力于研究具有完全规则的线条和植物栽培样式的古典庭园，特别是花坛；他还收集了与庭园有关的精美的古画来充实他的研究。我们认为，法国庭园史在勒·诺特尔时代以前一直以花坛及其演变为关注的中心。在近代规则式造园兴起之时，幸亏人们丝毫没有要在庭园中恢复勒·诺特尔时代的庭园丛林那样的企图。从中我们看到了与英国形成对比的法国平民庭园的本质。“无树花坛”按照迎合人们趣味的比例来配置，被公认为是完全适用于狭窄场地的一种形式。法国庭园不像英国庭园那样严重地不协调，法国庭园场地规则严谨的线条使植物栽培完全服从于设计，所以“花园”（jardin fleuriste）便被拒之门外。除了由迪歇纳修复的卢瓦尔河畔的朗热城古庭园及贡德絮伊顿城[1]的花坛之外，其他的庭园都表现出了这个特点。谢农索庄园（图 1）就是在这时被恢复的。在由迪歇纳及其儿子[2]为自己设计的庭园中，采用了在模仿古代庭园时代里还鲜为人知的植物。并且，他们还将设计的重点放在突出花卉之美上，因而助长了人们对植物学的兴趣。必须看到，与花园及其他元素相比，庭园与房屋有着更为密切的关系，这是因为庭园不仅是装饰之地，而且当它附属于小住宅及别墅时，又成了户外的居住空间。

▪1 又译为伊顿河畔孔德（法国市镇）。

▪2 Henri Duchêne

1

1　谢农索庄园的花坛（戈塞因）

三、德国

直到19世纪末，德国才出现了真正的兴趣转向的端倪。总的来说，德国盛行着炫耀才学之风，同时也具有高度的民主性，造园界所进行的有关规则式与风景式的论战也明显体现了这一特点，这场论战就其激烈程度而言是绝不亚于英国的。利奇特瓦克和阿维纳里乌斯这两个人首先认识到了资产阶级所具有的艺术感受性，他们潜心于用崭新的生活方式与思想来鼓舞无动于衷的民众，也许可以说他们一直站在新运动的前列。他们还写过许多著作。阿维纳里乌斯在"*Der Kunstwart*"杂志上撰文，将两个盘花似的心形花坛嘲讽为"Piepenbrinkgarten"。19世纪结束时，这场关于新旧样式庭园的论战在德国还没有得到真正的结果。不久以后，建筑师以理论家与实干家的姿态参加了论战，其中最杰出的代表人物是穆特修斯（H. Muthesius）。早在英国深入研究非宗教建筑之际，穆特修斯就受到英国新造园运动的巨大影响。1904年，在德累斯顿和布雷斯劳两地所作的关于英国住宅问题的演讲中，他持与布鲁姆菲尔德相似，甚至完全相同的观点来攻击造园，这即使在德国也成为一种指导性的观念。穆特修斯念念不忘英国先进的造园样式，并因此而受益匪浅，他在演讲中将这一切一一展示在听众的面前。下面所录的他对英国庭园的解说阐明了德国新造园运动潮流的本质特征。他说："现代庭园都具有相互依赖的特殊的规则部分，除了房间（平台、花园、草坪及依附于温室的菜园）是露天的以外，还可以在房屋的平面图上作一番比较，它们既有特殊的多样性，且整体在本质上又表现出规则地、被围合而成的形状。庭园中的每个部分都是水平布置的，它们之间的界线一目了然。"不久以后，户外房间应运而生，作为人们对现代庭园的幻想的代名词。这样，穆特修斯认识到协调建筑与庭园关系的重要性，并且在观赏性庭园中必须反复利用从外部可见的垂直或水平的房屋轮廓线、雕刻品及它的装饰物。在某种意义上，与其说穆特修斯像文艺复兴时代的人们那样重视将建筑引向室外，不如说他所希望的理想设计是要在庭园中尽量再现建筑的内部，即居室的内部空间。他认为被称为庭园家具的凳子、栅栏或花架廊的边缘、园路之类，都应该与房屋的室内配置多少有些相似之处。在希腊、罗马的中庭内，就是通过其固有的形式来实现与此相同的要求的。

这时，建筑师舒尔兹·诺伯格出版了《庭园》（*Gärten*）一书，书中阐述了同当初与之共过事的阿维纳里乌斯和利奇特瓦克一致的观点，这种观点清楚地表明，当时人们的眼光实际上已经转向了小住宅庭园。他们认定的目标就是遵循美术法则，合理地进行“户外房间”的规则式设计。按照这个目的，作者在美丽且合适者与丑陋且不合适者之间作出区别，试图要迎合炫耀才学的风气。造园家之流对想要闯入他们领地的人们关上了大门。1887 年举行了“莱内—迈耶学派（Lenne Meyersche Schule）的造园家”的首次聚会，这次聚会产生了“重申数学法则、循规蹈矩、铁石心肠的原则”，并导致了对其论敌——建筑师——的强烈不满。1904 年，怒不可遏的造园家们奋起还击穆特修斯的攻击，但事情的演变仍然于事无补。造园家们翘首以待，但他们越是抱怨世道的不公，建筑师们在造园领域的地位就越牢不可破。

当建筑师们开始举办展览会时，公众的注意力都转向了建筑师们的作品。在这类展览会上，建筑师是独一无二的老师。1897 年，在利奇特瓦克的影响下，首次举办了造园展览会。展览会在规则派的大本营汉堡举行，展品的主人们为将自己的材料运达这里并安置遇到了极大的麻烦和困难。1904 年在杜塞尔多夫、1905 年在达姆施塔特及 1907 年在曼海姆（图 1）初次公开展出了别具风格的建筑式庭园模型。也许因为尚属试验性的作品，所以在这些早期展览会上展出的模型，大部分只表现了粗糙的构想。如彼得·贝伦斯（Peter Behrens）[1] 找出了完善新风格和工艺的方法，这类庭园大体上都设有绿廊和外廊。曼海姆的造园建筑师劳加还将水池和雕塑一同引入了由植物构成的背景之中。另外，达姆施塔特的建筑师奥尔布里奇（J. M. Olbrich）[2] 也从风景式庭园中借鉴来彩色区域的构思，造成小规模的庭园。这些最初提出的设计方案只适合于展览会。但不久以后，在昔日的专职造园家的队伍中加入了异己，他们领悟到不论是作为学生还是作为老师，他们都必须与建筑师合作，满足后者的要求；倘不如此，造园事业就会有所后退。

▪1
彼得·贝伦斯（1868~1940 年），德国建筑师，是德国现代主义设计的重要奠基人之一，工业产品设计的先驱。

▪2
奥尔布里奇（1867~1908 年），奥地利建筑师。1897 年与约瑟夫·霍夫曼共同发起维也纳新艺术运动。

自 20 世纪初以来，德国年轻的新一代建筑师们就一直忙于设计类似于英国平民庭园的大庭园，这些庭园的样式新颖而独特。这些庭园建筑师大部分出生于德国北部和中部地区，即汉堡和不莱梅、科隆和莱比锡。他们不仅具有丰富的建筑专业知识，而且也掌握了与此完全无关的植物学知识，这是因为他们听从了舒尔兹·诺伯格、穆特修斯以及奥尔布里奇的忠告。在他们设计的庭园中极少造型树篱，这与英国的庭园迥然相异。在不莱梅的吉尔德梅斯特、汉堡的雷伯莱希特·米格（图 2）、科隆的恩克以及莱比锡的格洛斯曼的作品中都可以看到树篱，但它的使用范围十分有限，并且就建筑特征而言，它们也不引人注目。不过，这些庭园都是受穆特修斯启示的产物，而其中最主要的因素是户外居室，它们确实是名副其实的“室外房间”。

1

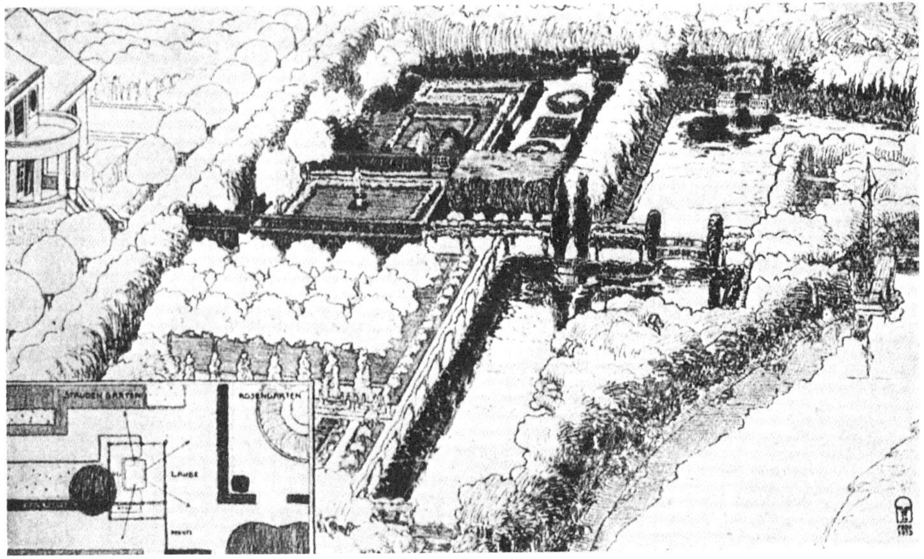

2

1　曼海姆庭园展览会的庭园（戈塞因）

2　迈基设计的庭园（戈塞因）

第二章　现代造园的特征

19 世纪末以来，由于各种各样的社会经济原因，庭园面积逐渐减少，而且人们只能将庭园作为比例恰当或均衡美观的对象来建造，即从实用角度来设计庭园，使它像建筑那样成为人们生活的场所。室外房间的构想就源出于此。这种观念在 19 世纪就已初露端倪，如今则开始普及。从大正年代[1]末到昭和年代[2]初，日本就把这种崭新的造园构想作为所谓的“实用主义庭园”来广加介绍和推荐。这种新庭园的宗旨是，庭园不仅要表现出外观的美，而且还必须有目的地表现美，这一宗旨成为庭园场地划分的依据，其他的一切都受到它的支配。从文艺复兴时期到 18 世纪，作为庭园局部的果园、菜园一直无人顾及，至此才重新受到人们的关注，特别是在醉心于野外生活的英国，草坪也被看作室外的地毯而大受青睐（图 1）。过去曾经是庭园的平台，现在与其说是美化外观的手段，毋宁说是从居室延续出来的建筑，成为庭园中央的一种居住地。在新庭园中，功能不同的各庭园局部是独立构成的，怎样将它们集中统一起来就成了一个实质性的技术问题；因此，就要像设计住宅的房间那样来进行场地的划分。由于外观也有统一的必要，所以在庭园各部分按分区围上低矮的树篱；同时，为加强各部分之间的联系，还可以利用贯穿它们的透视线。此外，当地面高低不平时，既设置平台以便瞭望，又将居室到庭园的地面设计成相同的高度，以加强房屋与庭园的联系。当庭园地面无高差时，则使庭园中央的地面下降一定的高度，令它的两端对着平台，并在其斜坡上种植草坪，造成下沉式花园。在英国，花园是最受重视的庭园部分，其中尤以蔷薇最受宠爱，有的花园甚至就是清一色的蔷薇园。这种花园看起来只不过是一片花圃而已，而不像法国地毯式花坛那样是为了炫耀图案花样。这类花园不仅显示了用花造成的图案之美，而且也展示了花卉自身的美，或表现一种种花的乐趣，或剪作插花等，总之其用途各式各样。此外，当庭园以花园为主并作为一种观赏花园时，也可以将它看成一片彩色地带。但从引人注目的意义上来说，草坪及树丛较之花园的应用范围更为广泛。所以，在一个区域里往往只采用一种形式，花园也设计成单纯的圆形或直线形；草坪既为花园增添了光彩，有时也成为设置喷泉、雕刻、日晷或庭园建筑等的场地；有时为享受野外运动的乐趣还将草坪移至园内。树丛的用途也有所变化，当

▪1 大正年代自 1912 至 1926 年。

▪2 昭和年代从 1926 年到 1988 年。

然它们最普遍的功能是遮挡视线、防风或造成树荫。通常，树木多以群体形式出现而不是为了观赏单株树木的美；因此，所用树木的种类并不多，种植方法与花园相同。

此外，在以前的大部分庭园样式中，水曾起着十分重要的作用，现在也有许多以水为中心的新型庭园。如前所述，所谓水花园之类以水为主题的庭园屡有记载，由此即可知水在庭园中是不可缺少的因素。然而，英国庭园并不像意大利庭园那样大规模地使用水，水只被用来造水池、细长的水渠及水盘、种植睡莲等，或造成壁泉，尽可能地用少量的水而获得大效果。在庭园中，水仍以实用为主，即用以浇灌果园和菜园，或用于游泳。在新庭园中，从室外房间到桌、凳等庭园家具以及绿廊、凉亭等庭园建筑都备受重视，它们的大小根据需要来决定，外观朴素无华。庭园中的雕刻物也为数不多，设计简洁，多以家庭生活为题材。园路一般为直线形，宽度比较狭窄。由于英国多雨，所以道路、广场、露台等都按需要用水成岩的岩石板铺地，在石板接缝处种上花草。这种独具特色的不规则铺砌石板的手法受到各国的模仿。

在特殊庭园中，所谓墙上花园者系指在干砌墙——一种不用灰浆只将石、砖等干垒堆叠而成的墙——的石缝及砖缝中间种植花草，这种形式也称为“干砌墙上花园”（dry wall garden）。英国还有一种独特的岩石园。与上述规则构造的墙上花园相反，岩石园是一种自然式构造的庭园，即用天然石块垒成假山，在石缝中种植高山植物以及岩石地中生长的植物。据帕克斯顿说，16 世纪以后英国开始栽培高山植物，但最初是将它们栽在花盆或花坛中的。在庭园内用岩石造假山的手法在 17 世纪末从中国及日本传入欧洲。但是，这种曾经令中国人及日本人激动不已的主题却没有被原封不动地传入西欧；所以，我们在大部分西欧庭园中见到的洞室、阶式瀑布、假山都只是毫无意境可言的土与石的堆积物而已。19 世纪中叶才产生了将高山植物和假山相结合的设计构思。本来这两者的结合是天衣无缝的，但令人难以置信的是在如此漫长的岁月中，这种结合竟没有进行。就连 1910 年在邱园中建成的著名的岩石园，起初也并非用岩石制成，而是由碎石或砖墙的一部分构成的。在那以后的 30 年间，随着岩石园构造技术的进步，才终于筑造出将高山植物及适于在岩石地生长的植物栽种得十分美妙的岩石园（图 2）。

在英国，除了前面提到的鲁宾逊、杰基尔、法勒这三人之外，还有莫森、昂维、路特耶斯、亚当斯、罗杰斯等造园家。他们的作品有 1904 年莫森的威彻·克洛斯、1901 年路特耶斯的马什科特和 1904 年的赫斯特可姆、1907 年昂维的汉布斯特德园。

英国的新庭园思想很快就在德国得到了共鸣。由于英国有杰基尔、鲁宾逊等园艺家的指导，加之民众又普遍热心园艺活动，所以可以看到英国庭园的所有细部都带有园艺的特点。与此相对，德国富于理性的国民性恰恰与新庭园的宗旨相吻合，因而在庭园样式的革新方面比英国更为彻底，加之这个国家不像英国那样受制于传统，所以更有利于以合理的方式义无反顾地大胆推行新庭园的思想。不过在新庭园运动开始之初，它仍然要向英国的新庭园学习，把花园、运动场、菜园、果园布置在重要的地方，并且为了便于人出入庭园，庭园的地面与平台面同高。

德国新庭园的特征表现在，根据场地的轮廓和地形情况，采取十分自由的庭园分区方式；在不少情况下并不采用几何形状（图 3）。庭园场地的划分主要取直线形和圆形，但因受当时德国工艺美术思潮的影响，往往也利用富有现代气息、气势宏大的曲线形（图 4）。为了集中利用庭园的场地面积，凉亭、绿廊之类的庭园建筑都紧靠着一部分外围墙设置。例如，既善于利用壁泉，又将树干盘卷起来做成圆形坐凳。此外，还以花园、菜园、果园等作为庭园的中心，这成为一种重要的庭园设计方式。就像在房间内部配置家具那样，往往也根据需要在庭园内配置一些庭园家具，使人们能享受舒适的室外生活。除此之外，出于保健方面的考虑，还按场地面积的大小，造出儿童游乐场、网球场及游泳池等。

在第二次世界大战以前，出版了许多基于上述庭园设计方法写成的造园著作，其中具有代表性的名著是《现代风景中的庭园》（*Garden in the modern landscape*），它的作者是在美国耶鲁大学讲授城市规划的英国人克里斯托弗·唐纳德（Christopher Tunnard）。在此书中，他认为现代造园家们在做庭园设计方案时，浮现在他们心中的构思有三个依据：第一是功能主义，第二是日本庭园，第三是现代艺术。

首先，关于功能主义，唐纳德认为，新的现代住宅需要新的环境，但过去的现代庭园并不能满足这一要求。1937 年（昭和 12 年），在巴黎召开的第一次国际造园会议上，他的观点与瑞典造园家协会提出的有关造园功能的理论有许多不谋而合之处。唐纳德还把瑞典造园家们视为新庭园的开拓者，他赞扬道："他们提出的新的造园理论将样式、轴线、对称构思、外观华丽的装饰等一扫而空；但是，他们并没有完全抛弃自然的浪漫观，在创造新技术的同时，优雅迷人的田园情调仍然十分浓郁。"在他看来，功能主义庭园避免了在感伤主义的自然式庭园和理性主义的规则式庭园中的任何一方走极端的情况；它包含了合理主义的精神，通过美学的实际秩序，创造出以娱乐（recreation）为目的的环境。

其次，关于日本庭园，唐纳德深深地体会到，为了与普遍具有非对称性协调原理的现代建筑取得一致，现代庭园有必要对巧妙利用了协调原理的日本庭园作一番考察。最近，欧美的造园家们虽然从日本庭园中吸取了石灯笼、鸟居[1]、亭榭等装饰形式，但却没有吸取其精神实质。从未实地考察过日本庭园的唐纳德从以下诸方面研究了日本庭园，很好地把握了日本庭园的本质。他认为：在日本庭园中，庭园的围墙是设计构思的重要内容；从没有情感的事物中感受其精神实质；使住宅与环境相协调；谨慎使用色彩；有效地利用背景；对植物的配置比对花的色彩更为关注；对石的布置即石组的构成煞费苦心，等等。他还认为，日本庭园起到了将现代造园技术的发展与艺术、生活融为一体的作用。

[1] 鸟居即日本神社的门，常设于通向神社的大道或神社周围的木栅栏处，类似于中国的牌坊。

最后，关于现代艺术，他说，18 世纪的造园家师从意大利画家，19 世纪末的庭园色彩设计师学习印象派画家。与这些时代相比，实力更为雄厚的现代画家在处理形态、平面及色彩价值的相互关系方面可以令造园家们大开眼界。雕刻家也可以向造园家们传授他们对肌理和体量感的新感受以及从事室内外环境设计工作的必要性和学无止境的经验性技巧。就像雕刻家从其所用材料的形状和质地引发出灵感那样，造园家作为庭园设计的决策者，也应对庭园的位置和形状加以考虑。

围绕以上庭园设计构思的三个依据，唐纳德论述了造园家在进行庭园设计时应该具有的观念：即庭园与风景都应遵循现代的要求而充满人情味；造园既为观赏又为居住，这两者应完美结合；风景是从住宅的墙开始的。他还热切期待庭园表现出丰富的时代精神，密切注意新建筑的动向、乡村规划或地方规划。他还设想将庭园设计的经验扩大运用到比城市规划、地方规划更为广阔的领域。

以上是唐纳德造园思想概要，最近欧洲的造园有沿其指示的方向发展的趋势，即在第二次世界大战后，私人造园的庭园迅速转变为公共造园的公园绿化区。具体表现在英国的新城建设中，人口仅 67 万的小城内空地也被充分利用作为绿化区。在德国、瑞士、瑞典及其他国家的郊外新住宅区的公共绿化区中，都能看到这种倾向。与 19 世纪的国家公园时代始于娱乐要求的运动公园时代，以及从第一次世界大战后出现的地方庭园（clime garden）时代发展到公共城市规划时代一样，城市公共绿化区的建设也在探索着同一条前进的道路。

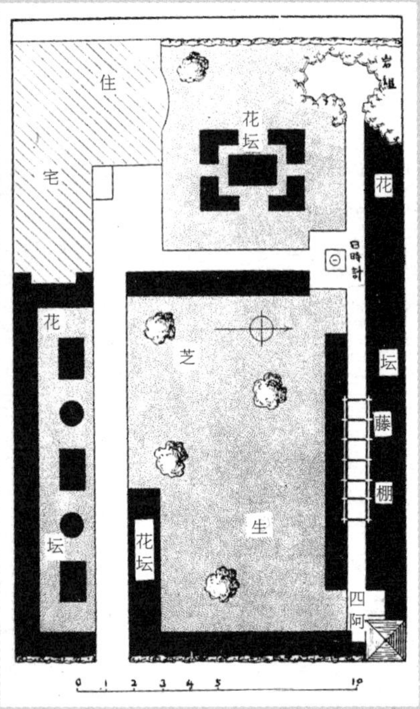

住
宅
花
坛
岩組
花
坛
日時計
芝
生
花
坛
藤
棚
花
坛
四
阿
0 1 2 3 4 5 10

1

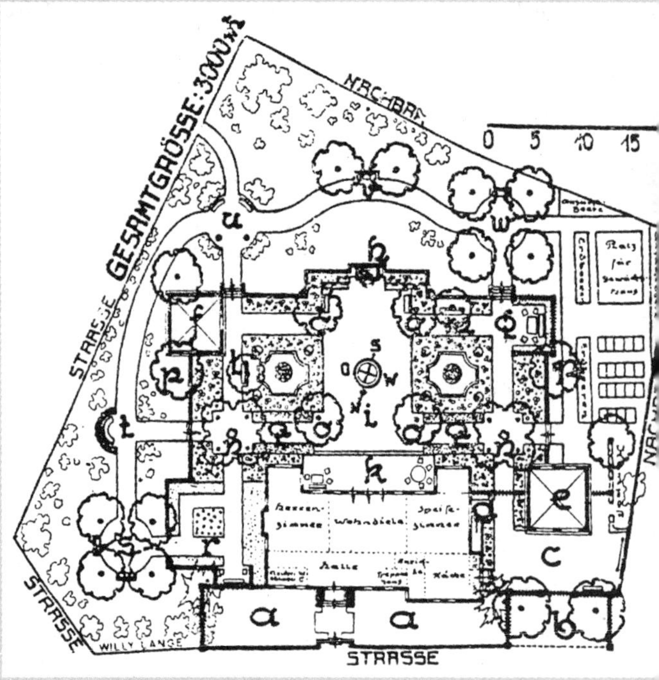

GESAMTGRÖSSE: 3000 m²
NACHBAR
0 5 10 15
STRASSE
STRASSE
STRASSE
WILLY LANGE

3

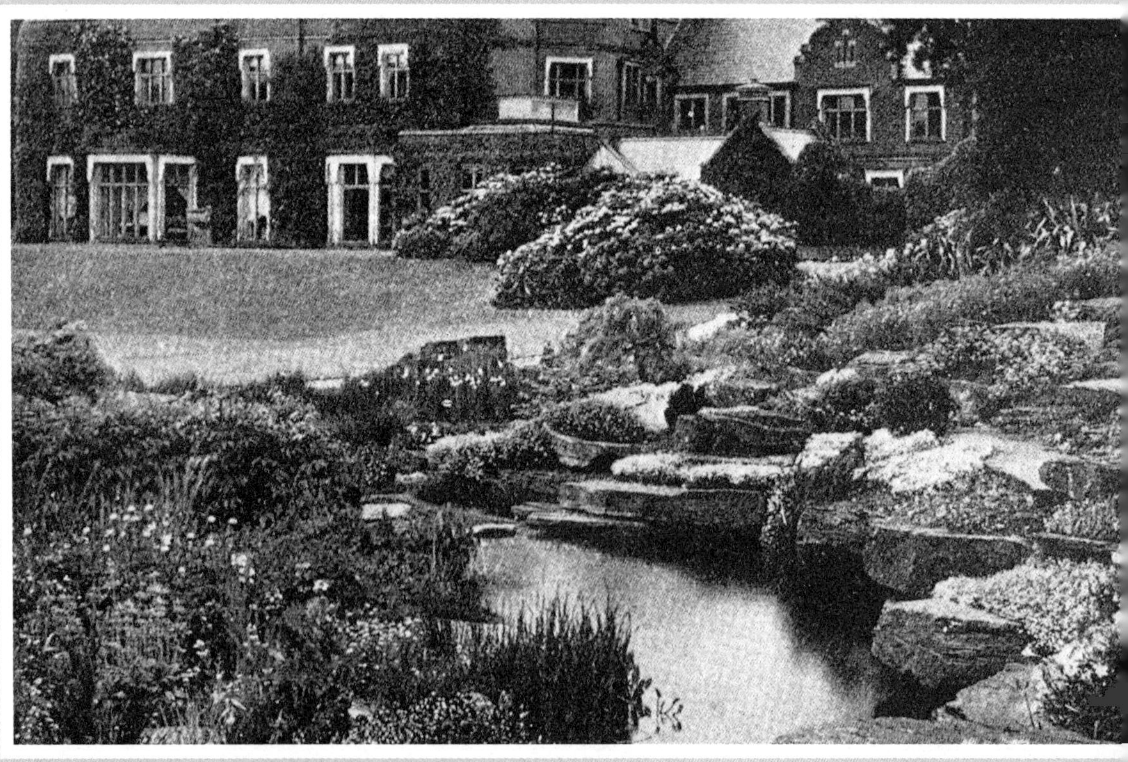

2

1 罗杰斯设计的庭园平面图（罗杰斯）
2 英国的罗克公园（戈塞因）
3 兰格设计的庭园平面图（兰格）
4 亨贝尔设计的庭园平面图
5 建筑式庭园的一种变形（唐纳德）

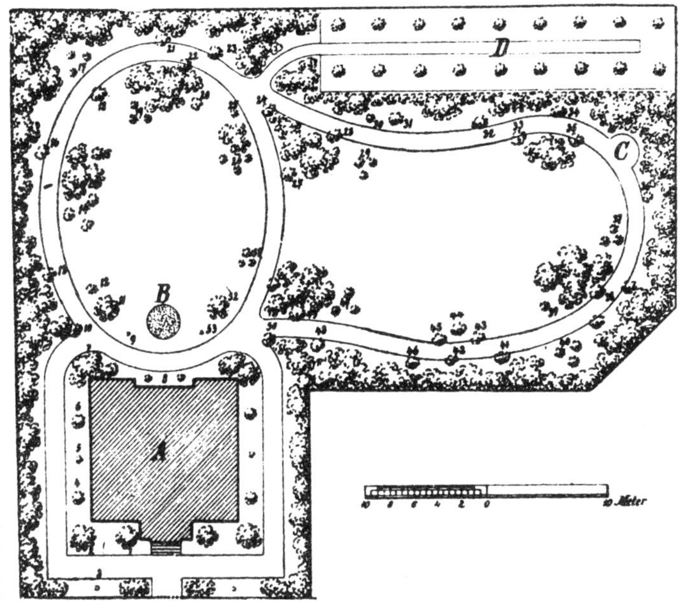

4

5

第三章　第二次世界大战后造园的发展

一、美国

第二次世界大战后，美国在从欧洲逃亡来的格罗皮乌斯、密斯·凡·德·罗、布劳耶[1]、纽特拉[2]、门德尔松等建筑师的指导下，发展成为世界建筑活动的中心。不仅如此，美国自己的建筑大师F·L·赖特的出现，方使建筑活动的成果逐渐付诸现实。其中，身为建筑师的纽特拉在创下革新型建筑样式的同时，还在建筑环境中考虑了造园。纽特拉于1892年生于奥地利的维也纳，1923年到美国，与赖特相识，这件事在他的职业生涯中产生了决定性的影响。1924年以后他成了赖特"塔里埃森"的常客，当他将自己所设计的《混乱城市改革方案》(美国的理想城市方案)呈送给赖特审阅过以后，他与这位建筑前辈的友情就更加深厚了。他对这个理想城市方案的研究一直持续到1935年。除赖特之外，纽特拉还受到前述日本建筑原理的影响，而且他大部分时间在加利福尼亚工作，这个地区与日本一样，地震频繁。最后，他终于创造出一种将实用性和单纯性完美统一于造型之中的独特样式。在建筑美学方面，他使建筑向大自然敞开了怀抱，在实现人与自然的密切联系方面他也具有非常"日本化"的观念；但是，他明确提出了一个日本建筑师们过去从未思考过的问题，即内部设施问题。纽特拉总是要在私人住宅中配备优越的设施，有的房屋四周环绕着游泳池、网球场、庭园、果园，中庭采用钢结构，铝板屋顶。将浴室上方直接变成一种屋顶平台，在此还设有养鱼的水池。

纽特拉的登峰造极之作是1946年建于加利福尼亚州著名的"沙漠之家"。铝和玻璃成了这片自远古以来就渺无人烟的土地上的不速之客，纽特拉所必须从事的工作就是制造出人工新气候。这里冬天采用放射式暖气，夏天用冷冻冰制冷，室内一直保持着适宜的温度，人在其中可以赤足行走。为了抵御风沙和地震的袭击，这座矗立在茫茫沙漠平原上的宏伟建筑牢牢扎根于大地之上，成为一片人造绿洲。

如再详细地加以说明，这幢建筑面朝东南，北、南和西面是防护墙和可任意调节的铝天窗，使居室能防御风沙。冷暖房的温度是通过埋设在地板、阳台、中庭、游泳池中的铜水管调节的。墙面用隔热金属或带云母光泽的水泥，或犹他州产的石材加工而成。庭园内是宽大规则的平台和连绵不断的草坪，迎面是简单埋设的沙漠冰形大玉石；越过大片沙漠，逐渐向远山推移的远景构成了"沙漠之家"的主要部分。这座建筑中种植的植物有沙漠植物、香柏、柑橘树、丝兰、夹竹桃等。

▪1
马塞尔·布劳耶（Marcel Lajos Breuer，1902~1981年），国际式建筑最有影响的建筑师之一，1924年毕业于包豪斯学校，并留校任教至1928年。1928年在柏林开设事务所，1937~1946年在美国哈佛大学设计研究生院任教。

▪2
又译为理查德·诺伊特拉。

从东南隅看到的建筑物（前有水池）

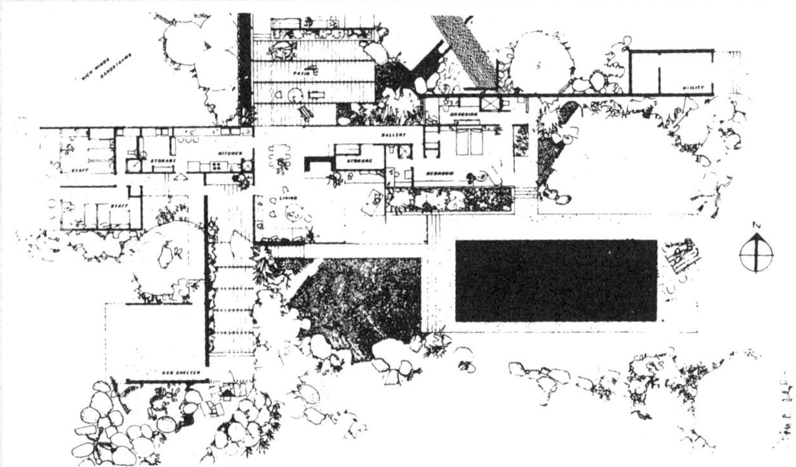

建筑平面图

从屋顶平台眺望远山

加利福尼亚州·沙漠之家庭园

纽特拉　作

布伦特伍德（Brentwood）庭园

纽特拉　作

住宅、家具及庭园都是纽特拉设计的。与他过去设计的大部分建筑不同，这个住宅采用了传统的加利福尼亚美国杉和砖瓦。同弗兰克·劳埃德·赖特等人相比，纽特拉设计的这个庭园更多地表现出日本庭园的风格，这种日本庭园风格曾对美国复兴时期的造园产生过巨大的影响。住宅的主要房间通过走廊与正门入口附近的客厅、书房、卧室、浴室相连。从房间可以眺望砖砌平台，平台上有一个睡莲池。从正门到玻璃墙还筑有一连串睡莲池。这个住宅的室内外温度相同，这样的布局十分适合加利福尼亚的气候条件。

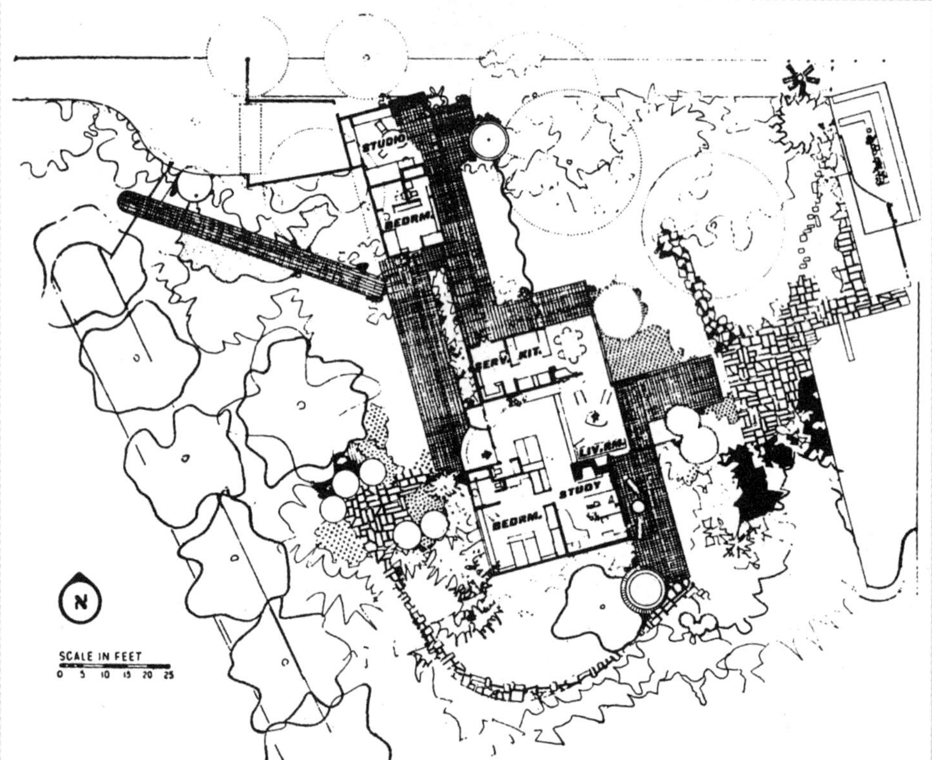

洛杉矶（Los Angeles）庭园

纽特拉　作

在这里从阿卡狄亚地方住宅的右侧可以眺望被庭园露台和起居室包围的广大区域。在同一个房间的大窗户前，种着八角金盘属植物，造成了遮挡阳光的凉爽树荫。夜晚，其宽大的树叶透过起居室的灯光造成奇幻的剪影。宽大的玻璃幕墙的构思就是能看到庭园中用不可缺少、形状优美的草本和灌木来取得平衡的栽植。

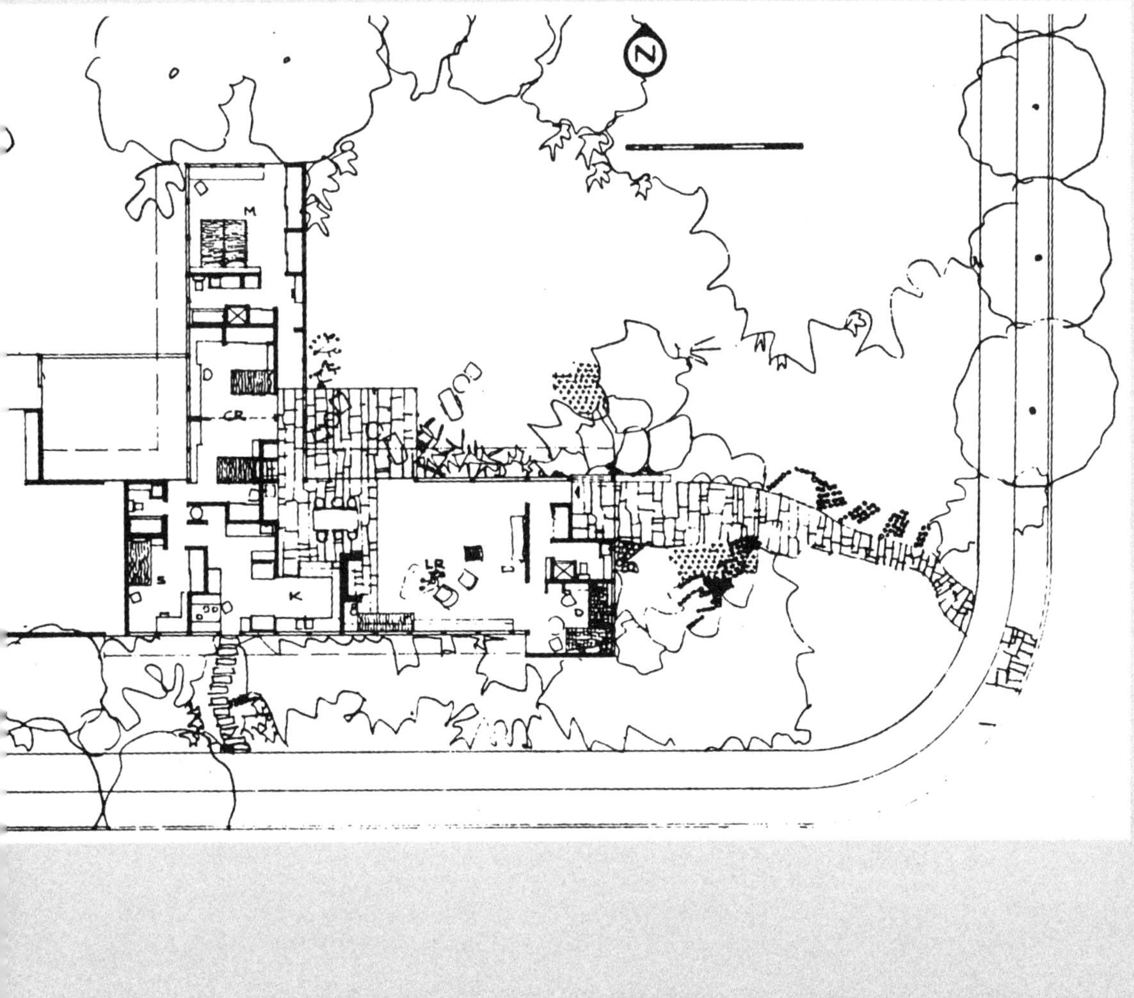

此外，与纽特拉一样活跃在加利福尼亚的造园家还有托马斯·丘奇（Thomas Church）。现在，他作为美国第一流的造园家而尽人皆知，他在加利福尼亚建造了无数所谓的“加利福尼亚花园”。丘奇生于波士顿，在加利福尼亚大学获造园艺术学士（A.B.）学位，又于母校哈佛大学造园专业获城市规划和造园科学的硕士（M.S.）学位。他以谢尔顿旅行协会的名义研究了意大利、法国、西班牙等国的庭园，并写出了怎样使这些庭园适合于加利福尼亚环境的研究论文。在从事自己的工作之前，他曾就职于 Stiles & Van Kleck 事务所，参加了佛罗里达州圣彼得斯堡的城市规划工作，他还历任俄亥俄州立大学的造园助教、加利福尼亚大学造园施工系助教。因为妻子、女儿都在旧金山，所以他在那里工作的时间最长。此外，他还在底特律、得梅因、皮奥里亚、哈瓦那、圣萨尔瓦多、巴拿马、巴黎等地工作过。除私人住宅的庭园外，他还完成了场地规划、栽植规划，以及为数量众多的旅馆、学校、企业团体、政府机关的住宅规划制订任务书。

十年前曾参观过加利福尼亚花园的清水友雄先生在其报告中写道：“一言以蔽之，加利福尼亚花园就是极其自然而且自由的场地划分。它原封不动地吸收了住宅区的自然风光和景观，更进一步说它形成了一种与日本的洄游式[1]相似的样式。庭园不受制于园路、踏步石，而完全是一片毫无人工雕琢的天然场地。由于此地自来雨水稀少，所以住宅的屋顶大部分用树皮覆盖。该园的另一特征是将房屋的地板、阳台及草坪连成一片，因而屋外阳台的作用极大，它的利用把装饰性与功能性集于一身，成为庭园的一个重要组成部分。面对阳台的门厅也极宽敞，并放置了装饰花盆。家具多为铁制，与起居室相比，这里的家具不仅数量多，而且千姿百态。就栽植而言，从阳台四周一直到草坪都布满了开花的树木和灌木。总之，在房屋附近，被植物装点得十分美丽的庭园实际上完全变成了客厅的延伸。从大的特征方面来说，每户都建有游泳池，即便是街道旁的小住宅，其内庭中也设有水池。或许在这个夏季漫长的地方理应如此吧，池壁用浅蓝色混凝土砌成，池底呈光滑的弧形。这些加利福尼亚的花园全都将庭园与住宅完美地结合在一起，成为令人心旷神怡的住所。”（《造园杂志》第 26 卷，第 2、3 号）

在美国，除了建筑师纽特拉、造园家丘奇之外，还不断涌现出盖瑞特·埃克博（Garrett Eckbo，1910~2000 年）、罗伯特·罗伊斯顿（Robert Royston）、劳伦斯·哈普林（Lawrence Halprin）等造园家，他们也设计了众多的优秀作品。

▪1
洄游式庭园是近代初期在日本出现的一种庭园形式。它的基本特征是，在水池周围设园路，沿着园路，配置再现日本古典文学作品中描述的名胜古迹的景致、灯笼、农舍、佛堂、宗祠、瀑布、桥等。继之又产生了通过体验来观赏庭园景色的庭园。现存的桂离宫是洄游式庭园中历史最悠久的。

加利福尼亚州阿普托斯（Aptos）庭园

托马斯·丘奇　作（1948年）

这是一座周末海滨避暑别墅。为了享乐和降低管理费用，业主要求尽量留为空地。庭园大部分为被漆成褐色的美国柳杉地板、砂地和喜阳植物。木地板比砂地面稍高，以便能把木地板上的砂子从二者的衔接处扫落。大部分地面覆盖着冰叶日中花（*Mesembryanthemum crystallinum L.*）。

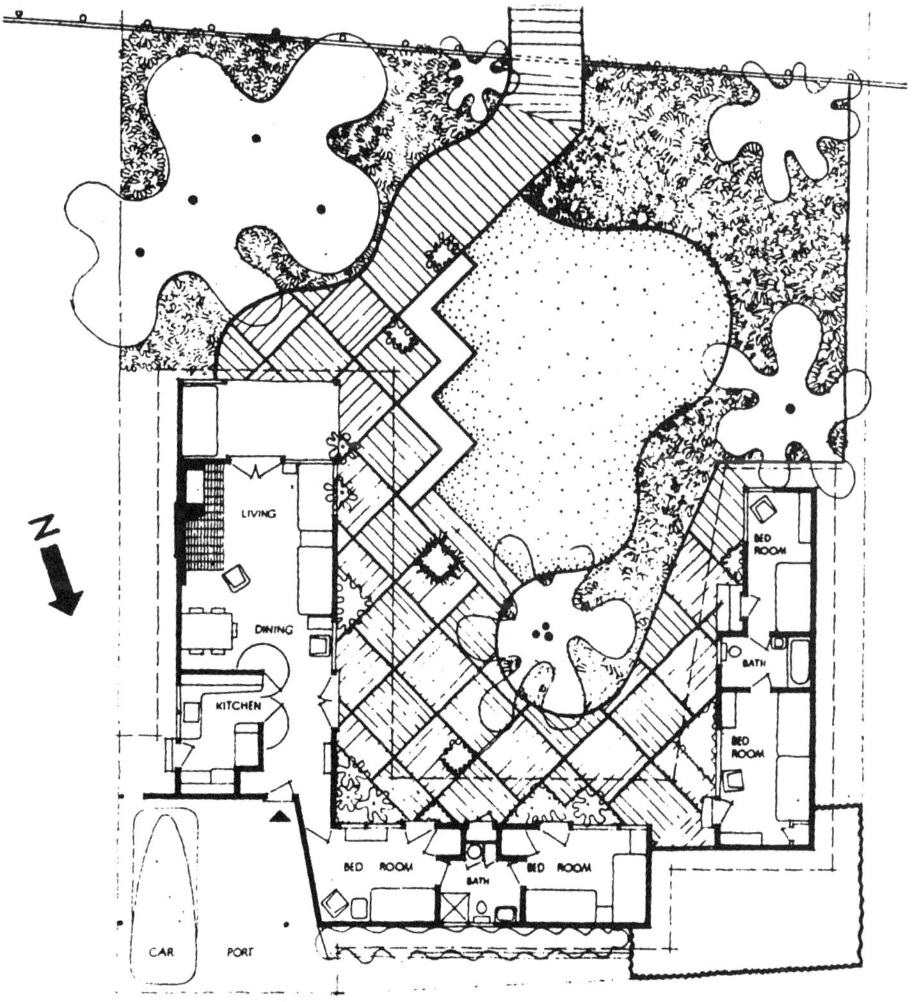

加利福尼亚州旧金山的庭园

托马斯·丘奇　作（1948 年）

这是一座朝南的古宅，过去只能穿过厨房，走下一段台阶，方可进入庭园，此外别无他法，也没有单独留出安置垃圾箱和可作仓库的空地。

改造后，美国柳杉地板铺设的台地是连接餐厅地面的，其下为办公及仓库用房。从餐厅通过平开双扇玻璃门可以出入这个露台。庭园下部放置旧物的小屋内墙涂上了黄色，改作庭园建筑，并造了新的栅栏。地面则用漆成褐色的美国柳杉地板和黄褐色混凝土铺砌。

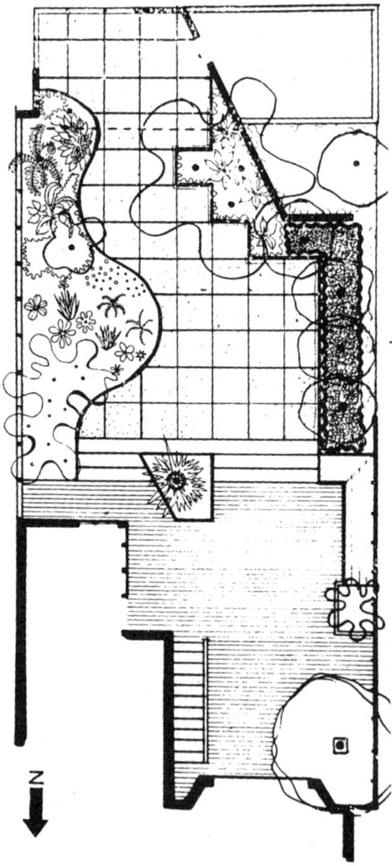

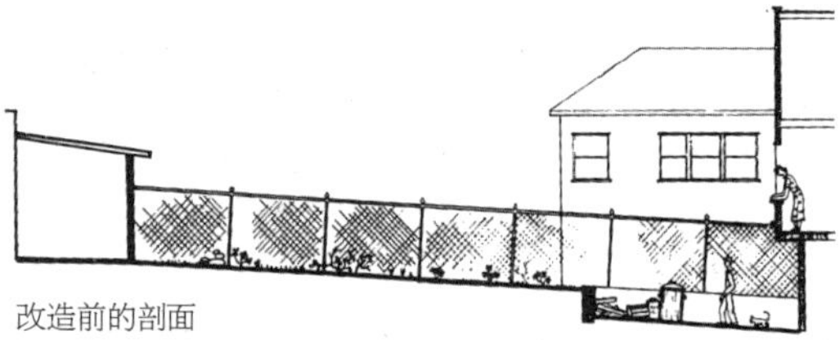

改造前的剖面

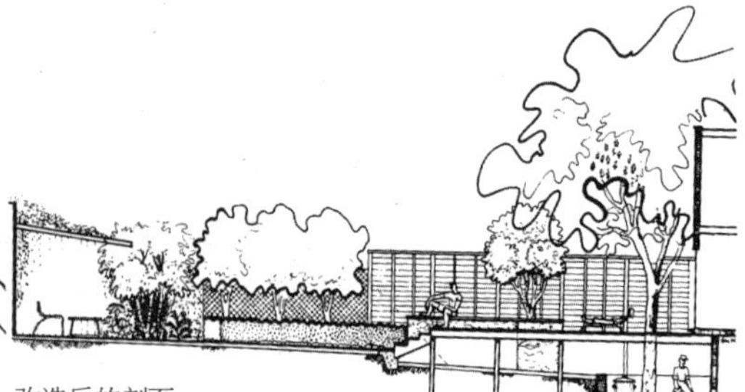

改造后的剖面

加利福尼亚州的索诺马庭园

托马斯·丘奇协会　劳伦斯·哈普林　作

在美国所有现代造园家的著名作品中，托马斯·丘奇的作品是独树一帜的。Deway Donnel夫妇的这个别墅的游泳池给丘奇带来了志趣相投的业主，激动人心的场地，与建筑师、雕刻家共同创作的机会以及丰厚的资金。庭园由客房、游泳池和带酒吧的避暑别墅所组成。游泳池的平台一部分是美国柳杉铺设的地面，另一部分是混凝土地面，在混凝土板下设有辐射热的装置。

图示照片虽然摄于工程竣工之前，但庭园内除了已有的树木加州栎（*Quercus agrifolia*）和基地中的岩石外，几乎完全不需要新的栽植。

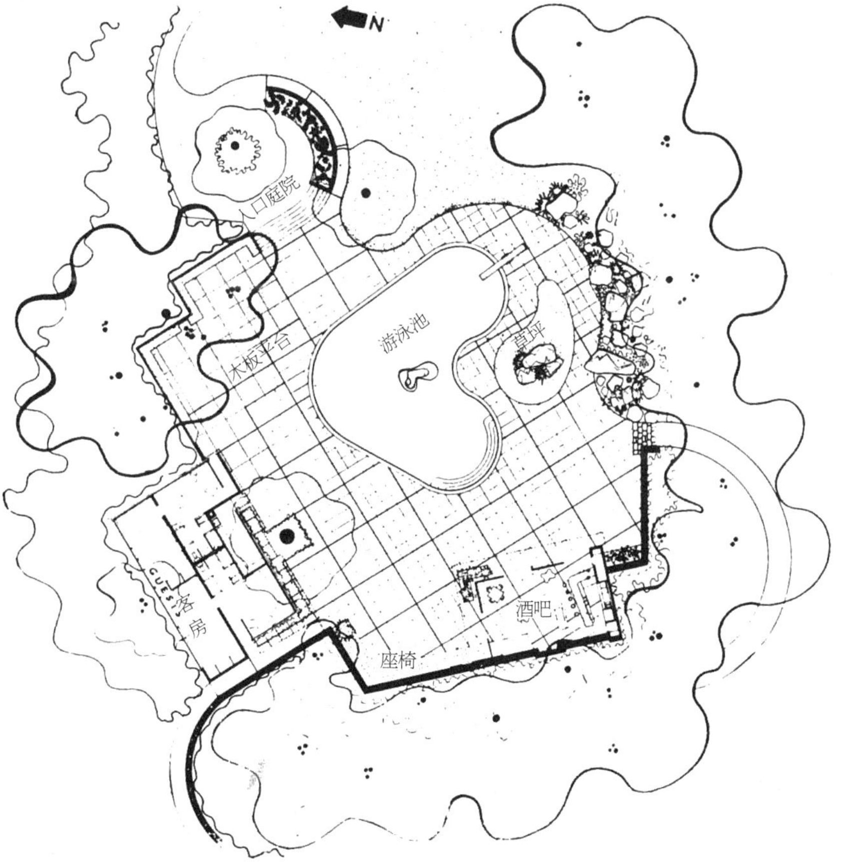

旧金山的庭园

劳伦斯·哈普林 作

这座位于奥林达的庭园与山谷和彼岸的山峦遥相呼应，呈现出一派无与伦比的风光。高高的墙壁与形状奇妙的砾石呈圆形布置，只需点缀些许 *Arabia artemisia*，即可获得极佳的透视图效果。通脱木（*Fatsia papyrifera*）宽大的树叶在墙壁前显得很漂亮。

这座庭园是理想的休养场所。用作坐凳的弯弯曲曲的矮墙，不仅有着规则的形式构思，而且比规则式设计更有柔和感。遮阳的凉亭将引人注目的影子投射到闪闪发光的铺石上，令植物和人都充满了活力。喷泉溅落的阵阵水声带来丝丝凉意。

加利福尼亚州奥克兰庭园

Osmundson and Staley　作

这个庭园中的室外居住地最经济最节省地利用植物，造成了一个令人心旷神怡、朴素宁静的环境。草本植物在通风和阳光良好的环境下，繁茂地生长在庭园狭窄的苗床上。

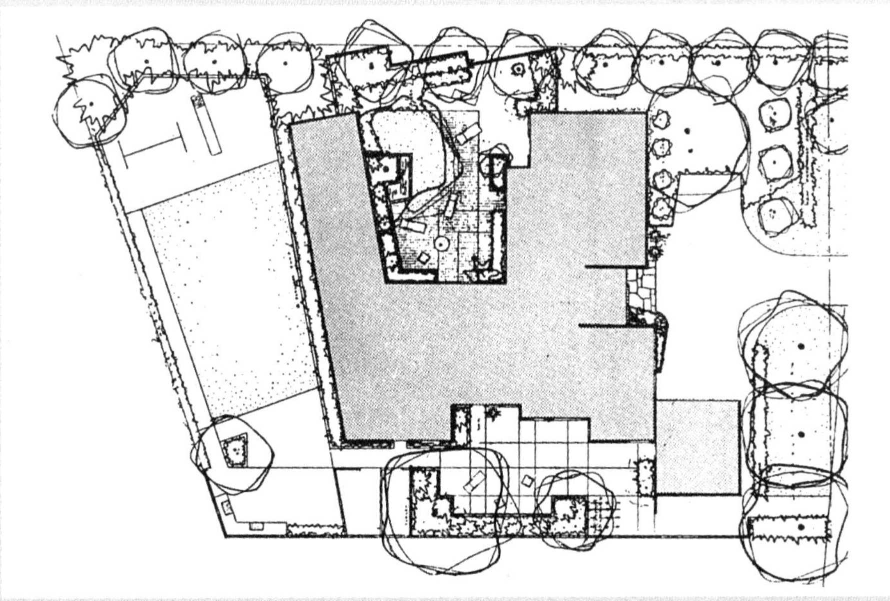

罗德岛州新港的庭园

克里斯托弗·唐纳德　作（1949 年）

这座小庭园宽 65 英尺、长 42 英尺。虽然从园中的喷水、厚厚的绿篱、雕塑等，多少可见出它的华丽，但它与唐纳德在英国的早期作品截然不同，显得十分简朴。曲线图案、雕塑的不对称布置方式虽然有些不规则，但却丝毫无损于建筑的几何性。生长的植物也并非不规则，它们本身就是按照设计的形状修剪整齐的。当然，其图案设计或将曲线相互组合，或将它们相互重叠，以便于从地面观赏，而不是以高于地面的拍摄地点为视点。这个庭园中只采用了椴木和侧柏这两种树木和常春藤、黄杨、紫杉三种耐久性植物。为了造成与竣工后庭园地面形状相一致的强烈对比，故将椴木也进行一组建筑似的组合。常春藤则构成稍稍隆起的假山，将一些夏季开放的小花适当嵌种于其边缘。花坛里开满了紫色与白色的牵牛花、石竹花和浅黄色的大波斯菊。

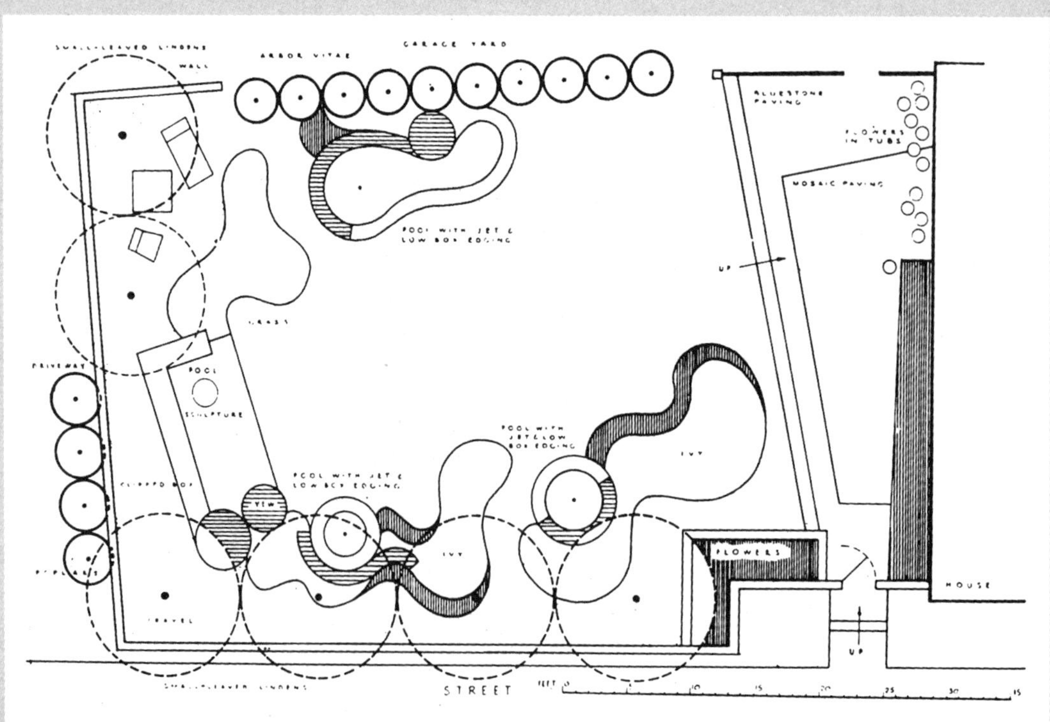

二、巴西

近年来，在艺术的所有领域中，南美洲的实力是相当雄厚的。特别是在建筑界，仅仅数十年间，南美洲，尤其是巴西起到了世界艺术先锋的作用。1930 年，年轻的建筑师们聚集在卢西奥・科斯塔（Lucio Costa）的周围，他们研究了格罗皮乌斯、密斯・凡・德・罗，特别是勒・柯布西耶等欧洲大师们的作品。卢西奥・科斯塔称柯布西耶的理论是"巴西现代建筑的圣经"。另外，还有许多巴西建筑师，如奥斯卡・尼迈耶等都是勒・柯布西耶的弟子，并在巴黎的画室学习过。那时，勒・柯布西耶在许多国家，包括美国都留下了建筑作品，但它们几乎都成了人们讥讽的对象，巴西或许是一个接受勒・柯布西耶思想的国度吧。

从 1939 至 1945 年第二次世界大战期间，巴西恪守勒・柯布西耶的教诲，设计了崭新的建筑，发展了城市规划建设。战前在建筑方面几乎令人不屑一顾的南美洲的巴西，如今一跃而成为世界第一流的建筑强国。巴西最早的建筑杰作之一是著名的巴西教育和卫生部大楼。该建筑是按照勒・柯布西耶的设计方案，通过他的学生卢西奥・科斯塔、尼迈耶、阿尔方索・莱蒂（Alfonso Reidy）、卡罗・里奥（Carlos Leao）等人的通力合作完成的。

在巴西的这场建筑革新运动中，除上述的建筑师之外，还有一个人的功绩是不可抹杀的，他就是画家兼造园家的布雷・马克斯（R.Burle Marx），这是因为他与建筑师卢西奥・科斯塔、阿狄利奥・科勒利马的作品一起，为巴西的造园设计带来了崭新的创意。布雷・马克斯和波尔蒂奈里（Cânolido Portinali）共同完成了上述的教育和卫生部大楼的墙面设计，并设计了屋顶庭园和地下庭园。米歇尔・拉孔（Michel Ragon）在《现代建筑》中说："布雷・马克斯在庭园艺术方面的重要性，除日本造园家之外，无人可与之相匹敌。他将过去一直被平民看不起的热带植物引种至庭园之中，并在整体上使它们成功地变成了高贵之物。"虽然巴西处于热带性气候条件下，然而，迄今为止它仍然保留着欧洲的造园传统。直到最近，建筑的庭园还带有索然无味的对称设计和千篇一律的弊端，本地植物几乎没有发挥应有的作用，而且还无视绿荫树的必要性。布雷・马克斯和他的弟子们都强烈反对均衡对称和方形，他们绘出了不规则的曲线，在设计上大胆创新，并在地面上将它们像曲线型透视图那样平滑地组合在一起。图案由植物的自然形态和色彩构成，并用具有葡萄牙传统的瓷砖铺路，或用马赛克镶嵌与水面形成对比。

布雷・马克斯在巴西造园界所起的重要作用，与鲁宾逊、杰基尔在英国造园界的作用不相上下。他认识到本地植物的永恒价值。因而尽力寻求那些往往被人们看作杂草的土生土长的植物和密林，使他的庭园植物更添精致感并可与建筑物形成强烈的对比。

阿腊沙公园（Park of Araxá）

米纳斯吉拉斯州（Minas Gerais） 1944 年

这个公园是在植物学家亨利克·拉迈耶·德·梅罗·巴雷托（Henrique Lahmeyer de Mellio Barreto）的协助下建成的。公园内的植物按照色彩与形态来配置，旨在以各类生态学群落布置不同的场所。例如，适合种植于铁容器，花岗岩、石灰岩、石英岩、砂岩等岩石容器和水中的植物群；还有处于森林与热带稀树大草原（savanna）的过渡期浓密树林（cerrados），以及半干旱灌木林，或者在落叶林(cattinga,长有带小刺植物的林地)中能发现的品种等。总之，这里汇集了米纳斯吉拉斯州所特有的植物。现在该园已废。

桑托斯·杜蒙特机场的庭园（Santos Dumont Airport）

里约热内卢 1952 年

机场建筑是由罗伯托（Roberto）兄弟建造的。为保护一些正在逐渐消失的本地特有植物群，在该机场的庭园中特意挖掘了水池。在环抱水池的山岩之间，设有植物保护地带。受保护的植物有那些生长在岩石间的植物，如有着蓝紫色花瓣和能留住露水的多毛叶片的角茎蒂牡花［*Tibouchina granulosa*（Desr.）Cogn.］；还有叶小、花小且全身带刺的木棉属的吉贝（*Ceiba erianchos* K.Schum.）；以及肉质叶能贮水的克鲁西亚木（*Clusia fluminensis* Pl.et. Triana.）等。在水池的砂地部分，则生长着里约热内卢海岸备受钢筋混凝土侵害而成为牺牲品的刺棕（*Acrocomia sclerocarpa* Mart.）。

博塔福古（Botafogo）庭园

里约热内卢 1954 年

这两张照片是博塔福古庭园的一部分风景。该庭园是以种植扇叶露兜树（*Pandanus utilis* Borg.）为特色的。为了获得五彩斑斓的色彩和自由舒展的形体，布雷·马克斯将本地植物与从其他大陆引种并易于驯化的植物混杂地种在一起。

巴西的庭园

布雷·马克斯 作

图示为里约热内卢的勒兹尔盖洛保险公司屋顶庭园（1938 年）。它的外景越过海湾，直抵尼特罗伊山冈。这是布雷·马克斯的代表作。园中种有本地植物且保持其原来的模样，主要以血苋（*Iresine herbstii*）的红叶为主，使它与尽人皆知的粗壮的巴西龙爪茅（Capinh）的绿色形成对比。水池中还有高大的纸莎草（*Cyperus papyrus*）。

布雷·马克斯的简历表

1909 年	生于巴西圣保罗；父为德国人，母为巴西人
1913 年	全家移居里约热内卢
1928 年	跟随父亲到德国旅行；参加柏林艺术院的美术小组；多次参观柏林大莱植物园（Berlin-Dahlem Botanic Garden），对植物的生态十分关心
1930 年	进入里约热内卢国立美术学校学习，师从列奥·普兹（Leo Putz）和波尔蒂奈里（Cândido Portinali）学习绘画
1933 年	他最早完成的庭园设计是里约的邸宅中的庭园，该府邸是由卢西奥·科斯塔和格里高里·瓦恰奇克（Gregory Warchavchik）设计的
1935 年	设计共和广场的公园、卡萨·福尔特（Casa Forte）的水上花园、本费卡（Bemfica）的仙人掌（sapoten）公园，这些作品都在伯南布哥州的首府累西腓（Recife）
1937 年	与画家波尔蒂奈里合作完成里约热内卢教育和卫生部大楼的墙面设计，获里约热内卢国立美术学校绘画金奖
1938 年	设计里约热内卢教育和卫生部（现教育厅）的两个屋顶花园（第二层和十五层）及底层庭园
1940 年	设计里约热内卢的巴西通讯社的屋顶花园
1941 年	完成伦敦的伯灵顿大厅巴西展览会上的油画和素描作品
1943 年	建造米纳斯吉拉斯州府贝洛奥里藏特附近的庞普拉公园（Park of Pumpula）的庭园
1944 年	在植物学家梅罗·巴雷托协助下建造米纳斯吉拉斯州的温泉区阿腊沙公园（Park of Araxá）
1946 年	在圣保罗举办个人画展
1947 年	再度旅行欧洲，访问了意大利、法国、德国、葡萄牙、英国。为里约热内卢菲尼克斯剧院上演的巴西剧“阿斯·阿库阿斯”（As Aguas）做舞美设计和服装设计
1948 年	为威尼斯双年展的巴西展区绘制装饰绘画
1951 年	其油画作品在威尼斯双年展上得到好评
1952 年	在圣保罗美术馆举办个人绘画及风景规划作品的大型回顾展；参加在纽约现代美术馆举办的建筑展；建造里约热内卢的桑托斯·杜蒙特机场的庭园
1953 年	完成圣保罗双年展的部分设计，接受国际建筑第二届国际博览会造园部门的奖励；完成加巴那斯岛的加利昂国际机场的造景美化设计；在统一建造面积约 147 英亩的岛上，设计了巴西大学的新庭园，该小岛位于现在通过桥梁联系的巴西与加巴那斯岛之间的瓜纳巴拉湾；规划了圣保罗大学的庭园；为加利昂国际机场绘制了两幅壁画；设计圣保罗伊比拉彼拉公园（Ibirapuera Park）观赏庭园的规划方案，这个尚未实施的方案设计是使造园家费尽心血的工作之一；为圣保罗市立剧院上演的巴勒的《佩多尔西卡》做舞美设计；设计里约热内卢的美国大使馆庭园
1954 年	任里约热内卢巴西大学城市规划系与建筑系风景规划教授；访问美国和古巴；在美国各地的城市和哈瓦那大学演讲；在华盛顿的美国国家美术馆举办其在美国的首次个人画展；后被美国国家美术馆广为宣传；建造里约热内卢博塔福古湾（Botafogo Bay）的公园
1955 年	应现代艺术协会的邀请在伦敦举办展览会，得到巴西外交部的支持；随后旅行欧洲各国
1958 年	受委托设计布鲁塞尔世界博览会巴西馆的庭园
1959 年	与联合建筑师小组合作，开始建造委内瑞拉首都加拉加斯（Caracas）的艾斯特公园（Parque del Este）
1962 年	与联合建筑师小组合作完成贝拉马尔公园（Beira Mar）的基本计划，这是从桑托斯·杜蒙特机场（Santos Dumont Airport）到博塔福古，包括扩大里约热内卢海岸的填海造地规划

三、其他实例

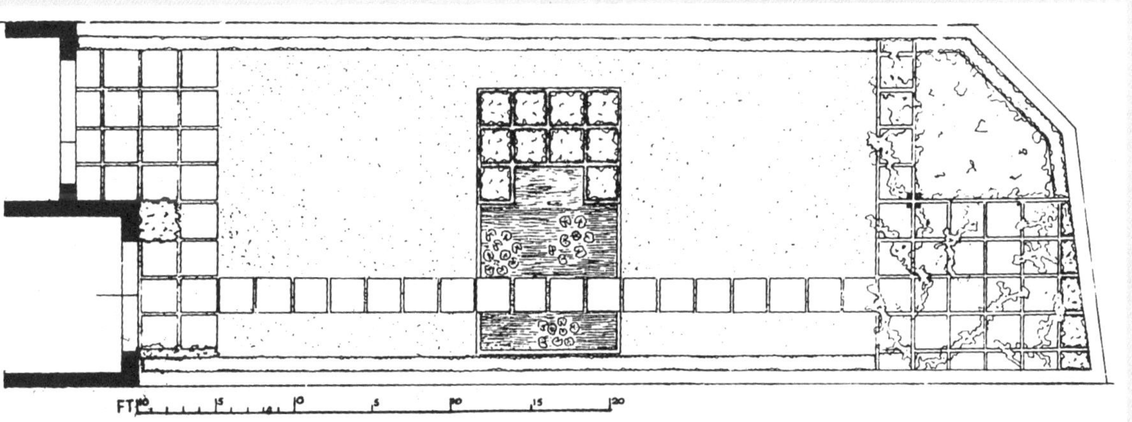

比利时的沃鲁维庭园

坎尼尔·克雷斯　作（1947 年）

就像始于 18 世纪末叶的英国大部分城市庭园那样，这是一个处于高墙夹峙的狭窄街道中的小庭园。其面积稍大于 1260 平方英尺（21 英尺 ×60 英尺），用作房屋外延的户外房间。场地的方形分区迎合了几何设计原理，且略显夸张。规则的构成是以铺砌道路的 2 平方英尺的石板为基准的。庭园以装饰墙壁的草木的绿色调为主，花卉都集中种在水池附近及末端凉亭的周围。

瑞士苏黎世的庭园

瓦尔特与克劳斯·雷德　作

将两座建筑间的室外区域处理成有顶的庭园露台。一条不规则的铺石小径形成平缓的曲线，从露台伸向小水池。杜松的枝条保护着宽叶香蒲（*Typha latifolia*）纤弱的叶子。

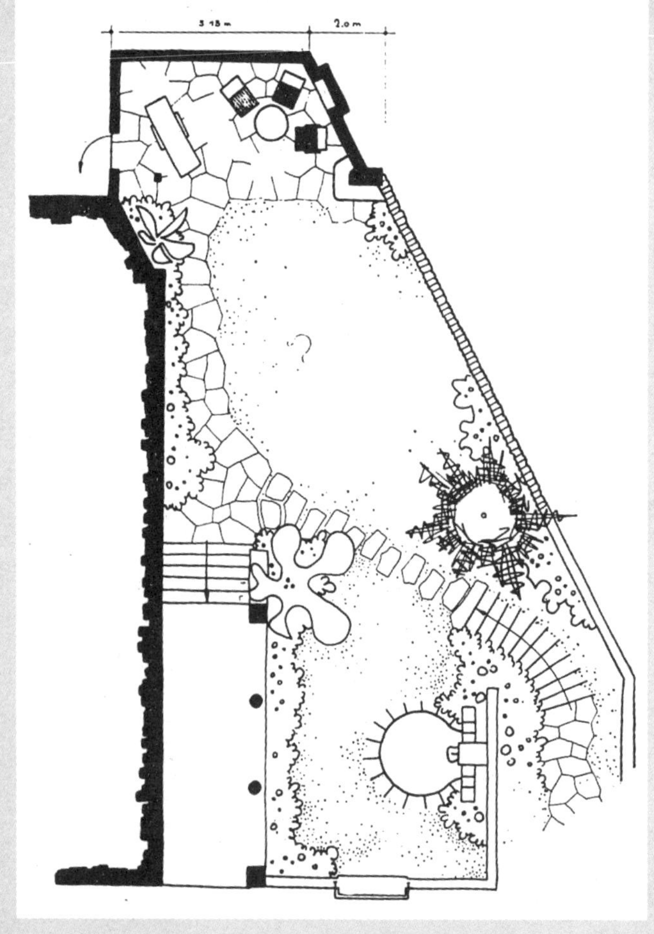

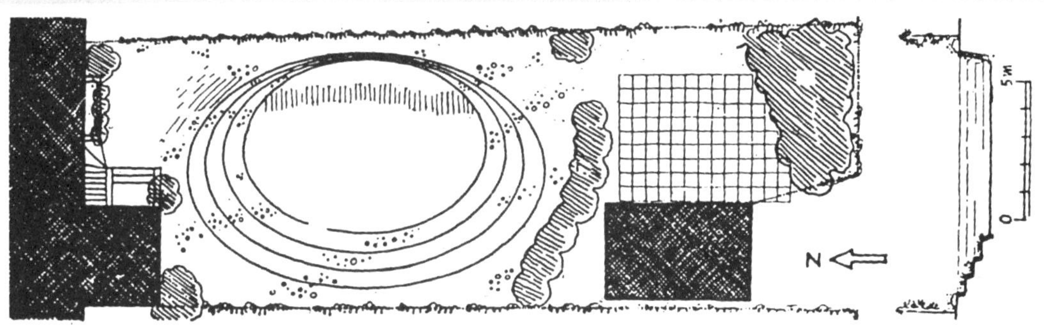

丹麦哥本哈根的赫尔拉普庭园

C. 索伦森（Carl Theodor S.） 作

这是一个露台式住宅的庭园，一条砖砌小道从砖砌露台穿过椭圆形草地，延伸到车库。车库掩映在栒子属植物（cotoneaster）的篱笆和桦树之中。照片是从建筑的一楼窗口拍摄的。因这些栽植生长迅速，所以很快就给庭园带来了生机。据设计者说，这种庭园的优越性就在于植物的繁茂，墙体刚劲的线条使人们难以看到它的全长。

丹麦根措夫特的庭园

索伦森　作

这是位于建筑密集区里的 Kay Fisker 府邸的庭园。平面图上所示的是遮挡沿路草地的两层山毛榉林荫树。山毛榉树中布满了野花，庭园东侧有如图所示的阳台花坛，它是用建筑物地基上挖出的土筑成的，建筑支承在砖墙上。庭园中栽种的植物有蔷薇和矮小的多年生植物，还有可以铺满地面的群生植物等。

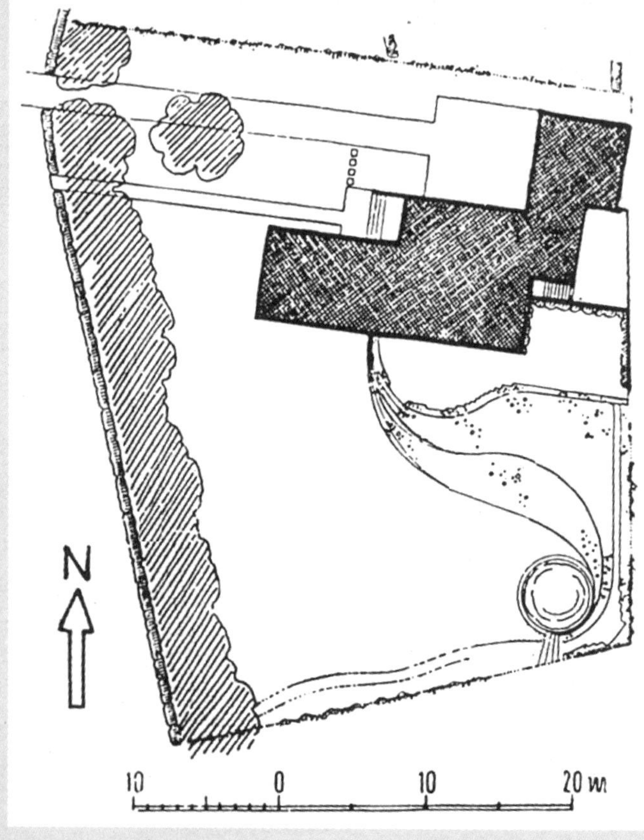

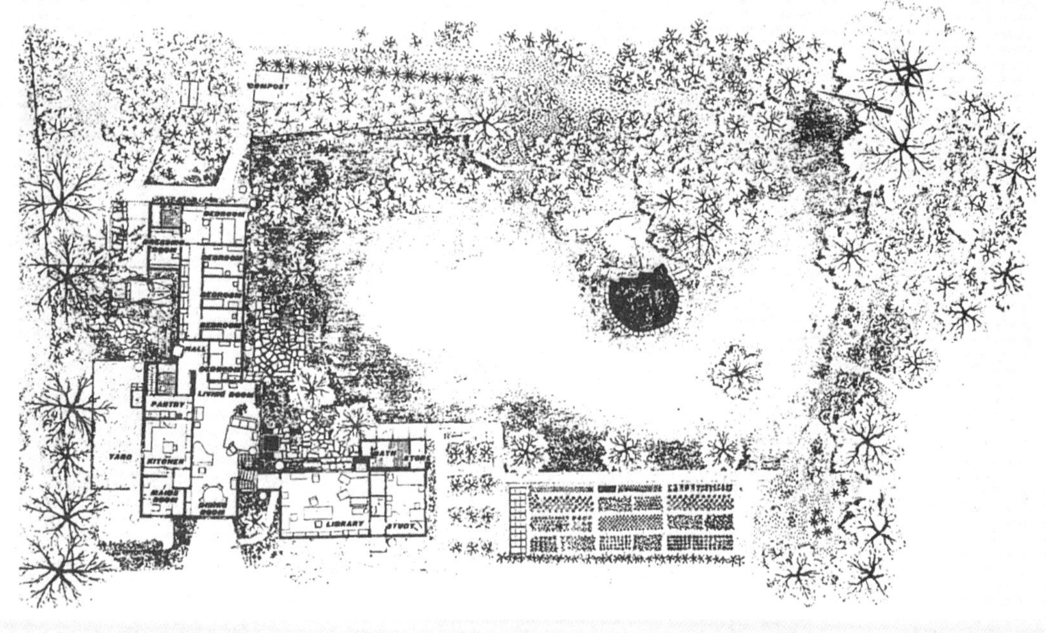

瑞典斯德哥尔摩的凯温吉庭园

色万·马尔克利乌斯 作

这是一座建筑师的自宅，简朴而美丽的住宅建造在南侧向湖水方向倾斜的场地上。建筑与庭园的环境设计十分巧妙。庭园采取瑞典传统形式，呈现出一派自由的绘画般的风景。场地北端的建筑靠近道路，起居室和卧室都面向南侧的庭园。瑞典式桑拿房位于突出的书房的侧房处。建筑以黄色的简易镶板装配而成，还有带白色窗和绿色石棉瓷砖铺砌的屋顶。

照片所示的是从庭园看到的建筑物。它位于起伏不平的场地上，赏心悦目。浴池也恰到好处地设置在光滑岩石袒露的下方。

结 语

人类——被逐出伊甸园的亚当与夏娃的子孙——一直在期待重返失于一旦的乐园，为此他们世代相继地在这片大地上创造出一个又一个庭园，这些庭园的数量是极为可观的。然而，当我们仔细考察这些庭园时，就会看到无论是其构造还是其意匠都各具特征。这些特征因时代和民族的不同而产生，故应称之为样式。而且，我们可进一步将它们区别为时代样式和民族样式两大类；还可以说时代样式是纵观历史的分类法，民族样式则是横观历史的分类法。本书的目的就是将千姿百态、纵横交织的庭园样式组织成一个系统，并研究它们的历史变迁踪迹。为达此目的，笔者从浩如烟海的造园史书中，选出七部主要著作，汇编成“史书诸样式分类表”。虽有繁简之差，但任何史书都分篇、章、节来记载产生于各个时代与民族、国家的庭园样式，通过此表将有助于我们更好地了解这方面的情况。

下面，参考戈塞因[1]、杰盖尔[2]、特里格斯[3]的三部著作，利用图解的方式来说明庭园样式变迁的轨迹。

▪1 Marie-Luise Gothein. *A History of Garden Art*.

▪2 Hermann Jäger. *Gartenkunst und Gärten sonst und jetzt*.

▪3 H. Inigo Triggs. *Garden Craft in Europe*.

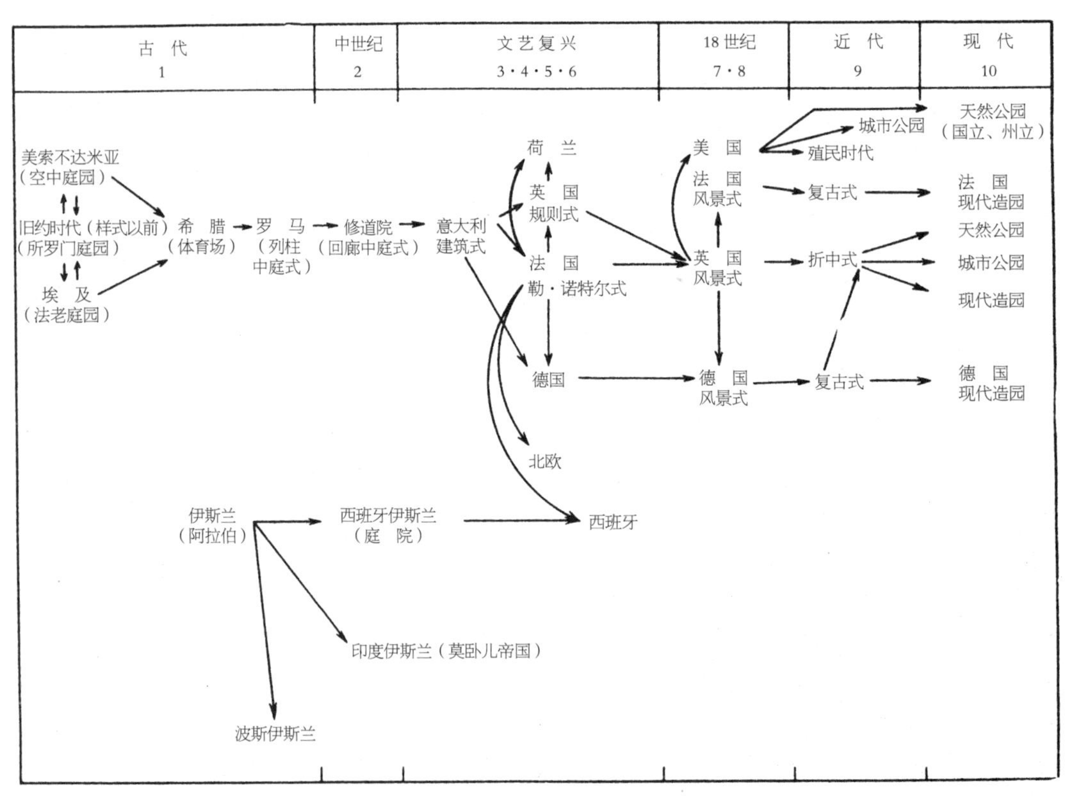

西方造园样式系统图

造园史书诸样式分类表（作者栏括号内数字为出版年代，框内数字为各篇的编号）

年代 作者	古代	中世纪	文艺复兴	18世纪 19世纪	现代	备注
戈塞因 (1914年)	1 埃及 2 西亚 3 希腊 4 罗马帝国	5 比桑兹与伊斯兰各国 6 西欧各国	7 文艺复兴时期的意大利式和巴洛克式 8 文艺复兴时期的西班牙和葡萄牙 9 文艺复兴时期的法国 10 文艺复兴时期的英国 11 文艺复兴时期的德国和荷兰 12 路易十四时代 13 西欧各国的法国庭园	15 英国风景式庭园 16 19世纪的造园倾向	17 现代英国庭园 18 美国的造园	14章中有关于中国和日本庭园的栏目，此外在17章、18章中，奈特根据英译本作了补充
杰盖尔 （1888年）	1 罗马之前的远古时代 埃及 小亚细亚 波斯 希腊 2 罗马帝国	3 中世纪的庭园	4 意大利文艺复兴庭园 5 文艺复兴式造园的传播、巴洛克式与野兽派的堕落 6 荷兰式庭园、法国式庭园 7 法国古典式庭园的区别的回顾	8 英国风景式的产生与影响 9 风景式庭园向国外的传播	10 现代德国庭园 11 现代欧洲以外国家的庭园 12 现代欧洲庭园 13 现代德国庭园	9 章记有中国和日本庭园史，15章中以“为科学及其他目的而造的庭园”为题记载了动植物园、陵园、大地景观
特里格斯 (1913年)	1 古代的欧洲庭园	2 中世纪的庭园	3 意大利庭园 4 16世纪、17世纪初期的法国庭园 5 勒·诺特尔与凡尔赛 6 17世纪后期与18世纪的法国庭园 7 荷兰的庭园 8 16世纪、17世纪的英国庭园 9 德国与奥地利的庭园 10 西班牙的庭园设计	11 英国风景式造园及其对欧洲大陆的影响		全书只论述了古典式庭园，无现代庭园方面的内容
兰克 (1909年)	1 古代与中世纪的庭园		2 意大利文艺复兴式庭园 3 法国式庭园	4 风景式庭园 5 近代英国的住宅庭园	6 现代德国庭园	是一部简明扼要的著作
曼金 (1888年)	1 古代的庭园	2 中世纪与文艺复兴时期的庭园 3 法国庭园——英国庭园			4 现代庭园（实际上为19世纪的庭园）	详细分为： 第一章含6节； 第二章含10节； 第三章含11节； 第四章含9节
贝拉尔 (1966年)	1 法老时代 2 美索不达米亚 3 古波斯与希腊 4 罗马时代	5 伊斯兰庭园 6 修道院和城堡的庭园	7 意大利文艺复兴 8 法国的壮观 9 凡尔赛与模仿意大利式	10 英国的传统		第十一章为美国庭园史； 第十二章为中国古代庭园； 第十三章为日本庭园； 第十四章详细论述了过去的庭园管理
休姆斯 (1971年)	2 最早的城市庭园诞生——新石器时代 4 希腊的庭园与希腊主义的庭园	6 伊斯兰的庭园 7 欧洲中世纪造园的发展	9 文艺复兴 10 法国的时代 11 后期伊斯兰的庭园	13 英国庭园 14 国外的英国庭园 15 乐园的复归	16 今天与明天	第一章为植物材料； 第三章为中国庭园； 第五章为日本的抽象庭园； 第八章为美国殖民时代的造园； 第十一章为欧洲影响下的美国庭园

其次，将所有的庭园按照与时代和民族完全无关的外观特征来分类，则可分为规则式庭园与不规则式庭园两种。这种分类不同于样式分类，可以说，正因为是根据庭园的型来分类,为与前述的“样式”相区别,故将此命名为“型式”。在西方，“规则式”几乎囊括了从古埃及到 17 世纪勒·诺特尔时期的所有庭园样式。在 18 世纪初，英国风景式造园诞生以后，庭园始有规则式与不规则式之分。

古代虽然有一些特例，但一般的庭园都取坐落在建筑物之中的中庭式构造，庭园在空间上完全受制于建筑物。从法老的庭园开始到庞贝的列柱中庭均属此类，前者处于与建筑物同等厚度的高墙之中，后者则用柱廊围成。中世纪以后，与基督教有关的修道院庭园也是中庭式，属于回廊式中庭。此外，中世纪时期在西班牙出现的被称为“Patio”的伊斯兰式庭园也没有越出中庭式的范围。不久，随着中世纪的结束，意大利的文艺复兴文化放射出灿烂的光辉，与此同时，造园也从过去的中庭式一跃而为有“建筑式”之称的意大利式。自进入意大利式庭园时代后，庭园才从昔日封闭的中庭形式中解放出来，而且还位居高台之上，便于人们眺览风景。这样，庭园虽然在空间上摆脱了建筑的束缚，但其整体构思仍然受到建筑物的制约，这是因为庭园设计仍然以建筑轴线作为庭园主轴线，围绕这条轴线取几何对称布局的手法。随后，意大利式造园经法国勒·诺特尔之手，将过去在建筑上盛行的样式以平地上的图案展示出来，所以庭园仍受建筑轴线的支配。以该轴线为中心，左右对称地延伸出许多条园路等，这种构思与意大利式造园相同。在 17 世纪末期，勒·诺特尔式造园无论是在法国国内还是在国外都产生了极其明显的影响。但是，由于勒·诺特尔与路易十四的逝世，曾经风靡一时的法国式造园也开始出现了衰退的征兆。与此同时，在英国艾迪生和蒲柏则提出风景式造园思想，崭新的不规则的风景式造园一举取代了规则式造园登上历史舞台；并且随着时间的推移，在风景式造园中，又分化出布朗派与绘画派这两个各持己见的派别。下面将上述庭园的样式和型式及其特征列于一览表中。

西方庭园的样式与型式

<table>
<tr><th colspan="4">样式</th><th colspan="3">特征</th><th>型式</th><th>别名</th><th>庭园与建筑的关系</th></tr>
<tr><td>古代</td><td>公元前 1400~
公元后 400 年</td><td colspan="2">埃及
希腊
罗马</td><td colspan="3" rowspan="2">中庭式</td><td rowspan="4">规则式</td><td rowspan="4">人工式
对称式
规则式</td><td rowspan="2">庭园在空间上受建筑的制约，外景完全被隔断</td></tr>
<tr><td>中世纪</td><td>400~1400 年</td><td colspan="2">西欧各国
波斯伊斯兰</td></tr>
<tr><td rowspan="2">文艺
复兴</td><td>1400~1600 年</td><td colspan="2">意大利文艺复兴式</td><td rowspan="2">几何式</td><td>立体的</td><td>建筑的</td><td rowspan="2">庭园在构思上受制于建筑，但在空间上是开敞的，两者处于对等的地位</td></tr>
<tr><td>1600~1700 年</td><td colspan="2">法国勒·诺特尔式</td><td>平面的</td><td>图案的</td></tr>
<tr><td rowspan="2">近代</td><td rowspan="2">1700~1800 年</td><td rowspan="2">英国</td><td>布朗派</td><td rowspan="2">风景式</td><td>写实的</td><td>自然主义的</td><td rowspan="2">不规则式</td><td rowspan="2">自然式
不对称式
不规则式</td><td rowspan="2">在构思上庭园支配了建筑，建筑物成了庭园的配景</td></tr>
<tr><td>绘画派</td><td>浪漫的</td><td>感伤主义的</td></tr>
</table>

英国出现的风景式造园，在进入 19 世纪以后，便将规则式造园与风景式造园糅合在一起，以一种折中式造园的面貌盛行一时。不久后，社会形势的变化不再允许那种能满足特权阶级生活要求的大庭园的存在，而适于平民阶层家庭生活的具有实用功能的庭园却继之而起。此外，在美国，风景式造园思想经道宁和奥姆斯特德两人的倡导，对私人住宅及城市公园的设计产生了巨大的影响。这种思想提高了人们关注乡土风景的意识，同时还促成了保护和利用乡土自然风景的运动，直到美国先于其他国家创建了国家公园。为了改善日趋严重的人口大量流入城市、城市绿化逐年减少的现状，人们对天然公园的发展寄予厚望，就如同他们渴望回到失去的乐园那样。

附表：对 B·W·庞德所列 16 世纪前半叶至 18 世纪末叶意大利别墅一览表的补订

王昕禾

序号	年代	园 名	位置	创建人	设计人	地 址	备 注
1	1520	**维科贝洛别墅** **Villa Vicobello** 基吉别墅（锡耶纳） Villa Chigi (Siena) Le Volte di Vico Bello	锡耶纳 Siena	基吉家族 Famiglia Chigi	**巴尔达萨雷·佩鲁齐** **Baldassare Peruzzi**	Viale Ranuccio Bianchi Bandinelli, 6, 53100 Siena SI	**佩鲁齐（1481 锡耶纳 –1537 罗马）** 维科贝洛别墅位于锡耶纳北边的 Vico Alto 村；该建筑呈长方形，设有一个门面，其中央部分略微突出，一楼有三个拱门
2	1525	**得特宫** 1524–1534 **泰宫** **Palazzo Te**	曼托瓦 Mantova	费德里克二世公爵 Federico II Gonzaga 1524–1534	**朱利奥·罗马诺** **Giulio Romano** **拉斐尔利奥·德尔·科尔** Raffaellino del Colle Nicolo Sebregondi 1651	Viale Te, 13, 46100 Mantova MN	**罗马诺（1499 罗马 –1546 曼托瓦）** **拉斐尔利奥·德尔·科尔（1495–1566）** **拉斐尔（1483–1520）** 由拉斐尔的学生朱利奥·罗马诺设计，现在是“Museo Civico di Palazzo Te”博物馆；合作画家是 Raffaele Albarini、Giorgio Anselmi 等
3	C.1527	**切尔萨别墅** **Villa Celsa** 切尔萨城堡 Castello di Celsa	索维奇莱 Sovicille 锡耶纳 Siena	米诺·塞尔西 Mino Celsi 基吉家族 Famiglia Chigi 1802	**巴尔达萨雷·佩鲁齐** **Baldassare Peruzzi**	Strada Provinciale 101 di Montemaggio, Provincia di Siena	**佩鲁齐（1481 锡耶纳 –1537 罗马）** 这是一个古老的城堡，经佩鲁齐修复后变为富丽堂皇的别墅；同时期佩鲁齐还设计了城堡内的圆形教堂；花园建于 16 世纪和 17 世纪
4	1530	**安德烈亚 – 多利亚宫** **王子宫** **Palazzo di Andrea Doria** 普林西比别墅 Villa del Principe	法斯索洛 Fassolo 热那亚 Genova	安德烈亚·多利亚 Andrea Doria	佩里诺·德尔·瓦加 Perin del Vaga 1501–1547 **乔瓦尼·安杰洛·蒙托索里** **Giovanni Angelo Montorsoli** 1529–1542 乔瓦尼·蓬扎罗 Giovanni Ponzello 1576 塔代奥·卡拉洛内 Taddeo Carlone 1585 Battista Carlone	Piazza del Principe, 4, 16124 Genova	**蒙托索里（1507–1563 佛罗伦萨）** **卡拉洛内（1543–1615 热那亚）** 米开朗琪罗的学生蒙托索里设计了王子宫内的喷泉（La Fontana del Satiro）；佩里诺·德尔·瓦加绘制了壁画；塔代奥·卡拉洛内设计了其他喷泉及花园；【加莱亚佐·阿莱西设计的是洛阿诺（Loano）的多利亚宫】
4A		多利亚 – 斯皮诺拉宫 1541–1543 Palazzo Doria–Spinola	热那亚 Genova	安东尼奥·多利亚 Antonio Doria	贝尔纳蒂诺·坎托内 Bernardino Cantone 乔瓦尼·巴蒂斯塔·卡斯特罗 Giovan Battista Castello Bartolomeo Bianco	Largo Lanfranco, 1, Genova	贝尔纳蒂诺·坎托内（1505–1576 ~ 1580 之间） 由瑞士建筑师贝尔纳蒂诺·坎托内设计；作为罗利宫体系的 42 座宫殿之一，被列为世界文化遗产
4B		多利亚 – 图尔西宫 1565 Palazzo Doria–Tursi	热那亚 Genova	安东尼奥·多利亚 Antonio Doria	多梅尼科·蓬扎罗 Domenico Ponzello 1565 乔瓦尼·蓬扎罗 Giovanni Ponzello	Via Garibaldi, 9, 16124 Genova	作为罗利宫体系的 42 座宫殿之一，被列为世界文化遗产；现在是市立博物馆的一部分
5	1540	**卡斯特洛庄园** **Villa di Castello** 美第奇卡斯特洛别墅 Villa Medicea di Castello	佛罗伦萨 Firenze	美第奇家族 Medici 1427 Cosimo I de Medici 1537 Ferdinando I de Medici 1588	乔尔乔·瓦萨里 Giorgio Vasari 1537 皮耶罗·达·圣·卡斯西诺 Piero da San Casciano **尼科洛·特里波罗** **Niccolo Tribolo** 安东尼奥·吉诺 Antonio di Gino 1550 巴托洛梅奥·阿曼那迪 Bartolomeo Ammannati	Via di Castello, 47, 50141 Firenze FI	**尼科洛·特里波罗（1500–1550）** **乔尔乔·瓦萨里（1511–1574）** “保存最完好的意大利花园”——莱昂·巴蒂斯塔·阿尔伯蒂；乔尔乔·瓦萨里是米开朗琪罗的学生；工程师卡斯西诺建造了沟渠系统；特里波罗设计建造了喷泉、雕塑及花园；瓦萨里修复及扩建了别墅；喷泉的雕像是由安东尼奥·吉诺完成；“Hercules and Antaeus”雕塑由阿曼那迪完成；这个花园的设计对意大利文艺复兴时期的花园产生了深远的影响，并影响到后来法国的花园
6	1540？	**兰切洛蒂别墅** **Villa Lancellotti** 1866 皮科洛米尼别墅 Villa Piccolomini 1730	弗拉斯卡蒂 Frascati 罗马 Roma	博纳尼主教 Cardinal Bonanni 1582 彼得罗·皮科洛米尼 Pietro Piccolomini 1730 Francis Mehlem 1840 菲利普·马西莫·兰切洛蒂 Filippo Massimo Lancellotti 1866	**弗朗西斯科·达·沃尔泰拉？** **Francesco Capriani da Volterra**	Parco dell'Ombrellino 00044 Frascati RM	**沃尔泰拉（1534 沃尔泰拉 –1594 罗马）** 博纳尼红衣主教创建于 1582 年；别墅位于 Parco dell'Ombrellino 公园；Ciro Ferri 绘制了室内装饰壁画；别墅花园名为“Giardino e Ninfeo di Villa Lancellotti”；没有相关资料证明别墅是沃尔泰拉设计的；沃尔泰拉设计的托雷斯—马西莫—兰切洛蒂宫（Palazzo Torres Massimo Lancellotti）位于罗马纳沃纳广场，最终由卡洛·马德尔诺（Carlo Maderno）完成，这是另一个建筑；此外在热那亚还有一个仿造的兰切洛蒂别墅

序号	年代	园　名	位置	创建人	设计人	地　址	备　注
7	1547	**法尔内塞别墅**（卡普拉罗拉） **Villa Farnese** (Caprarola) 卡普拉罗拉别墅 Villa Caprarola 法尔内塞宫（卡普拉罗拉） Palazzo Farnese (Caprarola)	卡普拉罗拉 Caprarola 维泰博 Viterbo	亚历山德罗·法尔内塞主教 Cardinal Alessandro Farnese 1504 保罗三世 Papa Paolo III 1556	小安东尼奥·达·桑迦洛 Antonio da Sangallo il Giovane 1530 巴尔达萨雷·佩鲁齐 Baldassare Peruzzi **巴罗齐·达·维尼奥拉** **Giacomo Barozzi da Vignola** 1547	Via Antonio da Sangallo, 6, 01032 Caprarola Viterbo	**维尼奥拉**（1507–1573） Giacomo Barozzi da Vignola 也被称为 Jacopo Barozzi da Vignola；城堡的平面是五边形，维尼奥拉负责别墅的改造，并使其转变成了一座文艺复兴风格的宫殿；花园由 Giacomo Del Duca（1565）、Girolamo Rainaldi（1630）设计建造；壁画由 Annibal Caro、Taddeo Zuccari、Federico Zuccari、Fulvio Orsini 绘制
8	1548？	**法尔科尼埃利别墅** **Villa Falconieri** 鲁菲娜别墅 Villa Rufina	弗拉斯卡蒂 Frascati 罗马 Roma	亚历山德罗·鲁菲尼主教 Monsignor Alessandro Rufini 保罗三世教皇 Papa Paolo III 1546 奥拉齐奥 Orazio Falconieri 1628	小安东尼奥·达·桑迦洛 Antonio da Sangallo il Giovane **弗朗西斯科·博洛米尼** **Francesco Borromini** 1628	Strada per Tuscolo, Frascati RM	**老桑迦洛**（1455–1534） Antonio da Sangallo il Vecchio **小桑迦洛**（1484–1546） Antonio da Sangallo il Giovane **博洛米尼**（1599–1667） **多纳托·伯拉孟特**（1444–1514） 别墅建于 1546 年前，由伯拉孟特的学生小桑迦洛设计；室内壁画由 Pier Leone Ghezzi、Giacinto Calandrucci、Ciro Ferri、Nicolo Berrettoni 绘制
9	1549	**埃斯特别墅**（蒂沃利） **Villa d'Este** (Tivoli)	蒂沃利 Tivoli 罗马 Roma	伊波利托·埃斯特主教 Ippolito II d' Este Papa Giulio III 1550	**毕罗·利戈里奥** **Pirro Ligorio** 阿尔贝托·伽伐尼 Alberto Galvani	Piazza Trento, 5, 00019 Tivoli RM	**毕罗·利戈里奥**（1513–1583） 埃斯特别墅（千泉宫）始建于 1563 年，并且一直持续修建至 17 世纪
10	1549	**波波里花园** **Giardino di Boboli**	佛罗伦萨 Firenze	皮蒂 Pitti 1341 美第奇 Medici 1549	乔尔乔·瓦萨里 Giorgio Vasari **尼科洛·特里波罗** **Niccolo Tribolo** 1549 巴托洛梅奥·阿曼那迪 Bartolomeo Ammannati 1550 Bernardo Buontalenti	Piazza Pitti, 1, 50125 Firenze	**特里波罗**（1500–1550） 在 14 世纪初期，波波里花园是佛罗伦萨最显赫的贵族美第奇家族的私家庭院；是一座风格主义建筑，古代罗马园艺花园；Stoldo Lorenzi 在 1571 年创作了海王喷泉中的雕塑
11	1550？	**瓦尔马拉纳别墅**（利西拉） **Villa Valmarana** (Lisiera) Villa Valmarana Scagnolari Zen	利西拉 Lisiera 博尔扎诺 Bolzano 维琴察 Vicenza	莱昂纳多·瓦尔马拉纳 Leonardo Valmarana	**安德烈亚·帕拉第奥** **Andrea Palladio** 1563	Via Acque、Via Ponte 3，Bolzano Vicentino Vicenza	**帕拉第奥**（1508 帕多瓦 –1580 马塞尔） 在《建筑四书》中有所记载，并附有别墅的平面及立面图；别墅位于博尔扎诺（维琴蒂诺）的利西拉；建造及设计的时间是 1563 年；别墅在第二次世界大战期间几乎被完全摧毁了，现已重建，但外观与建筑四书中的有所不同
11A		瓦尔马拉纳别墅（艾–纳尼） Villa Valmarana (ai Nani) 1670	维琴察 Vicenza	乔瓦尼·玛丽亚·贝尔托洛 Giovanni Maria Bertolo 1670	弗朗西斯科·穆托尼 Francesco Muttoni 1736	Via dei Nani, 8, 36100 Vicenza VI	这是一座帕拉第奥式的别墅；Giambattista Tiepolo 创作了别墅里的壁画；弗朗西斯科·穆托尼在 1736 年修复了别墅
11B		瓦尔马拉纳别墅（维伽尔多洛） Villa Valmarana (Vigardolo) 瓦尔马拉纳别墅（布雷桑） Villa Valmarana（Bressan）	蒙蒂塞洛 Monticello Conte Otto 维琴察 Vicenza	朱塞佩·瓦尔马拉纳 Giuseppe Valmarana 安东尼奥·瓦尔马拉纳 Antonio Valmarana	安德烈亚·帕拉第奥 Andrea Palladio 1542	Via Vigardoletto, 33, 36010 Vigardolo, Monticello Conte Otto VI	第一个由建筑师自主创作的作品；别墅是由两套对称的公寓组成，共用一个入口大厅
11C		瓦尔马拉纳宫 Palazzo Valmarana	科索 福加扎罗 Corso Fogazzaro 维琴察 Vicenza	伊莎贝拉·瓦尔马拉纳 Isabella Nogarola Valmarana	安德烈亚·帕拉第奥 Andrea Palladio 1565	Corso Antonio Fogazzaro, 16, Vicenza VI	是帕拉迪奥最平凡而又最有个性的作品
12	1552	**圆厅别墅** **La Rotonda** 阿尔梅里科–卡普拉别墅 Villa Almerico Capra detta "La Ro-tonda"	维琴察 Vicenza	保罗·阿尔梅里科主教 Paolo Almerico 1565 马里奥·卡普拉 Mario Capra 1591	**安德烈亚·帕拉第奥** **Andrea Palladio** 1566 **文森佐·斯卡莫齐** **Vincenzo Scamozzi** 1580 弗朗西斯科·穆托尼 Francesco Muttoni 1736	Via della Rotonda, 45, 36100 Vicenza VI	**斯卡莫齐**（1548 维琴察 –1616 威尼斯） 圆厅别墅兴建于 16 世纪晚期，地处意大利维琴察郊外，是一座独栋式贵族住宅； 斯卡莫齐被称为"新古典主义精神之父"——鲁道夫·威特科尔

序号	年代	园　名	位置	创建人	设计人	地　址	备　注
13	1555	**朱利亚别墅** **Villa Giulia** Museo Nazionale Etrusco di Villa Giulia Villa di Papa Giulio	罗马 Roma	朱利奥三世教皇 Papa Giulio III 1551–1553	**巴罗齐・达・维尼奥拉** **Jacopo Barozzi da Vignola** 1551 米开朗琪罗・博纳罗蒂 Michelangelo Bounaroti 乔尔乔・瓦萨里 Giorgio Vasari **毕罗・利戈里奥？** **Pirro Ligorio**	**巴罗齐・达・维尼奥拉（1507–1573）** **米开朗琪罗・博纳罗蒂（1475–1564）** **朱利奥三世（尤里乌斯三世，1487–1555）** 现在是意大利国家伊特鲁里亚博物馆（Museo Nazionale Etrusco di Villa Giulia）；米开朗琪罗提供了一些建议； 朱利亚别墅有多个，在科莫也有；利戈里奥设计了教皇的博罗梅奥宫（Palazzo Borromeo）
13A		博罗梅奥宫 Palazzo Borromeo（Roma） 庇护四世宫 Palazzina di Pio IV	罗马 Roma	保罗四世教皇 Papa Paolo IV 1558 庇护四世教皇 Pio IV 1561	毕罗・利戈里奥 Pirro Ligorio 1561 Giovanni Sallustio Peruzzi	Via Flaminia, 166 00196 Roma	**毕罗・利戈里奥（1513–1583）** **保罗四世（1476–1559）** **庇护四世（1499–1565）** 建筑曾经被命名为"朱利亚别墅"，共有4栋建筑；有一部分是巴罗齐・达・维尼奥拉设计的；喷泉由Bartolomeo Ammannati 设计
14	1560	**兰特庄园** **Villa Lante**	巴尼亚亚 Bagnaia 维泰博 Viterbo	甘巴拉主教 Cardinal Gambara 1566	**巴罗齐・达・维尼奥拉** **Jacopo Barozzi da Vignola** 1566 托马索・吉努齐 Tommaso Ghinucci 1576	Via Jacopo Barozzi, 71, 01100 Bagnaia, Viterbo VT	**巴罗齐・达・维尼奥拉（1507–1573）** 兰特庄园被评价为"最美丽的意大利花园"；托马索・吉努齐设计了水景；景观设计还咨询了毕罗・利戈里奥
15	1560	**庇亚别墅**（卡西纳 庇护四世） **Villa Pia**（Casina Pio IV）	梵蒂冈 Vatican	保禄四世教皇 Paul IV 1558 庇护四世教皇 Pio IV 1559	卡西纳・德尔・博斯凯托 Casina del Boschetto **毕罗・利戈里奥** **Pirro Ligorio** 1559	Vatican City	**毕罗・利戈里奥（1513–1583）** 这是位于西斯廷教堂北边的别墅；还有一个同名别墅（Villa Pia – Lippiano）位于阿雷佐与卡斯泰洛城之间
16	1560	**美第奇别墅** **Villa Medici**	罗马 Roma	乔瓦尼・里奇 Giovanni Ricci	南尼・迪・巴奇奥・比吉奥 Nanni di Baccio Bigio 1564 **安尼巴莱・里皮** **Annibale Lippi** 1564 巴托洛梅奥・阿曼那迪 Bartolomeo Ammannati 1576 乔治・加莱蒂 Giorgio Galletti 2000	Viale della Trinita dei Monti, 1, 00187 Roma	**安尼巴莱・里皮（？ –1581）** 美第奇别墅是意大利罗马的一组建筑群，位于苹丘之上，其花园毗邻东北侧较大的博尔盖塞别墅；阿曼那迪曾设计了海王喷泉（佛罗伦萨）；米开朗琪罗参与了别墅的设计与建造
17	C.1560	**斯卡西皇家别墅** **Villa Imperiale Scassi**	热那亚 Genova	文森佐家族 Famiglia Vincenzo 1560–1563 Onofrio Scassi 1821	**多梅尼科・蓬扎罗** **Domenico Ponzello** **乔瓦尼・蓬扎罗** **Giovanni Ponzello** **加莱亚佐・阿莱西？** **Galeazzo Alessi** Carlo Barabino 1821 Michele Canzio Gaetano Centenaro	Via Nicolo Barabino, 3, 16149 Genova	**多梅尼科・蓬扎罗（？ –1589）** **乔瓦尼・蓬扎罗（？ –1598）** **加莱亚佐・阿莱西（1512–1572）** 别墅由文森佐兄弟在1560～1563年开始建造，1821年斯卡西将其改造成新古典主义风格；没有什么能证明别墅是阿莱西设计的，只是他设计的热那亚其他建筑的风格影响了蓬扎罗的创作
18	C.1560	**罗萨察别墅** **Villa Rosazza**	热那亚 Genova	迪・内格洛家族 Famiglia Di Negro	**加莱亚佐・阿莱西？** **Galeazzo Alessi**	Piazza Di Negro, 3,16126,Genova	**加莱亚佐・阿莱西（1512–1572）** 具有滨海别墅的典型特征，不能确定由加莱亚佐・阿莱西设计；别墅北边是Parco di villa Rosazza 公园
19	C.1560	**斯皮诺拉别墅**（塞斯特里） **Villa Spinola**（Sestri） 斯皮诺拉－纳瑞萨诺别墅 Villa Spinola Narisano	西塞斯特里 Sestri Ponente 热那亚 Genova	斯皮诺拉家族 Famiglia Spinola 纳瑞萨诺 Narisano 1895–1944 Pietro Garuzzo 1956	**加莱亚佐・阿莱西？** **Galeazzo Alessi**	Viale Narisano, 14 16152 Genova	有多个斯皮诺拉家族的别墅在热那亚；塞斯特里波嫩特（Sestri Ponente）位于热那亚西部，塞斯特里莱万泰（Sestri Levante）位于热那亚东部；斯皮诺拉－纳瑞萨诺别墅建于16世纪，是一个阿莱西样式的别墅；但不能确定是由加莱亚佐・阿莱西设计的
19A		斯皮诺拉圣彼得罗别墅 Villa Spinola di San Pietro	萨姆皮耶尔达伦纳 Sampierdarena 热那亚 Genova	乔瓦尼・巴蒂斯塔・莱卡利 Giovanni Battista Lercari 1563–1565 Giovanni Battista Spinola	—	Via Spinola di San Pietro, 16149 Genova	别墅位于热那亚的萨姆皮耶尔达伦纳，不在塞斯特里；早期的方案是阿莱西设计的，但没有被执行，不能确定设计师是谁

序号	年代	园　名	位置	创建人	设计人	地　址	备　注
19B		潘塔雷奥 – 斯皮诺拉宫 Palazzo Pantaleo Spinola 1558	热那亚 Genova	潘塔雷奥·斯皮诺拉 Pantaleo Spinola	贝尔纳多 Bernardo Spazio Pietro Orsolino	Via Garibaldi, 2, Genova	作为罗利宫体系的 42 座宫殿之一被列为世界文化遗产；该建筑建于 1558 年，现在是一座银行
20	C.1560	**弗兰佐尼别墅**（阿尔巴罗） **Villa Franzoni**（Albaro）	热那亚 Genova	—	**加莱亚佐·阿莱西？** **Galeazzo Alessi**	Via della Sirena, 8 16145 Genova GE	别墅位于一个坡地上，有一张老照片显示了这个别墅（www.bildindex.de），照片下方标注文字为“Villa Franzoni, Genua – Albaro (Genua), Via della Sirena”；不能确定由加莱亚佐·阿莱西设计
20A		阿尔巴罗别墅 Villa Albaro	热那亚 Genova	—	—	Via Giorgio Byron, 15 16145 Genova	在阿尔巴罗公园边上
20B		朱斯蒂尼亚尼 – 坎比亚索别墅 Villa Giustiniani–Cambiaso	热那亚 Genova	卢卡·朱斯蒂尼亚尼 Luca Giustiniani	加莱亚佐·阿莱西 Galeazzo Alessi 1548	Via Montallegro, 1, Genova	这几个别墅都在阿尔巴罗区域；坎比亚索别墅平面为正方形，结构紧凑，没有室内庭院
21	C.1560	**托比亚 – 帕拉维奇诺别墅** **Villa delle Peschiere di Tobia Pallavicino** Villa Pallavicino delle Peschiere	热那亚 Genova	托比亚·帕拉维奇诺 Tobia Pallavicino	**加莱亚佐·阿莱西** **Galeazzo Alessi** 乔瓦尼·巴蒂斯塔 Giovanni Battista	Via S. Bartolomeo degli Armeni, 25 16122 Genova	热那亚的帕拉维奇尼别墅是加莱亚佐·阿莱西设计的，建于 1550–1556 年【日文版为：Villa Pallavicini（Muti）位于罗马南部的弗拉斯卡蒂；本处可能指弗拉斯卡蒂穆蒂别墅附近的夏拉别墅（现名），但这个罗马附近的别墅不是阿莱西的设计】
21A		帕拉维奇诺公园 Parco della Villa Pallavicino	斯特雷萨 Stresa 韦巴诺 – 库西奥 – 奥索拉 Verbano Cusio Ossola	鲁杰罗·蓬吉 Ruggero Bonghi 1855 Marchesi Pallavicino 1862	—	Via Sempione Sud, 8, 38838 Stresa VB	帕拉维奇尼别墅公园在米兰的北边，靠近瑞士
21B		穆蒂别墅 Villa Muti Villa Arrigoni Muti	弗拉斯卡蒂 Frascati 罗马 Roma	西拉索里 Cerasoli 1579 Achille Muti–Bussi	—	Viale Conti di Tusco–lo, 95 00046 Grottaferrata RM	穆蒂别墅（Villa Muti）距离夏拉别墅（Villa Sciarra）约 0.8 公里
21C		夏拉别墅 Villa Sciarra 1919 贝尔·波吉奥别墅 Villa Bel Poggio 1570	弗拉斯卡蒂 Frascati 罗马 Roma	奥塔维亚诺主教 Ottaviano Vestri 赛瑞公爵 Duca di Ceri Pallavicini	尼古拉·萨尔维 Nicola Salvi	Via di Fontana Vecchia, 39 00044 Frascati RM	尼古拉·萨尔维（1697–1751） 意大利园林网上的说明是：原名为 Villa Pallavicini（Belpoggio）Frascati，现名为 Villa Sciarra；不是加莱亚佐·阿莱西设计的；夏拉别墅 Villa Sciarra (Pallavicini) 在二战期间被摧毁了，现在是一所公立学校；它的花园现在是一个公园，距离 Villa Muti 别墅 0.8 公里；在罗马的台伯河西岸还有一个同名别墅
22	1563	**波德斯塔宫** **执政官宫** **Palazzo Podesta** 1559–1565 Palazzo Lomellino	热那亚 Genova	安德烈·波德斯塔 Andrea Podesta 1866	**乔瓦尼·巴蒂斯塔·卡斯特罗** **Giovan Battista Castello** 1559–1565 贝尔纳多·坎托内 Bernardo Cantone 多梅尼科·帕罗迪 Domenico Parodi	Via Garibaldi, 7, Genova	**巴蒂斯塔·卡斯特罗（1526–1569）** 波德斯塔宫（博洛尼亚）Palazzo del Podesta (Bologna)，1453 年，亚里士多德·菲奥拉万蒂（Aristotele Fioravanti）将其改为文艺复兴风格； 本处可能是热那亚的波德斯塔宫（1565）；巴蒂斯塔·卡斯特罗设计了椭圆形中庭，卡斯特罗又名贝尔伽马斯科（ベルガマスコ）
23	1565？	**格洛帕罗别墅** **Villa Gropallo** 1684 Villa Gropallo o dello Zerbino	热那亚 Genova	格洛帕罗家族 Francesco Gropallo Gaetano Gropallo	**加莱亚佐·阿莱西？** **Galeazzo Alessi** 格雷戈里奥·德·法拉利 Gregorio de Ferrari 1684 多梅尼科·皮奥拉 Domenico Piola	Passo dello Zerbino, 1, 16122 Genova GE	位于奈尔维公园（Parchi di Nervi、Parco Gropallo），公园内还有如下别墅：Villa Saluzzo Serra、Villa Gnecco、Villa Grimaldi Fassio 和 Villa Luxoro；建筑具有阿莱西风格，但不是阿莱西设计的
24	1565	**奇科尼亚 – 莫佐尼别墅** **Villa Cicogna Mozzoni**	比斯奇奥 Bisuschio 瓦雷泽 Varese	奇科尼亚·莫佐尼家族 Cicogna Mozzoni	**阿斯卡尼奥·莫佐尼** **Ascanio Mozzoni** Carlo Cicogna Mozzoni	Viale Cicogna, 8, 21050 Bisuschio VA	最早是莫佐尼家族在 1400 年建成的一个狩猎小屋；阿斯卡尼奥·莫佐尼设计了花园；这个别墅位于科莫西北的瓦雷泽（靠近瑞士的圣乔治山）
25	1566	**艾莫别墅** **Villa Emo** 1558	法昂佐罗 fanzolo 特雷维索 Treviso	艾莫家族 Emo	**安德烈亚·帕拉第奥** **Andrea Palladio** 1558	Via Stazione, 5, 31050 Fanzolo di Vedelago TV	内饰装饰壁画由 Giovanni Battista Zelotti 完成；这是最具代表性的帕拉第奥式别墅之一；位于特雷维索省（Treviso）的韦代拉戈

序号	年代	园　名	位置	创建人	设计人	地　址	备　注
26	C.1566	卡特纳别墅 **Villa Catena**	波利 Poli 罗马 Roma	波利公爵 Poli	安尼巴莱・卡洛？ Annibal Caro 1563 **乔瓦尼・安东尼奥・多西奥** **Giovanni Antonio Dosio 1567**	34 Km, Via Polense, Poli, RM 00010	**安尼巴莱・卡洛**（1507–1566） **安东尼奥・多西奥**（1533–1611） 安尼巴莱・卡洛，文艺复兴时期的诗人、剧作家和讽刺作家；设计别墅的建筑师应该是安东尼奥・多西奥；别墅位于罗马东约34公里
27	1567	蒙德拉戈别墅 **Villa Mondragone**	弗拉斯卡蒂 Frascati 罗马 Roma	乔瓦尼・里奇 Giovanni Ricci 1562 马可・阿尔特姆珀斯 Marco Sittico Altemps 1567 安提诺乌斯・蒙德拉戈 Antinoo Mondragone	**巴罗齐・达・维尼奥拉** **Giacomo Barozzi da Vignola** **吉罗拉莫・雷那尔迪？** **Girolamo Rainaldi** 吉罗拉莫・丰塔纳 Girolamo Fontana 弗拉米尼奥・蓬齐奥 Flaminio Ponzio 卡洛・马德尔诺 Carlo Maderno	Via Frascati, 51, 00040 Monte Porzio Catone RM	**多梅尼科・丰塔纳** **Domenico Fontana**（1543–1607） **卡洛・丰塔纳** **Carlo Fontana**（1638–1714） **吉罗拉莫・丰塔纳** **Girolamo Fontana**（1668–1701） **吉罗拉莫・雷那尔迪**（1570–1655） **卡洛・雷那尔迪**（1611–1691） 日文版索引为：吉罗拉莫・雷那尔迪，他的儿子是卡洛・雷那尔迪，而其后建的秘密花园是卡洛・雷那尔迪设计的
28	1568	埃斯特别墅（切尔诺比奥） **Villa d'Este** (Cernobbio)	科莫 Como	托洛梅奥・加里奥 Tolomeo Gallio	**佩莱格里诺・蒂巴尔迪** **Pellegrino Tibaldi**	Via Regina, 40, 22012 Cernobbio CO	**佩莱格里诺・蒂巴尔迪**（1527–1596） 别墅原是科莫红衣主教的夏宫；1873年，该建筑群被改建为豪华酒店
29	1568	巴巴罗别墅（贾科梅利） **Villa Barbaro**（Giacomelli）	马塞尔 Maser 特雷维索 Treviso	巴巴罗家族 Marcantonio Barbaro Daniele Barbaro	**安德烈亚・帕拉第奥** **Andrea Palladio** 保罗・维罗内塞 Paolo Veronese	Via Cornuda, 7, 31010 Maser TV	别墅修建于1560至1570年，位于意大利北部的威尼托大区，由意大利建筑师安德烈亚・帕拉第奥设计
30	1570	科尔纳罗别墅 **Villa Cornaro**	皮奥姆比诺–德赛 Piombino Dese 帕多瓦 Padova	帕兰朵 Palladio 乔治・科尔纳罗 Giorgio Cornaro	**安德烈亚・帕拉第奥** **Andrea Palladio**	Via Roma, 35, Piombino Dese PD	别墅位于威尼斯西北约30公里
31	C.1570	普拉托里诺别墅 **Villa di Pratolino** Villa Demidoff	佛罗伦萨 Firenze	美第奇家族 Medici 1568 Demidoff 1822	**贝尔纳多・布翁塔伦蒂** **Bernardo Buontalenti** Bartolomeo Ammannati Valerio Cioli Giovan Battista Foggini	Via Fiorentina, 276, 50036 Vaglia FI	**贝尔纳多・布翁塔伦蒂**（1531–1608） 别墅现名为"Villa Demidoff"，围绕着风格主义的花园
32	C.1572	卡波尼别墅 **Villa Capponi**	佛罗伦萨 Firenze	皮耶罗・迪・巴托洛梅奥 Piero di Bartolommeo 卡波尼 Capponi 1572	**塞西尔・平森特** **Cecil Ross Pinsent** 1930	Via del Pian dei Giullari, 3, 50125 Firenze	**塞西尔・平森特**（1884–1963） 别墅建于14世纪；家族的盾徽（武器斩对角线分为两个部分，黑色和银色）仍然在前面的门口上方可见；有两个秘密花园，饰以黄杨花坛，并被美丽的拱城垛和古老的高围墙包围
33	1575	佩特亚别墅 **Villa la Petraia**	佛罗伦萨 Firenze	布鲁内莱斯基家族 Brunelleschi 1360 美第奇家族 Medici	**贝尔纳多・布翁塔伦蒂** **Bernardo Buontalenti** 拉斐尔・帕格尼 Raffaello Pagni . Boemo Joseph Frietsch 1829	Via della Petraia, 40, 50141 Firenze	**贝尔纳多・布翁塔伦蒂**（1531–1608） 它被认为是最美丽的别墅，坐落在郊外的山上，可以俯瞰佛罗伦萨全景
34	C.1575	波姆比奇别墅（科拉奇） **Villa Bombicci**（Collazzi） 科拉奇别墅 Villa Collazzi	佛罗伦萨 Firenze	迪尼家族 Dini	**米开朗琪罗・博纳罗蒂** **Michelangelo Bounaroti** 桑蒂・迪・提托 Santi di Tito 彼得罗・波奇纳伊 Pietro Porcinai 1938	Strada Provinciale Volterrana, 50023 Impruneta FI	**米开朗琪罗・博纳罗蒂**（1475–1564） **桑蒂・迪・提托**（1536–1603） 桑蒂・迪・提托绘制了室内的壁画；彼得罗・波奇纳伊设计了水池；别墅建造应早于1575年
35	C.1575	拉斯波尼别墅 **Villa Rasponi** 莱蒂齐亚别墅 Villa Letizia	佛罗伦萨 Firenze	安德烈・贝尔纳多 Andrea di Bernardo 1427	**巴托洛梅奥・阿曼那蒂** **Bartolomeo Ammannati**	Via Bolognese, 178 50139 Firenze	**巴托洛梅奥・阿曼那蒂**（1511–1592） 别墅建于1427年，位于佛罗伦萨北边；有托斯卡纳风格的装饰，周边围绕着意大利式的花园

序号	年代	园 名	位置	创建人	设计人	地 址	备 注
36	C.1580	**朱斯蒂花园** **Giardino Giusti** 1580 朱斯蒂宫 Palazzo Giusti	维罗纳 Verona	朱斯蒂・德尔・贾尔迪诺 Giusti del Giardino	**路易吉・特雷扎** **Luigi Trezza 1786**	Via Giardino Giusti, 2, Verona VR	**路易吉・特雷扎**（1752–1823） 特雷扎做了些修复工作，简化了迷宫的线路，此时的迷宫已经不是 Agostino Giusti 建的了；现在的迷宫是 1945 年后重建的，降低了树墙的高度；建筑内的壁画由保罗（Paolo Farinati 1524–1660）绘制；亚历山德罗・维多利亚（Alessandro Vittoria，1525–1608）制作了花园里的雕塑
37	1581	**马泰伊别墅** **Villa Mattei** 塞里蒙塔纳别墅 Villa Celimontana	罗马 Roma	帕鲁才利 Paluzzelli 1553 贾科莫・马泰伊 Giacomo Mattei 1553 Ciriaco Mattei 1580 马泰伊家族 Famiglia Mattei 1869	**贾科莫・德尔・杜卡** **Giacomo Del Duca** Pierre Charles L' Enfant 1858 Laura Maria Giuseppa 1870 Richard von Hoffmann	Via della Navicella, Roma	**贾科莫・德尔・杜卡**（C.1520–1604） 是位于罗马西里欧山上的一个别墅，最出名的是它的花园；贾科莫・德尔・杜卡是米开朗琪罗的学生
38	1590？	贝尔纳迪尼别墅 **Villa Bernardini** 1615	卢卡 Lucca	贝尔纳迪尼家族 Giovanni Bernardini 1378 Martino Bernardini	**文森佐・奇维塔利？** **Vincenzo Civitali**	Via Vicopelago 573/a, 55100 Vicopelago Lucca LU	**文森佐・奇维塔利**（1523–1597） 安尼巴莱・卡拉齐 Annibale Carracci（1560–1609） 建筑采用接近正立方体的形式，同时在一楼设有门廊且建筑立面的中心部位由三个一组的窗构成，这些建筑特征表明，其设计有可能属于文森佐・奇维塔利；别墅的花园被认为是卢卡最美的花园；卡拉齐绘制了壁画
39	C.1590	**卡鲁索别墅**（锡尼亚）1906 **Villa Caruso**（Signa） 普奇别墅 Villa Pucci 1585–1595 贝洛斯瓜尔多别墅 Villa Caruso di Bellosguardo	锡尼亚 Signa 佛罗伦萨 Firenze	普奇 Pucci 1540 亚历山德罗・普奇 Alessandro Pucci 1585–1595 坎比 家族 Famiglia Campi Caruso 1906 Gucci 1990	**乔瓦尼・安东尼奥・多西奥** **Giovanni Antonio Dosio** 1585 乔瓦尼・巴尔杜奇 Giovanni Balducci detto il Cosci Sandro Laschi 罗莫洛 Romolo del Tadda 鲁道夫・萨巴蒂尼 Rodolfo Sabatini 1906	Via Bellosguardo, 32, Lastra a Signa FI	**安东尼奥・多西奥**（1533–1611） 别墅建于 16 世纪，位于锡尼亚的山丘上，并在 1906 年成为世界著名男高音歌唱家卡鲁索的财产；由左右两栋对称的建筑组成，并由一条廊道连接，周边有一个菱形大花园；锡尼亚位于比森齐奥营 (Campi Bisenzio) 南边一点；【*History of Garden Design* (by Marie Luise Gothein, 1914, Germany)】书中有所描述
39A		坎比别墅（比森齐奥营）1585–1595 Villa Campi (Campi Bisenzio) River Arno	比森齐奥营 Campi Bisenzio 佛罗伦萨 Firenze	普奇家族 Famiglia Campi 1906 亚历山德罗・普奇 Alessandro Pucci	—	Via Semita, 31–41 50013 Campi Bisenzio FI 15km	意大利园林网上认为卡鲁索别墅与坎比别墅是同一别墅的不同称呼，这是不对的，比森齐奥营现在无大的文艺复兴花园；【日文版索引为“Villa Campi（Signa）カムピ（シニア）”】
40	1598	**阿尔多布兰迪尼别墅** **Villa Aldobrandini** 贝尔维德雷别墅 Villa Belvedere	弗拉斯卡蒂 Frascati 罗马 Roma	彼得罗・阿尔多布兰迪尼主教 Pietro Aldobrandini	**贾科莫・德拉・波尔塔** **Giacomo della Porta** 卡洛・马德尔诺 Carlo Maderno 1621 乔瓦尼・丰塔纳 Giovanni Fontana	Via Cardinal Massaia, 18, 00044 Frascati RM	**贾科莫・德拉・波尔塔**（1532–1602） 也称为 “Villa Belvedere”，是弗拉斯卡蒂最重要的别墅
41	1600	**托里加尼别墅**（卡米利亚诺） **Villa Torrigiani**（Camigliano）	卡潘诺 Capannori 卢卡 Lucca	布诺维西 Buonvisi 1593 桑蒂尼家族 Nicolao Santini	**阿方索・托里加尼** **Alfonso Torregiani**	Loc. Camigliano, 1, 55012 Capannori LU	**阿方索・托里加尼**（1682–1764） 别墅最早的记载可以追溯至 1593 年；阿方索・托里加尼负责过后期的装饰设计
42	1602	**塔韦尔纳－博尔盖塞别墅** **Villa Taverna Borghese** 帕里西别墅 Villa Parisi	弗拉斯卡蒂 Frascati 罗马 Roma	费尔迪南多・塔韦尔纳 Ferdinando Taverna 1604 萨维里奥・帕里西 Saverio Parisi 1896	卡洛・丰塔纳？ Carlo Fontana **贾科莫・德拉・波尔塔？** **Giacomo della Porta** 吉罗拉莫・拉伊纳尔迪 Girolamo Rainaldi 1730	Viale Consalvi Frascati RM	卡洛・丰塔纳（1638–1714） **贾科莫・德拉・波尔塔**（1533–1602） Baldassarre Peruzzi、Antonio da Sangallo il Giovane、Giovanni Vasanzio 可能都参与过设计；最终由拉伊纳尔迪修复
43	1610	冈贝里亚庄园 Villa Gamberaia	塞蒂尼亚诺 Settignano 佛罗伦萨 Firenze	马泰洛・加姆伯雷利 Matteo Gamberelli Jacopo Riccialbani in 1597 Gamberaia Andrea Capponi 1717	贝尔纳多・加姆伯雷利 **Bernardo Gamberelli** 乔瓦尼・加姆伯雷利 **Giovanni Gamberelli** 马塞罗・马奇 1954 Marcello Marchi	Via del Rossellino, 72, 50135 Firenze	贝尔纳多・加姆伯雷利（1409–1464） 别墅始建于 14 世纪，在 15 世纪初，石匠 Matteo Gamberelli 的两个儿子乔瓦尼和贝尔纳多重新设计并建造了别墅；Zenobi Lapi 于 1597 年开始重建；中文也可译为加姆伯雷亚别墅

序号	年代	园 名	位置	创建人	设计人	地 址	备 注
44	1616	**雷吉纳别墅** 德拉雷杰那别墅 Villa della Regina	都灵 Torino	萨伏依王室 Maurizio di Savoia Ludovica di Savoia 1641	**阿斯卡尼奥·维托奇** **Ascanio Vitozzi** Carlo di Castellamonte Amedeo di Castellamonte	Strada S. Margherita, 79, Torino	**阿斯卡尼奥·维托奇（1539–1615）** 雷吉纳别墅位于意大利西北部，修建于 17 世纪，是萨伏依王室的居所之一
45	1618	**博尔盖塞别墅** **Villa Borghese** Museo e Galleria Borghese	罗马 Roma	博尔盖塞 Borghese 1580	弗拉米尼奥·蓬奇奥 Flaminio Ponzio 1606 Giovanni Vasanzio **多梅尼科·萨维尼** **Domenico Savini** **吉罗拉莫·雷那尔迪** **Girolamo Rainaldi 1615** 彼得罗·贝尔尼尼 Pietro Bernini 1633 Gian Lorenzo Bernini Luigi Canina	Borghese Gallery and Museum 00197 Rome	**弗拉米尼奥·蓬奇奥（1560–1613）** **吉罗拉莫·雷那尔迪（1570–1655）** **彼得罗·贝尔尼尼（1562–1629）** 吉罗拉莫·雷那尔迪还对下面几座别墅进行了补充设计【Villa Parisi–Borghese（1604）、Villa Mondragone、Villa Vecchia，这些别墅都位于弗拉斯卡蒂】；多梅尼科·萨维尼是园艺师；Antonio Asprucci、Antonio Mario（1766）、Casale Giustinani（1840）也参与了设计与建造
46	1622	**波吉奥皇家别墅** **Villa del Poggio Imperiale**	佛罗伦萨 Firenze	贝伦塞利 Baroncelli 1529 萨尔维亚蒂 Alessandro Salviati 1548 玛丽亚·马达莱娜 Maria Maddalena 1618	**朱利奥·帕里吉** **Giulio Parigi** Vincenzo de' Rossi Giacinto Maria Marmi Vittoria Colonna	Piazzale del Poggio Imperiale, 50125 Firenze FI	**朱利奥·帕里吉（1571–1635）** 最早的历史记载是雅格布·贝伦赛利在 1487 年出售；这是一座新古典主义建筑，重新设计了很多次，现已重建
47	1623	**托洛尼亚别墅** **Villa Torlonia**	弗拉斯卡蒂 Frascati 罗马 Roma	安尼巴莱·卡洛 Annibal Caro 1563 Pompeo Colonna 1661 孔蒂家族 Conti 1680 托洛尼亚家族 Torlonia 1841	南尼·迪·巴齐奥·比吉奥 Nanni di Baccio Bigio 弗拉米尼奥·蓬佐 Flaminio Ponzo **卡洛·马德尔诺** **Carlo Maderno**	Piazza Guglielmo Marconi, 00044 Frascati RM	**南尼·迪·巴齐奥·比吉奥（？ –1568）** **卡洛·马德尔诺（1556–1629）** 在 1943 年的二次世界大战的轰炸中，别墅损毁严重，现在的花园是一个公园
48	1625	**帕帕尔宫** **Palazzo Papal** 冈多菲堡教皇宫 Palazzo Pontificio Castel Gandolfo	冈多菲堡 Castel Gandolfo	乌尔班八世教皇 Urbano VIII	**卡洛·马德尔诺** **Carlo Maderno** Bartolomeo Breccioli 多梅尼科·卡斯泰利 Domenico Castelli 贝尔尼尼 Gian Lorenzo Bernini	Piazza della Liberta, Castel Gandolfo RM	**卡洛·马德尔诺（1556–1629）** 冈多菲堡教皇宫一直作为教皇的夏宫；它享有治外法权，不属于冈多菲堡（甘多尔福堡）管理；教皇国（Stato Pontificio）已不存在，罗马教廷正式承认教皇国灭亡，由梵蒂冈取而代之
49	1637	**科西－萨尔维亚蒂别墅** **Villa Corsi–Salviati** Teatro della Limonaia	塞斯托－菲奥伦蒂诺 Sesto Fiorentino 佛罗伦萨 Firenze	西蒙·雅格布·迪·科希 Simone di Jacopo Corsi 1502	**盖拉尔多·西尔瓦诺** **Gherardo Silvani 1644** 路易吉·巴奇奥·德尔·比安科 Luigi Baccio del Bianco	Via Antonio Gramsci, 426, 50019 Sesto Fiorentino FI	**盖拉尔多·西尔瓦诺（1579–1675）** 乔瓦尼·洛伦佐·科希委托扩建工程，由西尔瓦诺与路易吉·巴奇奥·德尔·比安科于 1644 年完成
50	1645	**玛利亚别墅**（奥尔塞蒂） **Villa la Marlia**（Orsetti） 玛利亚皇家别墅 Villa Reale di Marlia	卡潘诺 Capannori 卢卡 Lucca	卢切斯·奥利维耶里 Lucchesi Olivieri 1629 奥尔塞蒂 Lelio Orsetti 佩西家族 Famiglia Pecci–Blunt 1928	**乔瓦尼·拉扎里尼** **Giovanni Lazzarini** 皮埃尔·西奥多 Pierre Theodore Bienaime Lorenzo Nottolini J. Greber 1920	Via Fraga Alta, 2, 55012 Marlia, Capannori LU	**乔瓦尼·拉扎里尼（1769–1834）** 别墅有一个大的花园，在 1811 至 1814 年重建成英伦风格；文艺复兴时期的宫殿被装修成新古典主义风格；“西班牙花园”是 1920 年仿照“阿尔罕布拉宫”修建的，属于伊斯兰风格
51	1650	**多利亚－潘菲利别墅** **Villa Doria Pamphilj**	罗马 Roma	潘菲利 Panfilo Pamphilj 1630	**亚历山德罗·阿尔加迪** **Alessandro Algardi** 弗朗切斯科·格里马尔迪 Giovanni Francesco Grimaldi Tobia Aldini	Via di S. Pancrazio, 00164 Roma	**亚历山德罗·阿尔加迪（1598–1654）** 别墅位于贾尼科洛山，在罗马古城墙的圣庞加爵门外，是古代的奥雷利亚大道的起点

序号	年代	园 名	位置	创建人	设计人	地 址	备 注
52	1650？	乔维奥－巴尔比亚诺别墅 **Villa Giovio Balbiano**	科莫 Como	加利奥主教 Tolomeo Gallio 乔维奥家族 famiglia Giovio 1527	**佩莱格里诺·蒂巴尔迪** **Pellegrino Tibaldi** 1527	Via Statale, 47 22010 Ossuccio CO	**佩莱格里诺·蒂巴尔迪**（1527–1596） 别墅始建于 16 世纪，别墅中收藏有丰富的图书和艺术品
53	C.1650	科隆纳宫 **Palazzo Colonna**	罗马 Roma	科隆纳主教 Girolamo Colonna	**安东尼奥·德尔格兰德** **Antonio Del Grande** 1654 吉罗拉莫·丰塔纳 Girolamo Fontana 1693 Giuseppe Bartolomeo Chiari	Piazza dei Santi Apostoli, 66, 00187 Roma	**安东尼奥·德尔格兰德**（1625–1671） 建筑仍保留着罗马时代贵族的魅力，为巴洛克式建筑；该博物馆收藏以下画家、艺术家的作品：阿尼奥洛·布龙齐诺、安尼巴莱·卡拉齐、科姆图拉、弗朗西斯·阿尔巴尼、彼得·科尔托纳、圭尔奇诺、丁托列托和保罗·维罗纳等；科隆纳是主教、委托方
54	C.1650	**阿维迪别墅** **Villa Arvedi** 库察诺别墅 Villa Cuzzano	维罗纳 Verona	斯卡拉 Scala 1200 Jacopo Dal Verme 1400 Giovanni Antonio Arvedi 1824	**乔瓦尼·巴蒂斯塔·比安奇** **Giovanni Battista Bianchi** 1650 Francesco Galli da Bibbiena	Localita' Cuzzano, 1 37023 Grezzana VR	**巴蒂斯塔·比安奇**（1631–1687） 现在的巴洛克建筑风格是巴蒂斯塔·比安奇设计的；别墅位于格雷扎纳镇的库察诺
55	1652	科洛迪别墅（加佐尼） **Villa Collodi**（Garazoni） 加佐尼别墅 Villa Garzoni (Collodi)	佩夏 Pescia 皮斯托亚 Pistoia	加佐尼家族 Garzoni 1366 Giuseppe Garzoni Venturi 1871	雅各布·桑索维诺 Jacopo Sansovino 1540 **卢切塞·奥塔维亚诺·迪奥达蒂** **Lucchese Ottaviano Diodati** 1786	Via delle Cartiere, 4, 51012 Pescia PT	**雅各布·桑索维诺**（1486–1570） 别墅始建于 1540 年，是一座巴洛克式的建筑；花园最初是在 1652 年建造的，水上花园增建于 1786 年，由当地的建筑师奥塔维亚诺·迪奥达蒂设计建造；科洛迪（Collodi）、佩夏（Pescia）位于卢卡与皮斯托亚之间
56	1654	**伊索拉－贝拉别墅** **Villa Isola Bella** 博罗梅奥宫 Palazzo Borromeo	马焦雷湖 Lago Maggiore 博罗梅安群岛 Isole Borromee	卡洛三世国王 Carlo III	安吉洛·克里韦利 Angelo Crivelli **卡洛·丰塔纳** **Carlo Fontana**	Isola Bella, 28838 Stresa VB	**卡洛·丰塔纳**（1638–1714） 贝拉岛（Isola Bella）位于马焦雷湖 (Lago Maggiore)
57	1669	多纳·达雷·罗斯别墅 **Villa Dona dalle Rose** 巴尔巴里戈别墅（瓦尔萨奇比奥） Villa Barbarigo (Valsanzibio)	帕多瓦 Padova	斯科罗维尼 Giacomo Scrovegni 康达里尼 Contarini 1588 巴尔巴里戈 Michiel Barbarigo 1619 Dona dalle Rose 1929	**路易吉·贝尔尼尼** **Luigi Bernini** 吉安·劳伦佐·贝尔尼尼 Gian Lorenzo Bernini	Via Diana, 2, 35030 Valsanzibio di Galzignano Terme PD	**吉安·劳伦佐·贝尔尼尼**（1598–1680） **路易吉·贝尔尼尼**（1612–1681） 别墅的花园获得国际"欧洲最美丽的花园"奖；由贝尔尼尼兄弟设计
58	1670	**瑞雷别墅** **Villa Reale** 拉科尼吉皇家城堡 Castello Reale di Racconigi	拉科尼吉 Racconigi 库内奥 Cuneo	阿迪莱德·苏萨 Adelaide di Susa 1091 Tommaso Francesco di Savoia 萨瓦·拉科尼基 Savoia Racconigi 1605 Emanuele Filiberto 1684	Guarino Guarini Emanuele Filiberto Andre Le Notre **乔瓦尼·巴蒂斯塔·博拉** **Giovanni Battista Borra** 埃内斯托·梅拉诺 Ernesto Melano	Via Francesco Morosini, 3, 12035 Racconigi CN	**乔瓦尼·巴蒂斯塔·博拉**（1713–1786） 别墅始建于 11 世纪；1757 年，维托里奥委托建筑师巴蒂斯塔·博拉设计了新古典主义风格的门廊；拉科尼吉城堡是萨伏依王室的居所之一，1997 年被列入世界文化遗产
59	1680	**切蒂纳雷别墅** **Villa Cetinale**	索维奇莱 Sovicille 锡耶纳 Siena	弗拉维奥·基吉红衣主教 Flavio Chigi 1676	贝内代托·吉奥瓦内利 Benedetto Giovannelli 1599 **卡洛·丰塔纳** **Carlo Fontana** 1680	Str. di Cetinale, 9, 53018 Sovicille SI	**卡洛·丰塔纳**（1638–1714） 这是一座 17 世纪的巴洛克风格的别墅；贝内代托·吉奥瓦内利是一名当地的建筑师；红衣主教基吉委托丰塔纳在 1680 重新设计该别墅；丰塔纳是贝尔尼尼的学生，他的设计改变了别墅外观，加入了罗马的巴洛克风格元素
60	C.1680	科尔西尼城堡别墅 **Villa Corsini Castello** Villa Corsini Srl	因普鲁内塔 Impruneta 佛罗伦萨 Firenze	斯特罗兹 Strozzi 菲利波·科西尼 Filippo Corsini 1697	尼科洛·特里波罗 Niccolo Tribolo 乔瓦尼·巴蒂斯塔·弗戈基尼 Giovan Battista Foggini **安东尼奥·玛利亚·费里** **Antonio Maria Ferri** Isidoro Franchi 1702	Via Imprunetana per Pozzolatico, 116, Impruneta FI	**巴蒂斯塔·弗戈基尼**（1652–1725） **安东尼奥·玛利亚·费里**（1651–1716） 别墅始建于 15 世纪，是一座巴洛克风格的建筑；有典型的意大利式花园，装饰着由黄杨围合成的几何图案的花园，周围是石头砌筑的圆形水池

续表

序号	年代	园　名	位置	创建人	设计人	地　址	备　注
61	1690	**穆拉托－吉纳内斯奇－哥里别墅?** **Villa Gori Muratori Ginanneschi** La Palazzina Villa Gori（Marciano）?	锡耶纳 Siena	哥里家族 Famiglia Gori	—	Str. di Ventena, 10,53100 Siena SI	从帕里什・马克斯菲尔德的油画、现场照片及相关文献资料的描述来看，应该是这个别墅，但位于锡耶纳火车站东北边，而不在马西亚诺（Marciano）【帕里什・马克斯菲尔德（Parrish Maxfield，1903），Scheda n.56（www.pinterest.com /pin/286330488781851473）】；马西亚诺附近也有一个哥里别墅（Novartis Vaccines Villa Gori），现在是高尔夫俱乐部【Indirizzo: Strada di Marciano, 18 53100 Siena SI 】
62	1690	**色加迪别墅** **Villa Sergardi** 卡蒂尼亚诺别墅 Villa di Catignano	锡耶纳 Siena	克劳迪奥・塞尔迦迪 Claudio Sergardi 菲利普・塞尔迦 Filippo Sergardi	**雅格布・法兰契尼** **Jacopo Franchini** 1697	Strada Comunale di Catignano, 25, 53019 Castelnuovo Berardenga SI	别墅始建于 16 世纪，目前的外观为 17 世纪后期由雅格布・法兰契尼重建；圣十字教堂始建于 1697 年，由菲利普・塞尔迦迪委托法兰契尼设计建造
63	C.1697	**皮耶特拉别墅** **Villa la Pietra**	佛罗伦萨 Firenze	弗朗西斯科・萨塞蒂 Francesco Sassetti 1460 Luigi Capponi 1545 阿瑟・阿克顿 Arthur Acton 哈罗德・阿克顿 Harold Acton	**卡洛・丰塔纳** **Carlo Fontana** 奥拉齐奥 Orazio Marinali Antonio Bonazza	Via Bolognese, 120, 50139 Firenze	**卡洛・丰塔纳**（1638–1714） 1994 年，皮耶特拉别墅被捐赠给纽约大学；Orazio Marinali、Antonio Bonazza 完成了花园内的 200 多个雕像
64	1725	**曼西别墅** **Villa Mansi**	卡潘诺 Capannori 卢卡 Lucca	贝内戴蒂 Benedetti Cenami 1599 奥塔维奥・曼西 Ottavio Mansi 1675 Laura Mansi 1927	穆齐奥・奥迪 Muzio Oddi 1634 **菲利普・尤瓦拉** **Filippo Juvarra**	Via delle Selvette, 242, 55018 Capannori LU	**菲利普・尤瓦拉**（1678–1736） 曼西别墅是一个非常简单的矩形平面建筑，穆齐奥・奥迪在 1634 年修复了该别墅，建筑外观是巴洛克式的；菲利普・尤瓦拉将意大利式几何图案的花园改为英式花园
65	1740 ?	**皮萨尼宫** **Palazzo Pisani** 1721 皮萨尼别墅（斯特拉） Villa Pisani (Stra) Villa Pisani Museo Nazionale	斯特拉 Stra 威尼斯 Venezia	皮萨尼・圣・斯特凡诺 Pisani di Santo Stefano	**吉罗拉莫・弗瑞吉麦利卡・罗伯蒂** **Gerolamo Frigimelica Roberti** 1720 弗朗西斯・玛丽亚・普雷蒂 Francesco Maria Preti 吉安・安东尼奥・塞尔瓦 Gian Antonio Selva 1807	Via Doge Pisani, 7, 30039 Stra VE	**吉罗拉莫・弗瑞吉麦利卡**（1653–1732） 别墅始建于 1721 年，为后期巴洛克式的建筑，但主体建筑的最终设计由弗朗西斯・玛丽亚・普雷蒂完成；别墅位于威尼托大区的斯特拉（帕多瓦的东边）
66	1747	**卡洛塔别墅** **Villa Carlotta**	特雷梅佐 Tremezzo 科莫 Como	乔治・克雷利奇侯爵 Giorgio Clerici 1690 Gian Battista Sommariva Marianna di Orange–Nassau	—	Via Regina, 2, 22019 Tremezzina CO	**安东尼奥・卡诺瓦**（1757–1822） 安东尼奥・卡诺瓦是意大利新古典主义雕塑家，他的作品标志着雕塑从戏剧化的巴洛克时期进入到以复兴古典风格为追求的新古典主义时期；别墅位于卡代那比亚（Cadenabbia）与特雷梅佐（Tremezzina）之间，属于特雷梅佐；建筑师是未知的，但其中有安东尼奥・卡诺瓦的作品；在佛罗伦萨还有一个同名别墅
67	1752	**卡塞尔塔宫** Palazzo Caserta 卡塞尔塔王宫 Reggia di Caserta	卡萨焦韦 Casagiove 卡塞尔塔 Caserta	查尔斯・波旁 Carlo di Borbone	**路易吉・万维泰利** **Luigi Vanvitelli** 1751 Francesco Collecini 1769 Martin Biancour	Viale Douhet, 2/a, 81100 Caserta CE（Casagiove）	**路易吉・万维泰利**（1700–1773） 巴洛克与新古典主义混合风格的建筑，被称为最后一个伟大的意大利巴洛克式建筑；它是最大的宫殿建筑，也被认为是 18 世纪欧洲规模最大的建筑物之一
68	1759	**阿尔巴尼别墅** **Villa Albani** Villa Albani–Torlonia	罗马 Roma	亚历山德罗・阿尔巴尼主教 Alessandro Albani Torlonia	**乔瓦尼・巴蒂斯塔・诺利** **Giovanni Battista Nolli** 1744 Giuseppe Vasi 卡洛・马尔基奥尼 1758 Carlo Marchionni	Via Adda, 129 00198 Roma	**乔瓦尼・巴蒂斯塔・诺利**（1692–1756） 阿尔巴尼别墅位于博尔盖塞美术馆的东边；卡洛・马尔基奥尼改变了诺利在 1744 年的设计，并于 1758 年完成改造

序号	年代	园 名	位置	创建人	设计人	地 址	备 注
69	1760	卡斯特尔拉佐别墅 **Villa Castellazzo** 阿尔科纳蒂别墅（博拉泰） Villa Arconati（Bollate） Villa Arconati Castellazzo	博拉泰 Bollate 米兰 Milano	布斯卡家族 Famiglia Busca 1772	琼・奇昂达？ ジュアン・ギアンダ 阿尔科纳蒂 Galeazzo Arconati Giuseppe Antonio Arconati 1742	Via Madonna Fametta, Bollate MI	阿尔科纳蒂（1592–1648） 别墅位于 Parco delle Groane 公园内，被称为小凡尔赛宫；设计灵感来自 Giovanni Ruggeri；Castellazzo 是米兰的一个古镇 【没找到“琼・奇昂达”这个人，日文版的发音是“朱安・吉安达”，意大利语发音是“Giuan Ghianda 或 Giuan Gianda”】
70	1765	马耳他骑士团修道院（别墅） **Villa del Priorato di Malta** Gran Priorato di Roma dell'Ordine di Malta	罗马 Roma	卡洛・雷佐尼科红衣主教 Carlo Rezzonico	乔瓦尼・巴蒂斯塔・皮拉内西 Giovanni Battista Piranesi	Piazza dei Cavalieri di Malta, 4, Roma	巴蒂斯塔・皮拉内西（1720–1778） 为马耳他骑士团拥有治外法权的建筑，位于意大利罗马，是马耳他骑士团外交部及驻意大利大使馆；原是罗马的大修道院（Priorato），1765 年主教委托巴蒂斯塔・皮拉内西改造修道院；马耳他骑士团还拥有 Villa Malta o delle Rose，其位于美第奇别墅附近
71	1785	巴尔比阿内洛别墅 **Villa del Balbianello** Villa Sepolina 1797	科莫 Como	安杰洛・玛丽亚・多利尼 Angelo Maria Durini 1787 维斯康蒂 Giuseppe Arconati Visconti 1796 Porro Lambertenghi Guido Monzino 1974	—	Via Comoedia, 5, 22016 Tremezzina CO	该别墅始建于 1787 年，后来改名为 Villa Sepolina；该别墅西 1.1 公里有一座巴尔比亚诺别墅（Villa Giovio Balbiano），这座别墅始建于 16 世纪，由佩莱格里诺・蒂巴尔迪设计，创建人是托洛梅奥・加利奥主教，安杰洛・玛丽亚・多利尼在 1787 年购买了该别墅

注：

1. 本表是对书中 P140 ～ P143 表格内容的补订；
2. 本表所对应的外文以意大利文为主，也有少量日文和德文；名称的译文主要以意大利语发音为准；
3. 表中所列多个并列的别墅名或园名为项目在不同时期的名称或别名；
4. 左侧序号列的数字对应正文中庞德于 1936 年所列表格的序号，数字后有附加字母的是参考项目；
5. 园名、创建人及设计人列中的年代为项目的设计或建设年代；备注列中人名后的年代为此人的生卒年代；
6. 地址列为现在意大利的地址；
7. 部分别墅名或园名后小括号中标注的是地址或人名，用以区分同名的不同项目；
8. 凡不确定的内容均以问号标记；
9. 意大利的城市名和省名有一样的情况；例如威尼斯省（Provincia di Venezia）是意大利威尼托大区的一个广域市，省会城市是威尼斯；本表第 65 行“位置”列中的威尼斯是指威尼斯省，斯特拉是威尼斯省的一个市镇。

索引说明

1. 标示文种所用的汉字简称如下：

英（英语）　德（德语）　法（法语）　希（希腊语）

拉（拉丁语）　荷（荷兰语）　西（西班牙语）　意（意大利语）

2. 凡例：

V.（Villa）　Ch.（Château）　P.（Palace）　Pa.（Patio）

N.P.（National Park）

中外文人名索引

A

B

C

D

E

F

G

H

J

K

L

M

N

P

Q

R

S

Y

Z

中外文庭园、公园、建筑索引

A

B

C

D

E

F

G

H

J

K

L

M

N

O

P

Q

R

S

T

W

X

Y

Z

中外文术语索引

A

B

C

D

E

F

G

参考文献

全 篇

André, E.: *L'Art des Jardins*, Paris, 1879.
Berrall, Julia S.: *The Garden*, The Viking Press, New York, 1966.
Brinckman A. E.: *Schöne Gärten*, Villen und Schlöser, München, 1925.
Chifford, Derek: *A. History of Garden Design*, Faber & Faber, London, 1962.
Coats, Peter: *Great Gardens*, Weidenferd and Nicolson, London. 1963.
Evans, Mary: *Garden Books, Old and New*, Philadelphia, 1926.
Fouquier, M. & Duchéne, A.: *Des Divers Styles de Jardins*, Paris, 1914.
Giedion, Sigfried.: *Space, Time and Architecture*, 5th ed. Cambridge: Harvard University Press, 1967.
Gothein M. L.: *Geschichte der Gartenkunst*, 2 Bde. 1914.
Gothein M. L.: *History of Garden Art*, 2 vols., London. 1928. (Translated by Archer-Hind).
Grisebach, A.: *Der Garten, eine Geschichte seiner kunstlerischen Gestaltung*, Leipzig, 1910.
Gromort, Georges: *L'Art des Jardins*, Paris. 1934.
Hamlin, Talbot.: *Architecture through the Ages*. New York: G. P. Putnam's Sons, 1940.
Hazlitt, W. C.: *Gleanings in Old Garden Literature*. London, 1887.
Hennebo, Dieter-Alfred Hoffman.: *Geschichte der Deutschen Gartenkunst*, Hamburg. 1962.
Hubbard, Henry Vincent, and Theodora Kimball: *An Introduction to the Study of Landscape Design*. New York: Macmillan, 1917.
Hüttig. O.: *Geschichte des Gartenbaus*, Berlin, 1879.
Hyams, Edward.: *A History of Gardens and Gardening*, 1971.
Jäger, H.: *Gartenkunst und Gärten, sonst und jetzt*, Berlin, 1888.
Jessen, P.: *Gartenanlagen und Gartendecorationen nach alten Vorbildern*, Berlin, 1892.
Jay, M. R.: *The Garden Handbook*, New York and London, 1931.
Jellico, G. A.: *Gardens of Europe*, London, 1937.
Mangin, A.: *Histoire des Jardins anciens et modernes*. Tours, 1889.
Newton, Norman T.: *An Approach to Design*. Cambridge: Addison-Wesley Press, 1951.
—— *Design on the Land*, Harvard University Press, 1971.
Pond, B. W.: *Outline History of Landscape Architecture*, 2 vols., Massachusetts, 1936.
Ranck, C.: *Geschichte der Gartenkunst*, Leipzig, 1909.
Riat, G.: *L'Art des Jardins*, Paris, 1900.
Rohde, E. S.: *The Story of the Garden*, London, 1932.
Sieveking, Albert, F. S. A.: *Gardens Ancient and Modern*, 1899.
Triggs, H. I.: *Garden Craft in Europe*, London, 1913.
Wethered, H. N.: *A Short History of Garden*, London, 1933.
Wright, R.: *The Story of Gardening*, London, 1934.
岡崎文彬:『図説欧米の造園』，養賢堂，1959.
——:『ヨーロッパの造園』，鹿島出版会，1969.
針ヶ谷鐘吉:『西洋造園史』，彰国社，1956.

旧约时代

Rohde E. S.: *Garden-Craft in the Bible*. London, 1927.
大槻虎男:『聖書の植物』教文館，1974.
日本聖書協会:『旧新約聖書』
日本基督教団出版局:『聖書辞典』，1961.

古 代

Arnold, B.: *De Graecis florum et arborum amantissimis*. Göttingen, 1885.
Badawy, Alexander.: *A History of Egyptian Architecture*, The Empire (The New Kingdom). Berkeley, University of California Press. 1968.

Böttiger, C. A.: *Racemazionen zur Gartenkunst der Alten.*
Bradley, R. A.: *Survey of the ancient husbandry and gardening collected from Cato, Varro, etc.* 1725.
Browne, Sir Thomas.: *The Garden of Cyrus.* 1658.
Castell, Robert.: *The Villas of the Ancients, Illustrated.* London, 1728.
Cato, M. P.: *De Rustica* B. C. 234-149.
Cohn.: *Die Gärten in alter und neuerer Zeit,* Deutsche Rundschau, 1879.
Columella. *De Re Rustica.* 1st Century A. D.
Comes, Dr. Orazio.: *Illustrazione delle piante rappresentate nei dipinti Pompeiani.* Naples, 1879.
Falconer.; *Historical view of the Gardens of Antiquity.* 1785.
Félibien, J. F.: *Les Plans et les Descriptions de deux des plus belles maisons de Campagne de Pline le Consul.* 1699.
Gerkan, Arnim von.: *Griechische Städteanlagen.* Berlin, W. de Gruyter & Co., 1924.
Giuliano, Antonio.: *Urbanistica delle Città Greche.* Milan, Casa Editrice Saggiatore, 1966.
Hanfmann. George M. A.: *Roman Art: A Modern Survey of the Art of Imperial Rome.* New York Graphic Society, 1966.
Harte. Geoffrey Bret.: *The Villas of Pliny.* Boston, Houghton Mifflin. 1928.
Joret.: *Les Jardins de l'ancienne Égypte.* 1894.
——*Les plantes dans l'antiquité et au moyen âge.* 1897.
——*La rose dans l'antiquité et au moyen âge.* Paris, 1892.
Lugli, Giuseppe.: *Roma Antica: Il Centro Monumentale.* Rome, Bardi, 1946.
Mumford, Lewis.: *The City in History.* New York, Harcourt, Brace. & World, 1961.
Naville, Edouard.: *The Temple of Deir-el-Bahari.* London: Egypt Exploration Fund. 1908.
Niccolini.: *Le Case ed i monumenti di Pompei disegnati e descritti,* Naples. 1854, etc.
Palladius, Rutilius.: *De Re Rustica. Fourth or fifth century* A.D.
Perrot, Georges, and Charles Chipiez.: *A History of Art in Ancient Egypt,* trans W. Armstrong. London, Chapman and Hall, 1883.
Pliny the Elder.: *Natural History.* Translated by Philemon Holland, 1551-1636.
Pliny the Younger.: *Letter to Apollinaris* translated by William Melmoth.
Rosellini, Ippolito.: *I Monumenti dell'Egitto e della Nubia.* Pisa, N. Capurro, 1832-1844.
Rostovtzeff: *Pompejanische Villen,* 1904.
Showerman, Grani.: *Monuments and Men of Ancient Rome.* New York, Appleton-Century, 1937.
Simonis.: *Ueber die Gartenkunst der Römer.* Blankenberg, 1865.
Smith, W. Stevenson.: *The Art and Architecture of Ancient Egypt.* Baltimore, Penguin Books, 1958.
Stephanus, C.: *De re Hortensi Libellus.* 1536.
Stengel.: *Hortorum Florum et Arborum Historia.* 1650.
Tanzer, Helen H.: *The Villas of Pliny the Younger.* New York, Columbia University Press, 1924.
Temple, Sir William. Miscellanea: *Upon the Garden of Epicurus.*
Thompson, Dorothy Burr, and Ralph E. Griswold.: *Garden Lore of Ancient Athens.* Princeton, American School of Classical Studies at Athens, 1963.
Trinkhusii.: *Dissertatio de Hortis et Villis Ciceronis.*
Varro, M. T.: *De Re Rustica.* Last Century B.C.
Whycherley, R. E.: *How the Greeks Built. Cities.* London, Macmillan, 1949.
Wüstemann, C. F.: *Über die Kunstgärtnerei bei den alten Römern,* Gotha, 1846.

中世纪

Bernard, A.: *Orchards and Gardens, Ancient and Modern.*
Crisp, Frank.: *Medieval Gardens.* London, John Lane, 1924.
De Garlande, Jean.: *Le Ménagier de Paris,* composé vers 1393 par un bourgeois parisien.
Delisle, Leopold.: *Études sur la condition de l'agricole et l'état de l'agriculture en Normandie au moyen âge.* Evreux, 1851.
Gautier, Léon.: *La Chevalerie.* Paris, 1895.
Joret, Charles.: *La Rose dans l'antiquité et au moyen âge.* Paris, 1892.
Kemp-Welch.: *Article on Mediaeval Gardens, Nineteenth Century.* June, 1905.
Sauval, Henri.: *Histoire et recherches des antiquités de la Ville de Paris.* Paris, 1724.
Thompson, James Westfall.: *History of the Middle Ages.* New York, W. W. Norton Co., 1931.
Turner, T. H.: *State of Horticulture in England.* Archæol. Journal, vol. v.
Viollet le Duc.: *Dictionnaire raisonné de l'Architecture française du XIe au XVIe siècle.* Paris, 1868.
Walcott.: *Church and Conventual Arrangement.* London, 1861.
Zucker, Paul.: *Town and Square.* New York, Columbia University Press, 1959.

伊斯兰国家

1 波斯

Pope, Arthur Upham.: *An Introduction to Persian Art*. London, Peter Davies, 1930.
Wilber, Donald N.: *Persian Gardens and Garden Pavilions*. Tokyo, Charles E. Tuttle, 1962.
村田孝:『イスラムの庭園』. オーム社, 1976.

2 西班牙

Banqueri, Josef Antonio.: *Libro de agricultura*. 1802.
Byne, Arthur, and Mildred Stapley Byne.: *Spanish Gardens and Patios*. Philadelphia, J. B. Lippincott Co., 1924.
Fox. H. M.: *Patio Gardens*. New York, 1929.
Gautier, T.: *Voyage en Espagne*.
Gayangos, Pascuel de.: *Translations of works of Ahmed Ibn Mahommed Al-Makkari*.
Girault de Prangey.: *Souvenirs de Grenade et de l'Alhambra*. Paris, 1837.
Goodhue, Bertram Grosvenor.: *A Book of Architectural and Decorative Drawings*. New York, Architectural Book Publishing Co., 1914.
Gromort, Georges.: *Jardins d, Espagne*. Paris, Vincent, Fréal & Cie., 1926.
Herrera, Gabriel Alonso de.: *Libro di Agricultura*. Folio. Toledo, 1546.
Jones, Owen.: *The Alhambra*. London, 1842-1845.
Junghändel.: *Die Baukunst Spaniens*. Dresden, N. D. *c*. 1894.
Meusnier, Louis.: *Veuë du Palais Jardins et Fontaine*; *d'Arangouesse*; *Maison de Plaisance du Roy d'Espagne*. Paris, 1665.
Moreno, P.: *Gardens of the Alhambra*.
Nichols. R. S.: *Spanish and Portugese Gardens*, Boston, 1924.
Rusinol, S.: *Jardins d'Espagne*. Barcelona, 1903.
Villiers-Stuart, L. M.: *Spanish Gardens, their history and type and features*, 1929.
Winthuysen, X.: *Jardines Clàsicos de Espana*, Madrid, 1930.

3 印度

Gothein, M. L.: *Indische Gárten*, Mùnchen, 1926.
Villiers, Stuart, C. M.: *Gardens of the great Mughals*, London, 1913.

意大利

Ackermen, James S.: *The Cortile del Belvedere*. Vatican, Biblioteca Apostolica Vaticana, 1954.
——: *Palladio's Villas*. Locust Valley, New York, J. J. Augustin, 1967.
Bolton. A. T.: *The Gardens of Italy*, London, 1919.
Brinckmann, Albert E.: *Platz und Monument*. Berlin: Wasmuth, 1908.
Burckhardt, Jacob.: *Der Cicerone*. Basel, 1855 and Leipzig, 1898.
——: *Geschichte der Renaissance in Italien*. Stuttgart, 1868 and 1904.
Bussato, M.: *Giardino di Agricoltura*. Venice, 1592.
Cantoni, Angelo.: *La Villa Lante di Bagnaia*. Milan: Electa Editrice, 1961.
Cartwright, J.: *Italian Gardens of the Renaissance*. London, 1914.
Coffin, David.: *The Villa d'Este at Tivoli*. Princeton, Princeton University Press, 1960.
Colonna, Fra Francesco.: *Hypnerotomachia Poliphili*. Venice, 1499.
Reprinted London, about 1906.
Costa, Gianfrancesco.: *Le Delizie del Fiume Brenta*. 1750.
Crescenzi, Pietro.: *Opus Ruralium Commodorum*. Bk. VIII, 1471.
Dami, Luigi.: *The Italian Garden*, trans. L. Scopoli. Milan: Bestetti e Tumminelli, 1925.
Eberlein.: *Villas of Florence and Tuscany*, London & New York, 1922.
Elgood, G. S.: *Italian Gardens after Drawings by, with Notes by the Artist*. London, 1907.
Ernouf. Alfred Auguste, and Adolphe Alphand.: *L'Art des Jardins*. Paris: Rothschild. 1868.
Falda, G. B.: *Li Giardini di Roma con le loro piante alzate e Vedute in prospectiva*. Rome, 1670.
——: *Le Fontane di Roma*. Rome, 1675.
Faure, G.: *The Gardens of Rome*. trans. by F. Kemp, 1926.
Ferrari, J. B.: *De Florum Cultura*, Rome. 1633.
Franck, Carl L.: *The Villes of Frascati*, 1550-1750, London, 1966.

Gabriel, M.: *Livia's Garden Room*
Gardner, Edmund G.: *The Story of Florence* 10th ed. London: J. M. Dent's Sons. 1924.
Gauthier, M. P.: *Les plus beaux Edifices de la Ville de Gênes et de ses Environs.* Paris, 1832.
Gromort, Georges.: *Choix de Plans de Grandes Compositions Exécutées.* Paris: Vincent, Fréal & Cie., 1910.
Gromort. G.: *Jardin d'Italie,* Paris, 1922.
Kysell Melchior.: *Recueil des Jardins Italiens.* Augsburg, 1682.
Latham, Charles.: *The Gardens of Italy.* London, 1906.
Leblond, Mrs. Aubrey.: *The Old Gardens of Italy.* How to visit them. London, 1912.
Masson, Georgina: *Italian Gardens.* London, 1961.
Montaigne, Michel de.: *Journal du voyage en Italie etc. en 1580 et 1581.* Rome et Paris, 1774.
Mori, Attilio, and Giuseppe Boffito.: *Firenze nelle Vedute e Piante.* Florence: Seeber Libreria Internazionale, 1926.
Nichols, R. S.: *Italian Pleasure Gardens.* New York, 1928.
Piranesi, G. B.: *Vedute di Roma.* 1765.
Platt, C. A.: *Italian Gardens.* 1894.
Politianus, Angelus.: *Rusticus.* 1486.
Re, A. dal.: *Maisons de Plaisance de l'Etat de Milan.* Milan, 1743.
Ross, Janet.: *Florentine Villas.* London, 1901.
Rubens, P. P.: *Palazzi di Genova.* Antwerp, 1622.
Shepherd, J. C., and Geoffrey A. Jellicoe.: *Italian Gardens of the Renaissance.* London: Ernest Benn, 1925.
Silvestre, Israel de.: *Alcune vedute di Giardini e Fontane di Roma e di Tivoli.* Paris, 1646.
Sitte, Camillo.: *L'Art de Bâtir les Villes.* Geneva: Eggiman, 1902.
Sitwell.: *An Essay on the making of Gardens. A Study of Old Italian Gardens, etc.* London, 1909.
Taine, H.: *Voyage en Italie.* Paris, 1884.
Triggs, H. Inigo.: *The Art of Garden Design in Italy.* London, 1906.
Tuckermann, W. C.: *Die Gartenkunst der italienischen Renaissance-Zeit.* 1884.
Vanvitelli, L.: *Disegni del Reale Palazzo di Caserta.* 1756.
Vitruvius, M. Pollio.: *Architectura.*
Wharton, Edith.: *Italian Villas and their Gardens.* London, 1904.
Zocchi, Giuseppe.: *Vedute delle Ville ed'altri luoghi della Toscana.* Florence, 1744.
Zucker, Paul.: *Town and Square.* New York: Columbia University Press, 1959.

法 国

Betin, Pierre.: *Le fidèle Jardinier, ou différentes sortes de parterres tant de plaine broderie que meslée de pièces à mettre fleurs pour servir d'instruction à ceux qui se délectent en cest art.* Paris, 1636.
Blondel, J. F.: *De la Distribution des Maisons de Plaisance.* Paris, 1737-1738.
Boyceau, Jacques.: *Traité du Jardinage selon les raisons de la nature et de l'art.* Paris, 1638.
Brière. G.: *Le Parc de Versailles, Sculpture Decorative,* Paris, 1911.
Carmontelle (ed.): *Jardin de Monceau.* près de Paris
Chatillon, Claude.: *Topographie Française, etc.* Paris, 1648.
Corpechot, Lucien: *Les Jardins de L'Intelligence.* 1912.
D'Argenville, A. J. D.: *La Théorie et la pratique du Jardinage.* Paris, 1713.
De Serres, Olivier.: *Le Théâtre d'Agriculture et mesnage des Champs.* Paris, 1603.
Dimier.: *Fontainebleau.* Paris, 1911.
Du Cerceau, Androuet.: *Les plus excellents bastiments de France.* 1576.
Duchesne, H. G.: *Le Château de Bagatelle.* 1909.
Dunlop, Ian: *Versailles*
Dutton, Ralph: *The Châteaux of France*
Estienne, Charles.: *La Maison Rustique.* Paris, 1570. English editions, 1600 and 1616.
Forestier, J. C.: *Bagatelle et ses Jardins.* 1910.
Fouquier, Marcel.: *De l'art des jardins.* Paris, 1911.
François, Jean.: *L'Art des Fontaines.* Rennes. 1665.
Galimard, fils.: *Architecture des Jardins.* 1765.
Ganay, Ernest de.: *Les Jardins de France.* Librairie Larouse, Paris, 1949.
Girardin, Marquis de: *Maisons de Plaisance Francaises Parc et Jardins,* Paris
Gromort, Georges.: *Choix de Plans de Grandes Compositions Exécutées.* Paris: Vincent, Fréal & Cie., 1910.
Guiffrey Jules: *André Le Nôtre.* 1913.
Langlois, N.: *Parterres, 23 plans after Le Nôtre, Le Bouteux, etc.*
Le Blond, A. J. B.: Engravings of plans for Gardens. 1685.
—— : *Parterres de Broderie.* 1688.

——: *La Théorie et la Pratique du Jardinage.*
Le Clerc, Sébastien.: *Le Labyrinthe de Versailles.* 1679.
Lansdale, Maria Hornor: *The Châteaux of Touraine.* New York: Century Co., 1906.
Le Pautre, J.: *Nouveaux desseins de jardins, parterres et fassades, Jets d'eau nouvellement gravés par Le Pautre.* Several series of Plates, n. d.
Liger, Louis.: *Le Jardinier, Fleuriste, et Historiographe.* Amsterdam, 1703.
Ligne, Prince de: *Coup d'Oeil sur Beloeil.* 1781.
Malthus: *An Essay on Landscape. From the French of Ermenonville.* Anon., 1783.
Mariette, J.: *Parterres de Broderie.* c. 1730.
Marot, Jean.: *Architecture.* Paris, n. d.
Mauclair. C.: *Le Charme de Versailles,* Paris, 1931.
Mizauld.: *Le Jardinage de Mizauld.* Paris, 1578.
Mollet, Andre.: *Le Jardin de Plaisir.* Stockholm, 1651.
Mollet, C.: *Théâtre des Jardinages.* 1663.
Morel: *Théorie des Jardins ou l'Art des Jardins de la Nature* (1776)
Nolhac, Pierre de.: *Histoire du château de Versailles.* Paris, 1911.
——: *Les Jardins de Versailles.* Paris: Henri Floury, 1924.
——: *La Création de Versailles.* Versailles. L. Bernard, 1901.
Palissy, Bernard.: *Recepte véritable, etc.* Rochelle, 1563.
Pean, P.: *Jardins de France.* Paris: Vincent, Fréal & Cie., 1925.
Perate, A.: *Versailles,* Paris, 1912.
Perelle, Adam.: *Divers Veuës et Perspectives des Fontaines et Jardins de Fontainebel-eau et autres lieux.*
Pfnor, Rodolphe.: *Le Château de Vaux-le-Vicomte.* Paris: Lemercier, 1888.
Quintinye, Jean de La.: *Instructions sur les Jardins fruitiers et potagers avec un traité des orangers.* Paris, 1690.
Rigaud, Jean.: *Recueil choisi des plus belles Vues de palais, châteaux, maisons de plaisance, etc., de Paris, et de ses environs.* Paris, 1752.
Roubo.: *L' Art du Treillageur.* Paris, 1775.
Saint-Sauveur, H.: *Les Beaux Jardins de France,* Paris.
Schabol, R.: *Dictionnaire du Jardinage,* 1767.
——: *La Théorie du Jardinage,* 1785.
Silvestre, Israel de.: *Jardins et Fontaines.* Paris, 1661.
Vallet, Pierre.: *Le Jardin du Roy tres chrestien Henri IV.* Paris, 1608.
Ward, W. H.: (1) *Architecture of Renaissance in France.* 1911.
(2) *French Châteaux and Gardens of the Sixteenth Century.* 1909.
Watelet: *Essai sur les Jardins.* 1774.
小林太市郎:『支那と仏蘭西美術工芸』. 弘文堂書房, 1937.
後藤末雄著:『乾隆帝伝』. 生活社, 1942.

荷 兰

Beudeker, Christoffel.: *Germania Inferior.* A collection founded on Blaeu's Views.
Cause, D. H.: *De Koninglycke hovenier.* Amsterdam, 1676.
Commelyn, Jan.: *The Belgick or Netherlandish Hesperides.* 1683.
English translation by G. V. N.
Commelyn, Gaspard.: *Horti Medici Amstelodamensis.* Amsterdam, 1678.
Danckerts, J.: *Engraved views of Het Loo.*
De Cantillon, Philippe.: *Délices de Brabant et de ses Campagnes.* Amsterdam, 1757.
De Cloet, J. J.: *Châteaux et monuments des Pays-Bas.* Brussels, 1826.
De Groot.: *Les Agréments de la Campagne.* 1750.
De Hogue, Romeyn.: *Villa Angiana and engraved views of Het Loo.*
De Leth, Hendrik.: *Het zegepralent Kennemerlant.* Amsterdam, 1730. (Engraved views of Dutch Country Seats.)
De Passe, Crispin.: *Hortus Floridus.* Arnhem, 1614. English edition, 1616.
Du Vivier.: *Le Jardin de Hollande.* Amsterdam, 1710.
Goris, Gerard.: *Les délices de la Campagne à l'entour de la Ville de Leide.* Leyden, 1712.
Hartlib, Samuel.: *Discourse of Husbandrie used in Brabant and Flanders.* London, 1645.
Hollandsche Arkadia.: *A series of views engraved by A. Rademaker,* C. Pronk, H. de Winter, D. Stoopendaal.
Moucheron, I. de.: *Engraved views of Honslaardijk.*
Numan, H.: *24 Vues des Maisons de Campagne situées en Hollande.* 1797.
Post, Pierre.: *Les Ouvrages d'Architecture.* Leyden, 1715. Gives plans of the Huis' ten Bosch, Swanenburg, Ryxdorp, Vredenburg, etc.

Rademaker, A.: *Rhynland's Fraaiste Gezichsten*. Amsterdam, 1732.
——: *French Translation* (Les plus agréables Vues de Rhynland). Amsterdam, 1732.
——: *Holland's Tempe vereherelijkt*, etc. c. 1730.
——: *L'Arcadie Hollandoise*. Amsterdam, 1730.
Ray, John.: *Observations on a Journey through the Low Countries*. 1673.
Sandremius, Dr. A.: *Flandria Illustrata*. 1641.
Schenck, Peter.: *Many engraved views of Dutch country houses, including the Loo, Dieren, Zutphen, Duinrel, Roosendaal.*
Smallegange, M.: *Cronyk van Zeeland*. 1696.
Springer, L. A.: *De Oud-Hollandsche Tuinkunst*. Haarlem, 1889.
Stoopendaal, D.: *De Vechtstroom, 1790 and engraved views of Rijswijck.*
Valck, G.: *Engraved views of the Huis-ten-Bosch, and many designs for garden detail, as treillage, vases, etc.*
Van der Groen, J.: *Le Jardinier des Pays-Bas*. Brussels, 1672.
——: *De Nederlandischen Hovenier*.
Van Oosten, H.: *The Dutch Gardener*. London, 1710.
Visscher, N.: *La triomphante Rivière de Vecht*. Amsterdam, 1719.
——: *Engraved Views of the Clingendaal.*
Vredeman de Vriese, J.: *Hortorum viridariorumque elegantes et multiplicis formae architectonicæ, etc.* Antwerp, 1583.
Wierix, Jean, Jerome, and Antoine.: *Theatrum vitae humanæ*. engravings of gardens in perspective. 1577.

英国（规则式）

Amherst, Hon. Alicia.: *A History of Gardening in England*. London, 1896.
Amherst. A.: *London Parks and Gardens*, London, 1907.
Bacon, Francis.: *Of Gardens* (Essays).
Badeslade, T.: *Thirty-six different views of Noblemen and Gentlemen's Seats in the County of Kent*. London, n. d.
Batsford. H.: *Homes and Gardens of England*, London, 1932.
Beeverell, James.: *Les Délices de la Grand' Bretagne et de l'Irlande*. Leyden, 1727.
Blomfield, R., and F. Inigo Thomas.: *The Formal Garden in England*. London, 1892.
Boorde, Dr. Andrew.: *The boke for to Lerne a man to be wyse in buyldyng of his howse*. About 1540.
Campbell, Woolfe and Gandon.: *Vitruvius Britannicus*. 1715-1771.
Coats, Peter: *Great Gardens of Britain*, 1967.
De Caux, Isaac.: *Le Jardin de Wilton*. c. 1615: reprinted by Bernard Quaritch, 1895.
——: *New and Rare Invention of Water-Works shewing the easiest waies to raise Water higher than the Spring*. London, 1659.
De Passe, Crispin.: *A Garden of Flowers, etc.* Utrecht, 1615.
Dutton. R.: *The English Garden*, London, 1937.
Elgood, G. S. and Gertrude Jekyll.: *Some English Gardens*. London, 1904.
Estienne and Liebault-Surflet.: *Maison Rustique, or the Covntrie Farme*. 1600.
Gerarde, John.: *The Herball, or generall Historie of Plantes*. London, 1597.
Green, David: *Gardener to Queen Anne*. Oxford University Press, London, 1956.
Hill, Thomas.: *The proffitable Arte of Gardening*. London, 1568. See also Mountain.
——: *A most briefe and pleasaunt treatyse teachynge howe to dress, sowe, and set a garden*. London, 1563.
Hyams, Edward.: *The English Garden*, Thames and Hudson Ltd. London, 1964.
Kip and Knyff.: *Britannia Illustrata*. London, 1707, etc.
Langley, Batty.: *New Principles of Gardening, or the laying-out and planting Parterres*. London, 1728.
Latham. Charles: *English Houses and Gardens*. 1903.
Law, E.: *Hampton Court Gardens, Old and New*. 1926.
Lawson, William.: *A new Orchard and Garden*. 1618.
Le Blond.: *The Theory and Practice of Gardening*. Translated from the French of A. Le Blond by John James. London, 1703.
Loggan, David.: *Oxonia Illustrata*. Oxford, 1675.
——: *Cantabrigia Illustrata*. Cambridge, 1690.
London and Wise.: *The Compleat Gard'ner* (of J. de la Quintinye). London, 1699.
——: *The Retir'd Gardener*. from the French of le Sieur Louis Liger of Auxerre. London, 1706.
Loudon, J. C.: *The Suburban Gardener and Villa Companion*. London: Longman, Orme, Brown, Green, and Longmans, 1838.
——: *The Landscape Gardening and Landscape Architecture of the late Humphry Repton*, Esq. London: Longman & Co., 1840.
——: *The Villa Gardener*, 2nd ed. Mrs. Loudon, London: Wm. S. Orr & Co., 1850.

Macgregor, J.: *Gardens of Celebrities and Celebrated Gardens in and around London*, London, 1918.
Mima-Nixon: *Royal-Palaces & Gardens*, London, 1916.
Markham, Gervase.: *The Country Housewife's Garden*. 1617.
——: *Maison Rustique or the Countrey Farme*. London, 1616.
Mawson, T.H.: *The Art and Craft of Garden-making*. London, 1912.
Meager, L.: *The English Gardener*. London, 1670.
——: *The new arte of Gardening*. London, 1697.
Mountain, Didymus (Thomas Hill).: *The Gardener's Labyrinth*. London, 1577.
Nichols, R.S.: *English Pleasure Gardens*, New York, 1902.
Parkinson, John.: *Paradisi in Sole Paradisus Terrestris, or a choice Garden of all sortes of rarest Flowers*. London, 1629. Reprinted London, 1904.
Sedding, John D.: *Garden Craft, Old and New*. London, 1895.
Switzer, Stephen.: *The Nobleman, Gentleman, and Gardener's Recreation, etc*. London, 1715.
Tipping, H. Avray.: *English Homes*, 8 vols. London, Country Life, 1920-1937.
——: *English Gardens*. London: Country Life, 1925.
Triggs, H. Inigo.: *Formal Gardens in England and Scotland*. London, 1902.
Tusser, Thomas.: *A hundreth good pointes of husbanderie*. London, 1557.
Williams, W.: *Oxonia Depicta, etc*. London, 1733.
Worlidge, John.: *Systema Horticulturae, or the Art of Gardening*. London, 1677.

德国与奥地利

Böcklern, G.A.: *Architectura curiosa nova*, Nuremberg, 1673.
Boetticher, C.G.W.: *Die Königlichen Schlösser und Gärten zu Potsdam*, 1854.
Besler, Basil.: *Hortus Eystettensis*. 1613.
Caus, Salomon de.: *Les Raisons des Forces mouvantes*. Frankfort, 1615.
——: *Hortus Palatinus a Frederico…Electore…Heidelbergae exstructus*. Frankfort, 1620.
Danreiter, F.A.: *Die Garten Prospect von Hellbrünn bei Salzburg*. 1740.
Decker, Paulus.: *Fürstlicher Baumeister; oder, Architectura Civilis*. Augsburg, 1711-1716.
Diesel, Matthias.: *Erlustierende Augenweide in Vorstellung Herrlicher Garten und Lustgebäude*. 3 vols. Ausburg, 1725.
Elszholz, J.S.: *Vom Garten-baw*. Cologne, 1666.
Enderlein, G.: *Dresdens, Gärten und Parkes*, Dresden, 1932.
Grisebach, August.: *Der Garten, eine Geschichte seiner künstlerischen Gestaltung*. Leipzig, 1910.
Hesse, H.: *Neue Garten-Lust*. Leipzig, 1713.
Jellicoe, G.A.: *Baroque Gardens of Austria*. Benn. 1932.
Hoghenberg.: *Hortorum…formae*. Cologne, 1665.
Jung and Schröder.: *Das Heidelberger Schloss und seine gärten…und der schlossgarten zu Schwetzingen*. Berlin, 1898.
Kleiner, Salomon.: *Vera et accurata delineatio omnium Templorum…in urbe Viennæ*. Amsterdam, 1724-1737.
——: *Maisons de Plaisance Impériales*. Augsburg, 1724?
Laurenberg, Peter.: *Horticultura, Lib. II. Plans of gardens by Merian*. Frankfort, 1631.
Meier, B.: *Potsdam, Palace and Gardens*, Berlin, 1930.
Royer, Johann.: *Beschreibung des gantzen Fürstlichen Braunschweigischen Gartens zu Hessen*. Halberstadt, 1648.
Volckamer, J.C.: *Nürnbergische Hesperides*. Nuremberg, 1708-1714.
Wolff, J.: *Fortsetzung erlustierenden Augenweide in Vorstellung herrlicher Garten und Lust-gebäude*. n.d.

英国（风景式）

Alphand, A.: *Les promenades de Paris*. Paris, 1867-1873.
Attiret, J.D.: *A particular account of the Emperor of China's Gardens near Pekin*. Translated from the French by Sir. H. Beaumont. London, 1752.
Carmontelle, L.C. de.: *Jardin de Monceau*. Paris, 1779.
Chambers, Sir William.: *A dissertation on Oriental gardening*. London, 1772.
Clark, H.F.: *The English Landscape Garden*. Pleiades. 1948.
De Lille.: *On Gardening*. Translated from the French of l'Abbé de Lille. 1783.
Ermenonville-Malthus.: *An Essay on Landscape*. From the French of Ermenonville. 1783.
Gilpin, William S.: *Practical Hints on Landscape Gardening*. London: T. Cadell, 1832.
Girardin, R.L.: *De la composition des paysages sur le terrain, et des moyens d'embéllir les campagnes autour des habitations, etc*. Genève, 1777.

Hallbaum, F.: *Der Landschaftsgarten*, München, 1927.
Hirschfeld, C.C.L. von.: *Theorie der Gartenkunst*. 5 vols. Leipzig, 1779-1785.
——: *Théorie de l'art des Jardins*. French translation of above. 5 vols. Leipzig, 1779-1785.
Jourdain, M.: *The Work of William Kent*. Country Life. 1948.
Knight, R.P.: *The Landscape, a Didactic Poem*. 1794.
Krafft, J.C.: *Plans des plus beaux Jardins pittoresques de France, d'Angleterre et d'Allemagne*. 2 vols. 1809-1810.
Laborde, Alexandre de.: *Descriptions des nouveaux Jardins de la France*. 1808-1821.
Le Rouge, G.L.: *Recueil des plus beaux Jardins de l'Europe*. 1776-1787.
Loudon, J.C.: *Observations on the fomation of useful and ornamental plantations*. Edinburgh, 1804.
——: *Hints on the formation of Gardens and Pleasure Grounds*. 1812.
——: *The Encyclopedia of Gardening*. London, 1822.
——: *The Landscape Gardening and Landscape Art of the late Humphry Repton*. Black. 1940.
Malins, E.: *English Landscaping and Literature*. OUP. 1966.
Manwaring, E.W.: *Italian Landscape in eighteenth Century England*, New York, 1925.
Mason, G.: *An Essay on Gardening design*. 1768.
Mérigot.: *Promenade on Itinéraire des Jardins d'Ermenonville*. Paris, 1788.
Morel, N.: *Thérie des Jardins*. 1776.
Milner, H.E.: *The Art and Practice of Landscape Gardening*. London, 1890.
Price, Uvedale.: *An Essay on the Picturesque*. London, Robson, 1794-1798.
Pückler-Muskau, Prince Hermann Ludwig Heinrich von.: *Hints on Landscape Gardening*, trans. Bernhardt Sickert, ed. Samuel Parsons. Boston: Houghton Mifflin, 1917.
Repton, Humphrey.: *Sketches and Hints on Landscape Gardening*. London, 1795.
——: *Observations on the Theory and Practice of Landscape Gardening*, etc. London, 1803.
——: *The two above Reprinted*. Edited by John Nolen. Boston, U.S.A. 1907.
——: *Fragments on the Theory and Practice of Landscape Gardening*. London, 1817.
Rode, August: *Beschreibung des Fürstlichen Anhalt-Dessauischen Landhauses und Englischen Gartens zu Wörlitz*, Dessau, 1928.
Rudder, Samuel.: *History of Gloucestershire*. Cirencester, 1779.
Scott, Sir Walter.: *On Ornamental Plantations and Landscape Gardening*. (Quarterly Review.) 1828.
Shepherd, J.C., and Geoffrey A. Jellicoe.: *Gardens and Design*. London: Ernest Benn, 1927.
Von Erdberg, Eleanor: *Chinese Influence on European Garden Structure*. Massachusetts, 1936.
Walpole, Horace.: *Essay on Modern Gardening*. 1785.
Watelet, Claude.: *Essai sur les Jardins*. Paris, 1774.
Wheatley, Thomas.: *Observations on Modern Gardening*. London. 1770.
Zahn, Fand Kalwa, R.: *Fürst Pückler Muskau als Gartenhünstler und Mensch*, 1928.

美 国

American Society of Landscape Architects.: *Colonial Gardens. The Landscape Architecture of George Washington's Time*. Washington, D.C.: U.S. George Washington Bicentennial Commission, 1932.
Betts, Edwin Morris, ed.: *Thomas Jefferson's Garden Book. 1766-1824*. Philadelphia: Memoirs of the American Philosophical Society, vol. 22, 1944.
Cleveland, Horace William Shaler.: *Public Grounds in Chicago: how to give them character and expression*. Chicago: C.D. Lakey, 1869.
——: *Landscape Architecture: as applied to the wants of the west*. Chicago: Jansen, McClurg & Co., 1873.
——: *Suggestions for a System of Parks and Parkways for the City of Minneapolis*. Minneapolis: Johnson, Smith & Harrison, 1883.
Cobbett, William: *The American Gardener*. 1821.
Downing Andrew Jackson.: *A Treatise on the Theory and Practice of Landscape Gardening Adapted to North America*. New York: Wiley and Putnam, 1841.
Eberlein, Harold Donaldson.: *The Manors and Historic Homes of the Hudson Valley*. Philadelphia: J.B. Lippincott Co., 1924.
——: *Manor Houses and Historic Homes of Long Island and Staten Island*. Philadelphia: J.B. Lippincott Co., 1928.
Frary, I.T.: *Thomas Jefferson, Architect and Builder*. Richmond: Garrett and Massie, 1931.
Garden Club of Virginia.: *Houses and Gardens of Old Virginia*. Richmond: J.W. Fergusson & Sons, 1930.
Hedrick, J.P.: *A History of Horticulture in America to 1860*. 1950.
Kimball, Fiske.: *Domestic Architecture of the American Colonies and of the Early Republic*. New York: Charles Scribner's Sons, 1927.
Lambeth, William Alexander, and Warren H. Manning.: *Thomas Jefferson as an Architect and a Designer of Landscapes*. Boston: Houghton Mifflin, 1913.

Lockwood, Alice G. B.: *Gardens of Colony and State*. New York: Scribner's 1934.
Morison, Samuel Fliot.: *The Oxford History of the American People*. New York: Oxford University Press, 1965.
Olmsted, Frederick Law. *Forty Years of Landscape Architecture*, II: *Central Park*, ed. F. L. Olmsted, Jr., and Theodora K. Hubbard. New York: G. P. Putnam's Sons, 1928. Cited as Olmsted Papers: Central Park.
Root, R. R., and G. R. Forbes.: *Notes upon a Colonial Garden, at Salem, Mass.*, Landscape Architecture, 2 (October 1911), 16-20.
Sale, Edith Tunis, ed: *Historic Gardens of Virginia*. Richmond: James River Garden Club, 1923.
Wilstach, Paul.: *Mount Vernon: Washington's Home and the Nation's Shrine*. New York: Doubleday Page & Co., 1916.

近 代

Chadwick, George F.: *The Works of Sir Joseph Paxton, 1803-1865*. London: Architectural Press, 1961.
——: *The Park and the Town*: Public Landscape in the 19th and 20th Centuries. London: Architectural Press, 1966.
Church, Richard.: *The Royal Parks of London*. London: Her Majesty's Stationery Office, 1965.
Ernouf, Alfred Auguste, and Adolphe Alphand.: *L'Art des Jardins*. Paris: Rothschild, 1868.
Fein, Albert.: "*Victoria Park: Its Origins and History,*" East London Papers, 5 (October 1962), 73-90.
Farrer, R: *The English Rock Garden*, 1919.
Hampel, Carl: *150 kleine Gärten*, Berlin, 1921.
Hubbard and kimball: *Landscape Design*, 1917.
Jekyll, Gertrude: *Colour in the Flower Garden*, 1908.
Kellaway, H. J.: *How to Lay Out Suburban and Home Ground*, 1915.
Kelsey, F. W.: *The First County Park System*, 1905.
Kimball, (with Olmsted): *Frederick Law Olmsted*, Landscape Architect, 1922.
Le Moyne: *Country Residences in Europe and America*, 1908.
Mawson, T. H.: *The Art and Craft of Garden-Making*, 1901.
Olmsted, Frederick Law.: *Walks and Talks of an American Farmer in England*. London: David Bogue, 1852.
——: *Forty Years of Landscape Architecture, I, Early Years*, ed. Frederick Law Olmsted, Jr., and Theodora Kimball Hubbard. New York: G. P. Putnam's Sons, 1922. Cited as Olmsted Papers: Early Years.
Parsons, Samuel: *Landscape Gardening*, 1891.
Rehmann, E.: *The Small Place*, 1918.
Reilly, Sir Charles, and N. J. Aslan.: *Outline Plan for the County Borough of Birkenhead*. Birkenhead, 1947.
Robinson, William: *The English Flower Garden*. 1883.
Root and Kelly: *Design in Landscape Gardening*. 1914.
Shelton, L.: *Beautiful Garden in America*, New York, 1924.
Simonds, O. C.: *Landscape Gardening*, 1920.
Vergnaud: *L'Art de crée les Jardins*, 1835.
Waugh, F. A.: *Text Book of Landscape Gardening*, 1922.
Wright, W. P.: *Roses and Rose Gardens*, 1911.
佐藤昌『欧米公園緑地発達史』都市計画研究所，1968.
佐藤昌『ベルリンの公園』日本公園緑地協会，1973.

现 代

Allen, Lady and Jellicoe, S.: *The New Small Garden*. Arhitectural Press. 1956.
Amman, Gustav: *Blühende Gärten, Landscape Gardnes. Jardin en fleurs*, Erlenbach Zürich, 1955.
Bardi P. M.: *The tropical garden of Burle Marx*, Architectural press, Colibris Editora Ltda.
Baumann, Ernst: *Neue Gärten New Gardens*, Zürich, 1955.
Church, T.: *Gardens Are For People*. Chapman & Hall. 1956.
Colvin, Brenda,: *Land & Landscape*. 1970.（佐藤，内山共訳『土地とランドスケープ』，日本公園緑地協会）1973.
Crowe, S.: *Garden Design*. Country Life. 1958.
——: *Space for Living*. Djambatan for International Federation of Landscape Architects. 1961.
Crowe, S. and Miller, Z.: *Shaping Tomorrow's Landscape*. Djambatan for International Federation for Landscape Architects. 1964.
Eckbo, Garrett.: *The Art of Home Landscaping*. McGraw Hill. 1964.
——: *Landscape for Living, U. S. A.*, 1950.
Figini, Luigi: *7 L'Elemento Verde E L'Abitazione*, 1950.
Gruffydd, B.: *Landscape Architecture for New Hospitals*. King Edward's Hospital Fund. 1967.

Hackett, B.: *Man, Society and Environment*. Marshall. 1950.
Harbers, Guido: *Der Wohngarten*, München, 1952.
Hoffman, Herbert: *Garten und Haus*, Stuttgart, 1951.
Howard, E.: *Garden Cities of Tomorrow*. Faber. 1945.
Jellicoe, G. A.: *Studies in Landscape Design*, 2 vols, OUP. (3rd vol. in preparation). 1960, 1966.
—— S. & G. A.: *Modern Private Gardens*. Abelard-Schuman. 1968.
Kassler, M.: *Modern Gardens and the Landscape*. Museum of Modern Art, New York. 1964.
Olmsted, F. L.: *Professional Papers*. Putman. ed. 1922.
Shepheard, P.: *Modern Gardens*. Architectural Press. 1953.
Shepherd, J. C. and Jellicoe, G. A.: *Garden Design*. Benn. 1927.
Simonds, J. O.: *Landscape Architecture*. Iliffe. 1961.
——(久保貞他共訳.『ランドスケープ・アーキテクチュア』鹿島出版会) 1967.
Tunnard, C.: *Gardens in the Modern Landscape*. Architectural Press. 2nd ed. 1948.
Valentien. Otto: *Gärten Beispiele und Anleitungen zur Gestaltung*, Berlin, 1938.
Valentien, Otto: *Neue Gärten*, 1949.
江山正美『スケープテクチュア(明日の造園学)』鹿島出版会，1977.
ミッシェル・ラゴン：高階秀爾訳『現代建築』紀伊国屋書店，1960.

(付記) 以上の単行本のほかに Landscape Architecture, Gartenkunst, Gartenschönheit, Landscape and Garden 等に載せられた記事もみのがすことはできない．なお，現代庭園の写真とその解説は，Amman, Eckbo, Shepheard の著書から抜粋させていただきました．

跋

二十多年前，即1956年，我写了《西方造园史》一书。那时我在早稻田大学教造园课。后来辞去那里的工作，到东京农业大学担任造园史课程的主讲教授。为满足学生的需要，打算重印旧著，曾就此事与早速出版社商议，但因该书的出版已逾10年，底片不能再使用，故只好断了重印的念头，而以该书为教材的心愿也无从实现。尔后，在连续数年的授课过程中，发现书中尚有一些不足及谬误之处，始觉照原样重印旧著实乃愚蠢之举。此外，1968年、1970年我曾两度访欧，耳闻目睹了该地的风光景物，尤对其庭园、公园等感受颇深。同时，在原著出版后的20年间，又有许多文献问世，研读之后获益匪浅。上述种种原因促使我下决心对原著作一番大的修改与补充，从而写成了这本《西方造园变迁史》。

首先，本书所做的最主要的补充就是增加了"旧约时代的造园"作为第一篇。原著在"从法老的庭院到户外房间"的副标题下，以古代埃及的造园为开端，本书则将造园历史上溯到《旧约圣经 · 创世纪》中的伊甸园。从旧约时代以色列王的所罗门庭园中探寻西方造园之源流，这正是笔者期待本书所应具备的一大特色。

其次，在各章之首加列了历史年表。按年代顺序列出了简史和造园史（文化史），以便读者对照史实，了解概况。当然，由于造园史与美术史同为精神的历史，而任何艺术都是在该国家或该时代的背景下产生的，为使读者更好地理解这一点，我编制了这个年表，并非徒劳无益地罗列史实。

另外，原著将西欧造园与伊斯兰式造园统归于"中世纪的造园"似不妥当，故本书将"伊斯兰的造园"独立成章，特别是根据新的资料对波斯伊斯兰造园作了相当多的补充。同时，在原著"文艺复兴时期的造园"中，继意大利文艺复兴式造园之后，一并介绍了法国、荷兰、英国、德国、奥地利等各国的文艺复兴式造园。这样做不甚恰当，因此本书分为"意大利文艺复兴式造园"与"法国勒 · 诺特尔式造园"，论述了前者对各国的影响，清晰再现了各样式的主要潮流。勒 · 诺特尔式始于北欧各国，而后波及俄国，本书追补了这部分内容。原著的"英国文艺复兴式造园"改为"英国规则式造园"，作为下一章所记述的始于18世纪的英国风景式造园的引子。

本书简介

本书以不同时代和不同民族、地域为经纬，系统梳理论述了旧约时代、古代、中世纪、伊斯兰、意大利文艺复兴、法国勒·诺特尔式、英国规则式和风景式、美国、近代和现代等不同时期、不同风格的造园演变历程。书中作者提供了丰富的历史图片资料，并在各章及某些节前附有历史大事年表。书末附有中外文人名索引、术语索引和庭园、公园、建筑索引，以便于读者查阅。

著者简介

针之谷钟吉

简 历

1906 年　生于日本东京麴町区（现千代田区）

1930 年　毕业于东京帝国大学（现东京大学）农学院林学系

1932 年　在东京高等造园学校（现东京农业大学造园系）教授造园史

1940~1945 年　在武藏工业大学建筑系教授造园学

1954~1963 年　在早稻田大学建筑系讲授造园学

1969 年　在东京农业大学造园系讲授造园史

1976 年　在东京农业大学退休

1969 年　因著《西方造园史》获日本造园学会授予的学会奖

1968 年　第一次到欧洲做造园考察旅行

1970 年　第二次到欧洲做造园考察旅行

著 作

1938 年　《庭园杂记》西原刊行会

1956 年　《西方造园史》彰国社

1960 年　《植物短歌辞典》加岛书店

1973 年　欧洲歌谣集

《Aruhamubura》短歌新闻

原著“20世纪的造园”中所述的北美洲造园改为“美国的造园”，并置于风景式造园一章之后，这是因为我认为美国的造园是在英国风景式造园的极大影响下发展起来的。在此之后详述了从殖民时代到城市公园时代再到天然公园时代各个发展阶段。19世纪是城市公园方兴未艾的时期，“近代的造园”对此作了介绍，而20世纪以后的造园则记入“现代的造园”中。19世纪末到20世纪初，建筑师引人注目地跨入造园家的行列，这对当时及以后造园的继续发展起了很大的作用，这在“现代的造园”中有集中的介绍，特别是“第二次世界大战后造园的发展”对南美洲巴西的造园作了重点论述。

原著尚无最后的结语部分，但这部分还在战前就已经在我的脑海中酝酿着了。

在原著序言之始，我就已提出西方造园对日本造园的理论及技术的发展产生过很大的影响，我始终认为要创造明天的园林，必须了解西方造园的发展过程，对此我至今仍不改初衷。

本书虽然是为上述目的而写，但是它的读者范围决不仅仅限于学习造园的人们。正如通常所说的，造园是一门综合艺术，因此我将本书推荐给造园的姊妹艺术领域的建筑师、工程师、城市规划师，以及画家、雕刻家等造型艺术家，甚至从事文艺工作的人们。

为了向建筑界人士介绍本书，我请早稻田大学教授吉阪隆正先生执笔作序，先生不顾日常工作的繁忙，欣然应允，为我写了长达8页的序。得先生手笔载于卷首，对此殊荣我感激不尽。吉阪隆正先生是勒·柯布西耶的高足，对造园也有很深的造诣，并且是众所周知的登山爱好者。

本书的出版，承蒙东京农业大学的进士五十八讲师向诚文堂新光社引荐，对此深表谢意。此外，正值本书出版之际，特向小原宽先生致谢，感谢他克服了许多困难，尽力按计划行事，使我的希望得以实现。

著　者

1977年10月27日